L'AGRICULTURE
PRATIQUE ET RAISONNÉE.

Les formalités exigées par la Loi ayant été remplies, les Contrefacteurs seront poursuivis rigoureusement. Tout exemplaire qui ne sera pas signé par M. GUIDAT, fondé de pouvoir de l'Auteur, sera réputé contrefait.

STENAY. IMPRIMERIE DE TEMPLEUX.

L'AGRICULTURE

PRATIQUE ET RAISONNÉE,

PAR SIR JOHN SINCLAIR,

CHEVALIER BARONET, MEMBRE DU CONSEIL PRIVÉ
DE SA MAJESTÉ BRITANNIQUE, FONDATEUR
DU BUREAU D'AGRICULTURE.

TRADUIT DE L'ANGLAIS

PAR

C. J. A. MATHIEU DE DOMBASLE.

TOME SECOND.

PARIS.

DETERVILLE, LIBRAIRE, RUE HAUTEFEUILLE,

Nº 8.

L'AGRICULTURE

PRATIQUE ET RAISONNÉE.

CHAPITRE IV.

DES DIVERSES MANIÈRES D'EMPLOYER LE SOL.

INTRODUCTION.

L'HOMME obtient de la terre, les principaux objets qui servent à sa subsistance, et les principales matières sur lesquelles son industrie peut s'exercer. Pour se les procurer, il est nécessaire qu'il exerce toute son activité et toutes ses facultés intellectuelles. Il peut, par ce moyen, obtenir du sol, une quantité de produits, qui surpasse les besoins des hommes qui sont employés à sa culture. Si on n'obtenait pas cet excédant en aliments et en matières premières, la société resterait stationnaire, et toute amélioration dans la condition de l'homme, cesserait. C'est donc une chose fort importante, que de rechercher *comment on peut obtenir le plus grand excédant pos-*

sible, par un traitement judicieux de la sur-
face de la terre ? Le sol peut, dans ce but,
être employé de quatre manières différentes :

1° En terres arables ;

2° En prairies ;

3° En jardins et en vergers ;

4° En bois et plantations (1).

Nous examinerons brièvement chacune de
ces quatre manières de disposer du sol.

---

(1) Les jardins , les vergers , les bois et les plantations ,
forment des branches essentielles de l'agriculture , dans le sens
le plus étendu de ce mot ; on ne pouvait donc se dispenser
de traiter ces sujets dans un Traité général d'Agriculture ,
quoique beaucoup de cultivateurs-praticiens n'en connaissent pas
l'importance.

PREMIÈRE PARTIE.

DE LA CULTURE DES TERRES ARABLES.

En traitant ce sujet , on peut classer les recherches qui s'y rapportent, en deux grandes divisions : 1° Les opérations agricoles , depuis le labourage et la disposition du sol en billons , jusqu'à la préparation des produits pour la vente ; 2° les rotations qui conviennent le mieux aux différents sols et aux différentes situations , et spécialement celles qui fournissent la plus grande quantité de produits , sans épuiser le sol.

TITRE PREMIER.

Des opérations agricoles nécessaires pour la production des récoltes , et pour les mettre en état d'être vendues.

Avant de commencer les opérations de culture des terres arables , il est nécessaire , 1° que le sol soit débarrassé de tout ce qui pourrait gêner sa culture, ou devenir nuisible aux récoltes ; 2° que sa texture ait un degré de porosité favorable à la croissance des plantes ; 3° qu'il possède une fertilité suffisante pour la production des récoltes qu'on veut y élever. Ces conditions étant supposées , les opérations subséquentes peuvent être placées sous les titres généraux suivants.

1 *

1° Les labours.
2° Disposer le sol en billons.
3° Travail de l'extirpateur.
4° Hersages.
5° Travail du rouleau.
6° Choix des semences.
7° Changement de semences.
8° Quantité de semences.
9° Préparation des semences.
10° Saison des semailles.
11° Semailles, en y comprenant les semailles en
     lignes, au semoir.
12° Travail des houes.
13° Piétinement du sol.
14° Soins nécessaires aux récoltes, pendant leur
     croissance.
15° Faucillage.
16° Autres travaux de la moisson.
17° Battage.
18° Nettoyement des grains.
19° Moyens d'améliorer la qualité des grains.
20° Conservation des grains, jusqu'à la vente.
21° Accidents auxquels les grains sont exposés.
22° Maladies des grains.
23° La paille.
24° Le chaume.
25° Le glanage.

§ I.

DES LABOURS.

On ne peut trop se pénétrer des avantages que produisent les bons labours. Par les labours, la composition et la consistance du sol sont améliorées et rendues propres à la nature des différentes espèces de plantes qu'on cultive. — Par leur aide, les engrais et les semences sont mieux répartis. — Le cultivateur y trouve un moyen d'éviter les dommages que cause une humidité surabondante (1).

Il est certain qu'il n'y a pas de bonne agriculture, là où les labours sont imparfaits. Il est très-probable que, dans un canton, composé principalement de terres arables, on perd annuellement un tiers des récoltes, sur un grand nombre des meilleures pièces de terre, *par l'insuffisance des labours*. On peut même évaluer la perte que produit la même cause, sur les produits des terres arables de tout le Royaume en général, au quart, ou au moins au sixième de la masse des récoltes (2).

-----

(1) Les labours profonds laissent pénétrer les eaux de la surface, au-dessous des racines des plantes, en hiver, et favorisent l'action de l'air en été; ce qui donne lieu à une évaporation considérable, qui fournit de l'humidité aux plantes, dans les temps les plus secs.

(2) MARSHALL, et d'autres agronomes, prétendent que, si les travaux de labourage étaient mieux exécutés, cela ajouterait un tiers, ou au moins un cinquième, aux produits agricoles du Royaume.

C'est donc un sujet qu'on ne peut examiner avec trop de soin. Il est bien connu que les chevaux, conduits par un bon laboureur, sont moins fatigués par le même travail, que ceux qui sont confiés a un homme maladroit ou inexpérimenté ; et qu'on remarque une différence considérable, dans les récoltes des sillons labourés par un mauvais ouvrier, comparés à la partie du même champ, où le labourage a été bien exécuté.

Nous allons considérer d'abord les circonstances qui constituent un bon labour ; ensuite , diverses particularités qui se lient à cette opération.

I. *Modes de labourage.*

Le mode de labourage le plus simple , le plus économique et le plus parfait , pour les opérations ordinaires , est celui qui s'exécute avec une charrue sans avant-train , ou araire , conduite par une paire de chevaux , et sans conducteur. Dans les sols sablonneux de *Norfolk* , une charrue à avant-train , qui prend des sillons très-larges et peu profonds, expédie une plus grande quantité de travail ; mais, dans les loams et les sols argileux , les roues ne forment qu'un embarras inutile , et elles augmentent toujours le travail de l'attelage.

Dans le travail de l'araire , conduit par deux chevaux , le cheval de droite marche dans le sillon précédent , celui de gauche , sur la terre non labourée , et le laboureur dans le nouveau sillon.

Son adresse consiste à ne pas laisser de *chevets*, ou places non labourées, et à bien retourner la bande de terre. Si toute la terre n'est pas coupée au fond du sillon, les chardons ne sont pas détruits, et cela empêche l'écoulement des eaux, du haut du billon, dans la raie destinée à leur écoulement ; le champ sera donc sujet à être noyé par les eaux.

II. *Forme de la bande de terre.*

Il est très-difficile de déterminer la largeur et l'épaisseur qu'on doit donner à la bande de terre, dans le labourage, attendu que cela doit varier, selon le but que le cultivateur se propose, selon la nature de la récolte précédente, et de celle qui doit suivre, et selon d'autres circonstances. La table suivante donnera une idée de ce qu'on regarde comme les proportions les plus convenables dans diverses circonstances, quoiqu'elles doivent être réglées, presque pour chaque cas, d'après la nature du sol sur lequel on travaille.

   L'AGRICULTURE

TABLE DE LABOURAGE.

Nature des Labours.	largeur. pouces.	profondeur. pouces.
Premier labour de jachère.	10	6-8-10-12
Deuxième d^{to}	9	6-7
Troisième d^{to}	8	5 1/2.
Quatrième d^{to}	7	5.
Labour de semaille	7	4.
Avoine sur turneps	9	4-5.
Avoine sur tréfle rompu . .	9	5-6-7.
Fèves sur un seul labour . .	9	6-7-8-9.
Fèves sur second labour . .	9	5.
1er Labour pour l'orge . . .	9	6-7.
2me d^{to}	8	5.
3me d^{to}, ou orge après turneps.	8	4.
1er Labour pour les pommes de terre	9	4-6.
2me d^{to}	8	5.

Nous recommandons au lecteur, les règles suivantes, relatives à la profondeur des labours, comme étant le résultat de recherches très-soignées, sur ce sujet intéressant.

III. *Préceptes relatifs à la profondeur des labours.*

1° La profondeur à laquelle la terre doit être labourée, doit dépendre, jusqu'à un certain point, de la profondeur du sol. Sur des sols peu profonds, surtout lorsqu'ils reposent sur le roc, le labour ne peut être que superficiel ; mais, toutes les fois que le sol peut le permettre, qu'il soit léger ou argileux, il est bon de le labourer à toute la profondeur que peut l'exécuter une paire de chevaux ; il est même avantageux de lui donner, de temps en temps, un labour plus profond, avec quatre chevaux, principalement au commencement de chaque rotation. 2° Les labours profonds sont très-avantageux dans toute espèce de sol, excepté lorsque le sous-sol est formé d'un sable ocreux (1). Il est certain, au reste, que des sols très-peu pro-

______

(1) En *Norfolk*, on regarde aussi comme dangereux, d'attaquer, par le labour, le sous-sol noir, qui est si commun dans ce district ; mais toute espèce de sol, dont le sous-sol est susceptible d'être ameubli par la culture, peut être approfondi graduellement, avec beaucoup d'avantage. ✱

✱ Il est certain qu'on rencontre assez fréquemment des sous-sols, *présentant diverses apparences*, qu'il est dangereux de ramener à la surface, par des labours. Mais, *presque toujours*, on peut le faire sans inconvénients, en n'entamant le sous-sol, que d'une petite épaisseur à la fois, et, surtout, dans les labours d'automne, destinés à des semailles de printemps, ou dans le premier labour de jachère. (*Note du Trad.*)

fonds , reposant sur un sous-sol de cette nature , méritent à peine d'être cultivés , excepté dans les situations où on peut se procurer des composts d'alluvion , ou des boues de ville. 3° C'est une règle générale, de ne jamais faire pénétrer le labour plus profondément que le sol précédemment cultivé , excepté sur la jachère , et dans le cas seulement où on peut disposer d'une grande abondance de fumier ou de chaux, pour améliorer le nouveau sol (1). 4° Dans le travail des jachères, il est convenable de donner au premier labour, le plus de profondeur qu'on peut, ce qui facilite les labours suivants, en exposant le sol inférieur aux gelées de l'hiver et aux chaleurs de l'été. Mais, lorsqu'on laboure , au printemps , un sol argileux , pour de l'avoine , le labour ne doit pas avoir plus de 5 ou 6 pouces de profondeur. 5° Lorsqu'on met en culture des sols marécageux froids, il est utile de les labourer profondément , parce que cela procure aux racines des plantes , une plus grande masse de terre , pour leur nourriture ; cela permet à l'humidité , de s'enfoncer au-dessous

---

(1) Lorsqu'on approfondit le sol, on doit toujours appliquer de la chaux, pour neutraliser les substances nuisibles qui peuvent s'y trouver, ainsi que des engrais putrescents, pour lui donner le degré de fertilité convenable. C'est une erreur de croire que les labours profonds rendent nécessaire l'emploi d'une beaucoup plus grande quantité d'engrais. Les plus habiles cultivateurs pensent que 16 pour 100 de plus , sont suffisants.

de leurs racines, et cela empêche les sécheresses de l'été, de faire du tort aux plantes en végétation ; mais, dans la suite, lorsqu'on continue de cultiver ces sols pauvres, la profondeur des labours doit être, en quelque façon, proportionnée à la quantité d'engrais qu'on peut y mettre (1). 6° Pour le labour qui précède immédiatement la semaille, il n'est pas nécessaire de labourer plus profondément que l'étendue dans laquelle pénètrent ordinairement les racines des plantes. Comme les fèves, le tréfle et les turneps étendent rarement leurs racines à plus de 7 à 8 pouces de profondeur dans le sol, et les céréales, moins encore, il est probable que les labours de 7 à 8 pouces, sont, en général, suffisants pour tous les procédés ordinaires de la culture.

Les labours profonds peuvent être nuisibles dans les cas suivants : 1° Lorsqu'on a appliqué récemment de la chaux ou de la marne ; parce que ces substances sont disposées à s'enfoncer dans le sol, par leur poids, et par l'effet de l'humidité qu'elles absorbent. 2° Lorsque des turneps ont été consommés par des bêtes à laine, sur le sol qui les avait

______

(1) Les cultivateurs Flamands ont pour principe, d'augmenter graduellement la profondeur de leur sol, à mesure que la masse de leurs engrais s'augmente. D'après les observations de M. YOUNG, on doit mettre une certaine proportion dans les sols pauvres, entre la profondeur du labour et la quantité d'engrais qu'on y répand.

produits. 3° Lorsqu'on rompt un herbage , qui n'est âgé que de deux ou trois ans, surtout lorsqu'il a été pâturé par des bêtes à laine ; dans ce cas , un labour, même d'une profondeur modérée , en apparence , pourrait pénétrer au-dessous du sol précédemment nettoyé par les procédés préparatoires donnés à la prairie artificielle , parce qu'alors , le sol est fortement tassé par le piétinement des animaux. Un labour profond , dans ce cas , ramènerait , à la surface , une multitude de semences d'herbes annuelles , qui feraient beaucoup de tort à la récolte , et qui empoisonneraient le sol, des semences qu'elles répandraient. Trois ou 4 pouces de profondeur sont toujours suffisants dans ce cas. 4° Si le sol est infesté de plantes naturelles , à racines tracentes , le premier labour ne doit avoir que la profondeur suffisante pour retourner les racines de ces plantes , afin de les faire périr. Il est nécessaire de remarquer aussi , que, lorsque le sous-sol est infertile par sa nature , les labours profonds ne peuvent convenir que lorsque le sol est en jachère , de manière que la terre neuve soit exposé aux influences atmosphériques , et qu'autant qu'on l'améliore par des amendements calcaires et des engrais putrescents, qui peuvent être appliqués , avec des avantages particuliers , sur la jachère.

Il est à propos de présenter maintenant les avantages des labours profonds , pratique trop souvent négligée par les cultivateurs paresseux , et même par ceux qui , sous d'autres rapports, ne méritent pas cette dénomination ; tandis que ceux qui ont acquis une habileté supérieure dans leur profession, ont toujours soin d'être pourvus d'une quantité suffisante de fortes charrues, destinées à être manœuvrées par 4 chevaux, afin d'être en état de donner un labour profond, au commencement de chaque rotation. Au moyen de ces instruments, les sols les plus tenaces peuvent être cultivés à la profondeur qu'on le désire, toutes les fois que cela est convenable.

IV. *Avantages des labours profonds* (1).

1° Il est particulièrement avantageux de ramener

---

(1) J'ai fait un grand nombre d'expériences, afin de m'assurer des avantages qu'on peut tirer des labours profonds, et toutes m'ont prouvé l'utilité de cette pratique. Dans beaucoup de cas même, où le sous-sol, ramené à la surface, présentait toutes les apparences d'une terre infertile, le sol en a été fortement amélioré. J'ai acquis la connaissance de ce fait, par une circonstance très-simple et curieuse : Un de mes fermiers avait fait, dans le coin d'un champ d'éteules de froment, une fosse, pour y loger des pommes de terre ; la fosse avait été creusée à 18 pouces de profondeur, sur environ 20 *yards* de longueur; après qu'elle eut été remplie de racines, elle avait été bien couverte avec de la terre prise des deux côtés. Après la consommation des pommes de terre, tout le champ fut semé en avoine. La récolte fut partout très-médiocre, excepté dans la partie occupée par cette fosse, où elle fut très-vigoureuse; cette partie conserva sa fertilité pendant deux ans. Dans un autre cas, ayant fait exécuter des saignées, pour l'écoulement des eaux d'un champ ensemencé en navette, toutes les

à la surface, de la terre neuve, pour les récoltes
de trèfle, de turneps, de fèves et de pommes de
terre ; et même, sans cela, ces récoltes diminuent
ordinairement en quantité, en qualité et en valeur.
2° Les labours profonds sont aussi d'une grande
importance pour toute espèce de plantes, non-seulement en fournissant une nourriture nouvelle à leurs
racines, mais surtout en prévenant les mauvais effets
des saisons trop sèches ou trop humides. C'est une
considération très-importante ; car, si la saison est
humide, on a ainsi un sol plus profond pour absorber l'eau, de manière que les racines des plantes
courent moins de risques d'être noyées; et, dans
les saisons sèches, le procédé est encore plus utile,
parce que la partie inférieure de la terre cultivée,
forme un réservoir d'humidité, qui entretient de la
fraîcheur autour des racines des plantes, par l'effet
même de l'évaporation que le soleil occasionne à
la surface (1). 3° Les labours profonds sont aussi
le moyen le plus efficace, de nettoyer le sol,

---

plantes qui se trouvaient couvertes par le sous-sol, ramenées
à la surface, végétèrent avec plus de vigueur que dans tout
le reste du champ. D'après la qualité fertilisante de ce sous-
sol, je soupçonnai que ce pouvait être une espèce de marne ;
mais, en l'analysant, je m'assurai qu'il ne contenait aucune
substance calcaire. (*Remarques*, par M. EDWARD BURROUGHS).

(1) Les sols profonds sont, en général, les plus secs, dans
les saisons humides ; mais lorsque l'humidité est extrême,
ils la conservent plus long-temps, parce que leur dessication
est plus lente.

des plantes nuisibles de toute espèce, qui se multiplient par leurs racines; c'est, en particulier, le meilleur moyen de détruire les chardons. 4° Par les labours profonds, on enterre, à une profondeur suffisante, les engrais animaux et végétaux, qui tendent toujours à remonter à la surface. Un labour superficiel ne les enterre pas assez, ce qui fait perdre une partie considérable des bons effets des engrais. 5° Enfin, par le moyen d'un labour profond, on obtient une récolte plus abondante et plus égale sur tout le champ (1). Un habile cultivateur, après avoir fait remarquer que les labours profonds augmentent l'épaisseur de terre végétale, empêchent les racines des céréales d'être endommagées par l'humidité, et mettent les plantes en état de résister plus long-temps à la sécheresse, ajoute : « *J'ai toujours vu les labours profonds,* « *suivis de belles récoltes, tandis que celles des* « *parties du même champ, qui avaient été labourées* « *superficiellement, étaient très-médiocres* » (2). Cela semble être une preuve décisive, en faveur des labours profonds.

---

(1) Dans les sols peu profonds, on remarque très-souvent de grandes inégalités dans la récolte, entre des places contigues.

(2) M. PARKER, de *Munden*, donne ses labours à 9 pouces de profondeur; et il a pratiqué cette méthode, pendant un grand nombre d'années, sur de bons loams du Comté de *Huntingdon*, aussi bien que sur les argiles caillouteuses du Comté de *Hertford*. Il n'en a jamais éprouvé d'inconvéniens, et le succès

V. *Préparation pour les labours profonds.*

En *Kent*, les cultivateurs ont une pratique qui mérite l'attention de ceux des autres parties du Royaume. Elle consiste à *écrouter* les éteules de froment ou autres, comme préparation pour les pois ou les fèves, et afin de pouvoir labourer profondément avec plus d'avantage.

Cette opération s'exécute au moyen d'un soc très-large, ou forte plaque de fer, de 18 à 26 pouces de largeur, portant, à sa surface supérieure, une douille, par le moyen de laquelle on la fixe à la charrue. Avec cet instrument, on tranche le sol, à la profondeur de deux ou trois pouces, en bandes minces; et un attelage de trois ou quatre chevaux exécute cette opération sur trois acres (120 ares) dans la journée. On passe une herse pesante sur le

a été uniforme; il est décidément d'opinion, que l'avantage des labours profonds, ne doit pas être mis en question, mais doit être regardé comme une vérité démontrée. Les cultivateurs-jardiniers des environs de Londres, se conduisent d'après le même principe, et avec un grand succès. Ils labourent à la profondeur de 10 à 12 pouces, pour les choux et d'autres récoltes, au moyen d'instruments construits exprès, et attelés de 6 à 8 forts chevaux. M. MARSHALL a vu plusieurs fermiers labourant superficiellement, se ruiner successivement sur une ferme en terres argileuses tenaces : et leur successeur, par l'effet de labours profonds, faire, sur la même ferme, d'excellentes affaires. On doit cependant prendre beaucoup de précautions, dans l'exécution de ce procédé, lorsque le sous-sol est d'une qualité infertile.

sol, ce qui en détache toutes les mauvaises herbes et les racines, qu'on enlève soigneusement. Après cette opération, qui favorise beaucoup la destruction des plantes nuisibles, et qui produit une grande quantité de matériaux pour le tas de fumier, on laboure facilement la terre à la profondeur qu'on le désire, et on ramène, à la surface, la terre brute du fond, qui est améliorée par les gelées de l'hiver et les chaleurs de l'été suivant, lorsqu'on pratique le système des jachères.

VI. *Manière de placer la bande de terre.*

Dans plusieurs cantons de l'Angleterre, on retourne la bande de terre entièrement à plat, surtout lorsque le sol n'est pas disposé en billons ; mais, en *Northumberland* et en Écosse, on a adopté une méthode contraire. Elle est fondée sur l'opinion que les deux principaux objets du labour, étant d'exposer aux influences de l'atmosphère, le plus de surface qu'il est possible, et de mettre la terre dans la circonstance où le hersage peut produire la plus grande quantité possible de terre meuble, pour couvrir la semence, ces deux buts importants sont atteints plus efficacement, lorsque la bande de terre est placée sous un angle de 45 d. A cet effet, la profondeur du sillon doit être, en général, proportionnée à sa largeur ; cette proportion est d'environ les deux tiers, ou 6 pouces de profondeur , sur neuf de largeur (1).

VII. *Saisons convenables pour le labourage.*

Cela dépend beaucoup de la nature du sol et de l'état du temps. Dans les sols très - légers et secs , il est à désirer que les labours soient exécutés par des temps humides , principalement le dernier labour avant la semaille. D'un autre côté, les sols qui sont de nature à retenir une plus grande quantité d'humidité que celle qui est utile à la végétation , doivent être labourés dans un état moyen , ni trop secs ni trop humides. Lorsqu'ils sont parfaitement secs , il serait impossible de les labourer , tant ils deviennent durs et tenaces ; et lorsqu'on les laboure dans un état humide , la terre est pétrie et gâtée par le piétinement des chevaux ; on forme ainsi des mottes dures , qu'il est ensuite très - difficile de briser : une récolte entière peut être perdue , par l'effet de cette faute. C'est cette circonstance , qui présente de si grandes difficultés , dans la culture des sols argileux. Lorsque la saison le permet , on doit labourer, avant l'hiver , les sols argileux tenaces , parce que, lorsque la terre de cette

---

(1) C'est là l'opinion générale des cultivateurs Écossais , quoiqu'elle ne soit pas uniforme parmi eux. L'angle de 45 d. est fortement recommandé par BAILEY , dans son Essai sur la construction des charrues , et par BROWN , dans son Traité d'agriculture.

nature est imprégnée d'humidité, les gelées l'ameublissent parfaitement, et la mettent dans un état particulièrement favorable pour recevoir les semailles de printemps; dans la Grande-Bretagne, où l'hiver est long, et le printemps plus court que dans d'autres pays, on doit chercher à prendre l'avance dans les travaux de culture, et il est nécessaire de chercher à partager, autant qu'on le peut, le travail du labourage, entre l'été, l'hiver et le printemps.

Toutes les éteules de céréales, lorsqu'elles ne sont pas ensemencées en prairies artificielles, doivent être labourées, après la moisson, aussitôt que les autres travaux de la ferme le permettent, afin de les mettre en état de recevoir l'influence des gelées de l'hiver (1).

VIII. *Heures du travail.*

Dans l'arrangement des travaux d'une ferme, les chevaux de charrue doivent toujours faire deux attelées par jour, excepté dans les jours les plus courts, où on leur donne à manger aux champs, à midi, sans les dételer, ce qui évite la perte de temps qu'entraînerait leur retour à l'écurie. La méthode de faire deux attelées par jour, est très-avanta-

---

(1) En *Middlesex*, les éteules de céréales, lorsqu'elles sont passablement propres, sont souvent ensemencées en vesces d'hiver.

geuses, quoiqu'elle ne soit pas suivie dans quelques parties du Royaume - Uni , où l'usage est de ne faire qu'une attelée , même dans les jours les plus longs de l'été (1). Cet usage doit probablement son origine au système des champs communs , et on le continue , quoique les terres qu'on laboure, soient souvent très-éloignées des bâtiments d'exploitation. C'est une preuve de plus , de l'importance d'avoir les bâtiments dans une position centrale. Dans quelques cantons , les cultivateurs emploient 4 chevaux pour chaque charrue , dont deux travaillent 5 heures dans la matinée , et les deux autres 5 heures de l'après - midi. Cette méthode est détestable , parce qu'elle augmente considérablement la dépense de la culture.

IX. *Étendue de terre labourée dans un jour.*

Cette étendue doit varier selon la qualité du sol ; — selon la largeur de la bande de terre qu'on prend à chaque raie ; — selon la profondeur du labour ; — selon la longueur du champ ; — enfin, selon la saison de l'année où le labour est exécuté. Nous devons donner ici quelqu'idée de l'étendue de terre qu'on fait généralement par jour. Dans un sol

---

(1) Les chevaux de labour , qui font deux attelées , doivent être moins fatigués , de même que les chevaux de poste , qu font trente milles dans une journée , supportent mieux cette fatigue , en deux courses qu'en une seule.

moyen, et qui n'est pas trop durci par la sécheresse, une paire de chevaux peut labourer une acre
(40 ares) dans une journée de neuf heures de travail, divisée en deux attelées. Une longueur de
660 pieds, sur une largeur de 66 pieds, forme cette
étendue. Cette largeur fait 86 sillons de neuf pouces
de largeur chacun, de sorte que les chevaux, en
prenant une bande de terre de cette largeur, parcourent une longueur de 11 milles, en labourant
une acre de terre, sans compter les tournées. Si
on suppose que les tournées font un dixième en sus,
les chevaux parcourront un peu plus de 12 milles,
pour labourer une acre. Cette quantité d'ouvrage
est considérable pour deux chevaux ; cependant
12 milles dans neuf heures, supposent un pas fort
lent. Dans un sol meuble, plat et bien ressuyé,
une bonne paire de chevaux laboure 12 *chaînes*
dans sa journée (48 ares); neuf chaînes (36
ares), dans un sol argileux ; et souvent, pas au
delà de huit chaînes (32 ares). Dans les seconds
ou troisièmes labours, pour les turneps, en été ou
au printemps, ils peuvent faire 16 chaînes (64
ares), et, dans quelques sols très-faciles, jusqu'à
2 acres (80 ares). En *Norfolk*, la journée ordinaire de travail, est d'une acre à une acre 1/2 (de
40 à 60 ares) (1). Dans ce Comté, les chevaux,

---

(1) MARSHALL dit que la journée de labour ordinaire, excepté dans le temps de la semaille du froment, est de deux
acres. Il ajoute qu'il faut avoir été soi-même témoin de ce
fait, pour y ajouter foi.

dans le labour , marchent généralement à raison de 3 milles par heure (un peu plus d'une lieue commune de 25 au degré) , et le tirage est si léger, que les animaux le sentent à peine.

Un homme qui s'est livré à beaucoup de recherches sur ce sujet, a calculé que, pour labourer une acre et-demie (60 ares) , avec des sillons de 9 pouces de largeur , les chevaux parcourent une longueur de 29,040 yards (13,612 toises de France), et avec un sillon de huit pouces de largeur , 32,640 yards (15,300 toises de France).

On suppose qu'en Angleterre, la largeur commune des sillons est d'environ neuf pouces ; mais presque tous les fermiers du *Norfolk* préfèrent , pour diverses raisons , donner 11 pouces de largeur à leurs sillons (1) ; de sorte qu'ils labourent, dans le même espace de temps , une étendue beaucoup plus considérable , que les cultivateurs des cantons où la nature de la terre exige qu'on fasse les sillons plus étroits.

La longueur des sillons influe beaucoup aussi sur la quantité de travail qu'on peut exécuter dans une journée. Il paraît , par les expériences du même agriculteur , dont nous avons parlé tout-à-l'heure, que lorsque les sillons n'ont que 78 yards de longueur (36 1/2 toises) , les tournées font perdre 4 heures 39 minutes , dans une journée de 8 heures;

----

(1) Une bande de terre de cette largeur se trouve toujours retournée à plat.

tandis que , lorsque les sillons ont une longueur de
274 yards , (124 toises) , les tournées ne prennent
qu'une heure 19 minutes (1). Combien de temps
perdu, dans les labours des petites pièces , lorsqu'on
attelle , à la file , 4 et quelquefois 5 chevaux !

X. *Dépense.*

Dans aucune partie du Royaume-Uni , on n'e-
xécute les labours à aussi bas prix qu'en *Norfolk*.
Autrefois , ils ne coûtaient que trois ou quatre sh.
par acre (9 à 12 f. par hectare); mais, aujour-
d'hui, 2 chevaux et un homme coûtent au cultivateur , sur le pied de 9 sh. par jour (10 f.
80 c.); ainsi, comme on y laboure ordinairement une acre et-demie (60 ares), la dépense est
d'environ 6 sh. par acre (18 fr. par hectare). Mais
lorsque les labours s'exécutent à prix d'argent , le
taux ordinaire est de 8 sh. par acre (24 francs par
hectare (2).

En Écosse, la dépense des labours est plus considérable qu'en *Norfolk* , à cause de la différence

---

(1) Il est certain que les tournées font perdre beaucoup
plus de temps, dans des sillons courts, que dans des sillons
longs ; mais j'avoue que la perte de temps fixée ici, me paraît
exagérée, quoique je n'en aie jamais fait l'expérience avec
exactitude. (*Note du Trad.*)

(2) Dans ce Comté, on change fréquemment les chevaux,
au milieu du jour, et alors , on laboure d'une acre et-demie
à deux acres (de 60 à 80 ares), avec la même charrue et
le même homme. Dans la partie du Norfolk , où le sol est
argileux , on ne laboure qu'environ une acre (40 ares par
jour).

de la nature du sol, et de la plus grande profondeur qu'on donne au labour. Un laboureur, avec une bonne paire de chevaux bien nourris, en y comprenant les dépenses qu'entraînent la charrue, les harnais, etc., coûtent, en moyenne, au cultivateur, environ 115 l. (2,760 f.) par année; en déduisant 52 Dimanches, en supposant qu'il y aura encore 13 jours perdus, par diverses causes, et que l'attelage sera constamment employé, la dépense du labour d'une acre, en prenant un terme moyen entre les divers états du sol et les divers genres de labours, ne peut être estimée à moins de 8 sh. 6 d. (25 f. 50^c par hectare); et, dans beaucoup de cas, elle dépasse cette somme.

D'après une expérience faite en *Oxfordshire*, on a jugé qu'en employant une charrue attelée de quatre chevaux, l'acre de terre ne pouvait être labourée à moins de 14 sh. (42^f par hectare) (1).

En *Derbyshire*, et en *Kent*, la dépense est de 12 à 15 sh. par acre (de 36 à 45^f par hectare), et, dans quelques cas, de 17 sh. (51^f par hectare). Dans ce dernier Comté, on emploie de 4 à 6 chevaux, même pour labourer les loams.

Mais c'est en *Middlesex*, que les labours sont le plus coûteux. Là, 4 chevaux attelés à la file, coûtant 14 sh. (16 francs 80^c) par jour, un homme

------

(1) Dans un exemple cité dans le rapport de *Middlesex*, la dépense est évaluée à 27 sh. par acre (69 f. par hectare), pour un mauvais labour; mais c'est un cas rare.

coûtant 2 sh. 6 d. (3 francs), et un aide, à un sh. (1 franc 20^c), forment, en total, 17 sh. 6 d. (21 francs), et ils labourent une si petite étendue de terre, que la dépense est estimée à 21 sh. par acre (63 francs par hectare).

Partout où on a adopté l'usage de n'atteler la charrue que de 2 chevaux, la situation des cultivateurs s'est fortement améliorée, par suite d'une diminution aussi essentielle, dans les frais de culture. Ce doit être un motif puissant pour engager les grands propriétaires à introduire, dans leurs domaines, l'usage des charrues à deux chevaux, ainsi que l'usage de faire deux attelées par jour (1). La prohibition des attelages nombreux, si ce n'est pour quelques cas particuliers, ne serait pas seulement une amélioration réelle dans l'agriculture, mais elle produirait une grande augmentation dans les revenus des propriétaires qui forceraient leurs fermiers à adopter cette méthode.

XI. *Labours croisés.*

Quoique, en général, les labours doivent être exé-

---

(1) Ce n'est que depuis un petit nombre d'années, que les cultivateurs de plusieurs parties de l'Irlande, sont demeurés convaincus que les sols argileux peuvent être bien labourés avec deux chevaux, au moyen d'une charrue bien construite ; mais, aujourd'hui, on emploie rarement un plus fort attelage, excepté pour le 1er labour de jachère, des sols très-tenaces.

cutés dans le sens de la longueur des billons, cependant il est quelquefois utile de les labourer en travers, soit afin de mélanger plus complètement toute la terre, soit afin d'obtenir un mélange plus exact des engrais, après une récolte de turneps, pour laquelle l'engrais a été déposé sous les lignes: cette opération est toujours utile pour la jachère d'été. Le célèbre TULL recommandait de ne donner le labour croisé, qu'après le 3ème labour, et cette méthode est suivie, en général, par les cultivateurs en sols argileux (1). Les billons de tournées ne peuvent être labourés en travers ; mais, lorsqu'on doit donner plus d'un labour, on doit toujours les labourer en même-temps qu'on donne le labour croisé au reste de la pièce, parce que si on les néglige alors, ils ne reçoivent pas un nombre suffisant de labour, et ne sont pas assez ameublis, ce qui diminue la récolte.

XII. *Labour tranché.*

La méthode de labourer à deux sillons d'inégale profondeur, soit avec une charrue armée d'un coutre disposé à cet effet, soit au moyen de deux charrues qui se suivent dans le même sillon, est une excellente pratique, pour rompre les prairies

______

(1) Lorsque les billons sont larges et élevés, on ne peut exécuter cette utile opération.

naturelles ou artificielles, quoiqu'elle ne soit pas fréquemment en usage. La première charrue écroute la surface à un ou deux pouces de profondeur, et renverse cette petite bande de terre dans le sillon précédent ; la seconde charrue, prenant trois ou quatre pouces plus profondément, retourne par-dessus, de la terre meuble, qui, ne contenant pas de racines fibreuses, se laisse facilement émiéter par la herse. Ordinairement, cette opération n'entraîne qu'un surcroit de dépense, de 6 sh. par acre (18 francs par hectare) ; dans un vieux gazon, en sol argileux, il en coûterait presqu'autant pour les hersages ; mais lorsqu'on est forcé d'employer à cette opération, 4 chevaux et un aide, la dépense peut être évaluée de 7 à 10 sh. par acre (de 21 à 30 francs par hectare), de plus que pour un labour ordinaire.

Dans les labours tranchés, il n'est pas, en général, nécessaire de faire pénétrer la charrue au delà de l'épaisseur de terre cultivée précédemment. Cependant, dans les cantons sablonneux du *Wiltshire*, il n'est pas rare, lorsqu'on fait suivre une seconde charrue dans le sillon ouvert par la première, de prendre assez profondément, pour ramener à la surface, de la terre neuve, et enterrer celle qu'on suppose être épuisée. Cela se fait aussi dans plusieurs parties du *Devonshire*, et c'est cette même méthode qu'on exécute en Flandre, par un travail manuel. Il est très-désirable d'avoir ainsi, en réserve, une profondeur extraordinaire de bonne terre, qu'on ramène à la surface, lorsqu'on remarque que l'ancienne s'épuise. Mais lorsque le sous-sol est de mauvaise qualité, il n'est pas à propos de pénétrer si profondément.

XIII. *Défis de charrues.*

D'après la grande importance des bons labours, on ne doit négliger aucun moyen d'étendre les connaissances pratiques de l'art de les exécuter ; on n'a trouvé aucun moyen plus efficace pour y parvenir, que l'établissement des défis de charrues, qui excitent une vive émulation parmi les laboureurs, par l'effet des récompenses qu'on distribue à ceux qui montrent une habileté supérieure (1). Il arrive souvent que des cultivateurs qui n'étaient venus à ces rendez-vous que par simple curiosité, y trouvent d'utiles instructions ; leurs préjugés se détruisent ; et ils se déterminent à essayer de nouveaux procédés ou de nouveaux instruments d'agriculture. S'il était possible d'inculquer dans l'esprit des cultivateurs en général, la grande importance des bons labours, surtout les avantages de l'emploi des charrues qui se conduisent avec deux chevaux, sans aide, et de rendre sensible, pour

---

(1) En Irlande, les défis de charrues, qui ont été encouragés par la société agricole, ont été un des principaux moyens qui ont amené les améliorations qu'on remarque, dans l'agriculture de ce pays.

eux, l'utilité des labours profonds, les dépenses de culture seraient diminuées , et plusieurs millions seraient ajoutés à la valeur des produits agricoles du Royaume-Uni (1).

§ II.

DES BILLONS.

Nous allons maintenant examiner l'avantage qu'il y a à diviser une pièce de terre en billons, et, lorsque cela est jugé utile, la forme qu'on doit leur donner.

Les sols secs, qui sont exposés à manquer d'humidité, doivent être labourés à plat, parce que les raies qui séparent les billons, en donnant un écoulement à l'eau, sont plutôt nuisibles qu'utiles. En *Kent*, les terres sèches, cultivées avec la charrue

---

(1) On obtiendrait ces avantages, si les propriétaires se déterminaient à ne donner leurs terres à bail, qu'à des fermiers qui prendraient l'engagement de n'employer que des charrues sans avant-train, perfectionnées, et de n'y atteler que deux chevaux, excepté dans quelques cas particuliers. On a dit que, dans l'enfance de l'art de bien labourer , il est avantageux d'avoir, dans une ferme, plusieurs charrues à avant-train, qui peuvent être conduites par des jeunes gens inexpérimentés, sous la direction d'un bon laboureur; mais ces jeunes gens . sous la conduite d'un surveillant adroit, *et de bonne volonté*, apprendraient, dans peu de temps, à conduire la charrue sans avant-train.

à tourne-oreille , sont nivelées comme si elles étaient labourées à la bêche. L'humidité se trouve ainsi distribuée également , et retenue sous la surface de la terre. On regarde aussi cet usage comme facilitant l'opération du fauchage , moyen qu'on emploie communément dans ce canton , pour couper les céréales ; il est favorable aussi à la conversion des terres arables en prairies ; il économise alors beaucoup de travail. Lorsque le terrain qu'on veut cultiver sans billons , forme une monticule , on le laboure souvent en rond , en allant , de la circonférence au centre , ou du centre à la circonférence. Cette méthode n'exige guère plus de force que les labours ordinaires ; elle est expéditive , parce qu'il n'y a pas de tournées , et économique , puisqu'il n'y a pas un pouce du sol qui ne soit retourné (1). Mais les billons sont essentiels , dans les sols et les climats humides (2), opérant comme

---

(1) On peut aussi labourer la terre en larges planches plates; les raies qui séparent les planches , aident à diriger le semeur , et cependant le sol , après le hersage , reste entièrement plat.

(2) Le Lord KAMES pense que les sols argileux doivent toujours être billonnés , mais que les loams doivent être labourés à plat, dans les situations sèches , et billonnés dans les situations humides , en donnant plus ou moins de hauteur aux billons, selon que le sol tire plus ou moins sur l'argile , ou qu'il est dans une situation plus ou moins humide. On remarque en Flandre, et particulièrement dans le pays de *Waes* , une manière particulière de disposer les terres arables : les pièces de terre sont petites , ordinairement d'environ sept ou huit acres

des saignées ouvertes, sans l'aide desquelles les récoltes seraient rarement bonnes, dans les années pluvieuses. Il est donc d'une grande importance, pour un cultivateur, de connaître parfaitement les principes qui doivent le diriger, pour former les billons, de la manière la plus avantageuse. Ces règles peuvent se classer comme il suit : 1° La longueur des billons ; 2° leur largeur ; 3° leur direction en ligne droite ; 4° leur hauteur ; 5° enfin, la direction dans laquelle ils doivent être tracés sur les terrains en pente.

I. *Longueur des Billons.*

La longueur des billons doit varier selon l'étendue du champ, selon la pente du terrain, selon la nature sèche ou humide du sol.

Dans les champs dont la pente est considérable, on regarde 150 yards (75 toises), comme la longueur la plus convenable à donner aux billons.

---

anglaises (3 hectares environ), et on élève le sol dans le milieu, en donnant de la pente vers les fossés de clôture où l'eau descend facilement, le sol étant de nature sablonneuse. On appelle ces champs *terres bombées*. On les forme à la bêche, en commençant le labour par le centre, en jetant toujours la terre vers ce point. Un canton entier, composé de ces petites éminences, présente un spectacle singulier. Les pièces de terre sont ordinairement entourées d'arbres, dont les racines s'étendent dans une couche de terre inférieure à celle qu'occupent celles des céréales.

Une plus grande longueur, dans une situation semblable, fatigue trop les chevaux ; et s'il tombe beaucoup de pluie ou de neige, sur un sol en pente, lorsqu'il vient d'être labouré, les parties les plus meubles du sol, ainsi que les engrais, sont entraînés trop facilement, lorsque la course de l'eau est trop longue.

Dans les sols humides et plats, on cherche ordinairement à donner aux billons, 240 à 300 yards (120 à 150 toises). S'ils sont plus longs, l'eau ne s'écoule pas facilement, ou il devient nécessaire de faire une rigole d'écoulement, en travers du champ, pour faciliter l'écoulement de l'humidité surabondante, ou de pratiquer de petites saignées ouvertes, dans la partie la plus basse de la pièce de terre, pour réunir les eaux, et les diriger dans le fossé d'écoulement.

Dans les sols d'une nature sèche, mais plats, on peut donner encore plus de longueur aux billons ; quoique, en général, une longueur de 350 à 400 yards (175 à 200 toises), semble devoir être préférée, lorsque les circonstances le permettent. Lorsque les billons excèdent cette dernière longueur, les chevaux sont fort fatigués, en faisant d'aussi longs sillons, d'un seul trait, et la perte de temps, par les tournées, n'est pas considérable, dans des billons de 350 yards (175 toises de longueur). D'ailleurs, lorsque les billons sont extrêmement longs, non-seulement ils sont plus difficiles à semer, mais les moissonneurs sont disposés à se décourager, lorsqu'ils sont employés à les fauciller.

II. *Largeur des billons.*

Il y a peu de sujets, en agriculture, qui aient donné lieu à une plus grande diversité d'opinions, que la convenance de donner plus ou moins de largeur aux billons. Nous allons exposer les motifs qu'on a donnés en faveur des différentes opinions: le lecteur pourra juger, d'après cela, des dimensions qui conviennent le mieux aux sols qu'il a à cultiver.

Dans les sols argileux, humides, et de mauvaise qualité, beaucoup d'habiles cultivateurs Anglais prétendent que les billons ne doivent avoir qu'une largeur de 3 à 6 pieds, ou, au plus, de 7 ; ils disent que, dans les sols humides, les petits billons maintiennent la terre suffisamment sèche ; que, lorsque le sol est peu profond, on obtient une plus grande épaisseur de terre, en mettant sur une largeur de 4 pieds toute celle qui était sur 5 ; mais que le produit est tout aussi grand, que si la surface entière du sol était ensemencée. Ils assurent que les plantes croissent avec une vigueur plus uniforme, et mûrissent plus également sur des billons étroits, que sur des billons larges, parce que l'air y circule plus également ; à la moisson, on trouve aussi de l'avantage à donner à chaque moissonneur, un billon séparé.

On a présenté un grand nombre d'arguments ingénieux, en faveur des billons de 12 à 15 pieds de largeur. On a dit : qu'ils se dessèchent facilement; — que l'eau ne ravine pas volontiers dans les raies ; — que la semaille peut se faire en tout temps , même par un vent contraire , en ensemençant toute la largeur du billon, d'un seul trait ; — que deux herses peuvent couvrir complètement la semaille sur tout le billon, d'un seul trait ; — enfin, que c'est la largeur convenable pour trois moissonneurs.

D'un autre côté, les cultivateurs du *Lothian* oriental , où ce sujet a été étudié d'une manière particulière , préfèrent les billons de 18 pieds, qu'ils considèrent comme garantissant mieux le sol des mauvais effets de l'humidité , et aussi comme facilitant les diverses opérations de la fumure, de la semaille , du hersage et du faucillage. Ils pensent même que , lorsque le sol est assez profond pour permettre *d'endosser* trois fois le billon , en supposant le sol plat, sans faire de tort au terrain , il est utile de donner aux billons, une largeur de 24 pieds , dans les sols humides.

L'usage est si variable , dans diverses parties de l'Angleterre et de l'Écosse, relativement à la largeur des billons , dans les sols humides, qu'on peut supposer qu'on doit attribuer , en partie , ces variations, à la différence du climat. En Écosse , on pense que les billons étroits, à moins qu'ils ne soient en pente, se pénètrent très-facilement par l'humidité, et sont très-long-temps à se dessécher , parce que la pluie qui tombe , restant dans les raies qui séparent les

billons, pénètre la terre et y entretient l'humidité;
— que les ados ne peuvent pas être assez élevés
pour présenter beaucoup d'utilité, relativement au
desséchement du sol ; qu'il est embarrassant d'être
forcé de faire tourner les chevaux très-court, aux
extrémités des billons ; — qu'on se soumet à une
perte énorme de terrain, par un aussi grand nombre
de raies, où aucune plante ne peut végéter avec
avantage ; — enfin, que l'expérience prouve que,
dans des climats beaucoup plus pluvieux que les
parties méridionales de l'Angleterre, particulièrement dans les *Lothians*, les sols les plus argileux
et les plus difficiles à s'égoutter, sont tenus parfaitement desséchés, en billons de 18 à 24 pieds
de largeur, pourvu qu'ils soient bien arrondis.

En opposition à ces doctrines, on prétend que
les billons larges et élevés, ne sont pas favorables
à l'utile opération du labour croisé ; — qu'on ne
peut pas les herser, en faisant marcher les chevaux
dans les raies, ce qui est une pratique avantageuse ;
— qu'ils ne sont pas bien calculés pour la culture
en lignes ; — que, dans les billons étroits, l'ados
peut être assez élevé pour que la pluie ne puisse
jamais y séjourner ; — que toute objection possible
contre les billons étroits, est écartée, si on adopte
la méthode des saignées couvertes, comme on le pratique en *Essex* (1) ; — que l'emplacement occupé par

------

(1) En *Suffolk* et en *Essex*, où la méthode des saignées
couvertes est universellement adoptée, les billons ne sont com-

les raies , n'est pas perdu , attendu que , non-seulement elles sont utiles pour saigner le sol , mais
qu'elles procurent beaucoup d'air aux plantes ; —
qu'en labourant le sol en billons très-étroits , il n'y
a aucun inconvénient de leur donner toute la longueur qu'on désire , pourvu que les saignées soient
bien exécutées ; — que , lorsque les billons sont
très-étroits , et les raies nombreuses , il n'y a aucun
danger que la terre soit entraînée par les eaux ; —
enfin , qu'on peut poser , comme maxime générale,
*que, dans un sol sec et perméable , les billons ne
peuvent pas être trop larges; mais que , dans les
argiles humides , on ne peut pas les faire trop
étroits.*

Quant aux sols secs et meubles , ou sols à turneps,
il n'est pas même nécessaire d'y former des billons,
si ce n'est pour régler la semaille et les travaux
des récoltes. Dans ce cas , on regarde 3o pieds
comme une largeur convenable , comme épargnant
du temps dans les labourages , à cause du moindre
nombre de raies qu'on a à nettoyer , en finissant
la pièce : elle épargne aussi du travail, lorsqu'on
remet la pièce en billons , après un labour croisé;
et elle conserve plus d'humidité dans le sol, que
des billons d'une moindre largeur.

La méthode particulière , qui a été mise en usage

---

posés que de deux tours , en 4 sillons. Il est vrai que cette
méthode écarte toute espèce d'objection , sous le rapport de
l'humidité du sol; mais c'est une opération fort coûteuse.

par un habile cultivateur Écossais , et qui consiste
à placer des saignées couvertes sous les raies qui
séparent des billons larges , serait probablement u-
tile dans plusieurs cantons de l'Angleterre , et particulièrement dans la vallée de *Gloucester* ; car ,
dans les saisons humides , et surtout en hiver , partout où on fait usage de billons larges , chaque raie
devient un canal rempli d'eau stagnante. Les cultivateurs de cette vallée , ont , pour ainsi dire , commencé à adopter la méthode dont nous parlons ,
puisqu'ils forment un petit billon entre deux billons
élevés : il ne leur reste plus qu'à pratiquer une saignée
couverte sous chacun de ces petits billons , pour
effectuer une amélioration très-importante. L'esquisse
suivante donnera quelqu'idée de la nature de cette
opération.

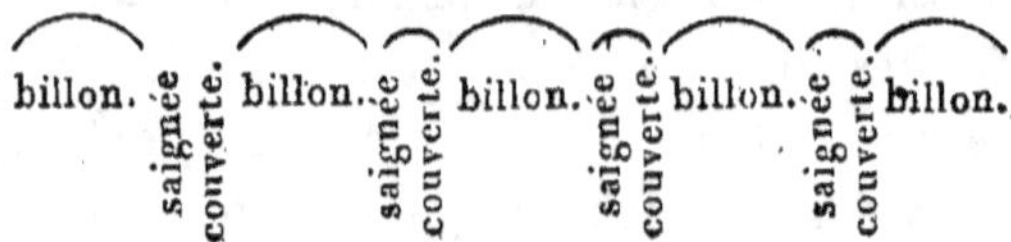

On donne généralement 2 1/2 pieds de profondeur
aux saignées , et on les fait aussi étroites au fond
qu'on le peut, en les creusant avec une bêche ordinaire. On peut les remplir de pierrailles ou de
vieilles briques , jusqu'à la hauteur d'un peu plus
d'un pied, et on les couvre , à la manière ordinaire , avec de la paille et de la terre.

Outre les considérations d'un autre genre , il est
évident que la largeur des billons doit dépendre
aussi du mode de culture. Lorsqu'on sème à la

volée , leur largeur doit être calculée de manière
à ce que le semeur puisse répandre également la
semence sur toute la surface (1). Tandis que ,
lorsqu'on adopte l'usage du semoir, la largeur des
billons doit être appropriée aux dimensions de la
machine. Dans les sols tenaces et humides , c'est
une excellente méthode , de faire marcher les chevaux dans les raies, et de semer toute la largeur
du billon, d'un seul trait.

III. *Alignement des billons.*

Il est extrêmement important que les billons soient,
autant que possible , en lignes droites. Pour un bon
labour, on doit tenir la charrue parfaitement droite,
ce qui n'est pas possible, si elle travaille sur une
ligne courbe. En outre, les billons qui sont très-
courbes , ont plus de longueur que s'ils étaient pris
en ligne droite , et exigent , par conséquent, plus
de travail, pour labourer, herser, etc. , que s'ils
étaient parfaitement droits. Il n'en résulte pas qu'il
existe plus de terrain dans la pièce ; mais une forme
défectueuse, en gênant les opérations de la charrue,
tend essentiellement à augmenter le travail. Tous
les cultivateurs savent, par expérience, quel mauvais
travail font les charrues , dans les billons de cette

---

(1) On dit qu'un bon semeur peut répandre la semence
avec égalité sur un billon, de quelque largeur qu'il soit; mais
on ne rencontre pas toujours des semeurs de cette espèce.

espèce ; et ils savent qu'en les finissant , il faut faire
un bien plus grand nombre de tournées. Lorsque
les billons sont irréguliers , ou plus larges à une
extrémité qu'à l'autre , on perd aussi beaucoup de
semence , parce qu'il n'est pas possible de la ré—
pandre avec autant d'égalité , que lorsque les billons
sont réguliers.

Dans les sols argileux et tenaces , c'est une o-
pération très-difficile , que de redresser et de niveler
des billons courbes ; et , à moins qu'elle ne soit
exécutée avec beaucoup de jugement et d'habileté,
elle entraîne quelques pertes momentanées. On ne
doit jamais la tenter que dans une année de jachères ; et, après cette opération , on doit fournir
au sol une grande quantité d'engrais et d'amendements calcaires , et lui donner plusieurs labours
croisés , afin de mêler le nouveau sol cultivé , à
l'ancien , et d'animer sa fertilité.

IV. *Hauteur des billons.*

Dans les sols humides , il est nécessaire que les
billons soient bien arrondis , de manière à former
un segment de cercle , sans cependant porter leur
hauteur à un excès ridicule , comme dans le Comté
de *Gloucester* , où deux hommes , debout dans les
deux raies , ne peuvent se voir l'un l'autre (1).

———

(1) La hauteur des billons , dans les vallées d'*Evesham* et
de *Gloucester* , a long-temps passé en proverbe. Ils ont souvent

Afin d'élever les billons, on les endosse une fois
ou deux en labourant, selon l'état de sécheresse
et d'humidité du sol. Et même, dans des terres
très-humides, on endosse souvent trois fois avec
succès, surtout pour les récoltes de printemps;
par cette méthode, non-seulement le sol reste desséché pendant tout l'hiver, mais le cultivateur peut
commencer ses opérations plus tôt au printemps.
Cependant la hauteur des billons ne doit pas être
trop considérable, mais seulement suffisante pour
présenter une pente qui permette l'écoulement
des eaux; car, lorsque l'ados est trop élevé, une
moitié du billon ne voit souvent pas le soleil, ce
qui est un grand désavantage dans un climat froid;
et la récolte, qui est toujours plus belle sur l'ados,
souffre plus des vents, que lorsqu'elle est d'une

---

15 à 20 *yards* (15 à 20 mètres), et même jusqu'à 25 yards
de largeur, et leur hauteur est de 4 pieds à 4 pieds 3 pouces,
et quelquefois davantage; mais une largeur de 8 yards, et
une hauteur de 2 pieds à 2 1/2 pieds, sont les dimensions fa-
vories. Un billon de ces dimensions, présente cependant déjà
des pentes plus rapides qu'il n'est nécessaire. Il est probable
que ces masses de terre ont été accumulées avec l'intention
de dessécher le sol; mais on ne peut trop les réprouver aujourd'hui, que l'art des desséchements a reçu tant de perfectionnement. Lorsque ces billons élevés sont en pâturages,
il arrive quelquefois que les bêtes à laine tombent sur leur dos
dans les raies; mais cela n'arrive guère que dans les nuits éclai-
rées par la lune; car, dans les nuits obscures, elles se tiennent
toujours couchées.

hauteur plus uniforme (1). En outre, avec les billons élevés, on accumule le sol fertile au centre, et le reste du sol demeure stérile. C'est une grande faute dans la culture de la terre. On peut remarquer que la hauteur qu'on donne aux billons, par les endossements, dépend entièrement de la profondeur du labour, et il y a des cultivateurs qui forment des billons aussi élevés, en endossant deux fois, que d'autres en endossant trois fois.

V. *Direction des billons.*

Le dernier point qu'on doit considérer, relativement aux billons, est la ligne de direction qu'on doit leur donner, surtout dans les terrains en pente. Il y a quatre manières de tracer les billons, dans les sols de cette nature.

1° Horizontalement, selon la figure suivante.

On adopte cette méthode, afin d'empêcher que la terre et les engrais soient entraînés par les pluies,

---

(1) On regarde comme une hauteur convenable, 3 ou 4 pouces par yard (mètre) de largeur. Entre les récoltes de printemps, l'avoine s'accommode mieux que l'orge, des labours plats : les variétés ordinaires d'avoine, exigent plus d'humidité que celles d'orge.

et aussi d'après l'opinion que les labours sout plus
faciles pour les attelages. Mais , à moins que le sous-
sol ne soit poreux , l'eau reste dans les raies.
D'ailleurs, les labours sont très-difficiles , si on emploie la charrue ordinaire ; et si on fait usage de
la charrue à tourne-oreille , en jetant toujours la
terre en bas, le haut du côteau se trouve peu-à-
peu dénué de terre.

2° Directement de haut en bas.

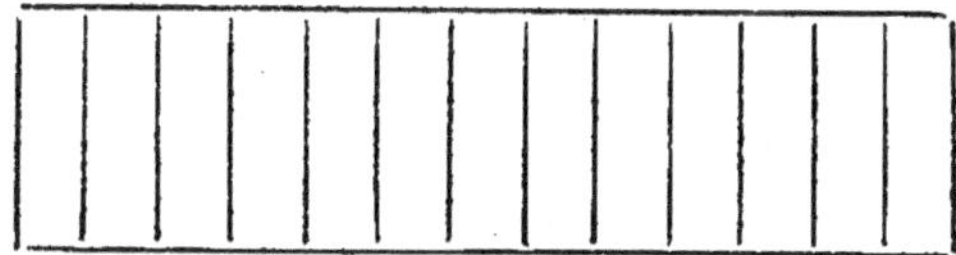

Cette méthode a l'inconvénient , que la terre et
les engrais sont facilement entraînés par les eaux ;
et, lorsque la charrue marche en montant , la terre
présente une si forte résistance, que l'attelage est
extrêmement fatigué.

3° En les dirigeant à gauche , en partant du
sommet.

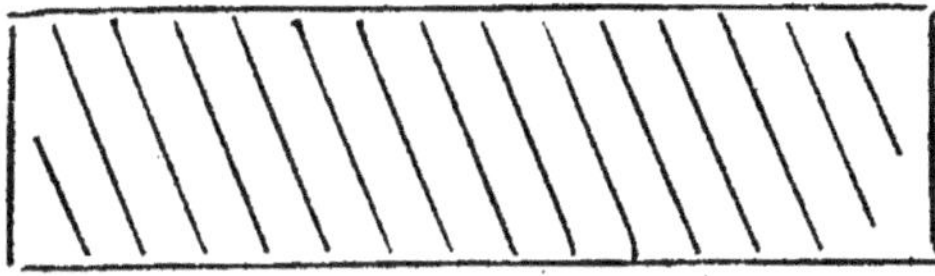

Cette manière n'est pas avantageuse non plus ,
parce que la charrue jette la terre en haut, dans
le trait qui va en remontant, ce qui fatigue beaucoup l'attelage , et fait un ouvrage fort imparfait.

4° En les dirigeant à droite, en partant du sommet.

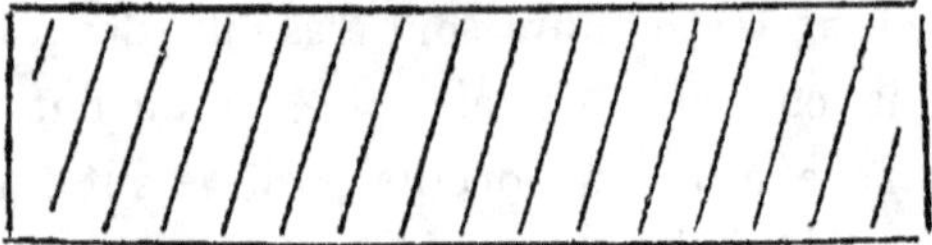

Lorsque les billons sont dirigés de cette manière, la terre est jetée en bas, lorsque la charrue monte, et réciproquement ; le travail s'exécute sans difficulté pour le laboureur, et sans trop de fatigue pour l'attelage. Par cette méthode, la bande de terre n'est jamais poussée contrairement à la pente du terrain ; mais lorsque la charrue marche en montant, la terre retombe librement du versoir, de sorte que toute la surface du sol est parfaitement retournée. Ces billons, tracés en diagonale, sont aussi extrêmement favorables aux charrois des produits et des engrais. Toute espèce de terrain, quelle que soit sa pente, peut être cultivée d'après ce principe, *et, par cette méthode, on peut labourer sur des pentes où cela serait impraticable par tout autre moyen* (1).

---

(1) Lorsque la pente est très-rapide , quelques cultivateurs jettent toujours la terre en bas, en faisant revenir la charrue à vide ; mais on peut presque toujours s'en dispenser, en adoptant cette dernière méthode. Au reste , lorsque la pente est extrêmement considérable ; il est douteux que la charrue doive y entrer, à cause du danger de faire entraîner la terre par les pluies.

On doit remarquer encore, sur ce sujet, que les billons doivent être dirigés du Nord au Sud, si la disposition du terrain le permet. Par ce moyen, les deux flancs du billon jouissent également de l'influence du soleil, et les récoltes y mûrissent en même-temps.

§ III.

DE L'EMPLOI DE L'EXTIRPATEUR ET DES SEMAILLES FAITES SANS LABOUR.

Un agriculteur très-instruit a remarqué, que si on donne un labour profond, dans l'espace de 12, 18 ou 24 mois, il est préférable, dans beaucoup de cas, de ne donner ensuite que des cultures superficielles, au moyen de l'extirpateur, du scarificateur, de la ratissoire-à-cheval, ou d'autres instruments de ce genre, plutôt que de recourir fréquemment à des cultures profondes, surtout pour le froment, qui aime à trouver un fond ferme dans le sol.

Cette doctrine, pourvu qu'on ne la porte pas à l'extrême, mérite l'attention des cultivateurs-praticiens, dans certains cas particuliers.

Il paraît que l'usage de semer les grains de printemps, sur un labour d'hiver, a été adopté en Écosse, déjà depuis long-temps, et Lord KAMES l'a fortement recommandé dans son *Gentleman farmer,* imprimé en 1776. Il voulait que la surface du sol fut ameublie par un fort hersage , l'extirpateur et le scarificateur étant alors inconnus dans les *Lothians* (1).

L'usage de semer l'avoine et l'orge sur un labour d'hiver , a été pratiqué , avec beaucoup d'avantage, dans les Comtés de *Lothian* oriental , de *Kincardine* , de *Dumfries* et de *Roxburgh* , et les récoltes ont toujours été plus certaines et plus abondantes, surtout lorsqu'il survient un printemps et un été secs Il paraît évidemment, par là , que, lorsque le sol est suffisamment propre , et bien préparé avant l'hiver, les labours de printemps sont un accroissement inutile de travail pour l'avoine , et, dans beaucoup de cas, pour l'orge (2); qu'il est

____

(1) Le Lord KAMES s'exprime ainsi : » La meilleure mé-
» thode pour semer l'avoine , surtout dans un sol argileux , est
» de donner un labour après la moisson , et de laisser la terre
» exposée aux influences de l'atmosphère et des gelées , qui dé-
» truisent la tenacité de l'argile , et l'ameublissent parfaite-
» ment. Par ce moyen, la surface du sol est parfaitement bien
» préparée pour recevoir la semence, et ce serait une pitié
» d'enterrer cette surface meuble, par un second labour, avant
» la semaille. L'expérience nous apprend que les sols de cette
» nature se dessèchent plus tôt au printemps, lorsqu'ils ont
» été labourés avant l'hiver, que lorsqu'on retarde le labour
» jusqu'après cette saison ; et comme il est très-avantageux de
» semer l'avoine de bonne heure , il est facile d'éviter l'incon-
» vénient de la croute, qui se formerait sur le sol , au moyen
» d'un fort hersage.

(2) En Irlande , on considère les labours de printemps
comme nécessaires pour les pommes de terre et les turneps.

dangereux de retourner un sol argileux , dans cette
saison de l'année , et que cela fait perdre tous les
avantages d'une surface ameublie , avantages qu'on
ne peut plus regagner après un labour de printemps. On court encore le risque qu'il survienne
une pluie pendant l'opération du labourage, ce qui,
dans beaucoup de cas , met la terre en si mauvais
état , que la récolte devient très-casuelle.

Les cultivateurs du *Carse de Gowrie* pensent ,
cependant , que ce système n'est pas applicable à
leurs terres fortes. Ils croient qu'il est impossible
de maintenir le sol propre et en bon état pour
une succession de récoltes , sans les labours de
printemps. Au reste , le système de l'emploi de
l'extirpateur , pour les semailles de printemps, suppose que le sol où on doit semer l'avoine ou l'orge,
a été préalablement nettoyé de mauvaises herbes ,
soit par une jachère d'été , soit par quelques récoltes
nettoyantes , comme les fèves ; et que sa propreté
ne dépend pas des travaux de culture qu'on peut
exécuter dans le printemps même où la semaille
doit être faite.

L'extirpateur étant maintenant en usage dans les
Lothians , il n'y a pas de doute qu'une pratique

Mais l'usage des semailles de printemps sans labours , a été
adopté , avec de grands avantages , dans quelques parties de ce
même Royaume , pour les sols argileux ; et l'avoine , semée de
cette manière sur un argile tenace , arrive à maturité 15 jours
plus tôt que celle qui est semée sur un labour de printemps.

aussi avantageuse ne se répande autant que peut
le permettre le système de culture écossais , dans
lequel l'avoine succède généralement à des herbages
qu'on ne peut labourer , dans les saisons tardives ,
avant les mois de Février ou de Mars ; dans ce
cas , la méthode ne peut être adoptée. Quant aux
terrains qui ont porté des turneps consommés sur
place par des bêtes à laine , l'expérience apprend
que l'emploi de l'extirpateur est préférable à un
labour , pour la récolte suivante.

Pour ce qui regarde l'Angleterre , on soutient ,
dans divers districts , que les semailles de printemps
peuvent être faites , avec beaucoup de succès , sur
un labour d'hiver ; que le sol peut être suffisamment ameubli et pulvérisé , au moyen de l'extirpateur ou du scarificateur ; qu'il est extrêmement
important d'exposer aux gelées de l'hiver , un sol
argileux tenace , ce qui ne peut se faire que par
un labour exécuté en automne , ou au commencement de l'hiver ; mais qu'on perd tout l'avantage de cette pratique , si on enterre , par un autre
labour , cette partie du sol qui a été améliorée par
les gelées et par l'influence atmosphérique. On
regarde comme absurde , d'enterrer cette surface
meuble , que les gelées ont laissée dans un état si
favorable , qui se dessèche promptement après les
pluies , en restant meuble , et sans former de croute,
mais qui , si elle est enterrée par un labour , au
printemps , s'imprègne souvent d'humidité , au point
que , lorsqu'on la travaille , elle se pétrit , et se

durcit comme des pierres , par des vents secs du Nord-est.

Ces opinions sont confirmées par la pratique très-étendue d'un grand nombre de cultivateurs des Comtés de *Dorset* (1) , de *Buckingham* , de *Norfolk*, et surtout de *Suffolk*. L'emploi de l'extirpateur a pris tant d'extension dans les cantons argileux de ce dernier Comté, à cause de l'ameublissement qu'il procure à la terre , qu'il y a lieu de croire qu'il excluera entièrement l'application de la charrue , au printemps , dans les terres fortes. Le procédé qu'on y emploie à cet effet, est excellent : pendant que le sol est encore sec, en automne, on le laboure avec soin, en le mettant en billons de la largeur exacte qui convient aux divers instruments qu'on doit employer au printemps , comme herses, extirpateurs, scarificateurs et semoirs, qu'on a soin d'adapter tous à un billon d'une

---

(1) Au printemps de 1811 , M. ROBERT, de *Gorewell* en *Dorsetshire* , a fait une expérience comparative , entre les effets de l'extirpateur , et ceux d'une semaille exécutée sur un labour : il avait une pièce d'environ 40 acres , d'un loam caillouteux , couverte d'une récolte de turneps , semés à la volée, et qu'il avait fait consommer par les bêtes à laine. Ne pouvant pas donner un labour à toute cette pièce, il se procura un extirpateur, et s'en servit, en cultivant, avec lui, environ 12 acres (4 hect. 80 ares) par jour ; la pièce fut ensemencée, de suite , en avoine, et hersée ; 4 acres seulement furent labourées à la charrue et ensemencées de même. Dans la partie qui avait été cultivée avec l'extirpateur, la récolte fut supérieure à l'autre, de près d'un tiers.

largeur déterminée, de sorte que les chevaux qui
les conduisent, ne mettent jamais les pieds sur le
billon, mais marchent constamment dans les raies.
Ce perfectionnement est applicable à la culture à
la volée, aussi bien qu'à la culture au semoir ;
mais il écarte bien certainement la principale objection qu'on puisse faire contre l'emploi du semoir
pour les semailles de printemps , dans les terres
fortes (1).

La méthode des semailles sur une culture donnée
à l'extirpateur, n'est pas seulement applicable aux
labours d'hiver ; mais elle a été essayée , avec beaucoup de succès, pour les semailles d'automne. On a
rompu, avec l'extirpateur , des éteules de pois et
de fèves, et on les a ensemencées en froment ,
au semoir, sans aucun labour à la charrue ; les récoltes ont été plus belles que par la méthode ordinaire. Dans les saisons pluvieuses et tardives , la
semaille du froment, après les fèves, est souvent
très-difficile ; si cette méthode réussit généralemant ,
cette difficulté se trouvera applanie.

Quelques personnes, en reconnaissant que cette
méthode peut réussir pour la première récolte,
soupçonnent qu'elle pourrait nuire aux récoltes suivantes de la rotation. Si cette crainte était fondée,
on devrait abandonner la méthode ; mais , d'après
les meilleures informations qu'on a pu se procurer,

_____

(1) M. MIDDLETON remarque que cette excellente pratique
est incompatible avec les larges billons.

dans des recherches faites expressément pour reconnaître la vérité de ce fait, il n'y a aucune raison de craindre que les récoltes suivantes puissent en souffrir (1).

§ IV.

DU HERSAGE.

Cette opération est essentielle, dans la culture des terres arables. Le hersage pulvérise le sol ; — il arrache et amasse les racines de mauvaises herbes qui se trouvent près de la surface, surtout dans la culture des jachères ; — il mêle plus intimement avec le sol, les engrais qu'on y a mis ; — il contribue à recouvrir plus efficacement les semences (2).

---

(1) Dans le rapport du *Suffolk*, on cite vingt cultivateurs-praticiens instruits, qui ont persévéré dans cette pratique, pendant plusieurs années, et avec succès. Dans le Comté de *Derby*, on préfère, dans les terres fortes, l'emploi de l'extirpateur à celui de la herse, parce que le premier ameublit le sol, et l'expose aux influences de l'air et du soleil, tandis que le hersage tend à le tasser.

(2) On a fait des essais comparatifs sur les effets du hersage, comme préparation pour une semaille d'orge ; la différence en faveur du terrain hersé, a été de plus de 2 l. par acre, tandis que la dépense n'a été que de 3 sh. Quant au froment semé avant l'hiver, on pense généralement que trop de hersage lui est nuisible ; lorsque la surface est rendue trop meuble, les plantes courent plus de risque d'être déracinées pendant l'hiver.

On emploie aussi, avec succès, pour la culture des terres fortes, de très-fortes herses, qu'on appelle *herses-brisoirs.*

Pour atteindre ces différents buts, on a inventé des herses de différentes dimensions, et plus ou moins pesantes, adaptées à la nature et à l'état du sol, ainsi qu'aux différentes intentions du cultivateur.

Il y a deux manières de conduire les herses : L'homme conduit les chevaux à la main, ou avec des rênes. La dernière méthode est préférable, parce que les chevaux marchent avec plus de liberté, que le conducteur ne court aucun risque d'être blessé, et qu'il est toujours à portée de remédier aux embarras que peut causer l'accumulation des mauvaises herbes, ou d'autres corps, entre les dents des herses, ou pour dégager les herses, lorsqu'il arrive qu'elles se jettent l'une sur l'autre (1).

Ordinairement, on donne le hersage dans plusieurs directions : on commence par herser en long, ensuite en travers, et on finit par herser en long, comme la première fois. On ne doit pas trop fortement herser, pour la semaille du froment ; il vaut mieux, pour cette récolte, que la terre reste en mottes, mais pour l'orge, surtout lorsqu'elle est accompagnée de semences de prairies artificielles,

––––––––––––––––

(1) Quelques cultivateurs sont dans l'usage de finir le hersage des terres fortes, par un hersage croisé, afin de faciliter la descente des eaux de pluie, du haut de l'ados dans la raie.

4 *

ainsi que pour les turneps , le hersage doit être énergique.

L'étendue de terrain qu'on herse dans une journée , varie selon la vitesse des chevaux. En *Norfolk,* lorsque le terrain est en pente , on est dans l'usage de faire aller les chevaux au pas en montant , et de redescendre à la même place , au trot. De cette manière , on herse environ 7 acres (2 hect. 80 ares) par jour (1). En Écosse , un homme et une paire de chevaux , font 10 acres (4 hect.) par jour , lorsqu'on ne donne qu'un seul trait ; et

---

(1) On doit remarquer , qu'en attachant ensemble plusieurs herses, on fait plus d'ouvrage à proportion , et que, par conséquent , l'ouvrage est exécuté plus économiquement. Un conducteur , avec une seule herse et un cheval, fait un ouvrage très-dispendieux ; deux chevaux et deux herses valent déjà mieux; mais la meilleure méthode est d'en mettre trois ; car il est difficile à un homme d'en gouverner un plus grand nombre. La raison pour laquelle deux herses font proportionnellement plus d'ouvrage qu'une , et trois plus que deux, est que , sur les limites du terrain embrassé par la herse, il se trouve une petite largeur qui est très-imparfaitement hersée , et qu'on est obligé de reprendre au tour suivant. Cette largeur est la même , soit qu'on emploie une seule herse , soit deux ou trois accouplées ensemble. Ainsi, une herse travaillant seule, n'agit efficacement que sur une largeur de deux pieds et demi. Mais deux herses accouplées travaillent efficacement sur une largeur de 6 pieds , et trois font un aussi bon ouvrage sur une largeur de 10 1/2 pieds. Chaque herse , après la première, ajoute une largeur de 4 pieds à l'espace convenablement hersé. Par conséquent , trois herses accouplées, font plus d'ouvrage que 4 herses travaillant séparément , et , en outre , elles n'exigent qu'un conducteur au lieu de quatre.

seulement la moitié, lorsqu'on donne deux traits.
Dans le premier cas, la dépense est de 10 1/4 d.,
et dans le second, 1 sh. 8 d. par acre (2 f. 50e
et 5 f. par hectare).

Comme le piétinement des chevaux est nuisible
à la terre, lorsqu'elle est dans un état humide, on
a fait des tentatives pour exécuter les hersages,
en faisant marcher les chevaux dans les raies. Ces
tentatives ont réussi, avec des billons étroits ; mais
avec de larges billons, on ne peut le faire qu'en
employant des machines compliquées et dispendieuses;
c'est là un des avantages des billons étroits, sur les
billons larges.

§ V.

DE L'EMPLOI DU ROULEAU.

Un cultivateur intelligent a soutenu que l'emploi
du rouleau doit être considéré comme une des opérations les plus essentielles de l'agriculture. L'importance de cette opération devient de jour en jour
plus évidente ; et on trouve tous les jours de nouveaux avantages à en tirer, soit sur les terres arables,
que nous considérons seules en ce moment, soit
sur les prairies.

Sans l'emploi du rouleau, la culture des jachères
ne peut s'exécuter efficacement sur les sols argileux ; mais, au moyen de cet instrument, les mottes
les plus fortes et les plus dures, peuvent être bri-

sées , et les herses et l'extirpateur peuvent ensuite arracher les racines du chiendent , ainsi que des autres plantes nuisibles. Combien l'emploi du rouleau n'est - il pas plus économique que l'ancien usage de briser ces mottes avec des maillets de bois , ou avec de fortes fourches à trois dents , comme on le fait dans quelques parties de la Flandre ! Pour faciliter cette opération, on emploie quelquefois des rouleaux hérissés de pointes, ou de lames tranchantes, qu'on a trouvées encore plus efficaces (1). Lord KAMES recommandait , à cet effet, d'entourer un rouleau de bois, de cercles en fer, placés à 6 pouces l'un de l'autre , et présentant une saillie de 7 pouces, qui couperait les mottes les plus dures , et les réduirait en petits morceaux. Dans les argiles tenaces , cette opération peut apporter une différence totale dans la récolte (2). D'autres per-

______

(1) M. BLAIKIE recommande un double rouleau à pointes , comme préférable à un rouleau simple, pour pulvériser les sols argileux. Il est formé de deux rouleaux, suspendus dans le même châssis , et si rapprochés, que les pointes de l'un passent entre les pointes de l'autre. C'est un instrument pesant, qui ne peut s'engorger de terre, et qui broie très-bien le sol. Il est nécessaire de soulever le rouleau , lorsqu'on tourne au bout du champ, ou pour le transporter d'un champ à un autre. Cela s'exécute au moyen d'une crémaillère fixée sur le châssis, et au moyen de laquelle on fait porter l'instrument sur une paire de roues basses , placées aux deux côtés du châssis.

(2) On a inventé récemment, pour cette opération, un rouleau garni de pointes aigues, soit en fer forgé , soit en fer fondu, qui brise très-efficacement les mottes les plus dures.

sonnes préfèrent l'emploi du même rouleau qui
sert aux semailles en lignes , et qui consiste en
plusieurs anneaux massifs de fer fondu , présentant
la forme de coins , avec un trou au centre , pour
recevoir un gros axe en bois.

L'emploi du rouleau est essentiel dans la préparation de toute espèce de sol tenace, pour une récolte de printemps ou d'été, et , en particulier ,
pour l'orge, les pommes de terre et les turneps ( ) ;
mais c'est après la semaille , que cette opération
présente les plus grands avantages. 1° Le froment
doit toujours être roulé , au printemps, après les
gelées ; cela serre la terre contre les racines , favorise la végétation , fortifie les tiges , et rend le
grain plus parfait. 2° Lorsqu'une récolte de céréales
est semée avec des graines de prairies artificielles,
l'action du rouleau est particulièrement nécessaire
pour rendre la surface unie, en brisant les mottes
et en enfonçant dans le sol , toutes les pierres qu'il

---

(1) Il ne convient pas de rouler la terre avant l'hiver, pour
la semaille du froment. Il vaut mieux que la surface reste inégale et couverte de mottes. Il arrive presque toujours, lorsque
la surface est trop ameublie avant l'hiver, que la récolte est
endommagée par les gelées. On ne doit même employer le rouleau qu'avec précaution, lorsqu'on sème le froment en Février.

Lorsque la terre est en mottes, pendant l'hiver, l'eau pénètre mieux au travers, et les plantes sont moins exposées à
souffrir de l'humidité ; et il est bien connu que les terres fortes
sont les plus disposées à acquérir de la tenacité, lorsqu'elles ont
été bien pulvérisées , surtout si l'opération a été faite dans un
moment où elles n'étaient pas parfaitement sèches.

n'est pas nécessaire d'enlever, ce qui facilite l'opération future du fauchage. 3° L'avoine, dans les
sols légers, peut être roulée avantageusement, immédiatement après qu'elle a été semée, à moins que
la terre ne soit assez humide pour s'attacher au
rouleau. 4° Après que les turneps ont été semés
en lignes, ils doivent être roulés immédiatement,
afin de rendre le sol compact, et de favoriser une
prompte germination (1). 5° Non-seulement pour
les turne s, mais aussi pour toutes les autres récoltes,
l'emploi du rouleau est très-utile pour détruire les
limaces, ainsi que d'autres insectes qui font tant
de tort aux jeunes plantes. Cette opération est surtout efficace, lorsqu'on l'exécute un peu après minuit (2). 6° Le lin doit être roulé immédiate-

---

(1) On emploie ordinairement à cet usage, un petit rouleau de pierre ou de bois ; mais, aujourd'hui, on s'est assuré,
par expérience, que, dans les sols légers, un rouleau pesant
est beaucoup plus efficace pour la destruction de la puce de
terre, qui est ou écrasée par cette opération, ou tellement ren-
fermée dans la terre, qu'elle ne peut plus s'en dégager. On doit
cependant prendre des précautions dans l'emploi du rouleau,
sur la semaille des turneps, lorsque la terre est humide, ou
que le sol est quelque peu tenace ; attendu que la semence est
disposée à s'attacher à la terre qui adhère au rouleau. Lorsque
la terre n'est pas parfaitement sèche, la meilleure manière de
recouvrir la semence, est de faire traîner sur les lignes, un
petit fagot d'épines liées ensemble, dans la forme d'un gros
balais ; un enfant peut le faire sur une étendue de deux acres,
en un jour.

(2) M. WAGG, de *Chilcompton*, a reçu une récompense
de plusieurs centaines de livres sterling, pour avoir publié le

ment après la semaille ; cela fait germer la graine avec égalité , et cela empêche que les plantes lèvent en plusieurs fois , ce qui produit de fâcheux effets, qui se font sentir dans les diverses opérations de la préparation du lin.

Les autres avantages de l'emploi du rouleau sur les terres arables , sont : qu'il rend plus compacts et plus solides , les so's qui manquent de consistance ; qu'il favorise la croissance des plantes , en pressant la terre contre leurs racines ; qu'il conserve l'humidité dans le sol , en empêchant la sécheresse d'y pénétrer. Lorsque la terre est soulevée , l'humidité filtre trop promptement au travers , ou elle s'évapore avec facilité. Dans les saisons sèches , cette circonstance peut occasionner une différence très-considérable dans la récolte , surtout dans un sol léger.

La meilleure manière d'employer le rouleau, est de le diriger en travers des billons, parce que , si on suit leur direction , la partie basse des billons , près des raies , n'est pas aussi bien roulée.

Un rouleau pesant , en supposant que chaque trait recouvre une petite partie du trait précédent , et en ayant égard au temps perdu dans les tournées , peut rouler environ 6 acres (2 hectares 40 ares) par jour ; et la dépense peut se porter depuis 1 sh.

___

moyen de détruire les limaces , par l'emploi nocturne du rouleau. Pour la puce de terre , il est plus utile d'exécuter l'opération en plein jour.

9 d. jusqu'à 2 sh. par acre (de 5 f. 25^c à 6 f. par hectare).

Les cultivateurs sont rarement pourvus d'un nombre suffisant de ces instruments. Lorsqu'on a à rouler une grande pièce de terre , on doit mettre à la fois à l'ouvrage , plusieurs rouleaux ; sans cela, on peut perdre un instant favorable qu'on ne retrouvera jamais. Les bœufs peuvent être employés utilement à cette opération.

§ VI

CHOIX DES SEMENCES.

Les cultivateurs commettent souvent des erreurs très-graves dans le choix des semences ; cependant, en apportant de l'attention à ce point , ils peuvent augmenter considérablement la quantité des produits, ainsi que la valeur intrinsèque de la récolte.

Quelques personnes ont recommandé le principe, très-dangereux, d'employer le plus mauvais grain pour semence : mais il est bien plus sûr , de n'employer aux sèmailles , à moins de nécessité , que des grains qui ont acquis une maturité complète , parce que ces semences sont moins sujètes à être affectées par les circonstances locales , ou par les saisons défavorables. On peut obtenir les grains les plus murs, en battant légèrement les gerbes. On doit aussi faire attention à la grosseur des grains , parce que , quoique le volume du grain dépende généralement de

la nature du sol qui l'a produit , cependant c'est
aussi un signe de sa maturité. Quant à la forme,
cela dépend beaucoup du climat ; car les situations
chaudes et hâtives produisent des grains ronds ,
tandis qu'une forme alongée indique le contraire.
Dans quelques cas, on fait beaucoup d'attention à
la couleur ; mais elle n'est pas par elle-même d'une
grande importance. Il est prudent, cependant, de
cultiver la variété qui reçoit le meilleur accueil sur
les marchés, sous le rapport de la couleur, ainsi
que des autres qualités. Quelquefois, des semences
qui sont très-saines en apparence, sont incapables
de germer. On peut s'en assurer , en semant un
certain nombre de grains , et en observant comment
ils lèvent. Quoique le grain provenant de plantes
rouillées, soit seulement capable de végéter , et
quoiqu'il soit possible que, dans des sols très-riches
et dans des saisons très-favorables, il puisse même
produire une récolte abondante , cependant un cultivateur prudent ne courra pas les chances de cet
événement, surtout lorsqu'il doit semer en hiver ,
ou de bonne heure , au printemps, et que les
plantes doivent, par conséquent , être exposées à
la sévérité de la saison (1).

---

(1) Après la malheureuse récolte de 1782 , on a fait, en
Écosse , quelques expériences, afin de distinguer , s'il était
possible , à des marques certaines, les bonnes graines , de celles
qui avaient été altérées par la gelée. L'expérience a démontré
que l'apparence du grain, dans son état naturel, ne pouvait
présenter aucun indice certain. Pour ce qui regarde l'avoine ,

On doit prendre garde aussi que les grains qu'on emploie pour semence, ne soient pas altérés par des meurtrissures, quand même elles n'attaqueraient que l'enveloppe, ou qu'ils ne soient pas trop vieux pour végéter.

Lorsqu'on emploie la semence qu'on récolte chez soi, on doit semer dans les terres fortes, celle qui a été récoltée dans des terrains légers, et *vice versa*, lorsque ces terrains présentent une grande différence. Dans les fermes en terres argileuses, on peut, sans inconvénient, employer, pendant quelque temps, les semences qu'on récolte ; mais, afin

---

on a trouvé que le grain le plus beau en apparence, employé à la semaille, produisait souvent la plus mauvaise récolte ; 2° que le grain qui fournissait à la mouture la plus grande quantité de farine, était loin d'avoir la plus grande puissance de végétation ; 3° enfin, que les grains qui levaient promptement, lorsqu'on les semait dans un pot, ne pouvaient pas, pour cela, être regardés comme une bonne semence ; car il arrivait souvent, qu'après une levée prompte, les plantes n'avaient pas assez de force pour amener les grains à maturité. Au total, on a trouvé que la meilleure marque à laquelle on pût distinguer la bonne avoine de semence, de celle qui avait été attaquée par le froid, était d'examiner le grain, après l'avoir dépouillé de son enveloppe : et de choisir pour la semence, celui qui, dans cet état, était bien rempli, d'une couleur claire, en rebutant celui qui était ridé, ou d'une couleur obscure, principalement aux extrémités. On a trouvé que les grains qui ont été exposés à un grand froid, perdent souvent toute faculté de végéter ; que lorsqu'ils lèvent, il faut employer plus du double de la quantité ordinaire de semence, et que le produit est au-dessous du tiers de celui d'une bonne semence, et d'une qualité inférieure.

de prévenir la dégénération , c'est une excellente
méthode , que de choisir , dans les récoltes , les
épis qui arrivent le plus tôt à maturité, et qui
sont les mieux remplis. Par ces moyens, les cultivateurs qui se livrent à cet objet d'une manière
particulière , peuvent non-seulement se fournir à
eux-mêmes d'excellentes semences , mais même obtenir toujours un plus haut prix que les autres , en
vendant pour semence , les grains qu'ils récoltent,
soit dans leur voisinage , soit aux cultivateurs
des autres cantons.

§ VII.

CHANGEMENT DE SEMENCE.

On peut recommander , en général , le changement des semences , comme fondé sur des principes raisonnés. Chaque espèce de grain a un climat qui lui convient particuliérement , où il arrive
à sa plus grande perfection , et où il ne dégénère
jamais. Dans un pays où le froment croît naturellement , comme en Sicile , les semences qui tombent
de la plante qui les a produites , arrivent à leur
perfection, quoique ni le sol ni la semence n'ayent
été changés. Mais comme le froment n'est pas indigène en Angleterre , il a une grande tendance à
y dégénérer, surtout dans les districts septentrionaux ; et il y dégénère rapidement, si on le sème
constamment dans le même sol qui l'a produit. Il
n'est pas suffisant que la semence soit prise dans

une pièce de terre différente, il faut de plus qu'elle soit prise dans un autre sol, et dans des circonstances atmosphériques différentes (1).

Par un changement judicieux de semences, non-seulement le cultivateur peut prévenir la dégénération, mais aussi il peut obtenir des récoltes plus hâtives, objet d'une grande importance dans beaucoup de cas. Il est bien connu que les changements qui s'introduisent dans la constitution des plantes, par l'effet de la situation dans laquelle elles se trouvent placées, se transmettent ordinairement

---

(1) Les cultivateurs de l'extrémité du Comté de *Lincoln*, trouvent un grand avantage à acheter leur semence dans les parties basses de ce Comté ; ils trouvent ce changement utile, en même-temps qu'ils y trouvent de l'économie sur le prix. On a remarqué, en Écosse, qu'il est très-avantageux de changer tous les ans la semence des divers grains, parce que la même semence, semée constamment dans le même sol, finit par produire des grains petits et peu productifs. En Flandre, on ne sème jamais les grains qui ont été produits par le même terrain ; pour le lin, on emploie la graine venant de *Riga* ou de *Mémel*; et on fait venir du Brabant, les pommes de terre de semence. La société d'agriculture d'Irlande, a introduit parmi les cultivateurs, par le moyen des prix qu'elle décerne, l'usage d'employer les semences importées d'Angleterre. Cette méthode a beaucoup amélioré la qualité des grains de ce pays, et les échantillons de grains qu'on porte maintenant aux marchés d'Irlande, ne feraient déshonneur à aucun marché d'Angleterre. Les grains anglais, semés en Irlande, arrivent généralement à maturité, 10 ou 15 jours plus tôt que ceux qui sont produits par la semence du pays. Les pommes de terre produites par les terrains écobués, sont regardées, en Irlande, comme les meilleures pour la semence.

aux plantes qui en proviennent. Les plantes qui sont produites par une semence qui a végété dans un sol sablonneux et chaud, végètent, en conséquence, plus promptement, dans quelqu'espèce de sol qu'on les sème; et les plantes qui proviennent d'une semence obtenue dans un sol argileux froid, croissent lentement, même dans un sol chaud. De là, l'avantage de semer dans un sol froid, des semences produites par un sol hâtif; en effet, quoique, dans un sol froid, la semence produite par un sol chaud, ne végète pas aussi promptement que si elle eût été semée dans un terrain hâtif, cependant elle végétera plus rapidement qu'une semence produite par un sol froid (i). Le produit sera aussi plus considérable. Il paraîtrait, d'après une expérience faite par le célèbre Lord KAMES, que le produit d'une semence changée, excède de près de 26 p. o/o, celui de la semence anciennement cultivée. Cependant un cultivateur ne doit pas changer sa semence, tant qu'elle lui donne des produits satisfaisants, à moins qu'il ne soit con-

---

(i) Afin de s'assurer de ces faits, un cultivateur intelligent des *Lothians*, a semé du blé anglais, qu'il avait fait venir de Londres, comparativement avec le sien propre, et le premier à été constamment de quelques jours plus hâtifs. Il a essayé aussi de semer du froment, égal en qualité au sien, mais provenant d'un canton où le climat produit des récoltes de 10 jours plus tardives que celle de la ferme qu'il cultive, et il à mûri près d'une semaine plus tard que celui qui a été produit par son propre blé, semé en même-temps.

vaincu qu'il peut obtenir mieux par un changement.

Il est convenable d'ajouter qu'il existe deux cas, dans lesquels on a trouvé avantageux de changer la semence, d'un climat inférieur à un supérieur. En Flandre, où on cultive une grande quantité de lin, on regarde comme nécessaire d'importer la semence de la Baltique ; sans cela, les récoltes sont inférieures. Pour les pommes de terre, on a remarqué aussi que l'importation de la semence d'un climat inférieur, est le meilleur moyen de prévenir la maladie appelée *la Frisolée*. Au reste, on a reconnu, heureusement, qu'on atteint le même but, en arrachant de bonne heure les pommes de terre destinées à la semence, ou en les plantant assez tard pour qu'elles ne puissent pas atteindre leur maturité.

Outre le changement des semences, on a trouvé utile d'obtenir diverses variétés par le croisement. Non-seulement Mr KNIGHT a obtenu ainsi une nouvelle variété de pommes et de pois de jardin, mais il a fait aussi quelques expériences sur le croisement du froment, ce qu'il a exécuté, en semant ensemble plusieurs variétés. Le résultat en a été fort extraordinaire ; car, tandis que, dans l'année 1796, presque tous les froments de l'Angleterre ont été attaqués de la rouille, les variétés obtenues par le croisement, ont seules échappé, quoique semées dans différents sols, et dans des situations très-différentes.

S VIII.

QUANTITÉ DE SEMENCE.

Il est difficile de croire combien peu on fait attention à cette branche de recherches, dans plusieurs districts. Dans quelques-uns, on emploie des quantités énormes de semence, comme un quarter ou 8 bushels d'avoine par acre (7 hectol. par hectare). Dans d'autres, on sème, dans toutes les saisons de l'année, la même quantité de froment, sans faire attention à l'époque de la semaille ; cependant 2 ou 3 bushels de semence, semés en Août ou Septembre, sont égaux à 4 bushels, et même davantage, semés sur la fin de Novembre, ou au printemps. Une semaille épaisse est très-nuisible, pour les froments semés de bonne heure, dans des sols médiocres et peu profonds ; car, quoi qu'ils puissent avoir assez de fertilité pour nourrir un grand nombre de plantes pendant l'hiver et le printemps, cependant, toute cette fertilité est dépensée dans les premières périodes de la végétation : la paille est faible et menue, et les épis restent petits. Tandis que, s'il n'y avait eu que le nombre convenable de plantes, l'épuisement aurait été moins considérable pendant l'hiver et le printemps, et la fertilité du sol aurait été réservée pour l'objet le plus important, la formation du grain.

En traitant ce sujet, nous établirons, 1° les

règles qu'on doit recommander , relativement à la quantité de semence en général ; 2° les proportions les plus convenables pour chaque récolte en particulier.

Règles générales.

1° Le premier point qu'on doit considérer , est *le climat*. Dans un canton où il est probable que la récolte éprouvera des saisons favorables , on peut employer une quantité de semence moindre , que lorsque la récolte doit être exposée à une succession de temps variables , à des chûtes de pluie ou de neige considérables , ou à de fortes gelées. Partout où le climat est incertain , il est nécessaire d'employer une quantité de semence suffisante , pour se prémunir contre les accidents.

2° La nature *du sol* , et son état de fertilité , sont les points qu'on doit prendre ensuite en considération. Dans les sols légers et peu profonds , on ne doit pas semer trop épais , par le motif que nous avons indiqué ; tandis que , dans les sols tenaces , argileux et humides , il est nécessaire d'employer une grande proportion de semence , afin d'assurer une récolte aussi abondante que peuvent le supporter les sols de cette espèce , où les grains tallent rarement beaucoup. Mais lorsque les terres de ce genre sont bien préparées , ameublies par une jachère d'été , et dans un haut état de fertilité , une petite quantité de semence est suffisante ; car, quoique la récolte puisse paraître claire pendant l'hiver, cependant, les tiges latérales, qui partent des racines, auront assez de temps et de vigueur pour garnir le sol, et produire une pleine récolte à l'automne.

3° On doit ensuite considérer *la saison de la semaille*; car il est évident que les plantes semées de bonne heure, s'enracinent plus promptement, et ont plus de temps pour pousser des tiges latérales, que celles qui ont été semées tard. Par conséquent, une moindre quantité est suffisante pour garnir le terrain. Dans les semailles tardives, la récolte peut même être retardée par une saison chaude et sèche, à moins qu'on n'emploie une grande quantité de semence, qui préserve le sol de l'évaporation, au moyen de l'ombrage des plantes très-rapprochées. Il paraît convenable, lorsqu'on sème le froment à la volée, sur la fin de Septembre, dans un sol de qualité moyenne, d'employer environ 2 1/2 bushels par acre (2,20 hectolitres par hectare), et d'ajouter un gallon de semence (10 litres par hectare), pour chaque quinzaine de jours de retard de la semaille.

4° On doit considérer aussi *l'état du temps, à l'époque de la semaille*; car si la saison est très-sèche, et le sol peu humide, on doit s'attendre qu'il manquera plus de semence, que dans le cas contraire. On doit donc en employer une plus grande quantité ; c'est pour cela qu'il est convenable, non-seulement d'employer, dans ces circonstances,

une plus grande quantité de semence, mais aussi,
d'exécuter la semaille immédiatement après le labour.

5° Il est évident que *le mode de la semaille* doit
apporter aussi quelque différence dans la quantité
de semence. Lorsqu'on sème à la volée, on doit
en employer une plus grande quantité, que lorsque
les grains sont déposés dans le sol, à profondeur
et à distances égales, comme cela arrive, lorsqu'on emploie le semoir, ou qu'on plante les grains
au plantoir. Lorsqu'on répand le grain à-peu-près
au hazard, sur toute la surface du sol, il est exposé à être dévoré par les oiseaux ; et une partie
de la semence peut n'être pas placée dans une situation favorable à la végétation. Cependant l'é-
conomie de la semence ne peut pas, sans inconvénients, être portée aussi loin, avec l'emploi du
semoir, qu'on peut le faire en faisant usage du
plantoir (1).

6° En fixant la quantité de semence qu'on doit
employer, il est nécessaire aussi, de savoir *si on
doit semer du trèfle avec le grain ;* car, dans ce
cas, il est évident qu'on doit employer une quantité moindre de grain ; autrement, le trèfle souffri-
rait essentiellement, dans une récolte de céréale
trop épaisse.

---

(1) C'est d'après cette opinion, que M. COKE, de *Norfolk*, sème, au semoir, 4 bushels de froment, 3 bushels d'orge,
et 6 d'avoine, par acre (3 hectol. 52 lit. de froment, 2, 64
hectol. d'orge, et 5, 28 hect. d'avoine par hectare).

7° *La qualité de la semence* est un autre point auquel on doit faire attention ; car il est certain qu'une quantité moindre est suffisante, quand on sait que la semence est bonne et parfaite dans son espèce, que lorsqu'elle est vieille, qu'elle a été récoltée dans une saison défavorable, ou qu'elle a quelqu'autre défaut. Dans le premier cas, tous les grains végéteront ; tandis que, dans le second, beaucoup de grains peuvent manquer.

8° Le dernier point qu'on doit considérer, est *le volume des grains de semence ;* car plus le grain est petit, plus grand sera le nombre de plantes produites par un poids déterminé de grains ; lorsque les grains sont ronds et bien nourris, ils ne sont pas moins propres à la végétation, quoique d'une grosseur médiocre.

Proportion de semence pour les différentes espèces de récoltes.

On doit regretter qu'on n'ait pas encore déterminé, à l'aide d'expériences positives, quelle est la proportion de semence qui doit produire les récoltes les plus abondantes, pour les diverses espèces de récoltes, et dans diverses circonstances. Les données suivantes pourront répandre quelque jour sur cette branche de notre sujet.

Le Froment. — Lorsque le sol est très-fertile, et bien convenable au froment, principalement après une jachère d'été, l'expérience a démontré, dans

les cantons les mieux cultivés de l'Écosse , que
2 bushels par acre (1, 76 hectol. par hectare),
sont généralement suffisants. Après une récolte de
fèves, il faut employer plus de semence qu'après
une jachère d'été, parce que la surface étant plus
inégale et moins ameublie, la semence ne peut
pas être distribuée aussi également ; et sur un tréfle
rompu , on doit employer encore plus de semence
qu'aprés des fèves. Lorsqu'on sème du froment au
printemps, après des turneps , on doit mettre encore une plus grande quantité de semence , parce
que la briéveté de la période de végétation , ne
permet pas aux plantes de taller beaucoup , et qu'une
grande quantité des tiges latérales, produites ainsi,
ne pourront parvenir à maturité. Dans ce cas , il
peut être nécessaire de semer depuis 3 bushels jusqu'à un peu moins de 4, par acre (depuis 2, 64
hect. , jusqu'à 3, 5o hectol. par hectare). En Angleterre , on a calculé que le terme moyen de la
quantité de semence de froment dans tout le Royaume,
est d'environ 2 1/2 bushels par acre (2, 20 hectol.
par hectare), quoiqu'on en emploie souvent davantage.

L'Orge. — La quantité de semence pour l'orge,
varie depuis 2 1/2 bushels , jusqu'à 4 bushels par
acre (depuis 2, 20 hectol. jusqu'à 3, 52 hectol. par
hectare); mais il est toujours plus sûr de mettre
un peu plus de semence , qu'un peu moins. Pour
toutes les semailles de céréales de printemps, il est
de principe , qu'on doit employer une quantité de

semence suffisante, pour assurer une pleine récolte, au moyen des tiges principales, sans compter sur le tallement ou la production des tiges latérales. Au moyen d'une semaille épaisse, la récolte croît et mûrit également, et le grain est uniformément beau, à moins d'une saison très-défavorable. La semaille d'orge ayant généralement lieu dans la saison sèche de l'année, les plantes sont souvent arrêtées dans leur croissance, et ne peuvent développer leur tige latérale, pour garnir le sol. Celles-ci poussent plus tard ; mais on ne peut attendre qu'elles arrivent à maturité, ou si on attend cette époque pour moissonner, on court grand risque de perdre la partie la plus hâtive de la récolte (1).

L'Avoine. — La quantité de semence pour une récolte d'avoine, est généralement de 4 à 5 bushels de *Winchester*, par acre (de 2, 82 hectol. à 3, 52 hectol. par hectare); en *Devonshire*, on sème jusqu'à 6 bushels (4, 23 hectol. par hectare); et en *Yorkshire*, jusqu'à 8 (5,4 hectol. par hectare). La quantité doit dépendre de la richesse du sol, et de la variété qu'on cultive : l'avoine – patate

---

(1) L'opinion et l'expérience des cultivateurs d'Irlande sont totalement différentes. Dans ce pays, l'orge talle autant que le froment, dans les sols de bonne qualité et bien cultivés, et les épis produits par ces tiges latérales, sont aussi productifs que ceux de la tige principale. Quelques-uns des meilleurs cultivateurs d'Irlande sèment leur orge *clair*, dans des terres bien préparées, et regardent comme peu convenable de semer ce grain dans les terres où il ne doit pas taller.

n'ayant pas de grains avortés, comme les variétés ordinaires, exige beaucoup moins de semence, en mesure, que les autres espèces ; lorsque le sol est bien cultivé, on peut n'employer, pour cette variété, que la même quantité de semence qu'on emploie pour l'orge, c'est-à-dire, de 2 1/2 à 4 bushels par acre (de 2 hectol. 20 lit., à 3 hect. 52 lit. par hectare). On doit remarquer cependant, que l'avoine se cultivant en général sur des sols de qualité inférieure, et dans des climats froids, la quantité de semence doit être augmentée, en proportion que ces circonstances exercent leur influence.

Les Fèves. — Dans la culture des fèves , on emploie différentes quantités de semence, en Angleterre et en Écosse. Dans le premier de ces deux Royaumes, on regarde 3 bushels par acre (2 hect. 64 lit. par hectare) comme une quantité suffisante , lorsqu'on emploie le semoir, et 4 bushels (3 hect 52 lit. par hectare), lorsqu'on sème à la volée ; mais , en Écosse, on met 4 bushels par acre (3 hect. 52 lit. par hectare), avec le semoir, et 5 bushels (4 hect 40 lit. par hectare), à la volée. Peut-être cela est-il dû, en partie, à la différence du climat, attendu que les fèves, étant semées de très-bonne heure, sont exposées à une saison rigoureuse. En outre, on assure, en Écosse, que, si les lignes des fèves ne couvrent pas entièrement le sol, les mauvaises herbes ne manquent pas de croître et de fleurir, après que les binages sont terminés. Ainsi, la terre se salit ; on manque le principal but de la culture en lignes ; la récolte est diminuée par la soustraction d'une partie de sa nourriture ; et la terre reste en mauvais état, en comparaison de ce qu'elle aurait dû être.

Les Pois. — Lorsqu'on emploie le semoir, on regarde 4 bushels par acre (3 hect. 52 lit. par hectare) comme suffisants ; mais, lorsqu'on sème à la volée, on regarde comme nécessaire, d'employer de 4 à 5 bushels (de 3 hect. 52 lit. à 4 hect 40 lit. par hectare). Au reste, cela dépend beaucoup de la grosseur des pois, de leur force de végétation, et des propriétés particulières de la variété qu'on sème ; car 3 bushels de pois gris, employés comme semence, font autant que 4 bushels de pois blancs.

Tréfle et Ray-grass. — On ne doit pas semer, en même-temps, un mélange de semences pesantes et légères, comme le tréfle et le ray-grass ; il serait impossible que la semaille fût régulière. Il vaut beaucoup mieux les semer séparément, l'un après l'autre. La quantité ordinaire, par acre, est de 10 à 12 livres de semence de tréfle rouge (25 à 30 livres par hectare), et environ la moitié ou les deux tiers d'un bushel de semence de ray-grass bien nettoyé (de 45 à 60 lit. par hectare). Si on coupe le ray-grass jeune, il n'épuise pas le sol.

En général, on ne doit pas mettre une trop rigide économie dans la distribution des semences ; car une pleine récolte, de quelque grain que ce soit, est achetée à bon marché, par l'emploi d'une quantité suffisante de semence ; tandis qu'une récolte chétive,

outre qu'elle donne par elle-même peu de profit,
empoisonne à coup sûr le sol , en favorisant la
croissance de plantes nuisibles. Il y a ici , comme
en toute chose, un juste milieu. Une récolte ne
peut réussir , lorsque les plantes sont trop nombreuses , de même que lorsqu'il y en a trop peu.
Leur végétation, trop vigoureuse, peut aussi être
préjudiciable , en retardant l'époque de la maturité,
et en rendant la récolte très-casuelle.

§ IX.

PRÉPARATION DES SEMENCES.

Dans l'intention d'améliorer les récoltes , les cultivateurs ont tenté différents moyens de préparation
des semences , pour atteindre quatre buts : 1° pour
reconnaître les grains faibles ou défectueux ; — 2°
pour préserver la semence des attaques des insectes;—
3°pour favoriser la germination des plantes ; — 4°
enfin , pour prévenir certaines maladies auxquelles
elles sont sujètes. — Nous discuterons plus loin le
quatrième point ; nous allons examiner brièvement,
ici, les trois autres.

1° Afin de reconnaître et de séparer les grains imparfaits et avariés, de ceux qui sont sains , et propres
aux semailles , il ne faut que plonger doucement le
grain, soit dans l'eau commune, soit dans une solution
de sel et d'eau.De cette manière, les grains imparfaits
et avariés , étant plus légers , se séparent aussitôt ;

ils viennent nager à la surface ; et on peut les enlever , soit immédiatement après , soit quelque temps
après que la masse a été agitée. En général , on
regarde l'emploi de l'eau pure comme suffisant ;
mais l'addition du sel est utile , parce que , la pesanteur spécifique du liquide étant augmentée , les
grains un peu moins légers que les plus mauvais ,
viennent également à la surface : la solution doit
être assez forte pour qu'un œuf y surnage.

2° On fait aussi quelquefois tremper les grains
dans certaines substances , afin de les préserver des
attaques des insectes , des oiseaux , des souris , etc.
On emploie principalement l'huile de baleine (1),
les urines des étables , etc. qui , par leur odeur
forte , écartent ces animaux. A cet effet , les Romains
employaient des lies d'huile , une décoction de feuilles
de cyprès , du jus de porreaux , etc. , et ils mettaient
une grande confiance dans l'application de ces procédés. Dans les temps modernes , on a imprégné
les semences d'orge , d'avoine et de froment , de

---

(1) Pendant trois années , on a préservé les turneps des
attaques de la puce de terre , chez Lord ORFORD , en *Norfolk*,
en faisant tremper la graine dans l'huile de baleine. La veille
de la semaille , on faisait tremper d'abord , dans l'huile , autant
de semence qu'on devait en employer le lendemain , et ensuite
on les conservait pendant la nuit , dans de l'eau salée. 7 gallons
d'huile (30 lit.) sont suffisants pour préparer la semence destinée à 200 acres de turneps (80 hectares). Dans cette étendue , 30 acres environ ont été détruites par les puces , ce qu'on
a attribué à la chûte d'une pluie excessive , qui avait détruit
les qualités nuisibles de l'huile.

substances salines et caustiques, afin de les préserver des attaques des insectes, ou de faire périr
ceux qui en mangeraient.

3° On a fait aussi des tentatives pour hâter la
germination et la croissance des plantes, en faisant
tremper les semences dans l'eau ou dans d'autres
substances, afin de leur procurer une végétation
rapide au printemps.

Quelques cultivateurs ont fait tremper dans l'eau
pure, pendant 16 ou 24 heures, l'orge qu'ils devaient
semer dans des sols légers, où ils supposaient qu'il
ne se rencontrerait pas une quantité d'humidité suffisante pour assurer la gemination ; et, selon quelques rapports, on a obtenu de grands succès de cette
méthode. Il est, au reste, très-dangereux de laisser
tremper les semences pendant trop long-temps,
parce qu'on peut ainsi faire périr les germes. On
recommande de rouler le sol après avoir semé, afin
de retenir l'humidité qui s'y rencontre. Il semble
encore plus avantageux de faire tremper les grains
dans l'eau qui s'écoule des tas de fumier (1),

---

(1) Au printemps de 1783, un cultivateur de *Cornwall*,
M. JAMES CHAPPLE, fit tremper son orge de semence dans de
l'eau de fumier, dans laquelle il la laissa pendant 24 heures.
On enleva tous les grains qui vinrent à la surface. En retirant
la semence de l'eau, on y mêla une quantité suffisante de
cendres de bois tamisée, afin qu'il fût plus facile de le répandre également, et on l'employa à ensemencer trois pièces
de terre. Le produit fut de 60 bushels par acre (52 hectol.
67 lit. par hectare), d'orge de bonne qualité ; tandis que dans

surtout dans l'urine de vaches , qui contient beaucoup d'ammoniaque , mais dans laquelle les semences
ne peuvent pas être laissées , sans inconvénient ,
pendant plus d'une heure.

Les jardiniers font souvent tremper les fèves ,
pour accélérer leur croissance ; et quelques cultivateurs ont trouvé très-avantageux d'adopter cette
pratique en grand , dans des situations froides.

En Suisse , on est dans l'usage de faire tremper,
pendant une heure ou deux , la semence de trèfle,
dans de l'huile commune, pour la mettre à l'abri
des insectes. On doit la mêler ensuite avec du plâtre
en poudre , pour favoriser une rapide végétation.
La même méthode pourrait produire les mêmes effets
sur la semence de turneps , et écarter les dangers
auxquels cette plante est sujète dans sa jeunesse.
L'huile fait périr tous les insectes , lorsqu'elle est
appliquée à l'extérieur , en bouchant les pores de
de leur peau : prise intérieurement , elle ne leur
est pas aussi nuisible.

---

plusieurs pièces , appartenant au cultivateur lui-même , et à
ses voisins , dans lesquelles la semence n'avait reçu aucune
préparation , la récolte fut très-chétive, et ne produisit pas
plus de 10 bushels par acre (17 hectol. 62 lit. par hectare).
On ne doit cependant employer , qu'avec beaucoup de précaution , l'eau de fumier , pour y faire tremper des graines.
Lorsqu'elle est étendue , elle ne peut pas faire beaucoup de
mal ; mais si on la conserve, pendant quelque temps, dans un
état concentré , elle devient très-putride , et peut être nuisible,
en détruisant la puissance végétative des plantes.

§ X.

SAISONS DES SEMAILLES.

L'époque de la semaille des différentes espèces de grains, varie tellement, en raison de la situation, du sol, du climat, des variétés et de plusieurs autres circonstances, qu'il est impossible d'établir aucune autre règle générale, si ce n'est qu'au total, on doit recommander des semailles hâtives (1). Un grand nombre d'expériences soignées, publiées par le docteur HUNTER, donnent pour résultat : qu'en Angleterre, l'époque la plus favorable pour la semaille du froment, s'étend du milieu de Septembre au milieu d'Octobre. Il est vrai que beaucoup de cultivateurs ne peuvent pas terminer leurs semailles dans cet intervalle ; mais il est important qu'ils s'efforcent de le faire, autant que cela est praticable.

D'après plusieurs rapports, on doit ensemencer, avant l'hiver, ou de bonne heure dans cette saison, une aussi grande étendue de terre que les circonstances peuvent le permettre ; 1° parce qu'une grande partie des travaux se trouvant faits pour l'hiver, on est moins gêné pour ceux du printemps ; 2° parce qu'une moindre quantité de semence est suffi-

---

(1) Un vieux proverbe dit : « Qu'une semaille hâtive trompe
» quelquefois, mais qu'une semaille tardive ne trompe jamais,
» attendu que la récolte qu'elle produit est toujours mauvaise.

sante , pour les semailles faites avant l'hiver ; 3°
parce que la récolte arrive plus tôt à maturité,
ce qui , dans les temps de disette , peut prévenir
les calamités de la famine ; 4° parce que les récoltes qui mûrissent plus tôt , sont moins exposées
aux maladies pendant leur croissance , et aux inconvénients qui résultent du mauvais temps , à l'é-
poque de la moisson ; 5° enfin, parce qu'il est possible d'obtenir une seconde récolte dans la même
année. Cela se fait souvent en Flandre , et même
en Angleterre , où on cultive des turneps sur les
éteules des céréales.

D'après tous ces motifs , les cultivateurs de la
Grande-Bretagne et de l'Irlande , devraient se livrer à des recherches , pour reconnaître si on ne
pourrait pas, dans quelques circonstances, semer,
avant l'hiver , deux espèces de grains , qui se
sèment communément au printemps ; savoir : l'a-
voine et l'orge.

Quant à l'orge , la variété à deux rangs ne réussirait pas ; mais il n'y a guère de doute qu'on ne
réussisse avec les variétés à 4 ou à 6 rangs. Les
cultivateurs de la Flandre tirent un grand profit
de la culture de l'orge d'hiver , qu'ils préfèrent
beaucoup à l'orge du printemps. Sa maturité est
plus hâtive (1) ; — elle se vend à plus haut

---

(1) Dans *les Polders*, son produit est de 10 quarters par
acre anglaise (70 hectol. 50 lit. par hectare). Cette espèce de
sol lui convient particulièrement. En Irlande , on connaît cette

prix ; — enfin, elle fournit une plus grande quantité de bière ou d'eau-de-vie. On peut aussi, aprés
cette céréale, obtenir, dans la même année, une
récolte précieuse de turneps (1).

Pour ce qui regarde l'avoine, la semaille d'automne se trouve fortement recommandée par le
succès qu'on en obtient en Irlande. Cependant cette
pratique ne convient pas aux sols pauvres et froids;
mais, dans une terre riche et fertile, on ne peut
guère douter de son succès. L'avoine doit être semée en Septembre, ou au commencement d'Octobre.
Comme les plantes tallent ensuite beaucoup au
printemps, il suffit d'employer la moitié de la quantité ordinaire de semence. Cette pratique réussit
surtout dans les sols secs ; mais, lorsqu'on a à
craindre que l'humidité nuise à la récolte, on doit
faire des raies d'écoulement avec la charrue, et la
terre meuble qui en sort, doit être répandue sur
la semaille d'avoine, avec la bêche ou la pelle. Si
la récolte présente une trop forte végétation au printemps, on peut, ou la faire couper à la faux, ou
la faire pâturer par les moutons, en Février ou

---

céréale sous le nom de *Bere* ou *Bigg*, et on la sème fréquemment en automne, avec beaucoup de succès. On la regarde comme une excellente récolte, sur les terres qui ont été
écobuées, ainsi que sur les terres meubles et fertiles.

(1) M. ELMAN, de *Glynde*, en *Sussex*, a semé de l'orge
d'hiver, principalement comme nourriture de printemps, pour
ses bêtes à laine, mais, a n total, il préfère le seigle, comme
étant d'une quinzaine plus hâtif.

en Mars. Cela est utile à la récolte, quoique cela
retarde sa maturité. Mais, malgré cela, la récolte
sera faite encore 15 jours ou trois semaines avant
celle de l'avoine semée au printemps, et le produit sera plus abondant. S'il est possible, on doit
employer pour semence, du grain qui ait été semé en hiver, parce que ces grains produiront naturellement des plantes d'une nature plus robuste
que les grains qui ont été obtenus d'une semaille
de printemps. On a fortement recommandé, pour
cet essai, l'avoine de Tartarie, variété particulièrement robuste.

§ XI.

DE LA SEMAILLE A LA VOLÉE ET AU SEMOIR, ET DE LA PLANTATION DES GRAINS.

La manière la plus avantageuse de déposer les
semences dans le sol, et de les recouvrir, est un
des sujets de recherches les plus importants de l'a-
griculture. Depuis quelque temps, on a apporté
une attention particulière à ce sujet, et il a été
discuté, non-seulement dans plusieurs ouvrages,
mais aussi dans de nombreuses réunions de cultivateurs-praticiens. Nous le traiterons sous les quatre
titres suivants : 1° La semaille à la volée; 2° la
semaille sous raies; — 3° la semaille au semoir,
et les autres modes de culture en lignes; — 4°

enfin , la semaille au plantoir. Nous ajouterons quelques observations sur la transplantation des récoltes.

I. *Semaille à la volée , enterrée par la herse.*

Cette méthode , qui , probablement , était autrefois employée exclusivement , est encore suivie généralement dans plusieurs parties du Royaume-Uni, et c'est la pratique ordinaire , dans la plus grande partie du continent. Ce procédé est difficile à bien exécuter ; et il est impossible de donner une idée , par le moyen d'une description , du pas mesuré , de la poignée régulière , et du jet uniforme que le semeur acquiert , et qui ne peuvent s'apprendre que par l'inspection , l'imitation et la pratique Un semeur habile et expérimenté distribue la semence sur le sol, avec la plus exacte égalité , et avec une précision étonnante, selon la quantité qu'on lui a prescrit de mettre par acre. Cependant cette opération est souvent exécutée très-imparfaitement ; et même , lorsqu'elle est bien faite, c'est l'opération subséquente du hersage , qui décide si la semence sera déposée à la profondeur couvenable pour sa germination.

Les personnes qui ont adopté un mode de semaille plus correct, reprochent à la semaille à la volée : — qu'il est difficile de l'exécuter convenablement par le vent ; — que les semences sont placées à des profondeurs inégales ; — qu'une grande partie des grains sont , ou recouverts trop légèrement , ou enterrés à une trop grande profondeur dans le sol ; — qu'on éprouve une perte énorme , par la quantité des grains qui sont exposés aux attaques des oiseaux , ou placés de manière à souffrir beaucoup des sécheresses ou des gelées ; — enfin , qu'à moins qu'elle ne soit faite par un homme très-habile , une partie du terrain peut rester vide.

Malgré ces objections , la semaille à la volée continue à rester en usage dans plusieurs districts , non-seulement à cause de sa simplicité , et parceque'elle n'exige pas de machines dispendieuses , mais aussi , à cause de l'avantage qu'on trouve dans la promptitude avec laquelle elle peut être exécutée, dans les climats peu favorables , ou dans les saisons extraordinairement tardives , promptitude qui offre plus de certitude de pouvoir exécuter les semailles , dans quelque saison que ce soit (1). Il est certain que lorsque le climat est peu favorable,

____

(1) Plusieurs cultivateurs qui sont partisants du semoir , conviennent que , dans les saisons peu favorables , ils sont quelquefois forcés d'avoir recours à la semaille à la volée. M. DENNY, d'*Enguière* , en *Norfolk* , avance que tout cultivateur-praticien conviendra qu'un bon semeur peut être employé avantageusement, surtout dans les saisons tardives , en recouvrant la semence à la herse , si c'est sur un tréfle rompu , et en l'enterrant à la charrue , si c'est sur un sol cultivé. Dans une saison humide , il préfère la semaille à la volée pour l'orge, en l'enterrant à la herse ou à la charrue , selon l'état du sol.

c'est une considération très-importante pour les cultivateurs, que la nécessité d'employer plus de temps et plus de travail, surtout à l'époque des semailles. Leur *train*, en hommes et en chevaux, ce qui forme la dépense la plus considérable de l'agriculture, doit économiquement être proportionné aux travaux de tout le cours de l'année ; et, indépendamment de toute autre considération, le travail du semoir exige plus de temps que la semaille à la volée.

On a aussi inventé des machines qui éparpillent les grains, comme s'ils étaient semés à la main. Le grain contenu dans une auge horizontale de 10 pieds de longueur, est distribué, avec une grande régularité, par des brosses qui frottent sur un axe mis en mouvement par les roues de la machine. Les plus parfaites ont deux roues, et sont traînées par un mulet ou un petit cheval. Cet instrument peut économiser beaucoup de semence, et la distribue très-également (1). Des machines du même genre peuvent être particulièrement utiles pour la graine de trèfle et pour d'autres petites semences, qu'il est plus difficile de semer à la main avec égalité.

II. *Semer sous raies.*

Dans la plus grande partie de l'Angleterre, où

---

(1) Depuis quelque temps, cette machine est très-usitée en Irlande.

l'usage du semoir n'est pas adopté , la semence n'est
pas enterrée à la herse , mais couverte par un trait
de charrue. Dans les sols légers , cette opération
s'exécute souvent avec une charrue légère , attelée
d'un cheval , et après que la semence a été répandue
à la volée. Mais souvent, dans les sols argileux ,
le semeur suit la charrue, en répandant, à la main,
la semence dans les sillons , à mesure que la charrue
les ouvre ; et celle-ci la recouvre de terre , en revenant (1). Ce procédé s'exécute ordinairement
après une jachère, qui nettoye le sol des mauvaises
herbes ; pour bien exécuter cette jachère , on doit
lui donner cinq labours d'été , les trois premiers,
à la profondeur de sept pouces, et les deux autres
moins profonds , n'étant destinés qu'à produire une
quantité de terre meuble suffisante pour couvrir
la semence (2). Le fond du sol contient quatre

- -

(1) Ce procédé semble bien embarrassant. Pourquoi ne fait-
on pas suivre la charrue par un petit semoir à brouette , soit
en l'attachant à la charrue elle-même , soit en le faisant conduire par un autre homme ? L'emploi de cet instrument intro-
duirait promptement la culture en lignes , dans tous les cantons
où on est dans l'usage de répandre la semence dans la raie.

(2) Il est fàcheux que en général, la jachère soit mal exécutée , dans les terres non closes de l'Angleterre On ne donne
que deux labours, ou au plus trois , sans compter le labour
de semaille. On ne doit pas s'étonner qu'une culture aussi imparfaite ne produise que de chétives récoltes. Après la jachère , la terre reste ordinairement sale, parce qu'elle n'a pas
été suffisamment pulvérisée pour favoriser la germination et
la destruction des mauvaises graines qu'elle contient.

ou cinq pouces de terre un peu moins ameublie , sur lesquels la semence repose. De cette manière , celle-ci se trouve placée à la profondeur convenable , et dans les circonstances les plus favorables à la germination et aux premiers progrès de la végétation. Le fond , un peu ferme , procure plus de tenue aux racines , et la terre fine , dont les plantes sont recouvertes , présente le moins d'obstacle possible à leur croissance. Les plantes risquent beaucoup moins d'être déracinées par les gelées , et sont plus à l'abri des accidents auxquels sont exposées les semences qui sont répandues sur la terre, et enterrées à la herse. Il est certain que cette méthode est très-avantageuse , et qu'on peut raisonnablement attendre qu'une récolte ainsi conduite, sera d'une belle végétation, et abondante en produit (1).

Quelques agriculteurs très-distingués sont tellement partisants de la semaille sous raies , qu'ils pensent qu'elle devrait être adoptée généralement, de préférence à toute autre méthode de semer les grains ; leur motif est que, là où on ne la pratique pas , on perd annuellement des milliers de *bushels* de grains. Mais il est évident que, dans les sols très-argileux , la semence , par ce procédé , court quelque danger de la pourriture , surtout pour les semailles d'automne , qui sont exposées aux

____

(1) Le procédé décrit ici . est celui de la semaille sous raies , *bien exécutée* ; mais malheureusement il ne s'exécute pas toujours ainsi.

longues pluies de l'hiver. Il est évident aussi que, si le procédé n'est pas très-bien exécuté, on court le risque que la semence soit trop recouverte ; et qu'il exige presqu'autant de temps et de travail , que l'emploi du semoir, quoi que n'exigeant pas des machines aussi dispendieuses.

III. *Semailles en lignes.*

La question que nous devons considérer maintenant, est celle de savoir si on doit donner la préférence à la semaille à la volée , qui répand la semence plus ou moins uniformément sur toute la surface du sol, ou à la semaille en lignes , avec des intervalles plus ou moins larges, qui favorisent la circulation de l'air, et qui facilitent les binages, pour la destruction des mauvaises herbes.

Ce n'est pas une découverte nouvelle , que l'emploi des machines destinées à répandre la semence en lignes régulièrement espacées. On pratique cette méthode, de temps immémorial, dans les Indes-Orientales (1); et il y a long-temps qu'elle est connue en Espagne (2). L'introduction de cette méthode dans notre pays, est attribuée , à juste titre, au célèbre TULL, qui la fondait néanmoins

---

(1) On trouve , dans les *Communications au Bureau d'Agriculture* , les dessins de ces anciennes machines.

(2) Il paraît que le semoir, employé en Espagne (*sembrador*), a été inventé par un Espagnol , avant l'année 1663.

sur un principe erroné ; savoir : que la culture ,
même sans engrais , pouvait mettre la terre en état
de produire une succession indéfinie de récoltes
abondantes. Cette théorie a été heureusement aban-
donnée ; et la pratique des semailles en lignes , é-
tant aujourd'hui établie sur des principes raisonnables,
s'accroît journellement , au grand avantage des cultivateurs.

En traitant le sujet de la semaille en lignes , il
est nécessaire de faire une distinction entre les récoltes légumineuses, ou récoltes vertes , et les récoltes céréales,

Culture en lignes des Récoltes légumineuses.

Il n'y a pas de doute que la culture en lignes
ne soit la plus convenable pour ce genre de récolte.
1° Il favorise le desséchement des sols trop humides;
— 2° il expose plus de surface aux influences de
l'atmosphère, ce qui améliore le sol ; — 3° il donne
plus de facilité pour la destruction des mauvaises
herbes.

Les fèves doivent toujours être semées en lignes,
non-seulement dans les loams , mais même dans
les argiles tenaces. Les plantes semées ainsi, portent
des gousses depuis le bas de la tige jusqu'en haut,
et ces gousses se remplissent beaucoup mieux, lorsque l'air circule autour de la plante , dans l'espace
qui sépare les lignes ; le sol se trouve aussi amélioré , et les mauvaises herbes détruites, par l'effet

des binages entre les lignes (1).

Pour les turneps, la semaille en lignes est aussi beaucoup préférable ; ce procédé facilite et simplifie considérablement les cultures manuelles ; — il permet d'appliquer directement sur la semence , les engrais solides ou liquides ; — les plantes sont réparties plus uniformément sur le sol, au moyen de quoi, l'air circule plus librement entre elles.

Les pommes de terre doivent également être toujours plantées en lignes, dans la grande culture, quelle que soit la méthode qu'adoptent les jardiniers ou les manouvriers, sur de petites étendues de terrain. On doit mettre une distance de 24 à 30 pouces entre les lignes, de manière que les racines fibreuses qui nourrissent la plante, ne soient pas endommagées par les binages ; car, lorsque cela arrive, les tiges souffrent, et les tubercules sont petits et peu nombreux (2).

---

(1) M. Auguste Weiland, d'*Ostende*, a fait une expérience comparative entre la culture en lignes et la culture à la volée, pour les fèves. Il y a consacré quatre-vingts ares de France, dont la moitié a été ensemencée à la volée, et l'autre moitié au semoir. Indépendamment d'une économie considérable dans la semence, le produit fut plus considérable dans la seconde partie que dans la première, dans la proportion de onze à neuf. Le même champ ayant été ensemencé en orge, l'année suivante, la récolte fut encore plus considérable dans la partie où les fèves avaient été semées au semoir, dans la proportion de 34 à 27.

(2) En général , on met trop peu de distance entre les lignes de pommes de terre. En Irlande, on recommande une distance de trois pieds et-demi.

En *Suffolk*, on a trouvé peu avantageuse, la culture des carottes en lignes ; mais elle a eu du succès dans les expériences de Mr BUTTERWORTH, et d'autres cultivateurs Écossais, ainsi que dans celles de M. de CHATEAUVIEUX, en Suisse, en laissant de très-larges intervalles entre les lignes. Par cette méthode, on peut cultiver, avec profit, cette excellente plante, sur des sols où cela serait à peine praticable par tout autre procédé, attendu que la culture en lignes ameublit la terre à une profondeur suffisante pour la croissance des racines. On recommande la distance de 14 pouces, comme la plus convenable.

Quant aux pois, soit qu'on les sème seuls, soit avec un mélange de fèves, la culture en lignes est bien préférable à la semaille à la volée, quoique les binages entraînent quelque difficulté, parce que les plantes se couchent de bonne heure sur la surface. Les lignes doivent être espacées de 20 à 27 pouces, et les intervalles binés à la main, à plusieurs reprises. Toutes les mauvaises herbes qui croissent dans les lignes des pois, doivent être arrachées à la main. On a observé que les pois, lorsque la culture en lignes est bien exécutée, et que les binages sont soignés, se trouvaient, à la récolte, presqu'aussi propres qu'une planche de jardin, tandis que lorsqu'ils ont été semés à la volée, la récolte en grains était misérable, claire et remplie d'une multitude d'herbes annuelles.

On sème aussi quelquefois les vesces en lignes,

principalement celles de printemps ; mais la semaille
à la volée est pratiquée plus généralement pour
celles d'automne. Lorsqu'on les sème en lignes, on
doit mettre 15 pouces d'intervalle entre elles ; dans
les argiles tenaces, on assure que cet e récolte, avec
des binages répétés, est plus profitable que celle
de fèves, dans les saisons sèches.

Semaille des céréales au semoir ; avec des observa-
tions sur la culture des grains en lignes.

Pendant un grand nombre d'années, les agronomes ont longuement discuté la question de savoir s'il est plus convenable et plus profitable de
cultiver les céréales par la semaille à la volée,
ou par la culture en lignes, au semoir ; et, comme
c'est un point sur lequel il existe encore une grande
diversité d'opinions, il est à propos de présenter
ici, en détail, les arguments sur lesquels on s'ap-
puie des deux côtés, afin que le lecteur soit en
état de se former une opinion précise sur les
avantages ou les inconvénients de chacune des deux
méthodes, dans chaque cas particulier.

Les arguments qu'on présente contre le système
de culture au semoir, sont : 1° qu'il ne paraît
pas être profitable dans les petites exploitations,
à cause du prix élevé des machines nécessaires pour
exécuter les diverses opérations des semailles, des
binages, etc. ; — 2° que ces opérations doivent
souvent entraîner des retards incompatibles avec la
célérité qu'exigent les semailles d'automne ou de

printemps , dans une exploitation étendue , et surtout dans les saisons pluvieuses et dans les sols
humides , quoique cet inconvénient soit peu considérable dans les saisons et dans les sols secs ; —
3° que les semoirs n'exécutent pas un bon travail
dans les sols trop pierreux, où les coutres ne peuvent
pas s'enfoncer à une profondeur suffisante, ce qui
est cause que le grain n'est pas assez recouvert,
pour produire une récolte abondante (1) ; — 4°
qu'il ne convient pas aux terres en pente rapide
(2) ; 5° enfin , que les grains sont plus sujets à
être couchés par les vents , et que la moisson est
plus tardive dans les champs semés au semoir , que
dans ceux qui sont ensemencés à la volée ; et que , en
conséquence , cette méthode convient moins à un
climat septentrional et sujet aux vents violents.

Autrefois , on faisait aussi, contre l'emploi du semoir , quelques objections qui ont été écartées par
des perfectionnements récents. — Par exemple , on
avait autrefois l'usage de butter les plantes ,
pratique dont l'effet était que , dans les sols riches,
la terre s'épuisait à produire des tiges et des feuilles
au lieu de semences ; de sorte que , quoique la

---

(1) Cette objection est écartée par l'emploi du *semoir à
niveau* (*The lever drill*).

(2) On a remédié à cet inconvénient , par un perfectionn-
nement à la machine. La boîte à semence est fixée sur un pivot,
ou par le moyen d'une vis , de sorte qu'il est facile de régler
sa position, pour la montée ou pour la descente.

paille fût forte et abondante , le grain était souven
en petite quantité , ou de qualité inférieure ; tandis
que c'est aujourd'hui une maxime de l'école de
Holkham : « *Qu'on fait du tort aux récoltes de cé-*
« *réales , dans quelque sol que ce soit , en les but-*
« *tant* (1). »

On a prétendu aussi que , dans plusieurs cantons,
on ne pourrait trouver un nombre suffisant de manouvriers pour les binages , si toutes les récoltes
d'une ferme étaient soumises à ce procédé. Mais,
dans l'état présent de notre pays, avec une sura-
bondance de population sans travail , rien ne pourrait être plus heureux , qu'un moyen d'employer
un plus grand nombre de bras, parmi les habitants
des campagnes , pourvu que les cultivateurs qui
les emploieraient , trouvassent du profit à faire
cette dépense ; et lorsqu'il n'existait pas un nombre
suffisant d'ouvriers mâles , les femmes et les jeunes
gens out été employés pour les binages, dans plusieurs
districts agricoles , comme en *Gloucestershire* , et
on a trouvé qu'ils y étaient très-propres.

On a dit aussi , contre l'usage des semoirs , que
lorsque le grain avait été chaulé , pour le préserver de la carie , la chaux détruit promptement
les brosses , ce qui empêche que le grain soit dis-

____

(1) Cependant, dans des sols très-pauvres , il serait bon
d'essayer l'effet du buttage, avec des intervalles plus larges,
de manière que le binage ne puisse pas endommager les racines, quoique , dans un sol riche , cette opération soit décidément mauvaise.

tribué régulièrement. Mais on remédie facilement à cet inconvénient, en remplaçant les brosses par des cuillers, ou en employant le *sulfate de cuivre*, au lieu de chaux, comme nous le dirons dans la suite, (voyez 22e Sect.). De cette manière, le grain peut être semé quelques heures après qu'on lui a appliqué la solution, sans chaux, et avec la certitude de préserver la récolte de la carie.

Dans l'opinion d'un grand nombre d'agriculteurs les plus distingués, l'introduction de la culture au semoir, doit être considérée comme une des plus importantes améliorations modernes, et il serait à désirer que cette méthode fut adoptée généralement. On la recommande principalement, d'après les motifs suivants : 1° on dit que la semaille à la volée est un moyen moins parfait et moins économique que l'emploi du semoir, attendu que la semence ne peut, ni être déposée dans le sol avec la même exactitude, sous le rapport de la profondeur, de la régularité, ou de la proportion (1), ni être placée de manière à permettre les opérations qui facilitent la végétation, dans le cours de la croissance de la plante ; — 2° que, dans les sols légers, l'emploi du semoir a l'avantage de donner

---

(1) C'est un grand avantage de placer la semence à une profondeur convenable pour lui assurer un degré d'humidité suffisant pour faciliter sa germination, et de la placer à une profondeur égale, afin que toute la récolte mûrisse en même-temps.

aux plantes , une *bonne tenue* dans la terre , et de donner à toutes les semences , la même profondeur dans le sol (1) , ce qui empêche que les gelées déracinent les plantes au printemps , ou que les vents découvrent les racines , lorsque la tige s'élève , ou lorsque l'épi se remplit ; — 3° qu'au moyen de l'emploi perfectionné du semoir , on économise beaucoup d'engrais , en diminuant la quantité nécessaire , et en augmentant son efficacité , parce qu'on le place en contact immédiat avec les plantes (2) ; et qu'une récolte abondante de grains semés en lignes , dans laquelle les mauvaises herbes sont complètement détruites , laisse la terre en beaucoup meilleur état , que la même récolte semée à la volée , et qui a reçu une plus grande quantité d'engrais , mais qui est infestée de mauvaises herbes ; — 4° que ce procédé permet de nettoyer

---

(1) Cet avantage est particulier à l'emploi du semoir ; car, dans les semailles sous raies , les graines sont enterrées à des profondeurs très-inégales. Dans le fait , les semences enterrées sous raies , à moins que cette opération ne soit exécutée de la manière la plus parfaite , sont placées à des profondeurs plus inégales que celles qui sont enterrées à la herse.

(2) Dans un champ semé en lignes , à 12 pouces de distance , et qui reçut un binage au printemps , on a obtenu une récolte plus abondante , et du grain de qualité beaucoup supérieure à celui d'un autre champ , semé à la volée , et qui avait reçu trois fois autant d'engrais que le premier. Dans la récolte de froment , semé en lignes , l'engrais avait été placé dans les rigoles faites par l'instrument , la semence répandue ensuite , et enterrée à la herse.

le sol , même pendant que la récolte est sur pied ; de détruire complètement les herbes annuelles ; et d'arrêter la croissance des mauvaises herbes vivaces; enfin, d'empêcher que les mauvaises herbes, en général , soient nuisibles à la récolte ; — 5° que si la récolte n'est pas binée, mais qu'on se contente d'arracher les mauvaises herbes à la main , les pieds des sarcleurs feront moins de dommage , en passant entre les lignes , qu'en marchant sur les plantes , comme cela est inévitable dans une semaille à la volée ; — 6° qu'on remarque les effets les plus avantageux dans la croissance du grain , lorsque la houe-à-cheval y a passé ; — 7° que la culture au semoir est particulièrement appropriée aux sols de qualité inférieure , et met leurs produits presqu'au niveau de ceux des sols fertiles (1); — 8° que la pulvérisation du sol, entre les lignes du froment, semé en automne ou en hiver , est très-avantageuse au tréfle qu'on sème au printemps , et que l'admission de l'air entre les lignes des plantes , est utile , non-seulement à la récolte de grains , mais aussi à la prairie artificielle , semée avec lui (2);

---

(1) M. BLAIKIE , de *Holkham*, assure qu'il n'est pas rare de voir les terres médiocres du *Norfolk* , valant seulement de 15 à 30 shellings de rente par acre , produire des récoltes aussi abondantes que celles qu'on obtient , dans d'autres districts , de terres de 5 à 6 l. de rente par acre. On a obtenu, par la culture au semoir, 41 bushels de froment par acre de terre , qui ne paye que vingt sh. de rente , et cinq sh. de dîme.

(2) Dans les sols très - pauvres , on devrait étendre aux

— 9° que les récoltes de céréales semées en lignes,
sont moins sujettes à se verser, dans les saisons
humides, à cause que leur paille est plus forte (1);
et qu'elles sont beaucoup moins sujettes à d'autres
accidents, et, en particulier, aux maladies auxquelles le froment est malheureusement exposé; —
10° que les frais de moisson d'une récolte semée
en lignes, sont toujours moins considérables que
ceux d'une récolte semée à la volée, attendu que,
dans le premier cas, trois moissonneurs font autant d'ouvrage que quatre dans le second; — 11°
que les récoltes semées en lignes, ont une croissance plus égale, et que les produits sont, en général, de meilleure qualité; — 12° enfin, que la
semaille en lignes est utile pour diminuer les ravages des vers, et autres insectes. Le binage du

---

grains, la méthode qu'on a adoptée pour la semaille des turneps en lignes, et qui consiste à placer l'engrais dans la ligne
même où on sème le grain.

(1) On a élevé des doutes sur ce point, mais les partisants du semoir s'appuient, à cet égard, sur de respectables
autorités : Le Rév. ADAM DICKSON, dans son Traité d'agriculture, remarque, " que les mauvaises herbes, en empêchant
" l'air de parvenir aux racines du grain, le disposent à se
" verser. " Il observe ailleurs, " que lorsque les grains sont
" semés en lignes espacées, la paille en est plus forte, ce qui
" rend la récolte moins sujette à se verser. " En outre, il est bien
connu que, lorsque le grain est versé, il souffre moins s'il a
été semé en lignes, que s'il a été semé à la volée, parce que
l'air qui pénètre entre les lignes, tend à dessécher les tiges,
et à accélérer l'époque où on peut le moissonner.

printemps peut aider à les détruire, ou au moins à arrêter leurs progrès, par l'effet du piétinement des ouvriers, et du mouvement donné à la terre. Le piétinement peut être utile aussi, comme préservatif de la rouille (1). Quant à l'économie de la semence, que quelques personnes ont considérée comme un avantage de la semaille en lignes, M. COKE, de *Holkham*, est décidément d'opinion, que cette idée est fondée sur un principe erroné, et qu'on ne doit pas chercher à faire aucune économie de cette espèce (2).

On pourrait citer une quantité innombrable d'e-

---

(1) On a considéré aussi la semaille en lignes comme plus avantageuse que la semaille à la volée, lorsque l'ensemencement se fait par le vent; mais on a inventé des machines, au moyen desquelles le grain peut être répandu ça et là, comme à la volée, sans aucun inconvénient, quelque soit l'état de l'air.

(2) Plusieurs agriculteurs-praticiens protestent néanmoins avec chaleur contre l'application générale de cette doctrine, principalement pour ce qui regarde les sols riches et fertiles. — Elle est cependant justifiée par la remarque suivante, du Rév. ADAM DICKSON, Ministre du Culte, dans le *Lothian* oriental, qui a publié, en 1788, un ouvrage sur l'agriculture des anciens, dans lequel on trouve le paragraphe suivant : — » Les » plantes céréales, placées en certain nombre près l'une de » l'autre, acquièrent de la force par ce voisinage, au lieu d'en » être affaiblies. Il y a donc de l'avantage à semer le grain » très-épais, en lignes, soit rapprochées, soit écartées, pour- » vu qu'il y ait des intervalles suffisants pour l'introduction de » l'air, et pour permettre aux racines de s'étendre. » — On dirait que cet habile écrivain avait prévu la doctrine de HOLKHAM, qui consiste à semer épais.

xemples de récoltes très-abondantes de grains, produites par la culture en lignes, chez tous ceux qui
ont apporté beaucoup de soins à faire ces expériences ; et cette culture a bien réussi, même sur
une grande échelle, lorsqu'elle a été bien exécutée(1).

---

(1) Voici une notice des principales expériences faites par
JOHN BRODIE, Esq. de *Scoughall*, dans le *Lothian* oriental;
en 1815 et 16, il a semé en lignes, en total, environ 188 acres
anglaises (75 hect. 20 arcs), en froment. — Le sol consistait
principalement en un loam léger, très-sujet aux mauvaises herbes.
— En comparant les produits de ce terrain avec ceux des terres
semées à la volée, le dernier fut de 35 bushels par acre, et
l'autre de 42 bushels ; — mais comme le froment semé à la
volée pesait 66^l par *firlot*, et l'autre seulement 65, la différence, en faveur de la semaille en lignes, n'est que dans la
proportion de 41 à 35. Dans la récolte en lignes, le binage
donna beaucoup de vigueur aux plantes du froment. Toutes
les mauvaises herbes de la famille des moutardes furent arrachées avec soin dans la récolte semée à la volée, aussi bien
que dans l'autre ; mais les mauvaises herbes plus petites, ne
purent être détruites aussi efficacement dans la première. —
Des prairies artificielles, semées avec la récolte en lignes,
réussirent mieux que dans la partie semée à la volée, à cause
de la destruction plus complète des mauvaises herbes, par le
binage ; tandis que, dans les récoltes semées à la volée, il
arrivait souvent que les plantes de la prairie artificielle, après
avoir bien levé, étaient étouffées par des mauvaises herbes qu'on
n'avait pu arracher à la main. — M. BRODIE, qui est peut-
être le fermier le plus considérable de l'Europe, puisqu'il paye
annuellement des fermages pour une somme de 7,000^l (168,000^l)
déclare, dans une communication qu'il a faite à l'Auteur,
qu'il continue à suivre le procédé de la semaille en lignes, et
qu'il est convaincu que cette pratique est avantageuse à ses
récoltes.

7 *

— Mais le succès dépend beaucoup de l'intelligence, des soins, de la persévérance et du capital des cultivateurs.

Comme cette méthode a été portée au plus haut degré de perfection, et pratiquée sur une très-grande échelle, dans l'exploitation et sur les domaines du célèbre agriculteur, M. COKE, de *Holkham*, il est à propos de présenter ici une courte notice de ses procédés. Il emploie le semoir du Rév. M. COOKE, qui sème six lignes à la fois, et une acre par heure (un hectare en deux heures et-demie), tiré par un seul cheval. Il sème son froment en lignes, à neuf pouces de distance, et son orge à 6 pouces 3/4. Il emploie, par acre, 3 bushels d'orge (2 hectol. 64 l. par hectare) et 6 d'avoine (5 hectol. 28 l. par hectare). Quant au froment, la quantité moyenne qu'il préfère, est de 4 bushels par acre (3 hectol. 52 l. par hectare). — En employant une aussi grande quantité de semence, il devient inutile de butter les plantes, pour favoriser le *tallement* (1). Dans les sols riches, il a pour usage de diriger les lignes

---

(1) C'est là le plus grand perfectionnement qu'on ait apporté au système de la culture en lignes ; car c'était le buttage, *dans les sols riches*, qui rendait les plantes trop vigoureuses, et par conséquent improductives ; la grande quantité de semence qu'on emploie à *Holkham*, a pour effet d'empêcher le tallement ; de cette manière, les épis mûrissent tous presqu'en même-temps, et le grain est bien égal, qualité qui manquait souvent aux récoltes cultivées en lignes.

du Nord au Sud , parce que les rayons du soleil , lorsqu'il est à sa plus grande élévation , frappant directement entre les lignes des plantes , exercent un puissant effet pour fortifier la paille , et sont un excellent auxiliaire pour prévenir la rouille. — Mais, dans les sols pauvres , les lignes doivent être dirigées de l'Est à l'Ouest , si la nature du terrain le permet. On emploie une fois , au printemps , la herse de M. COOKE , et ensuite on bine deux fois à la houe-à-main , en détruisant les mauvaises herbes , mais sans butter ou accumuler la terre contre les plantes. Chaque binage coûte 20 pences par acre (5 f. par hectare). — L'abondance des récoltes qu'on obtient par cette méthode, principalement en orge et en avoine (1), même sur des sols pauvres , est une chose à peine croyable (2); et les produits sont aussi quelquefois de qualité supérieure.

Une grande amélioration a été apportée récemment à la culture en lignes, par l'introduction de la *houe – à – cheval - retournée* , inventée par M. BLAIKIE (3). Elle consiste en deux pieds pour

---

(1) La récolte d'orge est quelquefois si forte, que, si on jette un chappeau par-dessus , il reste à la surface.

(2) On a observé que, dans les sols légers , le froment à épis courts , est le plus productif, et que le grain en est plus uniforme et plus pesant. Pour l'orge, on préfère les longs épis.

(3) *La houe-retournée* s'appelle ainsi, parce que ses socs sont tournés intérieurement, et sont à-peu-près placés dans la forme de l'ergot d'un coq. On assure que cet instrument est

chaque intervalle, marchant l'un avant l'autre, et
ayant tous deux le talon tourné vers la ligne de
plantes. Cette disposition des lames les empêche,
1° de couper les plantes ou leurs racines, 2° d'accumuler la terre contre les plantes, 3° de s'embarrasser dans les racines des herbes. On peut en faire
usage dans les grains semés en lignes, à 9 pouces
de distance; et on a remarqué que le piétinement
du cheval, sur les jeunes plantes, n'a pas d'effets
fâcheux.

On croyait autrefois que la méthode de culture
en lignes, au semoir, n'était applicable qu'aux sols
légers; mais, en *Suffolk*, on cultive aujourd'hui de
cette manière, les récoltes de printemps, sur des
sols argileux tenaces, et les procédés sont exécutés
de la manière la plus parfaite. La terre est labourée
en automne, ou de bonne heure en hiver, en donnant
exactement, au billon, la largeur convenable pour
une allée du semoir, ou pour l'allée et la venue. Au

beaucoup supérieur à tout autre du même genre actuellement
en usage, puisqu'il peut travailler en toute sûreté entre les
lignes des plantes, quoi qu'encore très-jeunes, et même aussitôt qu'elles paraissent hors de terre, et qu'il coupe efficacement toutes les mauvaises herbes entre les lignes. Il convient
parfaitement à une récolte de pommes de terre, plantées dans
les raies de la charrue, endommageant moins que tout autre,
les racines des plantes. Il y a deux espèces de hones-à-cheval-
retournées. L'une est destinée à nettoyer la terre entre les lignes
des plantes, plus ou moins espacées, *semées à plat*, et l'autre,
entre les lignes de plantes semées *sur le haut de billons* plus
ou moins étroits.

printemps, le sol ayant été rendu parfaitement meuble par les gelées d'hiver, on se contente de le herser, ou d'y passer l'extirpateur, et on sème au semoir, sans que les chevaux mettent les pieds ailleurs que dans les raies qui séparent les billons. Si on n'adoptait pas cette pratique, il serait très-difficile, dans les saisons humides, d'exécuter les opérations de la culture en lignes, sur les sols argileux, avec la régularité et l'exactitude qui sont nécessaires à ce procédé.

Dans d'autres parties de l'Angleterre, comme en *Kent* et en *Hertfordshire*, on pratique aussi la culture en lignes, dans des sols argileux, tant pour les semailles d'automne, que pour celles de printemps ; et Mr CHILDE, en *Shropshire*, sème toutes ses récoltes au semoir, avec le plus grand succès, dans l'argile la plus tenace et dans un canton montueux.

Nous discuterons, dans l'appendice, la convenance de l'emploi du semoir, en Écosse, parce que les circonstances particulières du sol et du climat, exigent que nous entrions dans plus de détails.

Outre la méthode de culture au semoir, que nous venons de décrire, il y a encore d'autres manières de cultiver les grains en lignes. Quelquefois, au moyen d'un rouleau cannelé, on forme sur le sol, des rayons distants de 8 à 10 pouces, on sème le grain à la volée, et, au moyen d'une herse d'épines, on enterre le grain dans les rayons. Par ce procédé, on a pu cultiver du froment sur des sols légers, où cela aurait été impraticable autrement (1).

Il y a une autre méthode, pour cultiver le froment en lignes, qu'on appelle *Ribbing* (2), qui mérite une attention particulière. Aussitôt que le terrain est convenablement préparé, on le forme en côtes relevées, au moyen d'une charrue à un cheval. On sème par - dessus à la volée, ou avec un semoir à brouette, conduit par un homme, qui répand la semence au fond des billons, et on recouvre par un trait de herse, en allant et en revenant. Dans un cas comme dans l'autre, les plantes lèvent presqu'en même-temps, et il n'y a aucune différence, à cet égard, entre les deux méthodes. Le procédé du *Ribbing*, est plus simple que celui du semoir ; — il peut s'exécuter par les plus mauvais temps ; — on épargne la dépense d'un

(1) Un mécanicien, nommé PLENTY, a inventé une machine qui opère par pression, et qui exécute deux rayons à la fois, par le moyen d'un cheval ; cette machine convient bien aussi pour les sols légers.

(2) La première idée de cette manière de cultiver le froment, vint à M. DICKSON, dans le cours de son examen de l'agriculture des anciens. Il décrit, dans les termes suivants, le premier essai qu'il en fit : » Un champ ayant été préparé » pour le labour de semaille, il fut formé en côtes relevées, » chaque côte formée par un tour de charrue, en allant et en » revenant, et en jetant les deux bandes de terre l'une contre » l'autre. »Le champ, ainsi préparé, fut semé à la volée, et le grain leva en lignes distinctes, éloignées d'environ 14 pouces. Ce champ reçut deux binages à la main, et produisit une excellente récolte.

semoir ; — et la récolte peut jouir de tous les avantages du binage , comme si elle avait été semée au
semoir.

Au reste , pour ceux qui sont accoutumés à semer leurs grains *sous raies* , la brouette à semer,
soit attachée à la charrue , soit conduite par un
jeune homme dans la raie ouverte (1) , établirait
promptement la culture en lignes , sans difficulté,
et avec peu de dépense , sur une partie considérable des terres cultivées de l'Angleterre. Il est
difficile d'apprécier suffisamment les avantages de
cette amélioration bien simple. — Les mauvaises
herbes *annuelles* seraient détruites, et on arrêterait,
dans leur croissance , celles qui se multiplient par
leurs racines ; — et , sans parler des avantages im-
médiats de cette méthode , il est bien certain que,
quand même on admettrait que les récoltes semées
en lignes ne seront pas d'abord supérieures aux
récoltes semées à la volée (ce qui est loin d'être
vrai, comme d'innombrables exemples le prouvent),
cependant , dans une succession d'années , les effets
progressifs de binages continués , rendront les récoltes semées en lignes , infiniment supérieures (2)

On doit donc considérer , à juste titre , la cul-

---

(1) On trouvera, dans l'appendice, une description et un
dessin de la *brouette-semoir* , au moyen desquel tout ouvrier,
habitué à la construction des instruments d'agriculture , pourra
en construire une.

(2) Par la destruction des mauvaises herbes , on conserve,
dans le sol, les sucs qu'elles auraient absorbés.

ture des céréales en lignes , comme la meilleure méthode connue jusqu'ici , de cultiver les récoltes de grains , et aussi de conserver la fertilité du sol, par la destruction des mauvaises herbes.

La culture en lignes aurait encore l'avantage de reporter sur les autres branches de l'industrie agricole , les habitudes de soins et de propreté qu'elle rend nécessaires ; tandis que les semailles à la volée favorisent les pratiques de paresse et de négligence, qui dominent encore trop généralement dans l'économie agricole. Il y a tout lieu de croire que ce système deviendrait bientôt général , s'il était une fois admis , comme maxime démontrée , que la culture des grains en lignes est supérieure à l'ancienne, de même que cela est démontré pour la culture des turneps ; mais les renseignements que nous avons donnés ci-dessus , ne laissent pas de doutes sur ce point. Si les cultivateurs en étaient bien convaincus, ils se procureraient bientôt les instruments nécessaires pour exécuter ce procédé , et ils apporteraient une attention particulière à préparer et à nettoyer leurs terres. Il pourrait bien y avoir encore quelques exceptions , comme dans des argiles très-tenaces, dans des saisons très-défavorables ; mais ces exceptions deviendraient de jour en jour plus rares, comme on le remarque pour la culture des turneps en lignes. Nous verrions alors nos champs cultivés avec la même régularité et la même propreté que nos jardins , et ils deviendraient tout aussi productifs.

Au total , le système de culture en lignes est

d'une telle importance , qu'on doit en provoquer l'adoption générale , partout où cela est praticable. On devrait répandre partout des modèles ou des dessins des machines les meilleures et les plus simples, ainsi que des instructions sur leur emploi , et encourager libéralement ceux qui , par des expériences soignées , prouveraient l'utilité du système , et les profits qu'on peut en tirer , dans des cantons où cette méthode est inconnue ou peu pratiquée. Par l'extension de la culture en lignes , les sols de qualité inférieure deviendraient presque aussi productifs que ceux qui sont naturellement fertiles. Dans beaucoup de cas aussi, par l'introduction de ce système, on pourrait supprimer la jachère absolue , là où on la pratique sans nécessité ; et, par ces moyens , on répandrait sur toute la surface du pays , une source de richesse solide et permanente (1).

----

(1) Voici les résolutions qui ont été prises sur le sujet de la culture en lignes , d'après la proposition de l'Auteur , dans une grande réunion agricole, qui eut lieu à *Holkham* , en Juillet 1819 ; elles furent approuvées, avec énergie, par plus de 500 agriculteurs-praticiens qui y étaient rassemblées :

Résolu , 1° que la culture en lignes est admirablement appropriée aux récoltes légumineuses et autres , en exposant mieux aux influences de l'atmosphère , la surface du sol ; débarrassant le terrain de l'humidité superflue , lorsque les billons sont relevés ; et permettant de nettoyer le sol des mauvaises herbes , de la manière la plus simple et la moins dispendieuse , pendant que les plantes cultivées , sont fortifiées par les binages répétés qu'on donne au sol.

2° Que la culture en lignes des céréales , lorsqu'elle est exécutée avec habileté et attention , est une pratique excellente,

IV. *Plantation des semences.*

Ce procédé a déjà été décrit (V. Chap. 2, S. 7.). On le recommande par les motifs suivants : 1° Il n'est besoin que d'un seul labour ; — 2° la semence est déposée régulièrement au milieu de la terre végétale , d'où elle tire sa nourriture des engrais qui ont été enterrés, sans se trouver en contact avec le sous-sol ; — 3° en la réunissant avec les autres procédés de la culture en lignes , les récoltes peuvent jouir de tous les avantages des binages : — 4° elle procure une grande économie de la nourriture de l'homme , à cause de la diminution dans la quantité

---

attendu qu'elle permet de déposer la semence à la profondeur qu'on désire , et à une profondeur égale , ce qui favorise considérablement la croissance de la récolte ; et attendu qu'elle permet d'exécuter, pendant la croissance des plantes , les opérations qui favorisent leur végétation.

3° Que dans toutes les terres où les mauvaises herbes sont abondantes , les grains peuvent être semés en lignes , avec un avantage particulier , dans le but de nettoyer le sol plus facilement , et à moins de frais que par les binages à la main , exécutés dans une récolte semée à la volée. Que les terres de qualité moyenne ou inférieure , peuvent être portées ainsi à un produit presqu'égal à celui des sols fertiles , ce qui n'est pas possible par la culture à la volée. Que , par conséquent , la culture des grains en lignes ne peut être trop fortement recommandée , dans les sols de cette nature , comme un objet d'une haute importance nationale.

de semence qu'on y emploie (1) ; — 5° elle fournit
de l'occupation aux jeunes gens des campagnes , et,
par ce moyen, encourage chez eux les habitudes
industrieuses ; 6° enfin, le piétinement des ouvriers
employés à cette opération , est favorable à la récolte *dans les sols légers*. C'est certainement une
méthode avantageuse, que de planter le froment
sur le défrichement d'une prairie artificielle d'une
année, dans un terrain léger et médiocrement profond ; mais elle ne peut jamais devenir une pratique
générale dans les autres cas. Dans les sols tenaces,
elle ne réussit pas , parce que le plantoir forme
une espèce de godet, dans lequel l'eau séjourne ,
ce qui fait périr les plantes. Cette pratique est aussi
plus coûteuse que les autres procédés de semaille :
et il arrive souvent qu'elle est exécutée d'une manière imparfaite, parce qu'on est forcé d'y employer
des enfants , qui cherchent quelquefois à presser la
besogne outre mesure , soit par l'effet de la fatigue,
soit pour faire de plus fortes tâches. Ce procédé
ne peut pas non plus être exécuté sur une grande
échelle , si ce n'est dans les cantons où la population
est très-considérable.

En *Norfolk*, la plantation des pois est en usage

---

(1) Dans la Chine, on plante très-fréquemment les grains,
afin d'économiser la semence ; dans un ouvrage publié récemment , on a dit que les grains qu'on économise de cette manière en Chine, suffiraient pour nourrir une grande partie du
peuple de l'Angleterre.

depuis un temps immémorial ; et il n'est pas rare qu'on plante aussi les fèves dans ce Comté, et dans d'autres parties de l'Angleterre. En *Middlesex*, on plante les fèves en lignes, et les pois, dans des trous faits à la houe-à-main.

V. *Transplantation des récoltes.*

Cette manière de multiplier les grains, quoique connue depuis long-temps des naturalistes, n'avait pas encore attiré l'attention des cultivateurs de profession ; cependant un savant distingué la considère comme ayant de grands avantages sur la culture au semoir. Comme le produit de la semence prend un accroissement étonnant par ce procédé, on peut obtenir d'une très-petite quantité de grains, une multiplication prodigieuse, du nombre des tiges du froment, ou de toute autre céréale, en les transplantant trois ou quatre fois dans le courant de l'été, de l'automne et du printemps, et en divisant les pieds chaque fois, en un grand nombre d'*éclats* (1). Les effets de ces opérations, sont

---

(1) Les plantes produites par un peck de froment (17 63 litres), peuvent suffire pour une acre. On doit placer les éclats en lignes distantes de 14 pouces, et à environ 5 pouces de distance dans la ligne, rouler avec un rouleau modéré, biner à la houe-à-cheval, lorsque les mauvaises herbes paraissent, et ensuite butter avec une charrue à double versoir. On a obtenu, par ce procédé exécuté avec soin, des récoltes très-considérables d'un grain bien nourri et pesant.

présentés sous un point de vue très-frappant , dans une expérience faite par M. CHARLES MILLER , de *Cambridge* , et dont il est rendu compte dans les *Transactions philosophiques* (1).

Le Docteur DARWIN a présenté le détail d'un grand nombre d'avantages qu'on peut tirer de ce système ; et M. BOGLE , qui a porté une attention particulière à ce sujet, observe qu'il a vu des exemples de froment transplanté en Septembre , et ensuite au milieu de Mai , et qui avait parfaitement bien réussi.

Cette manière de multiplier les grains , peut être prise en considération , sous deux rapports : d'abord, comme un moyen de propager promptement une espèce précieuse de céréale ; et ensuite, dans un cas de disette extrême , la transplantation du blé est , sans aucun doute , le moyen le plus efficace d'économiser la semence. Outre cela , quoique cette pratique ne puisse jamais devenir générale , lorsqu'il se trouve des places vides dans les blés, au printemps , un cultivateur peut toujours trouver quelques endroits dans ses champs , où il peut enlever du plant sans leur faire aucun tort ; on rend ainsi la récolte , non-seulement plus régulière et plus uniforme, mais aussi plus abondante et de meilleure qualité , que si on avait rempli les places

----

(1) On a dit qu'une seule plante , replantée plusieurs fois, avait fini par produire 576,840 grains.

vides, par du froment de printemps. (1).

Les expériences faites par Mr FALLA , de *Gateshead*, près de *Newcastle* , dans lesquelles la culture à la bêche était réunie à la transplantation du froment, ont été pleinement satisfaisantes. La hauteur des plantes et le volume des épis , faisaient l'étonnement de toutes les personnes qui les ont vus ; et le produit a été de 68 bushels par acre (60 hectol. par hectare), quoique 5 à 6 bushels eussent été perdus , parce que la récolte fut abattue par le vent, et pillée par les oiseaux. Par cette méthode , on peut procurer de l'occupation à une multitude de pauvres gens , et leur faire produire leur propre subsistance.

La transplantation du navet de Suède est une excellente pratique, qui a bien réussi en *Cheshire*, en *Derbyshire* et en *Herefordshire*. On a trouvé qu'elle est parfaitement convenable , et pour augmenter les produits , et pour nettoyer le sol plus complètement. On sème la graine, sur la fin d'Avril, dans un jardin. Si la saison est favorable, les navets seront bons à être transplantés , dans le commencement de Juin ; cependant quelquefois cette opération se

---

(1) En 1797 , on a essayé , avec succès , en *Essex*, de transplanter du froment, en prenant le plant dans les places trop épaisses, pour en remplir les places où il était trop clair. Cela a été fait en Mai ; mais il est probable que l'opération aurait encore mieux réussi, si elle avait été exécutée en Avril, lorsque la saison était encore humide.

trouve retardée, par l'effet de la saison, jusqu'au milieu ou à la fin de Juillet. La terre est préparée et amendée, de même que pour une récolte de turneps en lignes. On place les plantes à une distance de 12 à 18 pouces dans la ligne ; en général, plus la distance est grande, plus la récolte est copieuse. Les navets de Suède transplantés, sont ensuite traités de même que les turneps en lignes. Au moment de la transplantation, il est utile de tremper les racines dans de l'eau de fumier. Le produit est communément de 20 à 30 tons par acre (de 100 à 150 milliers par hectare). Mais on a remarqué que, quoique la transplantation soit avantageuse lorsque la semence est rare, cependant elle est devenue moins nécessaire, depuis que cette graine est plus commune, et que les récoltes de navets de Suède semés en place, excèdent fréquemment 30 tons par acre (150 milliers par hect.).

§ XII.

DU BINAGE.

Le binage est une espèce de labour qu'on exécute pendant la croissance des plantes cultivées, et son but est à la fois d'améliorer la récolte présente, et de préparer le sol pour les récoltes suivantes. Cette opération est certainement très-utile, en brisant la surface de la terre, si elle s'était durcie ; — en favorisant l'introduction de l'air et de l'hu-

midité dans le sol ; — en améliorant sa texture ;
— en le préparant à recevoir les graines de prairies
artificielles ; — et en s'opposant à la multiplication
des mauvaises herbes, qui sont le plus grand ennemi
des terres cultivées. Cependant cette opération ne
dispense pas de la nécessité d'une jachère complète,
lorsque les mauvaises herbes qui se multiplient par
leurs racines, deviennent très-abondantes.

Tull, et ses disciples, considéraient les binages comme plus utiles que les labours eux-mêmes.
Ils prétendaient que lorsqu'on laboure la terre à
la charrue, elle ne tarde pas à se durcir ; tandis que, par les binages, on la maintient toujours
dans un état meuble et pulvérulent ; qu'en conséquence, les binages conservent de l'humidité aux
plantes, même par les sécheresses, leurs racines
absorbant les rosées, en proportion de l'état d'a-
meublissement du sol ; et que les plantes qui
croissent et prospèrent dans un terrain ameubli,
souffrent et périssent, si le sol est durci, et forme
une croute impénétrable.

Il est aujourd'hui bien démontré que le binage
est une opération utile, si elle est faite avec modération, mais qui peut devenir dangereuse, si
on la porte à l'éxtrême. Elle est utile, lorsque les
plantes sont jeunes, par les raisons que nous avons
détaillées ; et, s'il arrive que les racines soient un
peu endommagées dans l'opération, les plantes ont
assez de vigueur, *dans leur jeunesse*, pour en produire de nouvelles, et réparer le mal. Mais si le

binage a lieu lorsque la croissance des plantes est plus avancée, elles ne peuvent plus produire de nouvelles racines en quantité suffisante, la croissance est arrêtée, la plante reste petite, et la maturité devient inégale. Cette circonstance a mis la culture en lignes en discrédit, lorsqu'on a exécuté les binages en temps inopportun ; et c'est ce qui a donné lieu à l'opinion émise par le célèbre ARTHUR YOUNG, lorsqu'il a dit, « que les personnes qui « ont fait des expériences soignées, se sont convain- « cues que la semaille en lignes, également espacées, « *en binant seulement lorsque les plantes sont jeunes,* « est supérieure à la semaille à la volée (1). »

Dans les cas où il est nécessaire d'employer la houe pour la destruction des mauvaises herbes, à une époque où la récolte est plus avancée, la terre doit être remuée à une plus grande distance des plantes, que dans le premier cas ; et, dans toutes les circonstances, il faut mettre beaucoup de prudence à donner des binages dans un sol riche, autrement, les plantes s'éleveront beaucoup, mais resteront faibles ; s'il survient de fortes pluies, la récolte se versera, et le produit sera inférieur en quantité et en qualité.

---

(1). DUCKET considérait le binage comme nécessaire, dans le but de détruire les mauvaises herbes, mais comme souvent dangereux dans l'application. S'il est exécuté sur un sol sablonneux, par l'ardeur du soleil, il devient très-nuisible à la récolte. Lorsque le sol est *durci et sec*, l'opération est moins dangereuse.

8 *

§ XIII.

DU PIÉTINEMENT.

Après la semaille, il est très-utile de tasser la surface du sol, *dans les terrains légers* (1).

Dans quelques cantons de l'Angleterre, on est dans l'usage de parquer les bêtes à laine sur le terrain ensemencé en froment, avant que celui-ci lève, ou d'y faire passer plusieurs fois, à cette époque, un troupeau de moutons, afin de consolider le sol, et de donner plus de tenue aux plantes, dans la terre. Par ce moyen, on peut cultiver du froment dans des terrains qui ont naturellement trop peu de consistance, pour que cette culture y soit profitable sans cala.

Quelques cultivateurs préfèrent les porcs pour cette opération, dans les sols légers, comme étant l'animal qui y convient le mieux, à cause du poids considérable de son corps, comparé à la surface de ses pieds. Dans la partie occidentale du *Sussex*,

---

(1) En Flandre, où on apporte tant d'attention aux détails de l'agriculture, il n'est pas rare de voir tasser, par le piétinement des hommes, des champs d'une certaine étendue; mais cette méthode ne peut pas être exécutée sur une grande échelle. — La qualité supérieure des grains produits par les récoltes cultivées à l'aide du plantoir, est attribuée par quelques personnes, au piétinement des enfants employés à cette opération.

on tasse les sols légers , dans les saisons sèches , par le piétinement des chevaux qui tirent la charrue , lorsqu'on donne le labour de semaille. Les trois chevaux , au lieu d'être mis à la file , sont attelés de front , et , par ce moyen , ils piétinent le dernier sillon qu'ils ont retourné (1).

Les avantages du piétinement sont plus remarquables que ceux du roulage même , pour détruire les larves des insectes , et les empêcher de se loger dans le sol (2). Cette opération peut contribuer aussi à arrêter la végétation des mauvaises herbes ; — elle empêche leur multiplication ; — et on a remarqué que , sur les terres ainsi piétinées , les récoltes ne sont pas sujettes à la rouille. Cette pratique est certainement très-applicable à tous les sols légers et secs ; mais même dans les sols hu-

---

(1) MARSHALL , qui rend compte de cette pratique , ajoute qu'elle est si avantageuse dans les saisons sèches , qu'il pourrait être utile, dans beaucoup de circonstances , de faire la dépense d'un troisième cheval et d'un conducteur , dans les cantons où on n'emploie ordinairement que deux chevaux de front , pour consolider ainsi la terre.

(2) Le piétinement des moutons ou d'autres animaux , serait un moyen plus efficace de détruire les limaces, et le *Wire-Worm* , que l'action du rouleau lui-même. Les champs de tournée , que les chevaux ont comprimés avec leurs pieds , sont, en général, exempts de leurs ravages. Les limaces ne peuvent vivre et se propager , que dans les cavités de la terre ; par conséquent , le meilleur remède contre ces insectes , est la *pression* du sol , exécutée par un pesant rouleau , ou mieux encore par le piétinement des animaux.

mides, lorsqu'on n'a pas pu rouler après la semaille, à cause de l'humidité de la saison, on peut, quelque temps après, les faire piétiner par les moutons.

§ XIV.

DE LA CULTURE DES PLANTES PENDANT LEUR CROISSANCE.

Dans les pays où l'agriculture est mal connue ou pratiquée sans soins, les cultivateurs sont trop disposés à négliger presque entièrement le soin de leurs récoltes, depuis qu'elles sont semées, jusqu'à la moisson. La seule marque d'attention qu'ils leur donnent, consiste principalement à arracher les patiences, ou à couper les chardons qui prennent le dessus, parce qu'ils savent très-bien que s'ils les laissaient croître, ils rendraient la moisson plus difficile et plus coûteuse ; mais là où le système de culture en lignes n'existe pas, les sarclages ne sont pas employés aussi généralement qu'ils devraient l'être (1).

----

(1) Cette observation s'applique parfaitement aux cultivateurs Irlandais, qui n'apportent guère de soins aux détails, dans les différentes branches de leur industrie. Cela est très-malheureux ; car c'est dans les soins de détail, que les cultivateurs trouvent la plus grande source de profit. C'est en vain qu'on a bien labouré, si on n'apporte aucune attention à protéger la végétation des plantes , chose à laquelle ne pense

En *Essex*, on se donne beaucoup de peines pour biner le froment à la main. Le prix ordinaire de cette opération est de 5 sh. par acre (15 f. par hectare); il n'est pas rare qu'on en donne 20 (60 f. par hectare); et on a vu quelquefois cette dépense s'élever jusqu'à 1 l. 11 sh. 6 d. (94 f. 50ᶜ par hectare) (1), et même plus. On répète fréquemment cette opération deux fois, et quelquefois trois, lorsque cela est nécessaire. Les houes sont fortes, et pénètrent profondément dans la terre. Après l'opération, les plantes paraissent d'abord souffrir; mais elles se remettent bientôt, et prennent **une grande vigueur**. Lorsqu'elle est exécutée trop **tard**, elle fait évidemment du mal, parce que la sécheresse pénètre dans le sol; mais, lorsqu'elle est exécutée de bonne heure, surtout lorsque les plantes sont claires, elle est très-avantageuse, et épaissit beaucoup la récolte.

Le binage à la main, des récoltes de froment semées à la volée, est aussi très-répandu dans le Comté de *Gloucester*. On y apporte beaucoup de soins, et on en tire de grands avantages; dans la vallée, en particulier, peu de cultivateurs se dis-

---

guère un cultivateur Irlandais. En général, un cultivateur soigneux et industrieux, trouve de grands profits dans les soins qu'il donne à des objets auxquels ne pense même pas le fermier indolent, paresseux et ignorant.

(1) Cette somme doit être considérée comme un cas particulier et extraordinaire.

pensent de faire biner deux fois, ce qui leur coûte 7 sh. 6 d. par acre (22 f. 50ᶜ par hectare). Le premier binage se donne en Avril, aussitôt que la saison le permet ; le second le suit de près, et doit être terminé avant que les plantes montent en tuyaux : sans cela, elles risqueraient d'être endommagées.

Les houes ont, en général, 5 à 6 pouces de largeur, et les angles en sont arrondis. Il faut beaucoup d'attention et un coup d'œil exercé, pour bien remuer la surface, sans détruire trop de plantes, et en laissant celles qui restent, à des distances convenables, ce qui doit se régler d'après la nature de la récolte et la fertilité du sol. Si on laisse les plantes trop épaisses, les épis seront petits ; d'un autre côté, si on les laisse un peu plus claires qu'il ne paraîtrait désirable, au premier coup d'œil, les plantes auront plus de place pour taller, et les épis seront plus beaux et plus productifs, pourvu que le sol soit en bon état de fertilité. En terme moyen, on regarde 6 pouces de distance entre les plantes, comme suffisants. Cette pratique a de grands avantages ; en général, les mauvaises herbes qui infectent les terres arables, ont une croissance vigoureuse ; et si on ne l'arrête pas dans leur jeunesse, elles prennent le dessus, et condamnent les plantes cultivées, qui sont dans leur voisinage ; ou, lorsqu'elles sont traçantes, elles épuisent les parties nutritives du sol, et en couvrant la surface de la terre, elles conservent, à sa surface, une humidité stagnante, en même-temps qu'elles la privent des influences de l'atmosphère , et des rayons du soleil. Cette attention à la destruction des mauvaises herbes, influe sur le produit, qui est, en général , de 20 à 30 , et jusqu'à 40 bushels de froment par acre, dans les sols très-fertiles (de 17 à 35 hectol. par hectare), dont une partie considérable doit être attribuée aux soins donnés au binage (1).

On a, avec raison, donné de grands éloges à cette pratique. Presque partout, on abandonne, avec négligence, les récoltes, depuis l'époque de la semaille , jusqu'à celle de la moisson ; tandis que, dans la vallée de *Gloucester* , les travaux de la culture des grains ne paraissent pas être suspendus , jusqu'à ce que la récolte soit montée en épis. Au moyen de ces soins donnés aux récoltes, pendant leur végétation , de grandes étendues de terres non closes, du Comté de *Gloucester* , ont produit des récoltes chaque année , depuis un temps immémorial, sans l'intervention de la jachère, et sont connues dans le pays, sous le nom de *terres de tous les ans.* Au reste, c'est une maxime dans ce canton, qu'on doit cultiver alternativement des plantes légumi-

----

(1) Des procédés semblables sont adoptés, avec succès, dans plusieurs autres districts. Peut-être qu'en apportant plus d'attention aux cultures préparatoires, ou par l'adoption du système des jachères, il serait moins nécessaire de donner des cultures au sol, pendant la croissance des plantes. Mais il est certain que c'est seulement par l'adoption de la culture en lignes, qu'on peut éviter ces procédés coûteux et embarrassants,

neuses, avec les céréales. Les binages sont principalement exécutés par les femmes et les enfants ,
ce qui encourage l'industrie , et diminue la taxe des
pauvres : les cultivateurs et le public gagnent tous
à cet usage.

Lorsqu'un printemps sec succède à un hiver pluvieux , la surface des terres argileuses forme souvent une croute si dure , qu'elle empêche l'introduction de l'air dans le sol , et qu'elle arrête la
végétation des plantes. Les racines du froment ne
pouvant pénétrer librement dans un sol durci , les
plantes souffrent et paraissent malades ; on doit remédier à cet état de souffrance , en hersant modérément le froment, et en le roulant immédiatement après.

Une autre pratique utile, pendant la végétation
des plantes , et qui est usitée dans plusieurs parties de l'Angleterre , est celle qui consiste à donner
un amendement par-dessus la récolte en végétation,
lorsqu'on soupçonne que le sol n'est pas assez riche
pour amener à sa perfection , une récolte complète.
Cela doit se faire de bonne heure au printemps ,
aussitôt que la terre est suffisamment sèche pour
supporter le piétinement des chevaux , sans en être
pétrie. Après que l'engrais a été répandu , on doit
généralement herser et rouler. Les amendements
qu'on peut employer le plus avantageusement de cette
manière , sont la suie , les cendres, ou d'autres
amendements qui s'emploient en petite quantité.

On emploie les bêtes à laine de plusieurs manières, pendant le cours de la végétation. Dans quelques parties de l'Angleterre, on les envoie dans les champs de fèves, pour manger les mauvaises herbes qui s'y trouvent ; elles laissent les fèves sans y toucher. — On les fait fréquemment parquer sur le froment nouvellement semé, dans les sols où le piétinement est avantageux (1). — Lorsqu'on craint que la récolte souffre des limaces ou du *Wire-Worm*, on réussit à détruire ces insectes, en répandant des turneps sur le champ, et en y amenant un troupeau de moutons pour les manger. — Lorsqu'au printemps, le collet du froment est soulevé hors de terre, il arrive souvent que le piétinement des moutons, après une pluie modérée, en comprimant les plantes contre la terre humectée, les met à portée de former d'autres racines. — Souvent on fait pâturer le froment au printemps, afin d'arrêter une végétation trop vigoureuse, et quelquefois, afin de forcer les plantes à former de nouvelles pousses latérales ; mais on ne doit pas continuer cette opération, plus tard que le mois d'Avril. Dans les saisons particulièrement favorables à la croissance du froment, lorsqu'il a pris trop d'accroissement en automne, on a aussi essayé de le faire pâturer en cette saison, par un troupeau de moutons ; mais on ne doit l'y laisser

----

(1) Dans les sols craïeux des environs de *Dunstable*, on emploie avantageusement à cette opération, les bêtes à laine, et quelquefois les cochons.

que le temps suffisant , pour que les bêtes mangent
les feuilles les plus vigoureuses (1). En France,
on fait quelquefois pâturer le bétail à cornes au
printemps , sur les jeunes froments, sans faire de
tort à la récolte ; et lorsque la végétation des plantes
est excessivement vigoureuse , on emploie la faux
ou la faucille.

Culture des fèves , pendant leur croissance.

Une circonstance très-importante , dans la culture
des fèves , est devenue récemment le sujet de beaucoup de discussions, qui seront très-utiles aux personnes qui se livrent à la culture de cette plante.
Il est bien connu que la culture des fèves forme
une excellente préparation pour le froment ; mais
il arrivait souvent que les fèves se récoltaient et
s'enlevaient si tard, que la saison convenable était
passée , pour semer le froment. On peut, sinon
prévenir, du moins diminuer cet inconvénient, par
un procédé fort simple.

Il y a long-temps que les jardiniers sont dans l'u-
sage de couper les têtes des fèves, afin d'accélérer
le moment de la formation des gousses. D'après le
succès de cette pratique dans les jardins , il était
naturel de supposer qu'elle réussirait de même dans
les champs ; on fit quelques expériences dans dif-

____

(1) Une nourriture aussi succulente que le froment vert,
ne convient pas à certaines espèces de bêtes à laine.

férentes localités, pour vérifier le fait (1) ; Cependant, on n'y avait pas fait beaucoup d'attention. Comme il est probable que les essais sur ce sujet , qui ont été exécutés sur la plus grande échelle, sont ceux de M. John Lowther, Esq., en *Cumberland*, il est à propos de rendre compte de l'origine et des progrès de ce système , dans son exploitation , d'après les détails qu'il a communiqués à l'auteur.

Son Contre-maître , George Lane, qui avait été jardinier , appliquait, aux fèves des champs , la culture de celles des jardins ; c'est ainsi qu'il a été le premier à pratiquer la méthode de couper les sommités des plantes. Il commença cette pratique vers l'année 1804, et il l'a déjà essayée sur plus de 200 acres. L'opération est exécutée au moyen d'un instrument tranchant, de 12 à 14 pouces de longueur, sans compter le manche ; mais on peut la faire aussi avec une faucille. L'ouvrage se fait à la tâche, et n'a jamais coûté plus de 3 shellings par acre (9 francs par hectare). A une certaine époque de la croissance de la plante, le sommet de la tige des fèves ne paraît pas nécessaire à la végétation ; sa trop grande vigueur paraît, au con-

(1) Cet essai a été fait en *Oxfordshire* , il y a plus de quarante ans. — M. John Blackwall, cultivateur intelligent du *Derbyshire*, a, pendant longtemps , suivi cette pratique avec grand succès. L'étêtement peut être aussi appliqué aux pois, avec l'intention d'accélérer leur maturité.

traire épuiser la plante. Le moment le plus convenable pour couper les sommités, est celui de la chute des premières fleurs ; si on le fait plus tôt, il poussera de nouveaux jets. Aussitôt que les sommités sont coupées, les gousses grossissent rapidement, et l'époque de leur maturité se trouve avancée. L'enlèvement de ces parties, sur lesquelles les insectes se logent principalement, contribue essentiellement à la santé et à la vigueur des plantes, et accroît probablement le poids de la récolte. L'époque de la maturité se trouve avancée, par ce moyen, *au moins* d'une quinzaine (1). Dans la méthode ordinaire de cultiver les fèves, leurs tiges sont encore vertes, lorsqu'on les coupe ; par conséquent, il est nécessaire de les laisser pendant très-long-temps sur terre, pour les sécher et les rentrer, tandis que, lorsqu'elles ont été étêtées, la récolte est plus tôt prête à être enlevée, et on court moins de risques de l'effet des gelées et de l'humidité.

On laisse pourrir les sommités sur le sol. La perte d'un peu de fourrage, et la petite dépense qu'entraîne l'opération, sont les seules objections

---

(1) Rien, peut-être, ne serait plus important pour la culture des sols argileux, en Angleterre, qu'une variété de fèves qui mûriraient un mois ou six semaines plus tôt que l'espèce qu'on cultive maintenant. M. BURRELL, de *Sussex*, et M. STONE, de *Basildon*, en *Berks*, recommandent fortement la fève de *Héligoland*, comme à la fois précoce et productive, et se récoltant plus facilement dans les saisons humides. D'autres personnes contestent la supériorité de cette espèce.

qu'on peut faire contre cette pratique. Elle est particulièrement appropriée au système de culture en
lignes, puisque, dans les récoltes semées à la volée,
on ne peut atteindre toutes les plantes ; et c'est
une raison de plus pour donner la préférence à
cette excellente méthode de culture des plantes légumineuses.

Dans le rapport général de l'Écosse, où on fait
mention de ce procédé, on recommande d'y employer une vieille lame de faux, à laquelle on applique un manche de bois, et on n'estime la dépense qu'à environ un shelling par acre ; mais,
quand même elle serait beaucoup plus forte, on ne
pourrait la faire entrer en balance avec l'avantage
de pouvoir couper la récolte une quinzaine de jours
plus tôt, et de gagner peut-être encore une semaine
sur la dessication des gerbes. Dans les cantons où
on emploie la grosse faucille, cet instrument peut
être employé très-avantageusement pour la récolte
des fèves.

Les autres perfectionnements dont nous donne-
rons plus loin le détail, et qui ont été apportés à
la récolte des fèves, ainsi que celui de la culture
en lignes, que nous avons déjà mentionné, ont porté
la culture de cette plante à un tel degré de perfection, qu'elle est devenue le mode de préparation du sol, pour le froment, le plus avantageux
dont on ait eu connaissance jusqu'ici.

§ XV.

DU FAUCILLAGE.

Des agriculteurs expérimentés pensent qu'on doit couper le froment quelques jours avant sa complète maturité (1). Leur opinion est , que le grain complète bien sa maturité dans les gerbes , et qu'il est d'un plus bel échantillon. De cette manière , la moisson commence plus tôt, et ses travaux sont plus également distribués (2).

L'orge doit aussi être coupée avant que d'être trop mûre ; autrement, la paille devient cassante , ce qui occasionne beaucoup de perte , par la chute des épis.

---

(1) M. Coke coupe son froment de très-bonne heure, lorsque la tige et l'épi sont encore verts, et que le grain n'est pas encore dur. Il dit que le froment ainsi récolté, est toujours son plus beau grain , et qu'il en obtient constamment deux sh. de plus par *quarter* , que de celui qui a été coupé plus mûr. Il perd peut-être quelque chose sur la mesure, parce que l'écorce du grain est plus mince , et que le grain est peut-être un peu moins volumineux; mais si cela est vrai, cette perte est amplement compensée, parce qu'il ne souffre aucune perte par l'égrénage, qui est quelquefois considérable par les grands vents, lorsque l'épi est mûr.

(2) Lorsque la plus grande partie de la récolte est mûre, on ne doit pas tarder à la couper, surtout lorsque la saison est avancée , et la récolte dans une situation élevée. Dans ces circonstances , les grains verts ne mûriraient jamais, et les grains mûrs seraient perdus.

Quoique l'avoine soit considérée comme un grain peu délicat, cependant, les variétés hâtives étant sujettes à s'égrainer par le vent, ou à être endommagées par l'humidité, on doit les couper aussitôt qu'elles approchent de leur maturité, afin de diminuer les risques auxquels elles sont exposées (1).

Les fèves doivent être coupées aussitôt que les gousses brunissent ; et, si le temps est sec, on doit les mettre en gerbes le plus tôt possible. De cette manière, la paille aura une valeur triple, comme fourrage, et le grain sera de qualité supérieure.

Lorsqu'une récolte est versée, on doit la couper immédiatement, quelque soit son état de maturité, surtout si on a semé, avec elle, une prairie artificielle, qui, autrement, serait perdue.

Nous allons maintenant examiner la nature des instruments qu'on emploie pour couper les récoltes(2).

-----

(1) Un cultivateur expérimenté, feu Mr JOHN SHIRREFF, recommandait, pour toute espèce de grains, de les couper aussitôt que la paille, immédiatement au-dessous de l'épi, est assez desséchée pour que, en l'écrasant, on ne puisse plus en exprimer de suc ; car alors le grain ne peut plus s'améliorer, puisque la circulation des sucs qui se rendent à l'épi, est arrêtée. Il importe peu que la paille au-dessous, soit encore verte. Cette époque arrivée, chaque heure qu'on laisse le grain debout, entraîne de la perte.

(2) Quelquefois on arrache les plantes avec leurs racines, lorsqu'on a besoin de beaucoup de paille, comme cela a lieu dans les Comtés occidentaux de l'Angleterre ; et on arrache aussi les fèves, lorsque les gousses sont placées très-près de terre. Mais, en général, on regarde ce procédé comme trop long et trop dispendieux.

On y emploie divers procédés : comme le faucillage à la grosse ou à la petite faucille ; — l'emploi de la faux ; — enfin, l'opération appelée *bagging*. La méthode de couper les grains par des machines, n'est pas encore sortie des limites d'expériences en petit, quoiqu'elle ait fait quelques progrés.

I. *Emploi de la petite ou de la grosse Faucille.*

Pour les cantons où on peut se procurer un nombre suffisant de bras, les deux espèces de faucilles offrent un excellent moyen de couper les grains, pourvu qu'on ait soin de couper bas. Avec des moissonneurs soigneux, il y a très-peu de perte ; — les épis sont tous placés régulièrement ; — et la récolte est mise dans un état très-favorable pour le battage, soit par le fléau, soit par les machines.

Les petites faucilles ont le tranchant dentelé ; mais, dans les grosses, il est aigu et sans dents, les premières sont préférées, dans les cantons où la méthode du *bagging*, que nous décrirons tout-à-l'heure, n'a pas encore été introduite. Les faucilles dentelées ont rarement besoin d'être aiguisées ; — elles ont l'avantage de tenir les épis mieux réunis : entre des mains peu exercées, on perd quelques-uns des épis coupés à la faucille tranchante, lorsqu'elle commence à trancher, avant que le moissonneur ait réuni les épis avec la main (1)

---

(1) Mr JOSEPH HALTON le jeune, a inventé un instrument

Le faucillage est exécuté à la journée ; — ou à l'acre ; — ou pour la saison de la moisson ; — ou il se paye en proportion de l'ouvrage exécuté, comme, par exemple, une certaine somme pour un nombre déterminé de gerbes. De toutes ces méthodes, la plus avantageuse est de payer par acre, partout où on peut l'introduire.

C'est un objet très-essentiel, de couper les récoltes très-bas, afin de ne rien perdre, soit en grain, soit en paille. La quantité additionnelle de grain qu'on obtient ainsi, paye, à - peu - près, l'excédant de dépense, et le surplus en paille, est en profit net ; car la méthode de faucher les éteules après le faucillage, ne corrige qu'imparfaitement le vice de ne pas couper assez bas, dès la première fois.

On doit éviter de couper le grain, lorsqu'il est humide ; car il ne peut jamais se sécher, lorsque les gerbes sont liées dans un état d'humidité. Dans les saisons humides, les gerbes doivent être placées debout, les épis en haut, le lien lâche, placé près des épis, et en écartant le pied de la gerbe, pour lui donner de la solidité.

Les gerbes doivent être d'un volume moyen, n'excédant pas 9 pouces de diamètre, ou 30 pouces de circonférence. Dans les saisons humides, 6 à 8

---

perfectionné pour couper les grains ; il consiste en une faucille dentelée dans la moitié de sa longueur, à partir de la pointe, et tranchante dans le reste. Il en a un débit considérable, parce qu'on trouve qu'elle diminue beaucoup la perte du grain.

9 *

pouces de diamètre sont suffisants , et on ne fait le lien que d'une longueur de paille , au lieu de deux ; dans ce cas , l'ouvrier qui lie la gerbe , ne doit pas la serrer avec son genou , afin que l'air puisse y pénétrer. Il la serrera assez dans ses bras , pourvu qu'elle soit du volume que nous venons de recommander.

On a calculé que trois bons faucilleurs doivent couper une acre (40 ares) dans la journée, et qu'un homme doit lier , aussi dans la journée , les gerbes de deux acres , et les mettre en tas. La dépense de ces opérations varie de 10 à 16 shillings par acre (de 30 à 48 francs par hectare). En prenant en considération les dépenses de toute espéce, si la récolte est bien garnie , le cultivateur ne doit pas être mécontent, si les diverses opérations de la moisson exécutée à la faucille , ne lui coûtent que 15 shillings par acre (45 francs par hectare).

II. Emploi de la Faux.

On fait fréquemment usage de cet instrument , pour couper les avoines et les orges; et , dans quelques cantons du Comté de *Kent* , on l'emploie même pour le froment. On emploie la faux nue , ou garnie d'un *engerai* , pour aider à placer les épis plus réguliérement dans la même direction. Feu le célèbre GEORGE CULLEY, prétendait que c'était la méthode la plus parfaite pour couper l'orge ;

et que , lorsqu'elle était bien fauchée , on pouvait
la mettre en gerbes bien régulières , et la battre,
sans difficulté , avec une machine. Cependant , lorsque la récolte est versée , ou couchée irrégulièrement par les vents , ou les averses de pluie , la faux
ne peut pas être employée avec succès. L'usage de
cet instrument est donc limité au cas où la récolte
se tient bien droite , ou à celui où elle n'est qu'appuyée , ou inclinée régulièrement dans une seule direction. On fait à l'usage de la faux les objections suivantes : 1° Lorsqu'on a semé , avec la récolte, du trèfle ou une autre prairie artificielle, la faux
coupe presque complètement les jeunes plantes , qui,
mêlées en aussi grande proportion avec les tiges
du grain , retardent leur dessication , et rendent
souvent la rentrée fort difficile et fort casuelle. 2°
Le grain mêlé d'une aussi grande quantité d'herbes ,
ne peut pas être mis en meules , avec autant de
facilité ni de sureté.

On a fait la comparaison des dépenses nécessaires
pour couper les grains , selon que l'opération est
exécutée avec la faux ou avec la faucille. Avec la faucille , il en coûte environ 12 shellings par acre pour
l'orge (36 fr. par hectare) , et 15 shellings pour le
froment (45 f. par hectare). Avec la faux , on peut les
couper à deux shellings meilleur marché (6 francs par
hectare), et obtenir de 2 à 4 pouces de longueur
de plus de paille , qui produiront de l'engrais pour
une valeur de 4 à 7 shellings par acre (de 12 à

21 francs par hectare) (1). On peut ajouter, au reste , qu'il est possible d'obtenir à-peu-près autant de paille avec la faucille qu'avec la faux , pourvu que le cultivateur soit disposé à consacrer le temps et l'attention nécessaires à la surveillance de ses moissonneurs, et qu'il leur accorde une augmentation modérée de leur salaire , lorsque l'ouvrage est bien exécuté.

III. *De l'opération appelée* Bagging (1).

C'est une pratique qui est principalement bornée aux Comtés de *Middlesex* et *Surrey* , où elle a été adoptée dans l'intention de se procurer une plus grande quantité de paille. On l'exécute pour le prix de 4 à 7 shellings par acre (12 à 21 francs par hectare) En *Devonshire* , on coupe les récoltes d'une manière semblable , sans laisser presqu'aucune éteule sur la terre. On exécute cette opération au moyen d'une grosse faucille non dentelée, d'un poids à-peu-près double de celui d'une faucille ordinaire, et qu'on aiguise aussi souvent que cela est néces-

---

(1) Une récolte d'avoine , si elle est abondante , exige plus de temps pour la couper à la faucille , qu'une récolte de froment, lorsqu'on veut la couper bas , parce qu'il y a plus de poignées dans l'avoine que dans le froment.

(2) Je suis forcé ici d'employer l'expression anglaise , ne connaissant pas de mot, dans notre Langue , qui puisse en présenter l'équivalant. (*Note du Trad.*)

saire. On coupe la paille par une succession de coups donnés à 2 ou 3 pouces au-dessus de terre. Dans le fait, c'est faucher, avec une seule main, dans le grain debout. Par cette opération, on coupe le grain beaucoup plus près de terre, qu'on ne le fait généralement avec la faucille. Il n'y a guère de différence entre le prix du *bagging* et celui du faucillage ordinaire, parce que l'un n'exige pas plus de temps que l'autre. On l'applique communément aux fèves, aussi bien qu'au froment. La dépense du *bagging* est ordinairement d'environ 15 shellings par acre (45 francs par hectare); mais elle varie de 12 à 20 shellings, selon l'abondance et l'état de la récolte. Il paraît que cette opération, exécutée par des ouvriers du pays de *Galles*, dans les Comtés de *Hereford* et de *Salop*, est la plus parfaite et la plus économique de toutes les manières, connues jusqu'ici, de couper les grains. On l'exécute avec un instrument un peu plus long que la faucille commune, du double plus large, et qui n'a pas de dents, mais qu'on aiguise comme une faux. Cet instrument est connu sous le nom de *Crochet de Cardigan* ; on le vend, à *Ludlow* et autres villes de cette partie du Royaume, pour le prix de 2 sh. 8 d. la pièce (3 fr. 20 cent.). Avec le crochet, on achette une pierre à aiguiser, pour 3 d. (30 centimes). Ce genre de faucillage est également applicable au froment, à l'orge, à l'avoine, aux fèves et aux pois. Le moissonneur pousse devant lui la partie qu'il a coupée, en la soutenant contre le grain debout , avec son bras et sa jambe, jusqu'à ce qu'il en ait à-peu-près la moitié d'une gerbe. Les plantes sont coupées tout près de terre. Dans la moisson de 1818 , le prix ordinaire était de 4 sh. 6 d. par acre (13 fr. 50 cent. par hect.), en fournissant aux ouvriers , la nourriture, la boisson et le logement ; mais , lorsqu'on ne leur fournit rien, le prix ordinaire est de 7 à 8 sh. par acre , pour le froment (de 21 f. à 24 fr. par hectare); pour ce prix , l'ouvrier coupe et lie les gerbes. On ne peut trop recommander l'adoption générale d'une méthode aussi utile (1).

Nous avons déjà décrit la manière flamande de couper les grains , au moyen d'une courte faux et d'un crochet de fer emmanché au bout d'un bâton (Voy. 2ᵉ Chap. p. 110.). Elle n'est qu'une légère modification de l'opération du *bagging* ; et on dit que c'est une manière très-expéditive de couper les grains.

Liens des Gerbes.

Dans l'île de *Thanet* , on est dans l'excellent usage de préparer à loisir les liens de paille , que des en-fants portent aux champs , et donnent aux ouvriers,

---

(1) Ceci montre les avantages de recherches étendues et minutieuses. On ne se serait pas attendu à trouver une méthode si parfaite de couper les grains , en usage chez les habitants d'un pays de montagnes reculé, comme le *Cardigan*.

lorsqu'ils en ont besoin pour lier le grain. Cela peut se faire aisément, lorsqu'on a une machine à battre. De cette manière, on peut faire les liens d'une grandeur uniforme ; on évite la perte de beaucoup de grains, surtout lorsque la récolte est mûre ; l'opération va plus vite, et on ne risque pas de voir germer, dans les temps humides, les grains que contiennent les liens. Cela apprend aussi aux enfants à se soumettre à un certain degré de subordination, en les rendant utiles aux travaux de l'exploitation, sans les assujettir à un travail au-dessus de leurs forces.

§ XVI.

RENTRÉE DES RÉCOLTES.

Lorsque les grains sont coupés, on les met ordinairement en gerbes, et on réunit celles-ci en tas formés de deux rangs de 5 ou 6 gerbes chacun, en les recouvrant de deux autres gerbes, qu'on élargit, pour les garantir de la pluie. Ces dernières s'appellent *le Chapeau.* Dans les saisons humides, on met quelquefois la récolte en petites meules, dans le champ, et elle y reste jusqu'à ce qu'elle soit propre à être transportée dans la cour des meules. Lorsque ce travail est bien conduit, la dépense n'est pas considérable, et on met ainsi le grain à l'abri de tout danger. En faisant la meule au centre de l'espace d'où les gerbes doivent être amenées, l'opération va très-promptement. Dans la moisson critique de 1816, un fermier distingué du *Lothian oriental*, mit ainsi à l'abri, dans une seule journée, la récolte de 32 acres, dans lesquelles il avait semé des graines de pré. La dépense fut d'environ 2 sh. par acre (6 fr. par hectare). Il y employa 19 hommes, dont 12 étaient occupés à amener les gerbes sur des brouettes, 3 à construire la meule, 3 à donner les gerbes avec la fourche, et 1 à peigner la meule par dehors, et à ramasser, au râteau, les épis qui tombaient à terre. Le sol était si humide alors, que, si on eût voulu y amener des voitures et des chevaux, les jeunes plantes de la prairie auraient été détruites. En *Cornwall*, la crainte de l'humidité a fait naître l'usage de mettre les grains en petites meules, le soir même du jour où ils ont été coupés ; et les cultivateurs considèrent leurs récoltes comme parfaitement en sureté, dès qu'elles sont placées dans ces petites meules, que l'air pénètre facilement. Chaque meule contient 180 gerbes, et on en fait ordinairement 3 par acre. Mr CURWEN a la coutume de mettre son grain en meules dans le champ même, se réservant de l'enlever ensuite à loisir (1).

Lorsque le grain est suffisamment sec, on le conduit dans des granges, ou on le met en meules, dans une cour attenant aux bâtiments d'exploitation. La

---

(1) Dans une seule année, il a élevé 144 meules dans ses champs.

dernière méthode est préférable par plusieurs motifs : 1° Le grain et la paille doivent être bien
plus secs, pour pouvoir être mis dans une grange,
que pour pouvoir être mis en meules, même de
la plus grande dimension, et, en conséquence,
ils restent bien plus long-temps exposés aux vicissitudes de l'atmosphère. 2° Dans les granges,
le grain est bien plus exposé aux dommages cau-
sés par les souris. 3° Le grain et la paille se conservent beaucoup mieux en plein air, que dans
des granges. 4° La dépense de construction et d'entretien de ces bâtiments, est très – considérable.

Peu d'opérations exigent autant de soins et d'attention, que la construction des meules, pour la
conservation des grains ; elles doivent être faites,
non – seulement avec solidité, mais aussi avec
propreté.

L'ancienne méthode de faire reposer les meules
sur le sol, dans la cour, était sujette à divers
inconvénients, même en faisant sous la meule, un
lit de paille sèche ; une partie du grain était exposée à prendre de l'humidité, et le tout, aux
déprédations des souris. Mais, aujourd'hui, on peut
conserver les grains en plein air, sans le moindre
risque, sur une plate - forme construite en pierres
ou en briques, ou élevée sur des piliers de fonte (1).

____

(1). Lorsqu'on construit des massifs en briques, le pied
des meules est placé plus bas, de sorte qu'à hauteur égale,
elles contiennent plus de grain ; c'est un motif de préférence,

Lorsqu'on peut se procurer de la fonte, on doit préférer cette matière, parce qu'aucun animal rongeur ne peut grimper contre une surface aussi unie. 7 ou 9 piliers de fonte de fer, sont suffisans pour une meule ronde, de dimension moyenne, et ils ne coûtent pas plus de 40 à 60 shellings, selon le prix du fer (de 48 à 72 francs) (1). La plate-forme en bois, sur laquelle reposent les gerbes, coûte encore de 8 à 10 shellings, jusqu'à 30 ou 40 (de 10 à 12 francs, jusqu'à 36 ou 48). La dépense totale est souvent remboursée par l'économie d'une seule année.

En Écosse, on dispose des plates-formes, de manière à pouvoir former une cheminée centrale dans la meule ; cette méthode, jointe à l'usage des piliers de fonte, a porté la construction des meules au plus haut degré de perfection. On commence par élever, au milieu de la plate-forme, un triangle, qui forme un creux intérieur, d'environ 3 pieds de largeur ; quelques lattes, ou menus bois, cloués contre les montants qui forment le triangle, em-

---

dans les situations exposées aux vents. Cependant cette construction ne permet pas de conserver une *cheminée centrale* dans la meule : et les massifs se trouvent quelquefois humides, par l'effet de la pluie qu'ils reçoivent avant la moisson.

(1) Pour les meules formées en carré long, le nombre des piliers doit être pair ; en *Lincolnshire*, on construit depuis long-temps les meules à grains, sur des piliers en pierres, avec des chapiteaux de même matière, sur lesquels repose la plate-forme en bois.

pêchent les gerbes de tomber dans le creux ; lorsqu'on ne peut pas se procurer de lattes , on les
remplace ordinairement par une corde de paille.
Lorsque l'ouvrier qui construit la meule est arrivé
au haut du creux , il place au-dessus , un sac rempli de paille , il continue à construire autour du
sac , en le remontant successivement , jusqu'à ce
qu'il soit arrivé au sommet de la meule. Par ce
moyen , les récoltes de froment , d'orge ou d'avoine,
peuvent être rentrées plus promptement , et , par-
conséquent , rester moins long-temps exposées aux
dangers qu'elles courent sur le sol , et se conserver en meilleur état. Il est convenable d'ajouter
que, dans les très-mauvais temps , au moyen de
l'invention de ces cheminées, on peut placer sur
les meules , un rang de gerbes de grains , immédiatement après qu'ils ont été coupés, en mettant
les épis au centre. Lorsque ces gerbes sont complètement sèches , on en ajoute d'autres.

Nous donnons ici (voyez l'appendice , pl. 3ᵉ),
un dessin , au moyen duquel on se formera une
idée plus nette de cette utile invention , qu'on ne
pourrait faire au moyen d'une description.

La rentrée des fèves étant souvent accompagnée
de difficultés particulières , nous devons décrire ,
plus en détail , les améliorations qu'on a apportées
à cette opération. Lorsqu'elles ont été coupées ,
et mises en petites gerbes , de 6 à 8 pouces de
diamètre au plus , on doit les transporter aussitôt
hors du champ , pour les faire sécher ailleurs;

sans cela , on pourrait perdre le moment de semer
le froment. L'embarras et la dépense qu'entraîne
ce transport , sont amplement compensés par la différence qui se trouve entre une récolte de froment ,
et celle d'une autre espèce de grains. Par cette méthode , les fèves, si on les met sur un terrain non
abrité , seront suffisamment sèches pour être mises
en meules, avec des cheminées, dans 10 , 12 ou
14 jours , selon le temps qu'il aura fait , après
qu'elles ont été coupées , mais toujours en moins
de temps , que si on les avait laissées sur le champ
où elles ont été récoltées. Au moyen des opérations que nous venons de détailler , c'est-à-dire ,
en coupant les sommités des fèves ; — en les récoltant de bonne heure ; — en les transportant sur
un autre champ , pour les sécher ; — enfin , en
les mettant en meules, sur des piliers de fonte ,
et avec des cheminées centrales , on peut accélérer
beaucoup la rentrée des fèves , et obtenir plus de
temps pour préparer le sol, pour la récolte de froment qui doit suivre ; — avantage d'une très-haute
importance.

Dans quelques cantons , les meules de grains sont
construites de forme oblongue , aulieu de la forme
ronde ; mais quoique cette construction oblongue
exige moins de temps et de travail , et aussi moins
de matériaux pour la couverture ; cependant on
objecte contre elle : Qu'elle interrompt la libre
circulation de l'air, dans la cour à meules ; —
qu'elle est plus sujette à souffrir du dommage dans

les temps humides ; — qu'à moins que les meules ne soient placées avec beaucoup de force, elles sont plus sujettes à être renversées par les vents, que les meules rondes.

Avant d'abandonner ce sujet, il est convenable d'insister sur la nécessité d'une activité sans relâche, à l'époque critique des travaux de la moisson. Quelques cultivateurs n'ont jamais, ou du moins bien rarement, de grain gâté ; tandis que d'autres, moins actifs et plus indolents, en ont toujours. La disposition à la lenteur, à retarder les travaux, à compter toujours sur la continuation du beau temps, est entièrement incompatible avec le caractère d'un cultivateur intelligent et industrieux ; et il n'y a pas de meilleur *criterium* pour juger de l'habileté et des talents des cultivateurs d'un canton en particulier, que d'observer comment les travaux de la moisson y sont conduits.

§ XVII.

DU BATTAGE DES GRAINS.

La séparation du grain d'avec la paille, a été portée récemment à un degré de perfection qu'on aurait jugé impossible à atteindre, il y a quelques années. Nous avons déjà exposé, sous un point de vue général, les avantages du nouveau procédé (2e Ch.); et il aurait été à désirer que nous pussions présenter ici, un compte exact du profit en argent qu'on peut en tirer ; mais il y a tant de diversité d'opinion, sur les dépenses d'entretien des chevaux, et tant de différence entre le taux des salaires, dans diverses parties du Royaume, qu'il a été impossible de faire un calcul généralement applicable, ou qui pût s'appliquer à plus d'un ou deux districts. Il paraît que le profit moyen que présente la machine à battre, mise en mouvement par les chevaux, lorsqu'on compare son travail à celui du fléau, est de 3 à 4 shellings par quarter, pour le froment (1^f 30^c à 1^f 75^c par hectol.), de deux à trois shellings pour l'orge (de 85^c à 1^f 20^c par hectol.), et d'un à deux shellings pour l'avoine (de 40 à 85^c par hectol.); mais lorsqu'on emploie des bœufs, aulieu de chevaux, ou que les machines sont mises en mouvement par l'eau ou par le vent, la dépense est considérablement réduite, et l'avantage comparatif est beaucoup plus grand.

Si l'ancienne méthode de battre au fléau, avait continué d'être en usage, la dépense aurait été si considérable pendant la guerre, lorsque les hommes propres à exécuter cette opération, étaient très-rares, que les profits des cultivateurs, et la valeur des terres, auraient diminué dans une grande proportion (1). Mais la perte de grains qui ré-

----

(1) En 1795, quelques cultivateurs ont payé 10 shellings par quarter (4^f 15^c par hectol.), pour battre leurs froments, parce que la récolte fut très-mauvaise. En 1807, le battage

sulte de ce mode imparfait de battage, et des in-
fidélités qui en sont souvent la suite, étaient encore
plus fâcheux ; et on ne pouvait pas toujours obtenir des batteurs, qu'ils ne laissassent pas de grains
dans la paille, même quand ils savaient que leurs
propres familles manquaient de pain. Cela n'est pas
étonnant ; peu d'hommes sont habiles à manier le
fléau ; et les habitants de la campagne, en général, aiment mieux travailler dehors, même dans les
temps de pluie, que de s'assujettir à un travail aussi
rude et aussi malsain, par l'énorme quantité de
poussière qui remplit les granges.

Dans les parties occidentales de l'Angleterre, on
cherche à extraire le grain, en endommageant la
paille le moins possible. A cet effet, on coupe les
épis, qu'on bat séparément, et la paille est employée, soit à faire de la litière, soit à couvrir
les maisons (1).

du froment coûtait, en *Essex*. 4 shellings par quarter (1^f 40^c
par hectol.) Dans l'hiver de 1815-16 le prix était, en *Surrey*,
de 8 à 9 shellings par quarter (de 2^f 80^c à 3^f 10^c par hect.).
Mais, en Angleterre, le prix du travail est tellement confondu
avec la taxe des pauvres, qu'il est difficile de connaître son
taux réel.

(1) La petite machine à battre, inventée par M. WILLIAM
JOHNSTONE, de *Langholme*, en *Dumfries-shire*, qui ne coûte
que de 10 à 18^l (de 240 à 432^f), serait une amélioration
précieuse pour les districts occidentaux ; car, au moyen de
cette machine, on peut ne battre que les épis, sans les séparer de la paille : et, en introduisant seulement la tête de la
gerbe, la paille reste sans être brisée. Cette machine sera peut-

§ XVIII.

NETTOIEMENT ET VANNAGE DU GRAIN.

On a abandonné, aujourd'hui, les anciennes et imparfaites méthodes de nettoyer le grain, soit par l'action du vent agissant entre les deux portes d'une grange, soit en transportant le grain sur le sommet de quelqu'éminence, lorsque c'était le vent naturel qui devait en séparer les balles. On suppose que l'invention des machines à vanner a pris naissance dans la Chine, et qu'elle y était appliquée au nettoiement du riz. De là, elle a été transportée en Hollande, et appliquée aux moulins à faire l'orge perlé. On attribue son introduction en Écosse, il y a environ un siècle, au patriotisme d'ANDREW FLETCHER, de *Saltom*, et aux talents du mécanicien JAMES MEIKLE, dont le fils a été l'inventeur de la machine à battre. Mais on croit que sa construction, sur une plus grande échelle, de manière à la rendre applicable à toute espèce de grains, est due à un nommé ROGERS, fermier, près de *Harwich*, en *Roxburghshire*, qui, vers l'an 1733,

---

être plus facilement adoptée dans les pays étrangers, que les machines plus considérables. On peut aussi se la procurer chez M. GUTZMER, LEITH-WALK, à *Édimbourg*. M. SILVESTRE a aussi fait voir, depuis peu, une machine à battre, qui se meut à bras, qui ménage la paille, et qu'on recommande pour sa simplicité.

établit une manufacture de ces instruments, à laquelle lui et ses descendants ont donné une extension considérable. Il est impossible de calculer à quels inconvénients et à quelles pertes les cultivateurs ont été assujettis, avant l'invention de cette utile machine.

Les machines à battre ont presque toujours un ventilateur attaché à chacune ; dans les plus grandes, on en ajoute quelquefois un second, au moyen de quoi le grain est nettoyé assez complètement, pour n'avoir presque plus besoin d'être repassé, et même quelquefois pas du tout. Cependant, l'inégalité du mouvement, inévitable dans une opération aussi violente que le battage, et la fatigue additionnelle qui en résulte pour les chevaux, qui ont déjà assez à faire avec la machine à battre, ont fait abandonner aujourd'hui, presque généralement, le second ventilateur ; le cultivateur judicieux, qui a à cœur de se faire, sur les marchés, la réputation d'y amener du grain très-bien nettoyé, préfère de terminer le nettoiement de son grain, avec la machine à bras.

A moyen de ces machines, avec le secours des cribles qui y sont attachés, toute la poussière, les semences de mauvaises herbes, les balles, etc., sont séparées du grain, et celui-ci est classé selon ses diverses qualités, ce qui lui donne une valeur plus considérable que si le beau grain restait mêlé avec le grain de qualité inférieure ; de même qu'une toison acquiert plus de valeur, lorsqu'elle a été

10 *

triée et assortie par un habile ouvrier.

C'est une chose très-importante, pour un cultivateur, que de nettoyer parfaitement son grain, et de faire ensorte que toute la masse soit bien semblable à l'échantillon qu'il porte au marché. De cette manière, on évite toute discussion avec les acheteurs, et le prix du grain s'élève aussi haut qu'il est possible. Un ou deux pour cent de mauvais grains, qu'on a laissés dans la masse, diminuent quelquefois le prix du tout, de cinq à dix pour cent, lorsque la denrée n'est pas très-recherchée ; tandis qu'il aurait été bien plus avantageux, pour le cultivateur, de séparer les grains imparfaits, pour les donner à ses chevaux, ou les employer autrement à la maison, s'il ne les eût pas vendus séparément.

§ XIX.

DE L'AMÉLIORATION DE LA QUALITÉ DU GRAIN, ET DE LA FARINE.

Lorsque le froment a été récolté par un temps très-humide, on doit le mettre en petites meules ; en cet état, il se séchera bien plus promptement, et sera plus tôt rendu propre à être converti en farine. Dans les grandes meules, on doit employer les cheminées centrales. Lorsqu'il a été mis en meules, dans un état humide, il est rarement propre à être battu, avant l'été suivant ; à cette époque, sa qualité est considérablement améliorée.

Le froment qui n'est pas bien sec, gagne beaucoup à être séché à l'étuve, ou séchoir ; mais, à moins
de nécessité, on ne doit le moudre que quelques
temps après qu'il a subi cette opération La chaleur de l'étuve doit être modérée, et le grain remué fréquemment. Si le blé a déjà une odeur de
moisissure, on doit lui faire subir préalablement
un procédé, qui a été décrit, comme il suit, par
un savant chimiste.

On doit mettre le grain dans un cuvier suffisamment grand pour en contenir au moins trois fois
autant, et le cuvier doit être ensuite rempli d'eau
bouillante ; on doit remuer le grain de temps en
temps, et enlever les grains légers ou altérés, qui
viennent à la surface ; lorsque l'eau s'est réfroidie,
ou, en général, lorsqu'une demi-heure s'est écoulée,
on verse l'eau. Il est convenable de repasser ensuite
de l'eau froide sur le grain, pour enlever les dernières portions de la première eau, qui s'est chargée
de l'odeur de la moisissure ; après quoi, le grain
étant complètement ressuyé, on l'étend, sans perdre
de temps, sur un séchoir, et on le fait sécher
complètement, en ayant soin de le remuer fréquemment.

Par cette simple opération, le grain atteint de
moisissure, peut être parfaitement purifié, avec
peu de dépense, et sans exiger de grands appareils,
ni aucune connaissance chimique. On a recommandé
aussi la simple ventilation, comme un moyen suffisamment efficace de préparer le grain à être mis
en œuvre.

Lorsque le grain est *moucheté*, on peut le nettoyer complètement, quelque noir qu'il soit, dans le cours de trois lavages, dans un cilindre de bois, semblable au cilindre à laver les pommes de terre. On doit ensuite sécher le grain à l'étuve (1). On suppose généralement que, lorsque le froment a été récolté trop humide, la farine qui en provient, ne peut pas fermenter, et faire un pain bien levé, et qu'elle n'est propre qu'à la distillation, ou à être consommée par le bétail. Mais on peut beaucoup améliorer cette farine, par l'addition de la soude, et, dans tous les cas, on peut en faire des gâteaux ou du biscuit, et la consommer ainsi, sans risque et avec avantage (2).

En France, on recommande, dans ce cas, d'employer à faire le pain, de l'eau moins chaude que de coutume ; — de faire la pâte plus ferme, et d'y ajouter une plus grande quantité de sel ; — de faire les pains moins gros ; — de chauffer davantage le four ; — et d'y laisser le pain plus longtemps. Plus le pain est cuit, moins il y a de danger à en faire usage ; et on doit, s'il est possible, ne le consommer qu'au bout de deux ou trois jours.

---

(1) La corporation des boulangers de la ville de *Perth*, possède une machine destinée à ce seul emploi.

(2) On peut aussi faire, avec cette farine, ce qu'on appelle en Écosse, *Flour Scones*, qu'on prépare avec du lait en place d'eau, et qui forment une espèce de pain, sain et agréable.

§ XX.

CONSERVATION DES GRAINS ET DE LA FARINE.

Dans quelques pays, comme en Suisse, en Pologne, etc. , on donne beaucoup de soins , et on fait beaucoup de dépenses , pour emmagasiner des grains , et les conserver pour les temps de disette. Dans quelques endroits , on creuse des puits profonds dans le roc solide ; et, dans d'autres , on pratique des souterrains sur le flanc des collines, pour y déposer le grain. Ailleurs, on a construit de vastes greniers en maçonnerie , disposés pour faciliter la ventilation, et l'agitation fréquente du grain. Mais, pour un espace de temps peu considérable, comme pour une année ou deux , il n'y a pas de manière plus avantageuse , pour conserver les grains, que de les laisser dans la paille , dans de grandes meules bien construites , et bien garanties contre les animaux rongeurs.

Cependant , comme la paille perd de sa qualité, lorsqu'on retarde le battage , et que les meules sont exposées au danger du feu , soit par accident , soit par mauvaises intentions , il y a long-temps qu'on forme des vœux pour la découverte d'un mode de construction économique , de greniers propres à conserver les grains pendant long-temps.

Il est vrai que les cultivateurs sont rarement disposés à emmagasiner une quantité considérable de grains ; mais il doit y avoir, dans toute exploitation, un local où on puisse conserver, avec securité, une partie du grain de la récolte de chaque année, comme provision précieuse, dans le cas où il surviendrait une hausse considérable dans les prix.

Des greniers semblables, disséminés sur toute la surface d'une contrée, formeraient, contre le danger d'une famine, la meilleure espèce de sécurité qu'on puisse désirer, et seraient moins apparents que de grandes meules, ou même des granges bien remplies, et, par conséquent, moins exposés aux dangers d'une émeute populaire.

S'il y avait quelque objection contre la construction des greniers, il n'existerait aucune difficulté à conserver la farine, d'une manière qui atteindrait le même but. Lorsque BUONAPARTE prit possession de *Leipzig*, avant la bataille qui fut si funeste à l'armée Française, il y trouva un grand nombre de barrils de farine, qui y étaient conservés depuis plusieurs années, et qui étaient en excellent état ; cela prouve suffisamment que la farine, lorsqu'elle a été bien préparée, et emballée avec soins, de manière à la mettre à l'abri du contact de l'air, n'est pas une denrée si sujette à s'altérer, et si difficile à conserver, qu'on le croit communément. On peut aussi la conserver pendant très-long-temps, et dans le cours des plus longs voyages, en la pressant fortement dans des vaisseaux de fer-blanc. La même méthode réussirait, en employant des caisses de fer.

§ XXI.

DES ACCIDENTS AUXQUELS LES GRAINS SONT EXPOSÉS.

Ce sujet est d'un haut intérêt ; mais, dans un cadre aussi resserré que celui de cet ouvrage , on ne peut présenter qu'un aperçu général , des accidents auxquels les grains sont exposés. On peut traiter ce sujet , sous les titres suivants : Pluies violentes ; — Brouillards ; — Rosées ; — Gelées ; — Grèles ; — Chaleurs excessives ; — Influence de l'électricité ; — Calmes trop prolongés ; — Variations atmosphériques ; — Insectes; — Oiseaux ; — enfin, Animaux rongeurs.

1° *Pluies violentes.* — Lorsque le froment est en fleurs , les pluies violentes rendent impossible la fécondation ; elles lavent le pollen , ou poussière fécondante , et empêchent ainsi que le pistil soit fécondé ; — souvent aussi , en tenant les racines des plantes dans un trop grand état d'humidité , elles occasionnent l'avortement de l'épi. — Les pluies violentes font , de plus, fréquemment verser les grains ; et alors, à moins qu'ils ne se relèvent, le grain ne peut pas atteindre sa maturité , parce qu'il est privé d'air , et que les racines sont tenues dans un état trop humide. Lorsque la récolte est ainsi versée , c'est toujours avec beaucoup de difficulté , qu'on peut parvenir à la sauver. Mais le dommage est moins considérable, lorsque la récolte a été semée en lignes, ce qui permet à l'air de pénétrer par-dessous, pour nourrir les épis, et dessécher les tiges.

2° *Brouillards*. — Les maladies des grains sont souvent occasionnées par les temps lourds et brumeux, surtout lorsqu'ils surviennent au moment où la plante a atteint le maximum de sa végétation. Cela a lieu principalement pour le froment, qui, quoiqu'il croisse sous des latitudes fort différentes, exige cependant les avantages d'un climat favorable, pour que la plante se maintienne en état de vigueur, et que le grain parvienne à sa perfection.

3° *Rosées*. — On suppose fréquemment que les grains, et d'autres plantes, sont endommagés par la chute d'une espèce d'humidité visqueuse, qui arrête la transpiration des plantes, empêche la circulation des sucs nourriciers, dans les vaisseaux qui les contiennent, et resserre tellement les tiges, et les épis tendres des grains en général, et du froment en particulier, qu'elle empêche leur croissance ultérieure, et qu'elle cause l'avortement des grains. On dit que le dommage est certain, lorsque le jour suivant est serein, et que les plantes sont exposées aux rayons du soleil; mais qu'elles souffrent peu, si un temps couvert, ou du vent, suivent immédiatement (1). Cependant, ce qu'on

______

(1) On fait quelquefois tomber les gouttes de rosées, par

appelle *miellée* (*suffusio mellita*), ne vient pas de l'atmosphère, mais d'une espèce de vice morbifique, dans la transpiration des plantes sur lesquelles on la trouve (1).

4° *Gelées* — Les grains sont fréquemment endommagés par les gelées. Les terres qui y sont le plus exposées, sont, en général, celles qui sont basses, abritées par des plantations, et situées à l'exposition du Midi, plutôt que du Nord, parce qu'elles sont plus échauffées par les rayons du soleil. Les terres plus élevées échappent souvent au danger, à cause que leur atmosphère est plus froide, et qu'elles sont moins sujettes à l'humidité. D'ailleurs, la gelée fait plus de tort aux plantes, lorsque l'air est tranquille, ce qui arrive plus fréquemment dans les lieux bas, que dans les situations élevées.

En hiver, lorsque le sol est très - meuble, et pénétré d'humidité, la gelée élève souvent la surface de la terre, avec les plantes, en les séparant

---

le moyen de cordes tendues, ou d'autres expédients, et cette opération est suivie de succès, lorsqu'elle a lieu avant le lever du soleil. Dans les environs de *Bakewell*, en *Derbyshire*, c'était autrefois l'usage, que deux hommes tenant une corde, et marchant dans les raies des billons, fissent tomber la rosée des épis, pour prévenir les effets de la miellée.

(1) D'autres personnes prétendent que la miellée, qui consiste en une substance visqueuse et transparante, est déposée sur les plantes, par quelques espèces d'insectes. On a souvent attribué beaucoup de dommages à cette cause imaginaire.

de leurs racines séminales, ou en entraînant également celles-ci. Au dégel, on s'aperçoit que les plantes de froment s'affaiblissent ou meurent, parce que le canal de communication, entre le grain de semence et la jeune plante, se trouvant rompu, celle-ci ne peut plus en tirer sa nourriture. Tant que la gelée continue, la plante reste dans le même état ; mais lorsque la chaleur et l'humidité surviennent, si la plante peut pousser ses racines coronales, elle peut encore être sauvée (1). Au reste, tant que le froment est encore dans un état herbacé, il se remet assez facilement des atteintes qu'il reçoit. Mais, lorsqu'il forme ses principales racines, avant de produire ses fleurs, sa croissance est aussi considérable dans l'espace de quelques jours, à cette époque, que dans un mois, à toute autre période ; et, dans cet état, la plante doit nécessairement être tellement tendre, qu'elle est sensible à tous les changements de l'atmosphère ; aussi, c'est alors qu'elle court le plus de dangers.

Les passages subits du chaud au froid, à l'époque de la floraison, sont extrêmement dangereux; et le grain, qui a été exposé à une gelée en cet état, ne forme jamais une semence sur laquelle on puisse compter. Quelques personnes attribuent même

---

(1) Le *Wire-Worm* détruit fréquemment aussi le même canal de communication, entre la jeune plante et la semence qui la nourrit, précisément au-dessous de la surface du sol; mais la plante peut encore échapper à cet accident, si elle peut pousser ses racines coronales.

la rouille, à la succession de nuits froides, après les jours chauds. Le froment dont les tiges sont élevées et tendres, et qui absorbent une plus grande quantité d'humidité, est plus sujet à être attaqué de cette maladie, et peut moins y résister, que celui dont les tiges sont plus basses et plus dures.

Le dommage causé par les gelées, dépend beaucoup de la température et de l'état du ciel, pendant la journée suivante. Si elle est froide et brumeuse, le mal est moins considérable; et, s'il tombe de la pluie, les plantes souffrent peu ; mais, si la matinée est chaude et claire, les feuilles des plantes noircissent souvent, et ne peuvent se rétablir (1).

5° *Grêle.* — Dans plusieurs parties du continent, la grêle cause de grands ravages aux récoltes, et désole souvent des provinces entières. Cela arrive surtout, lorsque, en automne, les grelons, par leur poids et la violence de leur chute, abattent et détruisent les grains approchant de leur maturité. Dans notre pays, les ravages de ce fléau sont loin d'être aussi considérables ; cependant il arrive, de temps en temps, que la grêle y occasionne du dommage,

6° *Neige.* — Lorsque la neige couvre les jeunes

---

(1) On s'est assuré que, lorsque des pois hâtifs, ou des pommes de terre, ont été attaqués de la gelée, on peut prévenir tout danger, en les arrosant avant le lever du soleil; parce que c'est la chaleur des rayons de cet astre, donnant sur une plante gelée, qui occasionne le dommage.

plantes en hiver, elle est plus favorable que nuisible à leur croissance future ; mais, lorsqu'elle tombe
sur les grains, soit lorsqu'ils sont en fleurs , soit
lorsqu'ils approchent de leur maturité , comme cela
arrive quelquefois dans des situations très-élevées, et
dans des climats septentrionaux , elle les empêche
d'atteindre leur maturité ; et si l'accident a lieu
lorsque la saison est avancée, il rend fort difficile
la rentrée du grain, en bon état.

7° *Chaleur*. — On ne doit pas croire que les
effets du froid sur les grains, soient les seuls qu'on
doive craindre, puisque ceux d'une chaleur excessive
sont également pernicieux. Les plantes qui y sont
exposées , souffrent d'une privation d'humidité, deviennent malades et faibles, mûrissent prématurément, et ne donnent qu'un produit léger et peu
abondant. S'il arrive qu'à de grandes chaleurs qui
affaiblissent les plantes, il succède des pluies abondantes et continuelles ; la prompte succession de ces
deux maux est doublement nuisible.

8° *Influence de l'Électricité*. — Les plantes souffrent
quelquefois par l'effet de la distribution inégale du
fluide électrique, ou des éclairs , qui les tuent fréquemment, ou, du moins, les rendent malades ,
et font avorter leurs semences. On peut observer
ces effets, dans des places des champs de froment,
qui sont quelquefois sous la forme d'un zig-zag, et
où les plantes sont noirâtres, et n'ont que peu ou
point de grain dans les épis. — Au printemps ,
après un vent violent et sec, on remarque quelquefois un effet semblable, mais dû à une autre cause,

c'est-à-dire, à une transpiration excessive, qui affaiblit les plantes, surtout si le vent vient de l'est. Les précautions humaines ne peuvent rien contre ces accidents.

9° *Calmes* — On ne peut révoquer en doute la nécessité de l'air, pour la vie et la santé des plantes. La circulation de ce fluide contribue essentiellement à leur donner de la vigueur, et à les amener à leur état de perfection. Lorsque cette circulation cesse, les plantes ne font plus de progrès ; elles décroissent et se dessèchent. Le vent favorise la croissance des plantes, non-seulement par l'air qu'il leur fournit, mais aussi parce qu'il dessèche l'humidité de la rosée et des pluies, dont l'excès serait préjudiciable. Il est très-vrai aussi que le mouvement, ou l'espèce d'exercice que le vent procure aux plantes, leur est très-utile. C'est pour cela que des haies élevées, ou des plantations de grands arbres, causent des maladies aux plantes, en les privant du bénéfice de l'influence de l'air. Lorsqu'on sème des grains dans des vergers, les places les plus découvertes produisent de bonnes récoltes, tandis que le grain qui croît sous les arbres, est de qualité inférieure. Même dans les contrées chaudes, le froment qui croît dans des champs vastes et découverts, est moins sujet aux maladies, que celui qu'on cultive dans de petits enclos. On remarque généralement en effet que, à circonstances égales, les champs ouverts produisent un grain plus pesant, et d'une plus belle couleur, que les enclos, toutes circonstances étant égales d'ailleurs.

10° *Variations atmosphériques.* — La grande humidité, le froid ou la chaleur, sont nuisibles aux grains, principalement lorsque le temps passe rapidement d'un extrême à un autre; par exemple, lorsqu'on éprouve une transition subite du froid au chaud, pour avoir peut-être ensuite une longue continuité de temps humides. On ne doit pas s'étonner, dans ce cas, que les récoltes de grains soient affectées, puisque les organes tendres des plantes, ne peuvent manquer de souffrir, par la rapide alternative de l'expansion produite par la chaleur, et de la contraction causée par le froid. Il est certain que les maladies auxquelles elles sont sujettes, sont souvent dues à l'état d'affaiblissement de la plante, et ne doivent pas être attribuées à d'autre cause qu'à l'état variable de la saison, l'état de faiblesse se faisant remarquer, quelques jours ou quelques semaines avant qu'on puisse observer un état de maladie réel dans la plante.

11° *Insectes.* — Les insectes produisent souvent un dommage très-considérable dans les récoltes. En toute saison, les racines sont dévorées en plus ou moins grande quantité, par plusieurs espéces de vers (1); et, dans beaucoup de lieux, comme

______

(1) Pour prévenir les ravages de ces insectes, on a recommandé de mêler du sel à la semence, de couvrir la surface du sol, de menue paille d'orge, d'y répandre de la chaux, de rouler le terrain, ou de le faire piétiner par des bêtes à laine.

dans les parties méridionales de l'Angleterre, lés épis du froment sont attaqués par des insectes qui y causent beaucoup de dommages. Le grain reste ridé, et, quelquefois, une partie considérable de la récolte est détruite. Il est certain que si ces insectes, et, en particulier, la *tipule du froment*, n'étaient pas dévorés par une foule d'ennemis, et principalement par les petits oiseaux, ils causeraient souvent aux récoltes, des pertes immenses.

12º *Oiseaux et Animaux rongeurs.* — Lorsque la récolte approche de sa maturité, et avant qu'elle soit mise en sûreté dans les meules ou dans les granges, elle est exposée aux attaques d'une foule d'ennemis, comme les moineaux, les pigeons, les corneilles, le gibier, etc., qui y causent souvent de très-grands dommages. Lorsque les grains sont mis en meules, ou déposés dans les granges, et même lorsqu'ils sont logés dans des greniers, les rats et les souris en détruisent souvent une très-grande quantité, si on n'apporte pas les plus grands soins à les garantir de leurs ravages. La recette suivante, pour la destruction des rats, paraît être la plus efficace qu'on connaisse jusqu'ici : Prenez un *quart* (un litre) de farine, deux onces de sucre en poudre, quatre gouttes d'huile de *rhodes*, quatre gouttes d'huile de *carraway*, quatre gouttes d'huile d'anis, un quart de grain de *musc*, une once de poudre de *fenu grec ;* mêlez ces substances ensemble, et mettez un peu de ce mélange sur une planche, dans un lieu où les rats ont accès ; laissez-leur en

manger pendant quatre nuits ; et lorsqu'ils paraissent
y être accoutumés, prenez une demi – once d'arsenic réduit en poudre fine, et mêlez – le aux
autres ingrédients. Le matin du jour suivant, en-
levez ce qui reste. Ce mélange est suffisant pour
tuer 300 rats, comme on s'en est assuré par expérience.

Toutes ces circonstances prouvent que les profits du cultivateur sont casuels, et que les hazards
auxquels sont exposées les récoltes d'où dépend
notre subsistance, sont plus nombreux qu'il ne le
paraîtrait au premier aperçu.

§ XXII.

DES MALADIES DU FROMENT.

Les deux principales maladies du froment, sont
la carie, et *la rouille*, *ou miellée ;* nous allons exposer brièvement la nature de chacune de ces deux
maladies, et les moyens connus jusqu'ici, de les
prévenir. L'examen des autres maladies des grains,
nous conduirait plus loin que ne le comporte le
cadre de cet ouvrage.

La Carie (Ustilago) (1).

Cette maladie est une espèce de dégénérescence,

---

(1) TULL nous apprend que, vers l'an 1660, on a commen-

par l'effet de laquelle la substance qui devait former la farine des grains , se trouve entièrement changée en une poudre noire , semblable à celle de la vesce de loup (*lycoperdon globosum*). Cette maladie ôte toute valeur à la semence ; — elle brunit la farine , ce qui en diminue le prix ; — et quelques personnes pensent qu'elle possède des qualités nuisibles. Elle a également une grande tendance à se répandre sur les grains voisins , et à étendre ainsi rapidement le mal. Il n'est donc pas étonnant, que ses ravages aient attiré l'attention des cultivateurs, dans tous les temps, et chez toutes les nations. Autrefois cette maladie était si commune, qu'il y avait des pays où il n'était pas rare de rencontrer, dans les récoltes , deux ou trois fois autant d'épis cariés , que d'épis sains. Heureusement, il y a déjà long-temps que les moyens de la prévenir, sont entre les mains des cultivateurs ; car, toute opération qui débarrasse com-

---

cé à employer la saumure , pour prévenir la carie du froment, en conséquence du fait suivant : un navire chargé de froment, avait fait naufrage près de *Bristol* , et le grain en était tellement imprégué d'eau salée, qu'on le jugea impropre à faire du pain , quoiqu'il pût encore végéter. On le tira du vaisseau , à la marée basse, et on le sema dans différents endroits. A la moisson suivante, ou remarqua que toutes les récoltes qui en provenaient , étaient exemptes de la carie , quoique cette maladie fût générale cette année-là, dans les froments. Ce fut cet accident qui engagea à tremper les grains de semence dans la saumure.

11 *

plètement les grains de la poudre de la carie, qui est la source de l'infection, ou qui la détruit par l'application d'une substance corrosive ou vénéneuse, a pour effet d'assurer une récolte exempte de la maladie; et, quoiqu'il arrive quelquefois que les récoltes y échappent sans aucune préparation, cependant il n'est pas raisonnable de ne pas prendre tous les moyens possibles, pour se garantir d'un mal semblable.

C'est une excellente pratique, lorsqu'on fait tremper la semence du froment dans quelque liquide que ce soit, de l'y agiter doucement, pour faire venir à la surface, non-seulement la poussière de la carie, mais aussi les grains imparfaits, et les semences de plusieurs mauvaises herbes, qui viennent surnager, et qu'on enlève avec une écumoire, séparation qu'on ne pourrait exécuter, si on se contentait de jeter le grain, sans précaution, dans l'eau ou dans la saumure.

Il y a plusieurs moyens par lesquels on peut prévenir la carie : 1° par l'eau froide et la chaux ; 2° par l'eau bouillante et la chaux ; 3° par l'eau imprégnée de sel ; 4° par l'infusion dans l'urine ; 5° enfin, par divers autres procédés que nous décrirons brièvement.

1° *Eau froide avec la Chaux.* — On ne doit pas exécuter avec négligence, une opération aussi importante que la préparation de la semence du froment, puisque, par cette opération, on peut garantir la récolte future, d'un fléau aussi destructeur que la carie. On peut cependant l'exécuter au moyen de l'eau pure et froide , pourvu qu'on ait le soin de laver le grain dans plusieurs eaux , de l'y remuer fréquemment, de manière à faire venir à la surface les grains légers , pour les enlever avec l'écumoire , et qu'on répète cette opération jusqu'à ce que le grain soit parfaitement net. On doit le ressuyer ensuite avec de la chaux vive éteinte dans de l'eau bouillante , ou dans de l'eau de mer.

2° *Eau bouillante et Chaux*. —— On a trouvé ce mélange très-efficace , lorsqu'il est convenablement appliqué.

Quelquefois on jette dans une chaudière d'eau bouillante, de la chaux bien vive , et , aussitôt qu'elle est dissoute , on verse le tout, à ce degré de chaleur , sur le froment qu'on a eu soin d'étendre sur un pavé uni , et on mêle immédiatement le grain avec le liquide , en l'agitant avec des pêles. Quelquefois ou met le grain dans un panier , et on le trempe deux ou trois fois dans un mélange d'eau chaude et de chaux vive ; quelquefois aussi , on emploie , avec succès , l'eau bouillante et la chaux vive , après que le grain a été lavé dans l'eau, et écumé (1).

---

(1) Un agriculteur expérimenté a employé le procédé suivant , pendant quinze ans , et toujours avec un plein succès, quoiqu'il ait été forcé , deux ou trois fois , d'employer de la semence cariée : il ajoute toujours un galon (quatre litres) de résidu de savonnerie , à dix galons d'eau, et il y fait trem-

3° *Eau salée*. — Il est encore plus efficace d'employer l'eau ordinaire, dans laquelle on fait dissoudre une suffisante quantité de sel commun, pour qu'un œuf y surnage, ou de l'eau de mer, en y ajoutant assez de sel, pour la porter au même degré de densité ; par ce moyen, la pesanteur spécifique de l'eau est augmentée, de manière que tous les grains imparfaits viennent nager à la surface. On met à la fois, environ un bushel de froment (35 litres) dans une quantité suffisante de cette saumure, on l'agite, et on enlève, avec l'écumoire, tous les grains légers et imparfaits qui viennent surnager. On sépare ensuite le grain de la saumure, on l'étend sur le plancher, et on y mêle une quantité suffisante de chaux nouvellement éteinte, pour dessécher le tout (1). Si le froment doit être semé au semoir, il faut le laisser pendant un jour sur le plancher, après que la chaux y a été mêlée, ou le laisser dans des sacs pendant le même espace de temps.

4° *Lessive d'Urine*. — Quelques cultivateurs se contentent d'arroser simplement le froment mis en tas, avec de l'urine d'étable, et le dessèchent en-

---

per sa semence pendant quinze ou vingt-quatre heures, Mais il pense, comme feu le célèbre ARTHUR YOUNG, qu'il est nécessaire de le laisser tremper pendant vingt-quatre heures, pour détruire, avec certitude, la carie.

(1) En *Norfolk*, on humecte le froment avec de l'eau pure, et ensuite on l'empâte avec de la chaux éteinte dans une forte saumure, en appliquant la chaux, au moment de sa plus grande chaleur ; par ce moyen, on prévient très-bien la carie.

suite avec de la chaux : il n'y a pas de doute que, lorsque ce mode de chaulage est exécuté avec soin, il peut atteindre efficacement le but. D'autres préfèrent faire tremper d'abord la semence dans l'eau pure, en enlevant tous les grains qui viennent nager à la surface, et appliquer ensuite l'urine à la semence. Le grain commence par absorber une humidité qui ne peut lui nuire, et les substances plus acres, qu'on emploie ensuite, n'agissent qu'à la surface, où est déposée la source du mal. Cette opération entraîne quelqu'embarras de plus; mais c'est une excellente précaution pour empêcher que la semence coure aucun risque, si on ne peut la semer sur-le-champ, ce qui est désirable, mais pas toujours possible. Lorsque le froment a été lessivé avec de l'urine, et desséché avec de la chaux vive, on doit le répandre, aussi peu épais qu'il est possible, sur un pavé uni, jusqu'à ce qu'il soit sec. Si on le met en masse, et qu'on le laisse en cet état, seulement pendant un jour, il n'en végétera plus un seul grain.

5° On a recommandé différens autres procédés, comme la lessive des savonneries, — une lessive de cendres de bois, — l'eau de chaux, — une solution d'arsenic (1), la poudre de bois vermou-

---

(1) On a fortement objecté contre ce procédé, les dangers qu'il entraîne, et la destruction du gibier, qui en est la suite. Un fermier du Comté d'*Essex*, qui avait la contume de faire tremper ses grains de semence dans l'arsenic, avait

lu, infusée dans l'urine, — enfin, de faire sécher la semence sur une touraille, procédé qui, quoique dangereux, est efficace pour prévenir la carie (1).

Dans toute préparation de cette espèce, il est nécessaire, ou de détruire, ou de séparer mécaniquement la poussière noire, qui est la semence de la carie.

Mr BÉNÉDICT PRÉVOST, naturaliste Suisse, a découvert récemment, qu'une solution de vitriol bleu (sulfate de cuivre) est un moyen certain d'atteindre ce but. On regarde même cette pratique, lorsqu'elle est exécutée avec soin, comme un moyen *infaillible* de détruire le pouvoir végétatif de la carie. Le procédé est simple : Faites dissoudre trois onces de vitriol bleu dans trois gallons (douze litres) d'eau, pour chaque trois bushels de grains (chaque hectolitre) qu'on veut préparer. Mettez le liquide dans un vase capable de contenir de 60 à 80 gallons (de 240 à 320 litres), et ajoutez-y de l'eau en quantité suffisante, pour que, lorsqu'on y a mis 3 ou 4 bushels de froment (un peu plus d'un

---

constamment ses récoltes exemptes de carie, mais sa santé était très-mauvaise.

(1) A *Wooler*, en *Northumberland*, on dit qu'on a réussi à prévenir la carie, en passant le grain de semence entre deux meules de moulin, de manière à ne pas l'endommager; il paraît que ce moyen expulse les semences de carie, qui se logent ordinairement à une des deux extrémités du grain. — M. PRÉVOST a prouvé que la carie doit son origine aux semences d'un *fungus*, qu'il a fait végéter sur du linge humide.

hectolitre); le liquide s'élève de 5 à 6 pouces au-dessus du grain. On le remuera fréquemment, et on enlevera, avec soin, tout ce qui surnagera. Lorsque le grain est resté pendant une demi-heure dans cette préparation, on le tire du vase, et on le met dans un panier pour le faire égoutter. On doit ensuite le laver immédiatement dans l'eau pure, pour prévenir tout risque que le grain soit endommagé. On doit ensuite faire sécher la semence, sans y appliquer de chaux. Il est à propos d'observer que le grain doit avoir été bien nettoyé, *et être parfaitement sec*, avant d'être mis dans la liqueur préparée. On peut le conserver ensuite sans danger (1).

Les particularités suivantes, relatives à la carie, et aux moyens de la prévenir, méritent attention : 1° On ne doit jamais employer la même eau qu'une seule fois , pour le lavage du froment; — lors-

----

(1) Le Préfet de *Tarn et Garonne*, en France, a recommandé publiquement ce procédé, dans son Département, en 1814 ; et, dans une communication récente de l'Académie de Dijon, l'emploi du sulfate de cuivre est fortement recommandé. Il a été essayé, avec le plus grand succès, dans le voisinage de *Birmingham*, et M. HIPKISS a rendu compte de cette expérience, dans le *Farmer's journal*, de manière à ne laisser aucun doute. Dans ses lettres, signées NEMO, insérées dans ce Journal, le 22 Octobre 1818, et le 6 Novembre 1822, il dit, « que la dépense du sulfate de cuivre est insignifiante, et que « cette opération est bien plus commode que plusieurs des « procédés dégouttants auxquels on a recours dans le même but, « ce qui doit engager à en faire l'essai. »

qu'on emploie la saumure, on peut se dispenser de
cette précaution , à cause de la dépense , et des
qualités acres de cette substance. 2° La chaux
n'est pas seulement utile pour dessécher la semence,
mais ses qualités caustiques et antiseptiques , tendent
à prévenir la putridité, et à faire périr les ani-
malcules de toute espèce. 3° Si le grain carie n'est
pas battu avant le mois de Juin ou de Juillet de
l'année qui suit la récolte , on dit que la poussière
noire devient trop volatile pour s'attacher au grain
dans le battage , surtout si on emploie une machine à battre; et la vieille semence n'est pas si
sujette à reproduire la carie , qui , en vieillissant,
perd la faculté de se reproduire (1). 4° Malgré
l'énergie de l'action de la machine à battre , elle
ne brise pas autant que le fléau , les enveloppes de
la carie. 5° On doit prendre grand soin de ne pas
battre du froment net, sur une aire où on a battu
du froment carié , ni de mettre la semence dans
des sacs qui ont contenu du grain infecté de carie.
6° On a prétendu que toutes les précautions sont
vaines , si le sol a été amendé avec du fumier
dans lequel il est entré de la paille provenant
d'une récolte infectée ; et, qu'alors, la maladie re-

(1) M. JOHN FINCH, de *Billericay* , qui a tenu une ferme
en *Essex* , n'a jamais employé pour semence, que *du froment
vieux* , et il n'a jamais eu de grain carié. C'est l'économie , qui
l'avait d'abord engagé à adopter cette méthode. Ses récoltes
étaient remarquables par leur beauté.

paraît, malgré toutes les préparations de la semence. Mais le danger n'est pas grand, et le mal
produit ainsi, ne peut être que partiel ou local.

La Rouille (1).

Nous allons parler, 1° de la nature, 2° des causes
de la rouille (rubigo), 3° des remèdes qu'on peut
employer contre cette maladie, source de tant de
dommages pour les cultivateurs (2).

1° *Nature de la Rouille.* Un savant naturaliste
pense que la rouille est occasionnée par la croissance d'une petite plante parasite, du genre *fungus*,
sur les tiges, les feuilles et les *glumes* de la plante
vivante ; et que les racines de ce *fungus*, interceptant
les sucs que la nature destine à la nourriture du
grain, le rendent petit et ridé, et lui enlèvent quelquefois complètement la substance qui devait former
la farine. Ce n'est pas tout : la paille reste noire
et altérée, impropre à la nourriture du bétail, et
ne formant qu'un *caput mortuum* sans force et sans

---

(1) Les plantes malades prennent d'abord une couleur brune,
analogue à celle de la rouille, ensuite elles deviennent noires.
Quelques personnes appellent aussi *rouille*, la maladie qui attaque le froment, sous la forme d'une poudre rougeâtre, déposée sur les feuilles et l'épi. Dans la plupart des cas, celle-
ci n'influe pas beaucoup sur la quantité et sur la qualité du
grain.

(2) Cette maladie des grains, est bien plus désastreuse en
Angleterre qu'en France. (*Note du Trad.*)

substance. Un respectable Ecclésiastique du *De-vonshire*, qui a observé cette maladie destructive avec beaucoup d'attention, remarque que le même *fungus* s'engendre sur plusieurs végétaux autres que le froment, comme des arbres, des arbrisseaux et des plantes herbacées, en variant de volume et de couleur. Ceux-ci, recevant l'infection à diverses périodes de l'année, forment des espèces de conducteurs qui se transmettent le *fungus* de l'un à l'autre, et sur lesquels il germe, fleurit, répand sa semence, et meurt pendant les révolutions de la saison (1). Le *fungus* ayant atteint sa maturité au printemps, sur quelques buissons ou plantes, ses semences sont enlevées au premier moment humide (ce qui a donné lieu à l'opinion erronée, que la rouille est produite par les brouillards), répandue dans les champs voisins, où le froment en souffre principalement. Dans les temps humides, ces semences s'introduisent bien plus facilement dans les feuilles des arbres ou arbrisseaux, ou dans leur écorce et leurs fruits, ou dans les tiges des plantes, au moyen des pores dont la nature les a fournis, pour l'admission de l'humidité.

En examinant les plantes rouillées, à l'aide d'un fort microscope, on remarque évidemment que les

______

(1) L'intelligent auteur de ces observations, le Rév. THOMAS CLACK, Recteur à *Milton Damarell*, donne la figure de ce *fungus*, comme il se trouve à différentes saisons de l'année, sur un grand nombre d'arbres, d'arbrisseaux, etc.

taches sur les tiges , consistent en petites plantes de la nature des *fungus* , dont les racines sont insérées dans les vaisseaux de la plante sur laquelle elles végètent , ce qui leur permet de consommer une grande partie de la nourriture qui devait alimenter le grain dans l'épi (1).

2° *Causes de la Rouille.* — Plusieurs des accidents dont nous avons présenté l'énumération dans la section précédente , peuvent contribuer à la production de la rouille ; mais les causes principales

---

(1) Il est à propos de remarquer que les parties de la paille, qui sont enveloppées par les feuilles, ne sont jamais atteintes de la rouille. Cette circonstance n'est pas favorable à l'opinion de ceux qui croient que la rouille n'est produite, ni par un *fungus*, ni par l'influence de l'atmosphère, mais qu'elle est le résultat de la faiblesse des plantes, quelle qu'en soit la cause. Mais, si cette opinion était fondée, toutes les parties de la plante, couvertes ou non, seraient affectées de la maladie. Si on coupe la récolte aussitôt que la maladie paraît, ses progrès s'arrêtent sur les tiges, aussitôt qu'elles sont séparées du sol ; mais on assure que si on laisse une plante de froment mûrir ses grains, et les répandre sur la terre, sans y toucher, la paille, par l'effet de la vieillesse, est attaquée de la rouille, et finit par périr de la même manière, que lorsque cette maladie l'attaque prématurément. Les éteules sont exposées aussi à périr de la même manière, tant qu'un reste de vie anime leurs racines, après que les épis en ont été séparés par la faucille. Les tiges et les épis ne peuvent plus être attaqués de la rouille, après qu'ils ont été séparés de la racine. La portion de la tige qui reste unie à la racine, peut en être atteinte, tant que la racine reste vivante, mais non pas après. Elle est alors attaquée par une autre espèce de *fungus*. — Ce sont là des assertions qu'il serait très-important de vérifier.

sont : l'état de trop grande fertilité du sol , pour une récolte de grains ; — une répétition trop fréquente d'une récolte aussi épuisante que le froment, principalement dans les sols médiocres , lorsqu'elle est accompagnée de beaucoup d'engrais ; — de fortes pluies , ou des temps variables , qui surviennent à une époque où les plantes sont affaiblies par une interruption dans leur végétation , lorsqu'elles approchent de leur maturité.

On a très-bien remarqué que , lorsqu'on cultive une récolte destinée à mûrir ses semences, les plantes n'ont besoin que du degré de vigueur suffisant pour ce but ; et que , si on élève la fertilité du sol à un degré beaucoup supérieur à ce qui est nécessaire pour cela , il peut en résulter des conséquences plus nuisibles qu'avantageuses (1). La terre peut être trop riche pour les récoltes de grains ; et il vaut mieux la conserver dans un état moyen de fertilité , que dans un degré excessif de richesse (2). Il est évident que les végétaux qui

---

(1) C'est pour cela qu'il est si avantageux de faire précéder les céréales, par une récolte verte , qui absorbe la richesse surabondante qui a été apportée dans le sol par le fumier.

(2) M. W^m. Scott , de *Horncastle* , assure que lorsque le sol a reçu une grande abondance d'engrais , l'humidité produit une végétation trop vigoureuse dans les grains , ce qui cause la rouille. Cette doctrine est appuyée de l'autorité de Parmentier , qui attribue la rouille à l'abondance d'un suc nourricier, résultant d'une végétation trop vigoureuse , plutôt qu'aux brouillards, qui n'y ont aucune part directe.

croissent sur un sol très-bien cultivé, contiennent
une très-grande abondance de sucs, ce qui doit les
rendre plus sensibles aux effets des variations subites
et extrêmes, et, par conséquent, plus exposées à
la maladie. En outre, comme le fumier provoque
la production des champignons, une grande quantité
d'engrais doit favoriser la végétation des plantes
parasites du même genre, sur les récoltes de froment,
lorsqu'une fois elles en sont infectées. Le froment
qui végète sur un tas de fumier, est toujours rouillé,
même dans les saisons les plus favorables; et si on
fait de tout un champ, une espèce de tas de fumier,
comment la récolte pourrait-elle échapper à la rouille?
Les plantes de la famille des *fungus* croissent presque
toujours sur les matières végétales en décomposition, comme le bois pourri, les toitures de chaume,
le foin gâté, ou quelques autres substances semblables, à l'aide d'un certain degré de chaleur
et d'humidité; d'un autre côté, il n'y a pas de
substance qui réunisse mieux toutes les conditions
favorables à la corruption, que le fumier. Cette
cause peut, au moins, être regardée comme pro-
chaine ou prédisposante. Si les semences des *fungus*
flottent dans l'atmosphère, elles trouvent plus facilement un lieu où elles puissent végéter, sur des
plantes excessivement succulentes, dont la substance
est dans un état de mollesse, et les pores plus
dilatés, tandis qu'un sol moins riche produit une

paille plus solide et plus dure (1).

Le même effet est souvent produit par un trop fréquent retour des récoltes de froment, principalement lorsqu'elles sont accompagnées d'une grande quantité d'engrais, pour forcer la terre à produire une récolte, ou lorsque c'est dans un sol qui ne convient pas à la culture du froment. La rouille n'était que peu connue dans les parties occidentales et septentrionales de l'Angleterre, ainsi que dans les parties méridionales de l'Écosse, jusqu'à ce que, depuis un petit nombre d'années, on ait fait beaucoup d'efforts pour accroître la quantité de froment. Les terres argileuses mêmes, qui conviennent si bien à la culture de cette plante, ont souffert d'un assolement aussi épuisant ; mais, dans les sols plus légers, comme les loams sablonneux ou calcaires, les récoltes ont diminué, tant en quantité qu'en qualité.

Il est bien connu que les sols meubles, comme les terres à turneps, sont, en général, les plus dangereux pour la rouille; la raison en est, que les racines étant plus grosses et plus longues, dans ces sortes de sols, et cherchant toujours l'humidité, pénètrent plus profondément dans le sol. Les

---

(1) **M. Holdich** a remarqué que cette maladie existe, en général, en proportion de la largeur des feuilles. Elle se montre d'abord sur la feuille supérieure, de laquelle sort l'épi. Lorsque cette feuille est petite, étroite, et se dessèche de bonne heure, il y a peu de danger de la rouille.

tiges sont, en conséquence, d'une végétation bril-
lante, prennent beaucoup de hauteur, et sont d'un
tissu lâche et poreux. Les racines, devenant très-
longues, atteignent souvent une couche de terre de
mauvaise qualité, ou dans laquelle elles ne trouvent
aucune nourriture. Lorsque cela arrive, les plantes,
après avoir développé une végétation très-vigoureuse,
sont subitement arrêtées, parce que c'est seulement
par leur extrémité, que les racines sucent la nourriture des plantes ; et cet arrêt subit de la végétation les prédispose à la maladie. Si, alors, le
mois de Juillet, ou même le commencement d'Août,
sont chauds et humides, les plantes du froment seront, dans l'état d'affaiblissement où elles se trouvent,
attaquées par ces *fungus*, à la propagation desquels
cette température est si favorable, et surtout dans
les places où il n'existe pas une libre circulation
d'air.

En preuve de ces doctrines, on a observé que,
dans les sols légers et meubles, le piétinement complet, après la semaille, est un moyen efficace de
prévenir la rouille, parce que les racines ne peuvent
s'alonger, et atteindre ainsi une couche de terre
de mauvaise qualité.

3° *Remèdes contre la Rouille.* — Parmi les remèdes qui sont les plus propres à diminuer les
effets de cette fatale maladie, on a particulièrement

recommandé les suivants (1) : 1° Cultiver des variétés robustes de froment ; — 2° semer de bonne heure ; — 3° faire choix de variétés hâtives ; — 4° semer épais ; — 5° changer de semences ; — 6° consolider le sol après la semaille ; — 7° employer des amendements salins ; — 8° améliorer les assolements ; — 9° extirper toutes les plantes qui servent de réceptacle à la rouille ; — 10° enfin , protéger les épis et les racines du froment , par du seigle , des vesces ou d'autres plantes.

1° Lorsqu'une plante présente un aussi grand nombre de variétés que le froment , on doit présumer qu'il s'en rencontre quelques-unes qui se distinguent par des propriétés particulières , et qui peuvent , par conséquent , être moins exposées à la maladie (2). On dit que le froment rouge est

---

(1) Mr Bénédict Prévost , et d'autres savants naturalistes , pensent que la rouille et la carie , sont des plantes parasites intestinales , que les botanistes appellent *uredos* , et *puccinias* , et que l'une et l'autre peuvent être prévenues par le même moyen , c'est-à-dire , les solutions de cuivre ; mais que , comme les semences par le moyen desquelles la rouille est supposée être produite , sont beaucoup plus petites que celles de la carie , il faut des attentions bien plus minutieuses pour prévenir cette maladie. Cependant , quoique ces solutions soient évidemment efficaces pour ce qui regarde la carie , cependant on n'a pas remarqué jusqu'ici , qu'il en fût de même pour la rouille , excepté dans un exemple cité par M. Hipkiss , de *Birmingham*.

(2) Dans plusieurs Comtés de l'Angleterre , on assure que le froment de printemps n'est pas aussi exposé à la rouille , que les autres variétés. — Près d'*Exeter* , on cultive , depuis

plus robuste que le blanc ; et que ceux dont les balles sont minces , sont plus disposés à coutracter la rouille , que les variétés qui ont des balles épaisses. On cultive beaucoup, par ce motif, en *Yorkshire* , et sur les frontières de l'Angleterre et de l'Écosse , un froment rouge appelé *Creeping-Weat* (littéralement , froment rampant) ; et , en *Worcestershire* , les cultivateurs estiment beaucoup , sous le rapport de la rusticité , une variété de froment conique , tiré originairement de Courlande , et qui n'est pas si sujet à souffrir des mauvais temps (1).

2° Il y a long-temps qu'on recommande de semer

---

peu , un froment étranger , qui , à ce qu'on assure , n'est pas sujet à la rouille.

(1) M. HOLDICH rapporte une expérience très-intéressante, faite sur plusieurs variétés de froment, afin de recounaître quelles étaient celles qui étaient le plus sujettes à la rouille. Ces expériences ont eu lieu en 1819, à *Thorneyfen* , dans un sol très-disposé à la rouille. Les semences ont été plantées au plantoir, en égales quantités , en petits carrés , au milieu d'un champ de froment. Le résultat a été comme il suit : Blé blanc, de *Hongrie* , à paille courte et rouge. Il a été presqu'entièrement exempt de la rouille , et le meilleur de tous.

Blé à épis carrés, *velouté blanc*, ou *à écailles d'œufs* , a été bon , mais atteint de la maladie.

Le *Lamma rouge*, le *thicket hedge-row*. Ils ont été beaucoup plus attaqués de la rouille ; ce sont des blés rouges.

Le *blé du Cap de Talavera*. Celui-là n'a presque rien produit , non seulement à cause de la rouille , mais aussi par suite des gelées du mois de Mai.

12 *

le froment de bonne heure , afin que l'épi soit déjà rempli, avant la saison la plus dangereuse (1). On remarque, en confirmation de cette doctrine, que, dans le Comté de *Somerset*, on faisait autrefois la moisson beaucoup plus tôt qu'à présent, la récolte des blés étant généralement terminée dans le mois de Juillet, et qu'alors la rouille y était inconnue. Un fermier d'*Essex*, qui était accoutumé de semer son froment après des fèves, avait constamment ses récoltes attaquées de la rouille ; mais elles cessèrent d'être sujettes à cette maladie, dès qu'il commença à les semer de bonne heure, soit sur des trèfles rompus, soit après la jachère. Dans le Comté de *Bedfort*, on remarque que, lorsque le froment jaunit dans le mois de Mai, ce qui est, en général, la conséquence d'une semaille hâtive, il n'est jamais attaqué de la rouille. Cependant il n'est pas avantageux que le froment soit trop avancé au printemps, et, par ce motif, on ne doit pas commencer la semaille avant les premiers jours de Septembre, même sur une jachère. On doit aussi faire une distinction entre les sols pesants, froids et humides, et les sols légers et secs. Il est

---

(1) Par le moyen de la semaille hâtive, on peut éviter les pluies d'automne, qui disposent les plantes à la maladie, en les mettant dans un état succulent, et comme pléthorique. Dans les temps secs, la paille est d'une texture plus ferme, qui ne peut admettre les semences des *fungus*, s'il est vrai que la maladie se propage de cette manière, ce qui, au reste, est douteux.

bien connu que, dans ces derniers, la moisson est aussi avancée que dans les autres, et peut - être plus, quoique la semaille y ait été faite un mois plus tard.

3° Comme les semailles hâtives entraînent quelqu'inconvénient, attendu que les sucs de la terre sont épuisés par la production des tiges, avant que la semence commence à se former, et que les plantes, étant trop vigoureuses et trop avancées en hiver, sont plus exposées à souffrir des gelées du printemps, il serait très-avantageux d'acquérir, soit en la faisant venir des pays étrangers, soit par un bon choix parmi les froments qui se cultivent chez nous, une variété qui ait la propriété de mûrir de bonne heure, sans être semée beaucoup plus tôt qu'on ne le fait à présent. La nature produit sans cesse de nombreuses variétés des mêmes espèces de plantes ; et il est très-important, pour le cultivateur attentif et industrieux, de se prévaloir d'une circonstance qui lui présenterait de si grands avantages (1).

4° C'est une maxime dont la vérité est reconnue en agriculture, « que les récoltes épaisses sont

----

(1) En *Cornwall*, on sème fréquemment un mélange de blé rouge et blanc, et les récoltes sout plus abondantes, lorsqu'on les sème ainsi ensemble, que lorsqu'on les cultive séparément. Lorsqu'ils sont séparés, le produit n'excède pas 18 bushels par acre (15 hect. 80 lit. par hectare) ; tandis que, lorsque les deux variétés sont mélangées, on obtiendra 24 bushels (21 hect. 15 lit. par hectare).

« quelquefois attaqués de la rouille ; mais que les ré-
« coltes claires le sont presque toujours plus ou
« moins (1). » Cela provient des circonstances
suivantes : Lorsque la semaille est épaisse, les
racines sont courtes et nombreuses, au lieu de devenir longues et rares. Elles sont retenues, surtout lorsque la récolte a été semée en lignes,
dans la terre qui a été préparée pour elles, au lieu
de s'étendre dans des couches de terre pauvres,
ou nuisibles à leur végétation. D'après le nombre
des racines et des tiges, la richesse du sol, qui
aurait pu être nuisible à un petit nombre de plantes,
n'est que suffisante pour un nombre plus considérable ; car la même quantité de fumier, qui aurait donné à vingt tiges, une disposition à la maladie, ne fournira qu'une quantité convenable de
sucs, si elle en a quarante à nourrir. En semant
épais en lignes, on obtient tous les avantages du
piétinement, *pour ce qui regarde la rouille ;* car
les racines seront nombreuses et entrelacées, au
lieu d'être longues et rares.

Nous devons parler ici d'une communication très-
importante que nous avons reçue, et d'après laquelle il paraîtrait qu'autrefois, lorsqu'on semait

____

(1) On peut demander ce qu'on doit entendre par semaille claire, ou une semaille épaisse ? Cela dépend évidemment de la fertilité du sol, et de l'époque à laquelle on sème.
Quant à la quantité de semence qu'on doit employer, v. la
8ᵉ Sect. de ce Chapitre.

quatre bushels de blé par acre (3 hect. 52 litres par hectare), la rouille était beaucoup plus rare que depuis qu'on a adopté la pratique de semer plus clair : on ne peut guère douter de cette vérité, pour les cas où la terre est en bon état ; où on sème de bonne heure ; où on emploie 4 bushels de graines pour semer en lignes, et où le froment est précédé d'une récolte verte, destinée à absorber les premiers sucs du fumier : dans ces cas, on peut s'attendre que le froment ne sera pas attaqué de la rouille.

Il est convenable d'ajouter, sur ce sujet, qu'il est beaucoup plus prudent de se fier sur l'abondance de la semence, que sur les effets du tallement. Lorsqu'on compte sur ce dernier pour épaissir la récolte, il se passe beaucoup de temps pendant que les plantes sont occupées à taller, au lieu de s'avancer vers la maturité. La conséquence en est : une récolte plus tardive, et une maturité plus inégale.

5° Le blé n'étant pas une plante indigène, mais exotique, elle doit être moins exposée aux maladies, si on change de temps en temps la semence, par des importations des pays étrangers. Les meilleurs cultivateurs Flamands changent régulièrement leurs semences tous les deux ans, et assurent que, en les renouvelant ainsi, ils préviennent toutes les maladies du grain. Quelques-uns d'entre eux achètent leurs semences à *Armentière*, près de *Lille, dans la Flandre Française*, tandis que d'autres recommandent le froment qui a été récolté dans les *Polders*, espèce de marais salés, en Hollande, et assurent que, par ce moyen, leurs récoltes sont exemptes de la rouille (1). Le respectable T. KNIGHT, *Esq.*, a prouvé aussi que, en croisant ensemble différentes variétés de froment, on peut en produire une nouvelle qui échappera complétement à la rouille, quoique toutes les récoltes du voisinage, et de presque tous les cantons du Royaume, en soient attaqués dans cette même année (2). Ces circonstances tendent à prouver que la rouille n'est pas produite uniquement par l'influence atmosphérique ; car, si cela était, on ne pourrait la prévenir par le changement des semences, ou par le croisement de diverses variétés.

6° Nous avons déjà exposé les avantages du piétinement dans les sols légers (3). Nous ajouterons

---

(1) M. ROBERT BARCLAY, cultivateur très-distingué, d'*Ury*, en Écosse, achetait toujours, tous les deux ans, sa semence de froment en Angleterre, et ne semait que le grain provenant du froment anglais de la récolte précédente.

(2) En Italie, on recommande de semer clair, en alléguant que, comme l'infection se communique d'un épi à l'autre, il y a moins de danger qu'elle se répande, lorsque les épis sont en contact moins immédiat. Mais cette doctrine paraît erronée.

(3) Un cultivateur est allé jusqu'à assurer que, si, après avoir semé le froment, dans quelqu'espèce de sol que ce soit, on fait piétiner le terrain par une troupe de chevaux, ou par un troupeau de bêtes à cornes, la récolte ne serait presque jamais rouillée. Mais il est clair qu'un piétinement semblable,

ici quelques faits qui prouvent l'efficacité du piétinement pour prévenir la rouille. En 1804, un
cultivateur sema 25 acres de froment sur éteules
de pois. Après les opérations ordinaires de labour,
d'amendement, de semaille et de hersage, il les fit
piétiner par des bêtes à laine, jusqu'à ce que le
sol fût aussi dur qu'une grande route. Le produit
fut de 32 bushels par acre (23 hect. 20 lit. par
hectare). Pour avoir un point de comparaison, il
avait laissé une partie du champ sans la faire piétiner ; et cette partie fut fortement attaquée de la
rouille. Le même cultivateur fit semer 14 acres de
froment sur un champ planté en pommes de terre.
Les tiges des pommes de terre furent d'abord arrachées, et le froment semé à la volée ; les pommes
de terre furent ensuite arrachées à la fourche, et
le terrain piétiné par les femmes et les enfants qui
faisaient cette opération. La récolte fut exempte
de rouille, et d'excellente qualité. On a souvent
remarqué que, lorsque la récolte d'un champ a été
détruite par la rouille, les billons de tournée, qui
ont été piétinés fortement par les chevaux, en sont
généralement exempts (1).

---

non-seulement ne conviendrait, pas dans un sol argileux, mais
même ferait beaucoup de tort à la récolte. Les sols legers sont
plus exposés à produire du froment rouillé, parce que les plantes
y croissent trop vîte au printemps, et poussent des racines
longues et peu nombreuses.

(1) Il ne serait pas difficile d'inventer une machine propre
à comprimer le sol, si cette opération est vraiment efficace
pour prévenir la rouille.

7° On a fait récemment la découverte très-importante , que l'emploi des amendements salins est un excellent remède contre la rouille. Cela est prouvé par le succès avec lequel plusieurs cultivateurs du *Cornwall* emploient les résidus de sel des pêcheries , comme amendement pour les turneps ; ils ont l'habitude de répandre cette substance , une quinzaine de jours avant la semaille des turneps , dans la proportion de 31 1/2 bushels de sel (de 56 liv. chacun) , par acre (2,000 kil. de sel par hect.). Ils assurent tous que , depuis qu'ils ont adopté cette pratique , leurs froments ne sont jamais attaqués de la rouille , quoiqu'ils le fussent fréquemment auparavant. La dépense serait peu considérable , si on pouvait obtenir le sel exempt d'impôts ; car le sel de *Liverpool* ne coûte pas plus d'un sh. par bushel , et le sel en pierres serait encore à plus bas prix. L'utilité du sel, pour les animaux , donne lieu de croire qu'il ne serait pas moins utile à la vie végétale. Dans les animaux, on a reconnu qu'il favorise la transpiration , *et qu'il prévient la corruption des fluides ;* par conséquent , c'est un moyen bien naturel d'empêcher la propagation des plantes du genre des *fungus* , et de prévenir la rouille du froment , qui est une espèce de pourriture ou de corruption. Cette doctrine est fortement appuyée par les faits suivants : 1° La rouille est très-rare dans le voisinage immédiat de la mer , à moins que le sol n'ait reçu une quantité excessive d'engrais. 2° Lorsqu'on emploie, comme engrais, les plantes marines, qui sont imprégnées de sel, la récolte n'est presque jamais rouillée. 3° Enfin, la rouille est peu connue en Flandre, où on emploie, comme amendement, les cendres de Hollande, qui contiennent beaucoup de parties salines.

8° Comme le sol est disposé à produire la rouille, lorsqu'il se trouve dans un état trop riche, on a trouvé qu'un excellent moyen de prévenir cette maladie, était de faire succéder à l'application de l'engrais, avant une récolte de froment, quelques récoltes propres à ameublir la terre; comme des vesces, du chanvre ou du colza, dans les sols argileux, ou des pommes de terre dans les terrains légers. Il est certain qu'après du colza, on n'a presque jamais vu une récolte de froment attaquée de la rouille; la culture générale de cette plante, et l'emploi, comme amendement, des cendres de Hollande, sont deux circonstances qui contribuent à tenir, en Flandre, les récoltes de froment exemptes de la rouille. Les pommes de terre, *lorsque la récolte est abondante*, produisent quelquefois le même effet. Une pièce de terre a été semée en froment, partie après la jachère, partie sur trèfle rompu, et partie après les pommes de terre; les deux premières ont été attaquées de la rouille; tandis que la partie qui avait porté des pommes de terre, a produit un grain bien rempli et égal, et la récolte n'a été que d'un dixième au-dessus de la quantité ordinaire. Chez nous, le

froment est souvent attaqué de la rouille , après
une *mauvaise* récolte de pommes de terre ; mais,
en Flandre , où le froment n'est jamais fortement
endommagé par la rouille , on considère, dans la
partie de ce pays la mieux cultivée (le pays de
Waes), une récolte de pommes de terre, comme
la meilleure de toutes les préparations pour une récolte de froment. S'il est vrai , comme tout porte
à le croire, qu'une trop grande quantité de fumier
favorise la propagation des *fungus* , il est certain
que les récoltes qui épuisent et diminuent les sucs
des engrais , doivent affaiblir cette disposition.

9° Mr CLACK, dont nous avons déjà mentionné les
précieuses communications au sujet de la rouille ,
conseille de détruire toutes les plantes sur lesquelles
se conservent les *fungus* , dans les différents degrés
de leur végétation , même pendant les gelées les
plus rudes de l'hiver ; d'où on suppose qu'ils se com-
muniquent , avec une étonnante rapidité , aux jeunes
feuilles des plantes qui conviennent à leur propagation , aussi ôt que la saison devient plus douce.
Ces *fungus* croissent avec une rapidité si extraordinaire, que , dans le cours d'une semaine ou deux,
ils paraissent arriver à leur maturité , et répandent
leurs pernicieux effets sur des milliers d'acres de
terre , sur lesquels les cultivateurs fondent leurs
bénéfices, et qui doivent fournir une partie considérable de la subsistance de la population.

Parmi les plantes les plus communes , le pas-
d'âne, le chardon jaune et le chiendent , sont re-

gardés comme si favorables à la propagation de ces *fungus*, qu'on ne peut garantir de la rouille un champ où il s'en rencontre. On doit donc diriger tous ses efforts vers leur destruction complète.

Quelques végétaux toujours verts semblent conserver ces *fungus* pendant les saisons les plus rigoureuses ; comme le buis, lorsqu'il est planté dans des situations basses et humides, et surtout les ronces, qu'on ne doit pas manquer de couper, le plus bas qu'il est possible, dans les haies et dans les buissons, au moins une fois ou deux chaque année. Le peuplier argenté et les osiers sont souvent aussi les principales causes de la rouille dans leur voisinage.

Plusieurs arbres conservent aussi les *fungus* sur leurs écorces, pendant l'hiver ; comme les osiers, le coudrier, le bouleau, et quelquefois les taillis de chêne. *L'épine-vinette* conserve la source du mal dans toutes les fissures de son écorce, où les *fungus* forment des taches noires. On doit couper avec soin cet arbrisseau. On peut expliquer les opinions contradictoires sur l'influence qu'on suppose à l'épine-vinette pour propager la rouille. Lorsque l'écorce de cette plante est unie, elle fait peu ou pas de mal, puisque c'est dans les fissures de l'écorce, que se conservent les *fungus*. C'est pour cela que, lorsque l'épine-vinette est jeune, elle n'occasionne pas la rouille (1).

---

(1) Les faits cités dans les rapports de plusieurs Comtés, semblent mettre hors de doute, la funeste influence de l'épine-vinette.

On devrait adopter généralement l'usage de couper les haies de chaque pièce de terre, lorsqu'on la sème en froment ; ce serait un des meilleurs moyens de diminuer la quantité des *fungus*, qui, sans cela, nuiraient à la récolte. Par cette attention dans les soins à donner à ses haies, Mr CLACK est parvenu à exempter de la rouille, des terrains qui y étaient sujets de temps immémorial (1).

10° Il reste à constater un fait curieux et très-important, relatif à la rouille du froment. Dans les Comtés septentrionaux de l'Angleterre, où l'usage est de semer un mélange de froment et de seigle, on a remarqué que le froment ainsi cultivé est rarement infecté de la rouille (2). Il est remar-

----

(1) Dans une communication récente, datée du 16 Juin 1817, M. CLACK assure que, en 1811, il a semé en froment, après du tréfle, une pièce de terre qui était connue pour être toujours rouillée ; mais la récolte fut la plus belle du voisinage, ce qu'il attribue à la continuation de ses soins à faire couper les arbrisseaux qui favorisent la propagation de la rouille, dans les haies et les buissons voisins ; ainsi qu'au tassement du sol par le piétinement des moutons, après la semaille du froment. Pour obtenir cet effet de la manière la plus parfaite, on doit réunir un grand nombre de bêtes, et leur faire parcourir le terrain lentement et en troupe serrée.

(2) M. TUKE a assuré à l'auteur, dans une lettre datée du 7 Mars 1818, que, jusqu'en 1815, il était regardé comme constant, dans ces districts, que le seigle était un préservatif certain contre la rouille, pour le froment qui l'accompagnait ; mais que, cette année-là, le seigle même en fut attaqué, et que, dans tout le Comté, très-peu de froment y échappa, soit qu'il fût seul, soit qu'il fût mélangé avec du seigle.

quable que le même fait ait été observé en Italie.
Dans une notice sur le climat de ce pays, publiée
par le professeur SYMONDS, de *Cambridge* ,   on
rapporte, comme un fait extraordinaire , mais bien
connu, que le froment mélangé de seigle ou de
vesces , comme cela se pratique souvent dans ce
pays, est exempt de la rouille. Il paraîtrait, d'après
l'utilité des vesces dans ce cas, que les semences
du *fungus* peuvent se communiquer *par les racines*,
et qu'il est suffisant que les racines soient protégées
contre elles. Cette opinion semble appuyée par
d'autres circonstances ; comme par l'utilité du piétinement du sol, et de la semaille épaisse du froment, pour le garantir de cette maladie. Par ces
opérations , on rend plus difficile l'accès des semences
de *fungus* aux racines des plantes. On peut essayer
facilement l'effet des vesces , comme préservatif.
L'usage qui existe en Flandre , où la rouille est
à peine connue , de cultiver des doubles récoltes,
est encore une circonstance qui est très-favorable à
l'opinion de ceux qui pensent qu'il est avantageux
de protéger contre l'infection, les racines du froment.
Mr KNIGHT croit décidément que la maladie se communique *par les racines* , attendu que toutes les
expériences qu'on a faites pour communiquer la rouille
des tiges infectées à d'autres, ont été vaines ; et,
à la vérité , si elle était introduite par l'épi de la
plante, comment pourrait-elle descendre , et infec-
ter seulement la tige ? C'est cependant ce qu'on observe , à moins que la maladie ne soit invétérée.
D'autres attribuent la rouille à l'action du soleil sur

les racines. — De là les avantages des récoltes épaisses, sur les récoltes claires; de là aussi, dit-on, l'avantage de semer, avec le froment, du seigle dont les feuilles fortes et recourbées garantissent la terre des rayons du soleil. C'est aussi un fait singulier, que les plantes du froment placées sous des arbres, échappent à la rouille, tandis que la récolte voisine en est infectée. Cela peut être dû, soit à la protection des arbres contre les rayons du soleil, soit à l'humidité qui est retenue dans le sol, au moyen de l'ombre qu'ils produisent.

Nous ajouterons ici, que lorsqu'un champ est évidemment affecté de cette maladie, et que la végétation est arrêtée, le seul moyen de sauver d'une perte certaine, la paille et le grain, s'il est déjà formé, est de couper immédiatement la récolte, quand même elle ne serait pas mûre. On conserve ainsi la paille, soit pour litière, soit pour la nourriture du bétail; et on assure que tous les sucs qui se trouvent dans la paille se portent vers le grain, le nourrissent, et produisent ainsi une récolte plus abondante qu'on n'aurait pu l'espérer (1).

Il y a tout lieu d'espérer que, soit par l'adoption des moyens que nous venons d'indiquer, soit par les perfectionnements qui pourront être introduits par les observations des naturalistes et les expériences des cultivateurs industrieux, on par-

---

(1) M. de CHATEAUVIEUX recommande, comme un moyen d'arrêter les progrès de la maladie, de couper les feuilles, aussitôt que la rouille y paraît.

viendra à modérer les effets des maladies du froment, de manière qu'elles ne se fassent plus sentir à l'avenir, comme une calamité publique. Pour parvenir à ce but, il est nécessaire que tout cultivateur soigneux saisisse toutes les occasions qui se présenteront, d'augmenter ses connaissances sur les maladies du froment ; qu'il tienne note de toutes les circonstances qui se rapportent à ce sujet, aussitôt qu'elles s'offriront à lui ; qu'il compare ses observations avec celles des autres, afin que, soit que les causes de la rouille soient générales ou locales, on puisse y remédier dans toutes les circonstances, autant que cela est possible (1).

§ XXIII.

DE LA PAILLE.

La paille est un objet d'une plus grande importance en agriculture, qu'on ne le croit généralement ; et la valeur de cet article lui donne droit

---

(1) Dans le système de M. Hoblyn, le froment ne peut être endommagé par aucune plante parasite, tant qu'il est tenu dans un bon état de santé : la maladie ne peut s'y déclarer, que lorsqu'il y avait déjà une prédisposition. — Dans l'espèce humaine, il existe également des prédispositions à diverses maladies, comme à la petite vérole, et peut-être à la goutte ; mais cela n'empêche pas qu'on doive rechercher soigneusement les moyens de prévenir et de guérir chaque maladie particulière.

à plus d'attention qu'on ne lui en a accordé jusqu'ici. Les cultivateurs sont, en général, disposés à considérer la paille, comme de peu ou point
de valeur, parce que c'est une denrée qui ne peut
généralement pas se vendre, et qu'on ne l'évalue
ordinairement pas à part des autres produits du
sol. Mais, quoiqu'on la vende rarement, excepté
dans le voisinage des villes, elle a cependant une
valeur intrinsèque, comme base des fumiers, et
comme utile à d'autres emplois.

I. *Du poids de la paille produite par différentes
récoltes.*

Il est évident que la quantité de paille produite
par acre, doit varier selon plusieurs circonstances ;
comme, 1° l'espèce de grain qu'on cultive ; 2° les
différentes variétés de chaque espèce de grain. C'est
ainsi que l'avoine rouge produit moins de paille que
les autres variétés de ce grain (1); 3° la température de la saison ; car, dans les années sèches,
la quantité de paille est moindre que dans les saisons humides ; 4° le sol, un terrain fertile produisant bien plus de paille qu'un terrain pauvre ;
5° la saison dans laquelle la semaille a eu lieu ;
car le froment semé au printemps, produit moins

(1) De l'avoine rouge . qui produira peut-être sept quarters par acre, fournira moins de paille que de l'avoine d'*angus*,
ni ne produira que cinq quarters de grain.

de paille, que celui qui a été semé à l'automne ;
6° enfin, la manière de couper la récolte ; car
un pouce de longueur de paille, près de terre,
est plus pesante que deux pouces, vers le haut
de la tige (1).

Malgré ces variations, il est bon que les cultivateurs puissent se former une idée générale, du
produit moyen, en paille, de chaque espèce de
grain, ainsi que des poids moyens du même produit, pour toutes les espèces de grains, prises en
masse ; cependant ce poids ne pourra être déterminé avec toute l'exactitude désirable, à cause du

---

(1) En *Middlesex*, on coupe le froment si près de terre,
qu'on ajoute ainsi 7 sh. par acre (21 francs par hectare),
à la valeur de la paille. — Près de *Londres*, où le froment se
coupe par le procédé du *bagging*, la paille produite par un
bushel de *Winchester* de froment (28 litres), forme, en
moyenne, trois bottes de trente-six liv. chacune. On suppose
que le produit moyen du froment, dans toute l'Angleterre,
est d'environ 24 bushels (21 hectol 15 litres par hectare);
ce qui, multiplié par trois, produit 72 bottes de paille, par
acre anglaise (un peu moins de 3,000 kilogr. par hectare).
La voiture de paille, sur le marché de *Londres*, est de 36
bottes ; c'est le produit d'une demie acre. Si on ajoute à ce
produit, à-peu-près 3 quintaux par acre de menue paille, de
balles et d'éteules, on aura, pour produit total de l'acre, en
paille, 26 quintaux (3,250 kilogr. par hectare). 24 bushels de
froment, pesant 60 livres chacun, font, par acre, 1,440 liv.
de grains nettoyés. En y ajoutant le poids de la paille, nous
aurons 39 quintaux, pour le poids de toute la récolte. Les variations, dans toute l'Angleterre, sont de la moitié au double
de cette quantité, c'est-à-dire, dans la proportion d'un à
quatre.

13 *

défaut d'autorités, qui résulte du peu d'attention qu'on a apportée jusqu'ici à cet objet. Il est probable, néanmoins, que les évaluations suivantes ne sont pas éloignés de la vérité.

M. YOUNG pensait que le produit moyen en paille, de toutes les espèces de grains, y compris les éteules, en rejetant du calcul, les récoltes des sols de très-mauvaise qualité, pouvait être évalué à 2,984 liv. par acre (3,500 kil. par hect.)

M. MIDDLETON calcule le produit en paille des diverses espèces de grains, par acre, comme il suit :

	liv. angl. par acre.		kilog. par hect.
Froment	3,472 liv.	—	3,992 kil.
Fèves ou Pois	2,810	—	3,230
Avoine.	2,800	—	3,220
Orge.	2,240	—	2,550
Produit moyen . . .	2,828	—	3,350

M. BROWN, de *Markle*, a publié l'évaluation suivante, des produits en paille, de diverses récoltes qu'on cultive ordinairement en Écosse :

	liv. angl. par acre.		kilog. par hect.
Froment	3,520 liv.	—	4,047 kil.
Fèves ou Pois	2,860	—	3,287
Avoine.	2,860	—	3,287
Orge (1).	2,200	—	2,530
Produit moyen . . .	2,860	—	3,287

(1) Le Docteur SKENE KEITH remarque que, quoique l'orge

Le seigle fournit une grande quantité de paille, et, quelquefois, jusqu'à 4,400 liv. par acre (5,000 kil. par hectare) ; mais, en produit moyen, dans tout le Royaume, on ne peut l'évaluer qu'à environ 2,760 liv. (3,700 kil. par hectare) (1).

II. *De la valeur des diverses espèces de paille, et de son montant total.*

La valeur intrinsèque de la paille doit varier considérablement, en proportion de ses facultés nutritives ; — de la quantité d'engrais qu'elle peut produire, en l'employant comme litière ; — de son emploi dans les toitures des bâtiments ; — de son usage dans les manufactures (2) : attendu que

____

produise le poids le moins considérable en paille, cependant elle produit une proportion considérable de *vannures*, en balles et grains légers.

(1) En Flandre, on évalue, comme il suit, le produit et la valeur de la paille, pour les diverses espèces de grains.

	Poids		Valeur.	
	L. angl. par acre	Kilog. par hect.	L. St. par acre.	Francs par hect.
Seigle..	4,000 —	4,600 k.	4 l. 3 s. 4 d. —	250 f mm c.
Froment.	3,000 —	3,450	3 2 6 —	187 50
Avoine..	3,000 —	3,450	1 11 3 —	93 75
Orge..	1,500 —	1,725	0 15 7 —	46 87

(2) Près de *Dunstable*, de *Luton*, et d'autres endroits voisins, qui produisent la paille la plus blanche, les cultivateurs tirent des profits considérables de la vente de la partie supé-

ce sont-là les principaux emplois auxquels ce produit est applicable ; mais , en général, le prix de la paille dépend de la proximité à laquelle on se trouve , des grandes villes où on l'emploie comme litière , et où les cultivateurs peuvent la racheter après qu'elle a été convertie en fumier , ou s'y procurer , en remplacement de la paille , diverses autres espèces d'engrais.

A *Bath* , pendant les hivers de 1791 et 1792 , la paille de froment était si chère , que les aubergistes trouvaient de l'économie à employer comme litière , leurs plus mauvais foins au lieu de paille. A *Oxford* , en 1806 , la paille se vendait de 2 l. 2 sh. à 4 l. la voiture (de 50 à 96 francs). Mais cette denrée est ordinairement plus chère à Londres et dans son voisinage, que dans aucune autre partie du Royaume. Elle s'y vend par voiture , qui est formée de 36 bottes de 36 liv. chacune. Autrefois, les prix étaient de 25 à 40 sh. par voiture (de 30 à 48 francs); ils se sont élevés ensuite jusqu'à 3 l. 12 sh. (86 francs); mais , en Février 1817 , le prix est retombé à 2 l. (48 francs). Même à ce prix, cela forme un produit de plus de 4 l. par acre (240 francs par hectare).

Dans le voisinage d'*Edinburgh* , la paille de fro-

---

rieure du tuyau des pailles de leurs froments , à des personnes qui viennent la choisir dans les granges, qui coupent cette partie de la paille , qui la lient en petits paquets, et qui la vendent à la livre , aux ouvriers qui l'emploient à faire des chapeaux.

ment se vend communément 9 d. (90 centimes) par botte de 22 liv., pour litière : en calculant le produit à 160 bottes par acre, cela forme 6 l. (144^f). — La paille d'avoine se vend presque le même prix, parce qu'on la regarde comme plus nourrissante pour les vaches et les chevaux ; et on en récolte quelquefois un poids si considérable, qu'on en tire 7 l. par acre (420 francs par hectare). Dans l'*Aberdeenshire*, au contraire, la paille vaut rarement plus de 2 l. par acre (120 francs par hect.) (1).

La valeur de la paille pour la nourriture des bestiaux, dépend beaucoup de l'époque à laquelle on la leur fait consommer. Depuis le commencement de Novembre jusqu'au 1er de Mars, lorsque le bétail à cornes reçoit des turneps en abondance, on peut, avec confiance, lui donner, en remplacement du foin, de la paille d'avoine, de pois ou de seigle, pourvu qu'elle ait été bien récoltée ; et, pendant cette période de l'année, on peut assigner à ces pailles, une valeur égale à la moitié, ou même aux deux tiers de celle du foin, quel que soit le prix de celui-ci. Au printemps, lorsque le foin vaut 1 sh. 6 d. (1 fr. 80 cent.) le stone

---

(1) Dans les années où le fourrage est abondant, on ne peut guère obtenir, dans ce Comté plus d'une livre, du produit en paille d'une acre (60 francs de l'hectare ; mais, avant l'introduction de la culture des turneps, lorsque la nourriture était rare pour le bétail, et qu'on n'y connaissait pas le foin des prairies artificielles, les prix étaient de 2 à 3 liv. (de 120 à 180 francs par hectare).

de 22 liv. , le prix de 9 pences (90 centimes) , par botte du même poids , peut être considéré comme la valeur réelle de la paille pour la nourriture des bestiaux ; et 6 d. (60 centimes) , comme sa valeur moyenne pendant toute l'année.

Pour ce qui regarde la valeur de la paille employée uniquement comme litière , Mr BROWN , de *Markle* , a calculé que 2,860 liv. de paille , produit moyen d'une acre , peuvent produire quatre charretées , à deux chevaux , de fumier , qui valent, en *Lothian* oriental , 10 sh. (12 francs) par voiture ; ce qui fait un produit , en paille , de 1 l. 12 sh. par acre (96 francs par hectare). On peut assigner , à-peu-près , la même valeur à la paille qui est employée à la couverture des bâtiments. Ainsi , dans la supposition que huit millions d'acres de terre arable sont semées annuellement dans la Grande-Bretagne , et qu'ils produisent , en terme moyen , 2.860 liv. de paille , dont un quart est employé à la nourriture du bétail , et vaut , dans ce cas , 6 d. (60 centimes) par stone , et les trois autres quarts employés comme litière ou couvertures des bâtiments , valant seulement 3 d. (30^c), la valeur totale de la paille qui se produit dans le Royaume , peut être estimée comme il suit :

Deux millions d'acres de paille , à raison de 130 *stones* , ou 2,860 liv. , valant 6 d. , pour la nour-

L. Ster. —　　Francs.

riture du bétail , ... 6.500,000—156,000,000.

Six millions d'acres , à
130 *stones* , valant seule-
3 d. par *stone* , ... 9,750,000—234,000,000.

Ainsi , huit millions
d'acres produisant en paille
plus de 2 l. (48^f) chacun ,

en tout , ... 16,250,000—390,000,000.

On voit que la quantité de paille qui se produit annuellement , présente une valeur bien plus importante qu'on ne le croit généralement , surtout si on apprécie convenablement son importance, comme moyen de renouveler la fertilité du sol (1).

____

(1) Il est évident que les cultivateurs , en général , ne peuvent être considérés comme recueillant , *en argent* , la valeur de leurs pailles , aux prix que nous venons de déterminer dans le texte , à cause que les clauses des baux empêchent la plupart d'entre eux d'en vendre , et que , d'un autre côté , elle leur est nécessaire , pour entretenir la fertilité dans leurs terres. Mais , en considérant la chose sous le point de vue de la richesse nationale , la valeur de la paille doit certainement être regardée comme une partie des produits agricoles. — M. HOLDICH remarque , à cet égard , que la paille , le foin et les autres fourrages qui sont consommés par le bétail destiné à la boucherie , forment une partie du prix qu'on obtient de ces bestiaux , sur le marché : ce serait un double emploi , si on comptait encore cette valeur à part. — De même que les grains

III. *Des divers Emplois auxquels la paille est applicable.*

On peut considérer ces emplois, sous les titres suivants : 1° Nourriture du bétail ; — 2° Litière ; — 3° Couvertures des maisons ; — 4° Emplois divers.

1° *Nourriture du bétail.* — Autrefois, c'était-là l'emploi principal, auquel la paille était appliquée ; presque toute celle qui n'était pas employée aux couvertures des bâtiments, était consacrée à cet objet, et on n'en employait presque pas à faire de la litière dans les étables. On vantait beaucoup, alors, l'agriculture du célèbre BAKEWELL, qui n'employait pas de paille pour litière. On n'estimait alors, dans le fumier, que les parties qui avaient passé par le corps des animaux ; et, quoiqu'en donnant de la paille pour litière, on pût augmenter

---

de semence, les engrais, ou le beurre, le fromage, le lard, etc. qui sont consommés dans la famille du fermier, doivent être considérés, ainsi que le sol lui-même, comme des objets nécessaires à la culture. L'achat et les réparations des instruments d'agriculture, les frais de clôture, de desséchement, etc., doivent être déduits, sous le point de vue de la richesse nationale, des produits du sol ; il en est de même de toutes les dépenses d'achat, d'engrais, excepté dans le cas où elles sont couvertes par la vente de la paille. Lorsqu'on vend du foin, on doit acheter de l'engrais ; et, dans l'un et dans l'autre cas, c'est *la différence* seule, qui doit être portée au crédit du compte.

beaucoup la masse des fumiers , on n'y faisait pas beaucoup d'attention , parce qu'on considérait comme le plus profitable , le fumier qui était le produit de la paille mangée par les bêtes. Cependant BA-KEWELL se convainquit , par expérience , qu'il avait adopté un système erroné ; et , dans les derniers temps , il donnait une litière abondante à ses bestiaux. De cette manière , les bêtes étaient maintenues en bien meilleur état , et produisaient une bien plus grande quantité d'engrais.

Cependant , quoiqu'on ne puisse approuver la méthode d'employer exclusivement la paille à la nourriture du bétail , on ne peut pas approuver aussi l'extrême opposé , qui consiste à consacrer à la litière , la totalité de la paille , même celle des plantes légumineuses. Une quantité modérée de paille, donnée aux bêtes à cornes, avec des turneps, ou une autre nourriture remplie de sucs , contribue beaucoup à leur santé. La paille des plantes légumineuses, lorsqu'elle a été bien récoltée, peut être donnée aux chevaux de travail , avec une quantité convenable de grain , et économiser une nourriture plus dispendieuse. Les aliments très-substanciels, donnés en trop grande quantité, deviendraient malsains pour les bêtes , si on n'y mêlait pas quelque nourriture moins riche en sucs nutritifs. Les aliments secs sont avantageux , en absorbant le fluide dans l'estomac , ce qui augmente l'énergie de cet organe ; et , quoique les substances de cette espèce n'apportent pas une grande quantité de nourriture, cependant elles mettent l'estomac en état de recevoir une plus grande quantité d'aliments plus nutritifs. Il est nécessaire que les viscères soient convenablement distendus, pour que la digestion se fasse de la manière la plus parfaite ; sans cela, les aliments les plus riches ne nourrissent pas également bien les animaux.

Le prix du foin est devenu, d'ailleurs, si excessif, qu'il force, jusqu'à un certain point, à consommer de la paille ; et le système de nourriture en vert, à l'étable, pour être avantageux aux cultivateurs, et pouvoir être exécuté sur une grande échelle, ne peut guère être adopté, sans nourrir le bétail à cornes et les chevaux, en partie avec de la paille, pendant l'hiver. Il est certain même que, dans les premiers moments de l'engraissement du bétail à cornes, la paille est aussi bonne que le foin, pour être donnée avec des turneps. Avec cette méthode, on peut employer à la nourriture en vert, pendant l'été, du trèfle qu'on aurait été forcé de convertir en foin, pour le consommer en hiver, au lieu de paille. Mais il est absurde de supposer que toute la paille puisse être consommée par les bêtes à l'engrais, puisque cette nourriture ne les engraisserait pas, et que leur fumier serait de peu de valeur.

Nous allons examiner les propriétés des différentes espèces de paille pour la nourriture des bestiaux.

Paille de froment. — On hache fréquemment cette espèce de paille, pour la donner aux chevaux, en la mêlant avec le grain. On donne aussi aux bêtes à cornes d'engrais ou de travail, la paille hachée, mêlée à d'autres aliments, et, en particulier, aux pommes de terre.

On convient généralement que cette paille forme un aliment très-fortifiant ; et on ne remarque pas, comme quelques personnes l'ont supposé, qu'elle soit épuisée de ses parties nutritives, par la maturation des semences ; au contraire, plus le grain est gros et rempli, plus la paille est nourrissante. La paille de froment est encore fréquemment employée comme litière, et pour la couverture des bâtiments ; mais, dans ce dernier cas, il faut que les épis aient été battus séparément. Dans les parties occidentales de l'Angleterre, on est dans l'usage de couper les épis, pour rendre la paille plus propre à couvrir les maisons.

Paille d'avoine. — Cette paille doit être donnée sans la hacher. Autrefois, elle formait une excellente nourriture pour les bêtes, parce qu'alors on la récoltait sur des terres remplies de chiendent et d'autres herbes naturelles ; mais, depuis l'introduction de la jachère et des récoltes binées à la houe-à-cheval, il se trouve beaucoup moins d'herbe dans la paille de toutes les espèces de grains. Dans quelques Comtés de l'Angleterre, on donne aux bêtes, les gerbes d'avoine sans les battre ; mais cette méthode est condamnée comme entraînant beaucoup de perte ; car il y a beaucoup de différence dans la proportion qui existe entre la paille et le grain, de sorte

qu'il est impossible au cultivateur, de régler la ration de ses bêtes avec exactitude. Il y a, d'ailleurs,
beaucoup de risque, lorsque le grain est consommé
en cet état, qu'il échappe à la mastication des
animaux, ou qu'il soit totalement perdu, en tombant et se mêlant avec le fumier.

Paille d'orge. — Lorsque cette paille a végété
sous un climat méridional, le bétail la mange avec
beaucoup de plaisir, parce qu'elle est douce et
tendre ; mais, en Écosse, elle est considérée comme
très-inférieure à la paille d'avoine, sous le rapport
des propriétés nutritives. Il est extrêmement difficile de la récolter en bon état, surtout lorsqu'avec
l'orge, on avait semé du tréfle ; et elle perd beaucoup de ses qualités, lorsque, au lieu de la mettre
en gerbes, on l'étend sur le sol, comme c'est l'u-
sage dans plusieurs Comtés de l'Angleterre ; car
l'air et la rosée font beaucoup de tort à toute espèce de fourrage (1).

Paille de fèves. — Lorsqu'elle est bien récoltée,
cette paille forme un aliment très-substanciel et très-
fortifiant, pour la nourriture d'hiver des chevaux
de travail et du bétail à cornes ; mais elle ne convient

----

(1) Il serait convenable, lorsqu'on a semé du tréfle dans
l'orge, et qu'on les coupe ensemble, de mettre immédiatement
les gerbes en petites meules, pour quelques jours, jusqu'à ce
que la partie inférieure des gerbes se soit amortie. Par ce moyen,
le tréfle resterait plein de suc, et la paille absorberait une
partie des principes nutritifs du tréfle.

pas autant aux chevaux de selle ou de carosse , parce qu'il est sujet à leur rendre l'haleine courte. Comme la paille de fèves , seule , est un peu sèche , le fourrage en vaut mieux , si on y mêle de la paille de pois , et surtout de pois blancs , qui est douce et nourrissante (1).

Paille de pois. — La paille de pois blancs , lorsqu'ils ont été coupés encore verts , et qu'ils ont été séchés promptement , forme un fourrage de qualité supérieure , et qui convient aux chevaux , presqu'autant que le foin. Pour les bêtes à laine , cet aliment est si précieux , que , dans quelques fermes où on entretient de ces bêtes , on sème des pois , uniquement par rapport à elles (2). Mr YOUNG a dit que , de toutes les pailles , celle qui fait le plus de profit, c'est celle des pois blancs hâtifs. Les pois blancs produisent quelquefois un ton et demi de paille par acre (4,125 kilog. par hectare) ; et , lorsqu'elle a été récoltée en bon état, elle se vend , selon le prix du foin, de 4 l. à 7 l. 10 sh.

---

(1) Il y a quelques chevaux auxquels la paille de fèves ou de pois , cause quelquefois des coliques. On les guérit en leur faisant prendre une cuillerée de laudanum , avec quatre onces d'huile de castor, ou trois cuillerées de thérébentine ; on réitère le remède , si , la première fois, il n'a pas fait son effet.

(2) On regarde la paille de pois blancs, comme excellente pour les moutons qui sont aux turneps. Elle les préserve de la diarrhée, et les maintient en bonne santé. Dans beaucoup de districts, on en fait beaucoup d'usage de cette manière. Si la paille de pois n'a pas été rentrée très - sèche, on doit ne la faire consommer que dans l'été qui suit la récolte.

par acre (de 240 à 450 francs par hectare) ,
atteignant souvent ainsi, une valeur presqu'égale à
celle du grain lui-même.

Paille et Foin de vesces. — Les vesces produisent
quelquefois de 10 à 12 tons de fourrage vert, qui,
converti en foin, produit ordinairement un quart
du poids des vesces vertes, c'est-à-dire, de 2 1/2
à 3 tons par acre (6,000 à 8,000 kil. par hect.);
cela a lieu, lorsqu'on n'a pas laissé mûrir les semences, et qu'on fauche toute la récolte, soit pour
être consommée en vert, soit pour être convertie
en foin, qui est de qualité supérieure. Lorsqu'on
laisse mûrir les semences , le poids du foin est
beaucoup moindre (1). Lorsqu'on désire faire de
bon foin, on doit faucher aussitôt que les fleurs
commencent à tomber, ou les gousses à se former.
Leur dessication exige une continuité de temps sec ,
pour être parfaite ; mais, lorsqu'elles ont été bien
récoltées, elles valent de 8 à 12 l., et jusqu'à
15 l. par acre (480 , 720 et 900 f. par hect.) (2)

---

(1) Lorsqu'on laisse mûrir leurs semences, le poids de la
récolte est diminué, mais sa valeur en argent est augmentée.
Le produit en grain est généralement de 20 à 30 bushels par
acre (18 à 26 hectol. par hectare); mais, alors, on n'obtient
plus qu'un à 2 tons de foin par acre (2,500 à 5,000 kilog. par
hectare).

(2) Le produit des vesces est peu considérable, dans les
sols pauvres ou sablonneux, à moins qu'ils n'aient reçu une
très-bonne préparation. Mais dans les loams ou les sols argileux, on peut les semer sur un seul labour, après le fro-

Les règles relatives à la consommation de la paille, pour la nourriture des bestiaux, peuvent être considérées comme applicables, 1° au bétail à cornes ; 2° aux chevaux ; 3° aux bêtes à laine ; 4° relativement à quelques particularités d'une nature générale.

1° *Bétail à cornes*. — La paille de bonne qualité, accompagnée de turneps, peut être donnée aux bêtes à cornes, au commencement de l'engraissement, comme une nourriture fort économique ; mais, lorsque l'engraissement s'avance, le foin est tellement supérieur, qu'on doit en donner aux bêtes, si cela est possible. En donnant de la paille, seulement pendant un mois ou six semaines, en hiver, cela forme une grande économie d'une denrée aussi coûteuse que le foin. Au printemps, le foin se tassant mieux que la paille, est moins exposé aux influences de l'atmosphère, et conserve beaucoup mieux ses sucs nutritifs ; c'est pour cela que le premier présente un grand avantage, et doit être préféré, à cette époque. Lorsque le bétail à cornes est nourri avec des résidus de distillerie, on doit lui donner de la paille deux fois par jour, avec le marc, ou le lavage ; car on a remarqué que, sans fourrage sec, les bêtes ne ruminent pas bien, et, par conséquent, profitent peu.

---

ment, avec tout espoir de succès. Dans beaucoup de cas, les bêtes à cornes préfèrent au foin, la paille de vesces, après le battage de la graine.

2° *Chevaux.* — On a discuté la question de savoir si, pendant l'hiver, les chevaux de travail doivent être nourris avec de la paille ou avec du foin, quoique tout le monde soit d'accord que, pendant les travaux du printemps, le foin est nécessaire. Mais la paille de pois et de fèves forme certainement une bonne nourriture pour les chevaux, dans le commencement de la saison ; cependant, si ces pailles ont été endommagées par les pluies, on doit donner de la paille de céréales.

Avec cette nourriture, et deux repas de grains par jour, les chevaux, non-seulement sont en état de labourer trois quarts d'acre (3o ares) par jour, mais se trouvent ordinairement pleins de vigueur et de santé, lorsque la saison des semailles commence. Quant aux chevaux qui ne travaillent pas, c'est un bon usage de mettre devant eux, la paille qui doit leur servir de litière, surtout si elle est de bonne qualité, et fraîchement battue. Ils y trouvent toujours quelque chose à manger ; et cela forme, dans leur régime, une variété qui contribue à leur santé.

3° *Bêtes à laine.* — Il n'y a aucune nourriture qui soit plus du goût des bêtes à laine, que la paille de pois (1) ; et, lorsque le sol convient à cette récolte, on doit cultiver des pois, uniquement pour la paille, et il en résulte de grands

-----

(1) M. Young a dit que les bêtes à laine préfèrent la paille de pois au foin.

avantages pour le cultivateur qui entretient des bêtes à laine. Et, comme il est prouvé par expérience, que cette récolte est un excellent moyen de préparer la terre pour le froment, sans aucune dépense, et sans épuiser le sol, on ne doit perdre aucune occasion de se procurer un fourrage aussi précieux (1). La paille de vesces produirait les mêmes effets. En *Flandre*, on regarde la paille de fèves comme excellente pour les bêtes à laine, et comme donnant aux moutons, une viande d'excellente qualité.

4º *Règles générales*. — La valeur de la paille, pour la nourriture des bestiaux, dépend beaucoup du sol et du climat. La paille qui provient de terrains riches et substanciels, est bien plus nutritive que celle qu'on récolte sur des sols de qualité inférieure. Quant au climat, on assure que, dans l'étendue seulement de la France, la paille de céréales des provinces du midi, est bien plus sucrée que celle de la partie septentrionale, et qu'on peut s'assurer de cette différence en la mâchant. Il en résulte que, dans les étés chauds, la paille de notre pays doit être plus nourrissante que dans les saisons humides.

La paille se conserve beaucoup mieux sans être battue, dans de grandes meules, que dans une grange ; mais, de quelque manière qu'on la conserve, la paille, surtout celle des céréales, perd

______

(1) Les porcs mangent très-bien aussi la paille de pois.

14 *

beaucoup de sa valeur comme fourrage , dès que les vents desséchants du printemps commencent à régner. On la donne rarement aux chevaux de travail, après le mois de Mars.

On doit donner la paille aux bêtes , aussitôt que possible , après qu'elle a été battue ; car lorsqu'elle est exposée aux influences de l'atmosphère , ou elle se moisit, ou elle se desséche trop ; et, dans cet état , les bestiaux ne la mangent pas volontiers , et elle leur profite beaucoup moins. Lorsqu'on veut la conserver pour fourrage , pendant un temps un peu long, on doit la lier en bottes ; dans cet état, elle est d'un transport plus facile, tient moins de place , et se conserve un peu mieux ; ou on doit en faire des meules bien construites , les tasser fortement et les couvrir.

Les balles des grains , et, en particulier, celles de l'orge , contiennent certainement une assez grande proportion de matière nutritive ; mais, pour en faire usage , il est nécessaire , ou de les faire tremper quelque temps dans l'eau froide , ou d'y verser de l'eau bouillante, avant de les donner au bétail. Les personnes qui nourrissent des vaches , donnent un plus haut prix des balles d'orge , que de celles de froment.

Il est très-utile de mêler une portion de paille , particulièrement de paille d'avoine , avec le regain des prairies , ou la seconde coupe du trèfle , lorsqu'on les met en meules. La paille absorbe les gaz et l'humidité qui s'échappent du regain, ce qui lui donne une saveur et une odeur qui le rendent plus agréable au bétail. Par cette méthode , on peut conserver en bon état , le regain , qui , autrement, se serait gâté , et en former un mélange qui devient une excellente nourriture pour les bestiaux ; on avance aussi, par ce moyen , le moment où on peut serrer le regain ou le tréfle.

Quelques cultivateurs donnent leur meilleure paille au jeune bétail , et aux bœufs, celle de qualité inférieure. D'autres suivent une méthode inverse , pensant que le bétail plus âgé , exige une meilleure nourriture. La vérité est que la meilleure paille, sans addition de turneps , ou d'autres racines , ou de choux , est une misérable nourriture pour les bœufs. La méthode la plus prudente , est de faire consommer la paille de qualité inférieure , au commencement de l'hiver , époque où on peut donner en même-temps aux bestiaux , une grande abondance de substances plus nourrissantes.

Dans la consommation de la paille comme fourrage , on doit donc prendre pour principe , de faire usage d'abord de celle de la plus mauvaise qualité, pour consommer ensuite la meilleure. Lorsque les bestiaux sont nourris d'une substance aussi dure et aussi sèche que la paille , ils doivent avoir à leur disposition , une grande abondance d'eau.

Lorsque la paille forme la principale nourriture du bétail, on a discuté la question de savoir s'il faut la leur donner en plus ou en moins grande quantité. Les partisans du système de l'économie,

disent que le bétail peut se dégoûter de la paille,
si on la leur présente en trop grande abondance ;
et que, en général, ils profitent mieux, lorsqu'on
leur donne la paille à des heures fixes, et en petite quantité à la fois, comme cela arrive ordinairement lorsqu'elle est rare, que dans les années
d'abondance, où on la leur jette avec profusion.
On soutient, d'un autre côté, que la paille n'est
pas assez riche en matière nutritive, pour que le
bétail puisse s'en rassasier, quoiqu'il convienne peut-
être mieux, lorsqu'on tient les bêtes-attachées, de
leur en donner peu à la fois, parce que le changement de nourriture leur est toujours agréable.
Mais que le bétail enfermé dans une cour, exige
du fourrage en profusion, afin qu'il choisisse le
meilleur, et que le reste leur serve de litière. Lorsque le temps est humide, on doit lui donner plus
de paille, et moins lorsqu'il fait sec ; on doit avoir
soin aussi, de proportionner la quantité de paille
qu'on donne, au nombre des bêtes, afin que le
famier soit convenablement préparé.

La paille de certaines variétés de froment a de
la moëlle, à-peu-près comme les joncs. On ne
s'est pas encore assuré que la paille de ces espèces
de froment fût meilleure que celle des variétés
ordinaires ; mais il paraît certain que la paille du
froment d'automne est plus dure, et moins agréable au bétail, que celle du froment semé au printemps.

On a remarqué que la paille des grains est plus

tendre dans les pays où la végétation est rapide,
comme en Écosse, que dans les Comtés méridionaux de l'Angleterre, où la croissance des plantes
est plus lente et plus régulière ; et que la paille
de l'orge semée dans le mois de Mars, ou le
commencement d'Avril, est plus courte entre les
nœuds, et beaucoup plus dure que celle du même
grain, semé sur la fin d'Avril, ou le commencement de Mai, ce qui est cause que ces dernières
récoltes se versent généralement dans les saisons
humides, pendant que les premières se soutiennent ;
cette circonstance est favorable à la méthode des
semailles hâtives, dans les climats septentrionaux.

Les anciens avaient la coutume de préparer leur
paille, pour la nourriture du bétail, en la conservant pendant long-temps, après l'avoir arrosée de
saumure ; on la faisait ensuite sécher, on la liait
en bottes, et on la donnait aux bœufs, en place
de foin. L'addition de la saumure ou du sel, était
certainement une excellente pratique, et, en l'a-
doptant, on pourrait améliorer beaucoup la paille
qu'on consomme dans notre pays.

2° *Litière.* — L'emploi de la paille, pour faire
de la litière aux bestiaux, a deux buts : 1° Il
permet aux animaux de se reposer au sec, et avec
propreté ; 2° en même-temps, la paille se mêle
aux excréments et à l'urine des bêtes, et forme
un riche engrais. Toutes les diverses espèces de
paille peuvent servir à la litière. Quelques cultivateurs préfèrent la paille de seigle, d'autres celle

froment , qui absorbe une grande quantité d'urine
et d'humidité. La paille de pois ou de fèves, lorsqu'elle a été bien brisée par le battage , forme
une bonne litière ; mais , si elle a été bien récoltée,
elle doit être employée à la nourriture du bétail.
Les bêtes à cornes , lorsqu'elles sont nourries à
l'étable, avec du tréfle, d'autres fourrages verts,
ou des turneps , sont maintenues bien plus proprement , lorsqu'elles ont une quantité suffisante de
litière.

Sur les marchés de *Londres*, la paille est ame-
née en bottes bien serrées ; celle qui a été battue
par les machines à battre , est moins vendable,
parce qu'elle est plus brisée, et qu'elle fait un usage
moins durable, considération de quelqu'importance,
lorsque la paille est aussi chère ; d'un autre côté,
il est probable que l'avantage de procurer aux chevaux , une couche plus douce , ferait plus que compenser l'excédent de dépense. Il est remarquable
que les anciens étaient dans l'usage de briser la
paille sur des pierres , afin de faciliter son mélange avec les excréments , d'accélérer sa dissolution , et de la rendre propre à faire une meilleure
litière ; but qui est atteint , aujourd'hui , d'une manière si efficace , par l'emploi de la machine à
battre.

Quelques personnes ont considéré comme inutile
d'employer la paille à faire de la litière aux bestiaux ; d'autres prétendent que toute la paille d'une
ferme doit être exclusivement appliquée à cet usage,

et qu'on ne doit pas en employer à la nourriture du bétail. Il est probable que la vérité se trouve entre ces deux extrêmes.

Dans l'Arabie, où on élève les plus beaux chevaux de l'univers, on n'emploie pas de paille pour litière. En Suède et en Russie, on fait souvent coucher les chevaux sur des planches, et le bétail à cornes, sur un châssis de bois, sans paille et sans rien qui la remplace comme litière. Cette méthode ne réussirait pas pour les chevaux qui travaillent fortement, parce que, dans ce cas, on doit leur procurer la facilité de se reposer de la manière la plus commode possible.

On peut aussi remarquer que le principal avantage de la litière, sous le rapport de l'engrais, vient de ce que la paille est réellement très-propre à absorber les urines. Mais, lorsque la paille est rare ou chère, la tourbe, ou la terre meuble et douce, peuvent être employées, avec avantage, pour absorber l'urine. On a aussi employé d'autres substances pour litière, comme la fougère, les balles d'avoine, ou du sable coquillier ; on a réussi avec ces diverses substances.

Au reste, la paille est ce qui convient le mieux à ce but, attendu que, par la fermentation, elle est réduite à l'état gazeux, et, par l'humidité, à l'état fluide ; dans les deux cas, sa substance est entièrement applicable à la nourriture des plantes. En conséquence, l'intérêt du cultivateur est de consacrer à cet usage, la plus grande quantité de paille qu'il est possible.

M. YOUNG était d'avis qu'il est impossible de faire une suffisante quantité de fumier, surtout lorsqu'on nourrit le bétail en vert, à l'étable, si on n'emploie pas à faire la litière, la totalité des pailles d'une ferme. Un grand nombre des meilleurs cultivateurs du *Norfolk*, soutiennent aussi que toutes les pailles doivent être employées comme litière, et couverties en fumier, par des animaux nourris de substances plus nutritives, comme des turneps, du foin, ou des tourteaux d'huile. Le principe est bon ; mais il ne peut pas toujours être mis en pratique. Toutes les fermes ne peuvent pas produire des turneps, du moins comme elles sont cultivées aujourd'hui, et c'est l'aliment qui convient le mieux pour convertir la paille en fumier, à cause de l'immense quantité d'urine qu'il produit ; il y a cependant beaucoup de fermes dans lesquelles les turneps sont inconnus, et où cette précieuse racine pourrait être cultivée en plus ou moins grande quantité. Quant au foin ou aux tourteaux, ces aliments sont trop dispendieux, et souvent trop rares, pour que leur usage soit général ; d'ailleurs, les aliments secs de cette espèce, ne fournissent au tas de fumier, qu'une petite quantité d'humidité, sans laquelle il ne peut être converti en un bon engrais.

D'après les données fournies par les cultivateurs les plus instruits, il paraît qu'*un ton* de paille, par l'effet de l'augmentation de poids que lui fournissent les excréments et l'urine des bestiaux, et lorsque le fumier a été convenablement traité, produit près de *quatre tons* d'engrais (1) ; et, comme une acre de grain produit plus d'un ton de paille, il en résulte que, dans une ferme où on sème annuellement 300 acres, on peut fumer, avec leur produit, 100 acres, à raison de 12 tons par acre (30 voitures de 1,100 kilog. par hectare), sans l'aide d'engrais tiré du dehors, pourvu qu'on adopte l'assolement de quatre ans suivant · 1ere Turneps; 2e Froment ou Orge; 3e Tréfle ; 4e Froment ou Avoine. Lorsqu'on pâture le tréfle la seconde année, ce qui est une excellente méthode, la quantité que nous venons de mentionner, est même plus que suffisante.

En général, 12 tons de fumier par acre, sont nécessaires dans la plupart des cas, ce qui exige qu'on emploie comme litiére, la totalité des pailles produites par une ferme, en évaluant ce produit à un terme moyen. Il est donc clair que si on emploie une partie de la paille à la nourriture du bétail, on doit chercher les moyens de couvrir le déficit, en se procurant des engrais au dehors. On doit donc prendre les plus grands soins pour faire couper les

---

(1) C'est ainsi que calculent les cultivateurs des *Lothians*. Mais, dans quelques cantons de l'Angleterre, on prétend qu'un ton de paille, converti en fumier, se trouve réduit à la moitié de son poids. Il est évident, cependant, que la paille, mêlée aux excréments des animaux, et pénétrée d'urine, doit être plus pesante que dans son état sec.

récoltes le plus bas qu'il est possible ; et, par le moyen de la terre ou de la tourbe, on peut absorber beaucoup d'urine, qui, sans cela, aurait été perdue. On ne doit pas négliger aussi de faire des composts ; et, en prenant ces précautions, on peut entretenir le bétail avec économie, et entretenir le sol en état de fertilité, par ses propres ressources.

3º *Emploi de la Paille pour la couverture des bâtiments.* — Pendant plusieurs siècles, la paille a été la matière la plus communément employée pour la couverture des bâtiments de ferme et des logements des manouvriers, et autrefois on l'employait même dans les villes ; mais le danger des incendies, qui ont dévoré plusieurs villages par l'effet d'une seule éteincelle ; — la perte que font éprouver les animaux rongeurs, qui se logent dans les toitures de paille ; — le taux plus élevé des primes d'assurance sur les bâtiments couverts en paille, taux qui s'élève jusqu'à un pour cent, et même jusqu'à trois pour cent, dans les cas qu'on considère comme présentant un double danger ; — les difficultés plus grandes de construire des toitures de paille, lorsqu'elle a été brisée par la machine à battre ; — la méthode de couvrir les bâtiments avec des ardoises ou avec des tuiles ; — enfin, le besoin plus grand de fumier, résultat des améliorations que l'agriculture a reçues ; toutes ces causes ont contribué à diminuer la quantité de paille qu'on emploie à la couverture des bâtiments. C'est une circonstance très-heureuse pour l'agriculture : puisqu'on ne peut détourner de l'emploi comme litière, qu'une petite

quantité de paille pour la nourriture des bestiaux,
à plus forte raison ne peut-on le faire pour la
couverture des bâtiments. A ce sujet, Mr YOUNG
remarque, avec beaucoup de justesse, que les toitures de paille diminuent, dans une si grande proportion, la quantité de fumier qu'on peut faire dans
une ferme, qu'on devrait, par ce motif, les prohiber généralement. Lorsqu'on ne peut se procurer
à un prix raisonnable, des ardoises ou des tuiles,
on peut employer les roseaux, et, dans les pays
de montagnes, la bruyère.

Dans les cantons les plus septentrionaux de l'É-
cosse, on forme, en pétrissant de l'argile avec la
paille, des toitures qui n'emploient qu'une petite
quantité de paille, et qui prennent feu moins facilement ; mais elles sont pesantes, et exigent une
charpente plus forte et plus dispendieuse. Dans
quelques districts de l'Angleterre et de l'Écosse,
on emploie de l'argile mêlée de paille, pour construire les murs des jardins, des habitations des manouvriers, et même des maisons de ferme (1).

4° *Emplois divers de la paille.* — Il y a peu
d'objets qui soient employés à une plus grande variété d'usages, que la paille. Indépendamment de

---

(1) M. FAREY remarque que cette pratique s'étend au
travers de l'Angleterre, en suivant le gisement de l'argile bleue,
comme il est tracé dans la grande carte géologique de M.
WILLIAM SMITH. C'est ainsi que plusieurs pratiques locales,
ou méthodes de culture, ou produits de la terre, dépendent
des couches minérales qui se trouvent au-dessous du sol.

ceux dont nous venons de faire mention, elle est employée à la couverture des meules de foin et de grain ; — à en former des espèces de cordes , pour être placées dans les canaux couverts , de desséchement ; — on en fait des composts , en la mêlant avec des herbes marines ; — on la brûle , pour obtenir de la potasse ; — on en fait du papier ; — on l'emploie à faire les siéges des chaises ; — à garnir les colliers pour les chevaux de travail , — et les lits pour les classes inférieures de la société ; — elle sert à emballer la faïence , le verre et la porcelaine ; — et la paille de quelques espèces de grains, en particulier du froment, est employée dans les manufactures de chapeaux , de bonnets , et de divers colifichets , qui fournissent de l'occupation à un grand nombre de personnes, qui , sans cela , auraient beaucoup de peine à subsister.

§ XXIV.

DES ÉTEULES.

Dans quelques parties de l'Angleterre , il n'est pas rare que les blés moissonnés à la faucille , soient coupés à la hauteur des genoux. L'origine de cette pratique vient probablement du désir d'épargner la place dans les granges , de pouvoir charier et emmagasiner le grain plus promptement, et de rendre le battage plus facile. Mais cette méthode doit être réprouvée. Elle fait perdre beaucoup de grain ; car il est impossible qu'il ne reste pas beaucoup d'épis dans une éteule de 12 à 18 pouces, même 2 pieds de hauteur. Elle augmente aussi la dépense, puisque, après avoir faucillé, il faut encore faucher. Plusieurs personnes regardent la partie de la paille la plus rapprochée des racines, comme la plus nourrissante; mais, pour le choix de ses meilleures parties, on peut bien s'en rapporter à l'instinct des animaux auxquels on la présente. Si on laisse les éteules dans le champ, elles gênent beaucoup l'opération du labourage ; et, comme on la néglige souvent, elle reste debout jusqu'à ce que sa substance soit totalement altérée par les variations de l'atmosphère, auxquelles elle est exposée ; et alors elle n'a plus que très-peu de valeur pour le cultivateur ; tandis que, en la coupant avec la récolte, elle aurait été très-profitable.

On doit donc, partout où l'agriculture est pratiquée sur de bons principes, couper les grains assez près de terre, pour ne pas laisser d'éteules qu'on doive faucher, pour les employer à part. Il est convenable cependant, d'indiquer à quels usages on peut employer les éteules, lorsqu'on en laisse en faucillant.

Quelques cultivateurs les fauchent et les recueillent pour en faire de la litière, ou pour les placer sous les tas de fumier (1), mais, trop souvent, après

____

(1) On a calculé qu'à moins qu'on ne manque entièrement de litière, cette méthode ne paie jamais la dépense

que la substance a été altérée. — On les brûle
quelquefois sur le terrain , comme amendement ,
surtout lorsque le sol est très-sale , parce que ce
procédé tend à la destruction des mauvaises herbes(1).
— Quelquefois on les enterre à la charrue , mais
souvent au détriment de la récolte suivante , parce
que les éteules rendent certaines terres trop pé-
nétrables , de manière que les pluies et les neiges
remplissent le sol d'une humidité dont on ne peut
pas facilement le débarrasser. — On entasse quelquefois les éteules , de manière à en former des
espèces de remparts , pour garantir du froid et du
vent , les bestiaux , dans les cours de ferme. —
Pour employer convenablement les éteules , on doit
les faucher et les rentrer avec autant de soin que
le reste de la récolte. On les met en meules , et
on les conserve pour en faire usage , soit pour la
couverture des bâtiments , ou des meules de l'année
suivante , soit pour d'autres emplois. Mais l'usage
le plus avantageux qu'on puisse faire des éteules,

---

qu'elle entraîne ; en effet, en évaluant à 7 ou 8 quintaux, la
quantité d'éteules qu'on peut obtenir de l'acre , il en coûterait moins pour acheter cette quantité de bonne paille, que
pour faire faucher, recueillir et transporter les éteules. En
outre, il n'est guère douteux que le sol ne soit privé, par-là,
d'une portion de matière végétale , qui lui aurait été très-
utile.

(1) Cette pratique était en usage chez les anciens. Voyez
les Géorgiques de VIRGILE , 1re , V. 84 ; elle est aussi mentionnée dans l'Écriture ; ISAÏE , Chap. 5, 24 Ver.

lorsqu'elles ont été fauchées, est, sans aucun doute, de les répandre sur le terrain complètement préparé pour la semaille des turneps, et de les y brûler. C'est un *moyen infaillible* de prévenir les ravages de la puce de terre sur les turneps, ces insectes étant ou détruits par le feu et la fumée, ou chassés hors du terrain.

En *Derbyshire*, on emploie, pour recueillir les éteules, une charrue, avec laquelle on écroute le terrain, et qui coupe les racines du grain et des mauvaises herbes ; on les amasse ensuite à l'aide de la herse et du rateau, et on les transporte à la maison, pour les convertir en fumier, en les répandant dans les cours de fermes. Par cette opération, non-seulement on augmente la masse du fumier, mais on provoque la végétation des semences de mauvaises herbes qui se trouvent dans le terrain couvert d'éteules, et on peut ensuite facilement les détruire. Dans le même Comté, on a adopté récemment une autre pratique, qui consiste à écrouter les éteules, et à brûler sur le terrain, en petits monceaux, la paille, les mauvaises herbes et les racines mêlées d'un peu de terre. On le fait non-seulement pour préparer le terrain à une récolte de turneps, mais comme préparation pour le froment, et même quelquefois après l'avoine. Ce procédé doit appauvrir beaucoup le sol.

En *Kent*, on trouve une pratique semblable, qui consiste à écrouter les éteules de fèves, avec une charrue armée d'un large soc, avant la se-

maille du froment. Les mauvaises herbes et les racines , coupées par cet instrument, sont ensuite
amassées à la herse , et brulées sur place , ou conduites au tas de compost. On applique le même
procédé aux éteules de froment , pour préparer le
terrain à recevoir des pois, ou une autre récolte.
Cette opération est très-utile pour nettoyer le sol
des mauvaises herbes qui existent à la surface , et
spécialement des espèces traçantes , et pour faire
végéter les semences de mauvaises herbes qui se
trouvent près de la surface , et faciliter leur destruction.

§ XXV.

DU GLANAGE.

L'origine du glanage est d'une haute antiquité.
Autrefois , lorsque cet usage était soumis à des
réglements convenables , il était la source de beaucoup de profit pour les pauvres industrieux, sans
occasionner une perte notable aux cultivateurs.
Dans les anciens temps , chaque fermier avait sa
bande particulière de glaneurs, qui l'aidaient dans
les travaux de la moisson , et auxquels il per-
mettait le glanage , après l'enlèvement du grain.
Cet usage tendait à conserver et à entretenir un
attachement réciproque entre ces deux classes.

Mais ce privilége a dégénéré en abus. Des personnes qui n'avaient prêté aucune assistance au
cultivateur, et même qui résidaient dans d'autres

paroisses, prétendirent avoir le droit de glaner, non-seulement entre les gerbes, mais trop souvent dans les gerbes mêmes, se conduisant avec si peu de discrétion, qu'il en résultait des disputes perpétuelles. Cela a donné lieu souvent à de graves abus, surtout dans les champs non clos, où la perte qui en résultait pour le cultivateur, a quelquefois été évaluée à 30 pour cent. Pour éviter une semblable dilapidation, on a souvent coupé les froments trop tard, et on les a rentrés trop promptement, les cultivateurs n'osant pas les laisser dans les champs, pendant que les glaneurs étaient perpétuellement au milieu dés gerbes. Ce désordre existe encore dans quelques parties du Royaume. Les tribunaux ont décidé que les pauvres ne sont investis d'aucun *droit réel* au glanage ; mais comme cet usage, s'il était soumis à de bons réglements, tendrait à favoriser des relations amicales entre les hautes et les basses classes de la société, on ne doit pas l'abandonner entièrement.

TITRE DEUXIÈME.

Des Rotations, ou Cours de Récoltes le mieux adaptées aux différents sols et aux différentes situations.

Dans le grand nombre de ceux qui ont écrit sur l'agriculture, avant le milieu du siècle dernier, on en rencontre à peine un qui ait paru se faire

15 *

une juste idée, soit de l'importance de bons assolements, soit des principes sur lesquels on doit
les régler. Toute rotation de récoltes leur paraissait indifférente, et aucune ne leur semblait mériter
ni éloges ni censure. Heureusement il en est tout
autrement aujourd'hui ; et cette branche essentielle
de l'agriculture est maintenant fondée sur des principes aussi distincts et aussi certains que ceux qui
forment la base de toute autre science, ou qui
dirigent dans la pratique de quelqu'autre art que
ce soit.

Ce n'est pas sans beaucoup d'inquiétude sur la
manière dont la tâche va être exécutée, qu'on en-
treprend ici des recherches sur cette branche si
essentielle. Les assolements sont considérés comme
le trait le plus proéminent d'une bonne exploitation rurale ; — comme le point le plus important
qui ait été traité par les Écrivains modernes sur
l'agriculture, et celui sur lequel ils ont répandu
le plus de lumière ; — comme pouvant procurer
un accroissement considérable des produits du sol ;
— comme constituant particulièrement ce qu'on peut
appeler l'*âme* ou l'essence de l'agriculture ; — en un
mot, comme formant la base de tout perfectionnement
dans cet art ; — et enfin, comme étant le moyen
le plus puissant d'assurer les progrès de l'agriculture, et de servir les intérêts du pays. Il est question de rechercher « *par quel cours de récoltes ,*
« *on peut, dans une série d'années , tirer d'une*
« *étendue de terre donnée , la plus grande quantité*

« *possible de produits utiles, avec le moins de risques* « *et de dépenses* ». On conçoit qu'on ne peut représenter ce genre de recherches sous un jour trop important, ni s'y livrer avec trop de détail.

Il convient de donner ici, 1° un aperçu général des principes qui doivent régler les rotations de récoltes dans chaque pays, et 2° une liste des récoltes qui sont cultivées généralement dans les différents sols du Royaume-Uni.

1° La convenance d'adopter tel système particulier d'assolement, sera considérablement influencée par les circonstances suivantes : Le *climat*, sec ou humide, froid ou chaud, et la *situation*, basse ou élevée. Les climats humides et les situations elevées, par exemple, sont plus favorables à la croissance de l'avoine ; les climats secs et les situations basses conviennent mieux à l'orge. — *Le sol ;* le sable , le gravier, l'argile, les sols calcaires, la tourbe, les sols d'alluvion, les loams, exigent respectivement diverses rotations de récoltes ; — et *le sous-sol*, dont la nature influe beaucoup sur les récoltes; — *la possibilité de se procurer des amendements au-dehors* (comme la chaux , la marne, les algues, le fumier de ville, etc.), à un prix raisonnable. — *L'état et la condition du sol*, soit que ce soit une terre anciennement cultivée , ou récemment défrichée ; — soit que la terre ait été auparavant judicieusement assolée, ou soumise à un système de culture épuisant ; — qu'elle soit en bon état de fertilité , ou non ; — qu'elle soit propre ou sale ; — et, enfin , *la situation de la ferme , par rapport aux marchés ;* c'est-à-dire , si elle en est plus ou moins rapprochée ou éloignée ; et si les marchés présentent un débouché plus ou moins assuré , de tel article , plutôt que de tel autre ; par exemple , un champ de pommes de terre, près d'une ville , peut valoir 25 l. par acre , tandis qu'il ne vaudrait que 5 à 10 l. , dans une situation reculée du pays.

2° Il est de la plus grande importance de déterminer à quelles récoltes sont le mieux adaptés le sol et le climat d'un canton particulier. Dans la Grande-Bretagne , le blé est, si on excepte les pommes de terre, la récolte des champs la plus lucrative ; tandis que, en Flandre , il n'est considéré que comme la cinquième en valeur ; et on ne le cultive souvent que comme un moyen de se procurer du fumier , pour la culture plus lucrative du lin ou du chanvre. On ne doit pas s'étonner que les cultures de cette dernière espèce aient été prohibées dans des temps anciens, lorsqu'on entendait encore fort peu les procédés de l'agriculture ; mais l'expérience de la Flandre prouve, sans pouvoir laisser le moindre doute , qu'on peut cultiver le lin et le chanvre, une fois tous les 5 ou 6 ans , sans diminuer la fertilité du sol ; et on peut juger s'il conviendrait de renouveler cette prohibition, dans un moment où les fermiers , écrasés par le fardeau des taxes auxquelles ils sont assujettis , peuvent à peine payer leurs fermages , et où , par conséquent, l'agriculture exige les plus grands encouragements. Les récoltes qu'il faut cultiver maintenant, sont celles qui sont les plus lucratives, au moins dans les domaines des propriétaires qui désirent voir leurs terres exploitées par des fermiers qui ne se ruinent pas.

Les récoltes cultivées aujourd'hui généralement sur les différents sols de la Grande-Bretagne, sont les suivantes :

1. *Sols sablonneux.*

Turneps, (1)   Pommes de terre,

---

(1) Dans presque toute l'Angleterre, les turneps forment une des principales bases des assolements sans jachères, dans tous les sols légers et sablonneux. Les racines sont presque toujours consommées sur place, depuis Octobre, jusqu'en Mars et Avril, par des bêtes à laine qu'on parque sur le champ, et qui y passent la nuit comme le jour. Cette méthode évite les embarras de la récolte, et de la conduite du fumier. Le sol, ayant toujours été amendé pour les turneps, et recevant, en outre, les avantages du parcage des moutons, se trouve parfaitement bien préparé pour une récolte de grains. On cultive aussi, pour la nourriture des bestiaux, dans divers cantons de la France, diverses variétés de la même plante, sous les noms de *raves*, *navets*, etc. ; cependant, dans la presque totalité de la France, cette récolte est beaucoup plus casuelle encore qu'en Angleterre, à cause de la différence d'humidité du climat; et, dans la plus grande partie du Royaume, les *raves* ne peuvent, sans le plus grand danger de les perdre, passer l'hiver aux champs, comme en Angleterre, où les hivers sont, en général, beaucoup moins rigoureux, et où, cependant, les turneps sont fréquemment détruits par la gelée.

Carottes,	Seigle,
Betteraves,	Orge,
Orge,	(et, dans les bons sols
Seigle,	graveleux),
Sarrazin,	Froment,
Vesces, et Avoine dans	Avoine.
les climats humides.	

3. *Argile*.

2. *Sols graveleux*.

	Fèves,
Pois,	Froment,
Vesces,	Avoine,

D'ailleurs, la méthode, généralement pratiquée en France, de faire passer aux bestiaux, dans des étables, les nuits, et les journées de mauvais temps en hiver, méthode bien préférable, sans aucun doute, au moins pour nous, s'opposerait à ce qu'on adoptât cette manière d'amender les champs. Ces différences feraient disparaître, chez nous, le principal avantage de cette récolte. Nous avons plusieurs plantes, comme la *pomme de terre*, *la carotte*, *la betterave*, qui réussissent dans les sols qui conviennent aux turneps, et qui, atteignant le même but dans les assolements, sont d'une réussite bien plus assurée, sont bien plus faciles à conserver pour la nourriture, à l'étable, et sont en même-temps bien plus nourrissantes ; car le *turneps*, ou *navet*, occupe le dernier rang pour la faculté nutritive, parmi les racines propres à la nourriture du bétail. Ainsi, quand même il serait démontré que les turneps sont la *récolte-racine* qui convient le mieux, en Angleterre, aux assolements des terres légères, ce qui mériterait examen ; ce n'est pas par-là, que nous devons chercher à imiter les cultivateurs Anglais. (*Note du Trad.*)

Vesces ,
Choux (1).

4. *Sols calcaires.*

Orge ,
Pois ,
Froment ,
Turneps ,
Navette.

5. *Tourbe.*

Pommes de terre ,
Carottes ,
Vesces ,
Turneps ,
Navette ,
Seigle ,
Avoine.

6. *Sols d'alluvion.*

Froment ,
Orge ,
Avoine ,
Fèves.

7. *Loams.*

Turneps ,
Pommes de terre ,
Carottes ,
Betteraves ,
Orge ,
Avoine ,
Froment ,
Pois ,
Fèves ,
Vesces ,
Chanvre et Lin.

Et dans tous ces sols , on cultive périodiquement ,

---

(1) Les choux réussissent bien dans les sols trop riches , soit pour les turneps , soit pour les pommes de terre. La gelée leur fait souvent du tort ; par conséquent , on doit les consommer de bonne heure dans la saison , dans les cantons froids. Les choux exigent tant de fumier , qu'on ne peut les cultiver avec avantage , que lorsqu'on peut disposer d'une très-grande abondance d'engrais. On les place rarement , par cette raison , dans les rotations ordinaires.

en plus ou moins grande quantité, le tréfle et d'autres prairies artificielles.

Des diverses sortes de rotations.

Il est assez ordinaire, en traitant cette branche de recherche, de diviser lès rotations, selon la nature des sols auxquels elles sont applicables; par exemple, les sols sablonneux, graveleux, argileux, etc.; mais on comprendra mieux le sujet, en discutant les divers cours de récoltes, *selon le nombre d'années qu'elles exigent respectivement, pour finir la rotation;* en indiquant, en mêmetemps, les sols pour lesquels ils sont respectivement le mieux calculés.

Dans des cas particuliers, quelques fermiers ont adopté un cours de deux années seulement, comme blé et fèves alternativement; ou blé, avec récoltes de pommes de terre et fèves alternativement. Sur de très-riches loams, ou des sols d'alluvion maritime, ou dans le voisinage immédiat des grandes villes, où on peut se procurer une quantité illimitée d'engrais, ce système est praticable; mais, dans d'autres situations, on peut difficilement l'adopter. Un fermier qui avait suivi ce plan pendant l'espace de 14 ans, près d'une ville, et qui avait obtenu quatre récoltes de pommes de terre, trois de fèves et sept de blé, a trouvé que, quoique la quantité des produits n'ait pas diminué, cependant le blé et les fèves n'étaient plus d'aussi bonne qualité. En *Essex*, cependant, sur un sol d'une excellente qualité, le blé et les fèves ont été essayés successivement pendant 36 ans, et les récoltes ont été profitables pendant toute cette période. Il y a aussi plusieurs cultivateurs, dans le voisinage de *Londres*, qui obtiennent trois récoltes tous les deux ans ; comme, 1re Vesces d'hiver et Turneps ; et, 2e Grains, généralement du Blé ; et qui conservent leurs terres dans un état aussi propre et aussi fertile qu'on peut le désirer. Ce système est plus profitable qu'aucun autre, et, dans les districts méridionaux de l'Angleterre, il pourrait être applicable à un plus grand nombre de localités, qu'on ne le croit communément.

Nous allons maintenant examiner les rotations qui méritent particulièrement ce nom, et où le cours commence par une récolte sarclée.

Rotations de trois ans.

Mr MUNDY, en *Derbyshire*, a adopté, avec succès, le cours suivant : 1ere Navets de Suède ; 2e Orge ; 3e Tréfle. Mais le cours de récoltes le plus productif, pour une période de trois ans, commençant par ce qu'on peut appeler, avec des soins convenables, une *récolte nettoyante*, est celui qui a été adopté par Mr GREENHILL, en *Essex* : 1ere Pommes de terre ; 2e Blé. 3e Tréfle. Il amendait fortement pour les pommes de terre, dont il obtenait de 8 à 10 tons (24 à 30,000 kilogrammes

par hectare) ; son blé produisait ordinairement environ 40 bushels (35 hectolitres par hectare) ; et
il avait communément 4 tons de foin par acre (12
mille kilog. par hectare). Ce système a été ré-
pété avec succès, sur le même sol, pendant 30
ans, et a été adopté par un grand nombre d'autres
cultivateurs (1).

Rotations de quatre ans.

La première rotation de ce genre que nous devons indiquer, est celle qui est connue sous le
nom d'assolement de *Norfolk ;* c'est-à-dire, 1ere
Turneps ; 2^c Orge ; 3^c Tréfle ; 4e Blé. Cependant
on trouve que cette rotation n'est pas suffisamment
améliorante ; car, sans un supplément d'engrais du
dehors, et des labours profonds, les turneps et le
tréfle manquent souvent, si on ne rafraîchit pas la
terre, en la mettant en herbages pour deux ou trois
ans au moins. Pour remédier à cette difficulté, on
a proposé de commencer par, 1ere Vesces d'hiver,
suivies de turneps, l'un et l'autre consommés sur
place par les bêtes à laine : le sol, ainsi enrichi,
produira, 2e Blé ; 3^c Tréfle ; 4e Orge ou Avoine.

En Écosse, sur les sols à turneps, la rotation

-----

(1) Dans les localités plus éloignées des villes populeuses,
on peut conseiller le cours suivant, sur un sol argileux, et
dans un climat où les vesces d'hiver peuvent être cultivées avec
succès : 1re Vesces d'hiver ; 2e Blé ; 3e Tréfle.

suivante a été trouvée profitable : 1ᵉʳᵉ Turneps ;
2ᵉ Blé d'hiver, semé au printemps (1), ou Orge ;
3ᵉ Tréfle ; 4ᵉ Avoine , en introduisant, pour une
partie, du blé d'hiver après les turneps , et de
l'avoine après le tréfle. C'est-là certainement une
rotation très-productive , et qui mérite une attention particulière , parce qu'elle est recommandée
par des cultivateurs qu'on compte , à juste titre,
parmi les plus habiles de leur profession (2).

---

(1) A l'égard du blé d'hiver, semé au printemps , *après
des turneps*, un fermier expérimenté , en *East-Lothian*, (M.
DUDGEON , de *Prora*), observe qu'on peut hardiment le semer jusqu'au milieu de Mars , et même plus tard ; et que,
dans un bon sol , il est souvent préférable à l'orge ou à l'a-
voine, si les moutons ont mangé les turneps sur place, ce
qui est la meilleure et la moins coûteuse manière de consommer une récolte de turneps. Mais un bon sol doit être trop
fortement amendé par ce système , à moins qu'on n'adopte la
méthode d'arracher une partie des turneps ; par exemple, le
quart , le tiers, ou même la moitié (en laissant alternativement des lignes pleines), et les emmenant hors du champ,
pour être consommés par le gros bétail. Lorsqu'une certaine
étendue est arrachée , on peut établir le parc sur les lignes qui
restent , et on continue l'arrachage, à mesure que les bêtes
à laine exigent un nouveau terrain.

(2) Au moyen des profits résultant de l'adoption de cette
rotation , un fermier actif et intelligent, (JOHN TENNANT, Esq.,
de *Girvan Mains*, en *Ayrshire*), s'est mis graduellement en
état d'entreprendre l'exploitation de trois fermes différentes ;
et , ayant commencé par payer un fermage annuel de 50 l. seulement, il paye maintenant des fermages pour 2,700 l. ou 24
fois le fermage par lequel il a commencé. Il serait difficile de
trouver un plus fort argument en faveur de ce système de

Avec les soins convenables, on a vu réussir une rotation encore plus exigeante; c'est-à-dire, 1ere Turneps; 2e Blé; 3e Prairies artificielles (ordinairement pâturées sur place par les bêtes à laine); 4e les trois quarts en Blé d'hiver, semé au printemps, et un quart en Avoine. Avec ce cours de récoltes, les produits d'une ferme ont été améliorés en quantité et en qualité, depuis son commencement jusqu'à présent, *et continuent de s'améliorer.* La quantité additionnelle de produits ne se monte pas à moins de 4 bushels par acre anglais (3 1/2 hectolitres par hectare).

Dans le voisinage de *Dunbar*, en Écosse, on a essayé une rotation remarquable par son exigeance; savoir : 1ere Turneps, 2e Blé en lignes 3e Tréfle; 4e Blé en lignes. Il paraît cependant que, même dans un climat sec et favorable, comme on le rencontre dans les parties basses du *Lothian* oriental, et avec l'avantage d'une grande quantité d'herbages

---

culture , partout où le sol peut le supporter.

* C'est un fort argument sans doute, dans un pays où les fermiers n'entreprennent jamais une exploitation au-dessus de leurs moyen; et où, en conséquence, le montant du fermage que paye un cultivateur, est toujours dans une proportion à-peu-près constante avec sa fortune. C'est-là, peut-être, un des traits distinctifs les plus frappants de l'agriculture anglaise, avec celle du plus grand nombre des cantons de la France, où un fermier n'hésite pas à entreprendre l'exploitation d'un domaine considérable, presque sans aucune avance pécuniaire ; et c'est là aussi, sans aucun doute, une des principales causes de l'infériorité de notre agriculture. (*Note du Trad.*)

maritimes , une telle rotation ne peut pas se soutenir long-temps dans un sol léger. La quantité de fumier qu'on employait ordinairement , se portait à environ 20 charretées à 2 chevaux par acre anglais , pour les turneps ; tandis que la plupart des cultivateurs n'en donnent ordinairement que 12. Les turneps étaient toujours mangés sur place par les moutons. On mettait une égale quantité de fumier ou d'herbages maritimes sur le tréfle , avant le labour. Malgré tous ces avantages, on a trouvé que le blé ne pouvait pas revenir , avec succès , tous les deux ans sur le sol , pendant un temps un peu long , sur les terres légères. Après avoir suivi cette pratique pendant 14 ans , le résultat a été que , quoiqu'à force d'engrais , on continuàt toujours à obtenir une grande abondance de paille , cependant le blé était devenu léger et peu productif. En conséquence, on a préféré remplacer la seconde récolte de blé par de l'avoine.

On a adopté , près d'*Edimbourg* , une rotation de quatre ans très-productive ; savoir : 1ere Pommes de terre ; 2e Blé ; 3e Tréfle ; 4e Avoine. Mais elle ne convient que dans le voisinage d'une grande ville , où on peut se procurer beaucoup d'engrais, et un débit avantageux des pommes de terre. Il paraît, par l'expérience de ce canton , qu'une récolte de pommes de terre est une excellente préparation pour le blé ; que , relativement à la valeur du produit , il n'y en a pas de plus lucrative ;

et que le tréfle qui vient ensuite, est abondant (1);
mais les pommes de terre exigent une grande quantité de fumier, et ne trouvent pas toujours un débouché facile, tandis que leur valeur, pour la nourriture du bétail, est fort inférieure à celle des turneps, particulièrement des navets de Suède (2).

---

(1) Cependant, un des plus intelligents cultivateurs du
Northumberland (M. BAILEY, de *Chillingham*), a remarqué
que le tréfle manque presque généralement, après du blé et
des pommes de terre; et la même remarque a été faite en
Roxburghshire : peut-être n'avait-on pas appliqué une suffisante quantité d'engrais, après deux récoltes aussi épuisantes.
On a fait, en Irlande, une expérience, pour s'assurer si les
pommes de terre sont une récolte épuisante ou non. Dans 4
acres de terre, on en a planté deux en pommes de terre, avec
du fumier, et on a obtenu une bonne récolte. Les deux autres
reçurent une jachère, et une égale quantité de fumier que la
terre à pommes de terre. Les deux parties furent ensemencées
en blé en même-temps; et, à la grande surprise de tout le
monde, la terre à pommes de terre produisit la meilleure récolte de grains. Il n'y a pas de doute que le fumier n'arrive
à un état de putréfaction plus parfait, lorsqu'on l'applique à
une récolte verte, et particulièrement à une récolte de pommes
de terre, parce qu'il se trouve plus intimement mêlé avec le sol.
Les tiges de pommes de terre forment aussi un bon engrais;
et la décomposition de leurs feuilles forme une certaine
quantité de terreau à la surface du sol, d'autant plus qu'il se
trouve garanti, par les tiges, des ardeurs du soleil. C'est pour
cela que la récolte de blé est toujours plus belle dans les endroits où les pommes de terre avaient la plus forte végétation.
Cette expérience a été faite chez le Vicomte de VESCI, dans
le Comté de *Queen*, en Irlande.

(2) Sous le climat de la France, l'expérience s'est prononcée
trop fortement, dans un grand nombre de localités, contre la

Rotations de cinq ans.

On a recommandé, dans divers cas, des rotations de cinq récoltes, tant pour les sols argileux que pour les sols légers.

Il y a plus de 27 ans que l'assolement suivant est adopté dans les environs de *Glasgow* : 1ere Pommes de terre ; 2e Blé ; 3e Prairie artificielle à faucher ; 4e Pâturage ; 5e Avoine. Dans ce cours, il n'y a que deux récoltes de grains, pour trois récoltes vertes ; et on a prouvé que, si tous les cultivateurs étaient convaincus qu'il y a autant de profit à cultiver des récoltes destinées à leur bétail, que des aliments pour l'homme, l'importation du grain dans ce pays ne serait bientôt plus nécessaire, à cause de l'augmentation dans la quantité des engrais, qui serait le résultat de ce système. C'est une excellente maxime que celle-ci : *On ne doit semer du grain qu'en même-temps qu'on sème une prairie artificielle, ou lorsqu'on la rompt.* (1).

---

convenance de semer du *froment d'automne*, après les pommes de terre, à cause de la diminution qu'on ne manque presque jamais d'éprouver alors, dans la récolte du froment, pour qu'on puisse recommander cette méthode. Peut-être, dans les cantons dont parle ici l'Auteur, emploie-t-on, dans ce cas, le froment de printemps ? Peut-être aussi, la différence du climat est-elle la cause de cette discordance. (*Note du Trad.*)

(1) C'est aussi l'avis de M. CURWEN : Il remarque, dans son rapport à la société de *Workington*, 1816, *page* 103,

Dans les sols tourbeux, après qu'ils ont été bien saignés, on a recommandé le cours suivant : 1ere Pommes de terre ou Turneps ; 2e Avoine ou Orge; 3e Tréfle ; 4e Pâturage ; 5e Avoine. Cependant les sols tourbeux sont sujets à perdre trop de leur consistance, par les labours, et exigent, en général, plus de pâturage pour les consolider.

Un cultivateur expérimenté du Comté de *Huntingdon*, considère le cours suivant comme préférable à tout autre : 1ere une Récolte nettoyante, de quelque nature qu'elle soit, et la mieux adaptée au sol, comme Turneps, Vesces, Colza biné, mais ne produisant pas graine; 2e une Récolte de céréales, la plus convenable au sol, semée avec du tréfle ; 3e Tréfle, fauché ou pâturé ; 4e Fèves, si elles conviennent au sol, et devant être binées et pâturées par les moutons, ou quelqu'autre *récolte améliorante* adaptée au terrain ; 5e Céréales, selon la nature du sol. Il assure que, quelque variée que soit la nature des sols, on doit toujours suivre ce même assolement (en exceptant les marais), et en changeant seulement les espèces de grains et

---

que la première leçon, dans l'agriculture moderne, est de diminuer l'étendue des terres labourées, ce qui se fait d'une manière effective, en exigeant des fermiers qu'ils alternent les récoltes de grains, avec des récoltes vertes. La proportion des récoltes vertes est trop petite, *même dans les fermes les mieux cultivées de ce pays,* à un très-petit nombre d'exceptions près. Lorsque cela sera généralement compris, on aura gagné un point essentiel, et les progrès de la bonne agriculture seront rapides.

de plantes, pour les adapter à la nature du sol auquel on a à faire, et à la demande sur les marchés.

Il est certain que, dans un tel système d'assolement, un terrain, pourvu qu'il ne soit pas naturellement trop infertile, non-seulement peut être entretenu sans engrais du dehors, mais même doit s'améliorer successivement. Cependant il faut s'arrêter à un certain degré de fécondité, pour obtenir un maximum dans les récoltes de grains. Un sol peut être trop riche, aussi bien que trop pauvre, pour ce genre de produits. L'application peu judicieuse de quelques voitures de fumier par acre, de plus que le sol ne le demandait, a souvent réduit à peu de chose, ou même à rien, la valeur d'une récolte de blé. Sur des sols rendus trop riches, les grains sont sujets à verser, ce qui, outre le tort que cela fait à la récolte de grains, détruit presque toujours le tréfle qu'on y avait semé (1).

---

(1) On a remarqué, depuis long-temps, le danger que court le blé sur un sol trop riche, par l'effet de la *rouille*. ELLIS a fait la remarque suivante : » J'ai remarqué que la » rouille est due principalement à l'excès de richesse dans le » sol, et à l'humidité de l'été ; car le meilleur blé que nous » avons eu en Angleterre, cette année (1732), était le produit » des terres sèches et pauvres. » Lorsque la paille est dure et compacte, on éprouve rarement la rouille ; mais, lorsqu'elle est très-haute, poreuse et pleine de sucs, la récolte échappe rarement.

Rotations de six ans.

Les rotations de six récoltes conviennent particulièrement aux grandes exploitations. Sur de petites fermes, et même sur de grandes, situées près de villes populeuses, où on peut se procurer une grande quantité de fumier, il peut être utile d'adopter un cours de deux ou trois récoltes (1); mais, dans de grandes fermes, on doit cultiver une grande variété d'articles, ce qui diminue les risques de pertes produites par les saisons ou par les variations des prix sur les marchés; — ce qui exige moins de fumier; — ce qui permet de répartir plus également les travaux de culture, dans les différentes saisons de l'année; — et ce qui exige un nombre proportionnel moindre de chevaux (2).

---

(1) M. GREENHILL, de *Stratford*, en *Essex*, avait, chaque année, 600 acres de pommes de terre; 600 en blé, et 600 en tréfle; il a amassé ainsi une très-grande fortune. Il a eu le bon sens de découvrir lui-même ce que peut faire un cultivateur intelligent, qui sait se prévaloir des avantages qui peuvent dériver du voisinage d'une Capitale, ou d'une ville de marché considérable.

(2) M. BROWN, de *Markle*, dans *le Lothian oriental*, assure qu'une paire de chevaux bien nourris, et régulièrement employés, suffit, avec un système judicieux de culture, à l'exploitation de 50 acres anglais (20 hectares), avec une rotation de six ans, savoir : 10 acres en jachère, ou, dans les sols légers, en turneps; — 10 acres en blé, ou orge, l'un et l'autre avec graine de prairie artificielle; — 10 acres en avoine,

Les rotations de ce genre peuvent être partagées en trois grandes divisions ; savoir : 1° Pour les sols argileux ; 2° pour les sols sablonneux ; et, 3° pour les loams.

1° *Sols argileux.* Dans les terres compactes et humides qui ont été long-temps en culture , on recommande fortement une jachère, ou, dans quelques cas , une récolte-jachère , une fois tous les six ans. La rotation qu'on regarde comme la meilleure , est 1ʳᵉ Jachère , Vesces d'hiver , Navets de Suède ou Choux ; 2ᵉ Blé ; 3ᵉ Tréfle ; 4ᵉ Avoine ; 5ᵉ Fèves; 6ᵉ Blé. En *Suffolk* , les années de production du tréfle et des fèves , sont à l'inverse. Mais , pour les raisons qu'on indiquera tout-à-l'heure , le tréfle doit être placé le plus tôt possible après la jachère.

2° *Sols sablonneux.* — Une rotation de six ans peut aussi être adoptée dans les sols de cette nature ; comme : 1ʳᵉ Carottes , Vesces , Turneps ou Pommes de terre ; 2ᵉ Orge ou Avoine , avec graines de prairies artificielles ; 3ᵉ Faucher pour foin ou en vert ; 4ᵉ Pàturage ; 5ᵉ Pàturage ; 6ᵉ Avoine (1). Avec cet assolement , ces sols donnent un produit considérable, et, au lieu d'être épuisés, augmentent en fertilité. L'herbage de la première année ne doit être fauché que dans le cas où la récolte de turneps aurait été consommée sur place

---

sur les prairies artificielles rompues. — 10 en fèves (dans les sols argileux) ; — et 10 en blé.

(1) La même rotation réussit bien dans les sols graveleux.

par les moutons, ou si le sol est dans un bon état de fertilité. S'il est médiocre, l'herbage doit être pâturé pendant les trois ans de sa durée.

3° *Loams.* — Dans cette espèce de sol, on a recommandé le cours suivant : 1ere Turneps ou Jachère ; 2e Blé ou Orge (1) ; 3e Tréfle, soit seul, soit mêlé de ray-grass, avec addition d'un peu de tréfle jaune ; 4e Avoine ; 5e Vesces, Pois ou Fèves ; 6e Blé (2).

Les riches loams, qui peuvent supporter cette rotation lucrative, donneront le plus haut produit possible, surtout si on sème, après le tréfle, de l'avoine hâtive ; car, dans tous les sols meubles, ce grain est toujours la récolte la plus profitable dans cette position, où il produit rarement moins de 60 bushels par acre anglais (57 hectol. par hectare) : elle y est beaucoup plus lucrative que le blé, qui est très-sujet à la rouille dans ces sortes de sol.

---

(1) Dans le *Northumberland* et *les Lothians*, on sème ordinairement le blé d'hiver, surtout dans les sols légers, meubles et chauds, seulement à la fin de Février, ou même au commencement ou à la fin de Mars, quand il suit des turneps ; mais on sème de l'orge après les turneps consommés plus tard.

(2) Le tréfle doit être labouré avant l'hiver, et l'avoine semée sur un trait d'extirpateur. Les étoubles de l'avoine doivent être enlevées avec le *Shim*, selon la pratique de *Kent*, (voyez Chap. 4, Part. I. Sect. 14), et la terre doit être labourée, aussitôt que possible, après la moisson.

Les récoltes sont aussi, dans cet'e rotation, divisées de la manière la plus avantageuse. On obtient les récoltes de grains les plus précieuses, sans qu'aucune revienne deux fois dans le même cours, excepté un peu d'orge, qu'on est obligé de semer après les turneps consommés tard dans la saison. Quelques cultivateurs sèment de l'avoine hâtive après les turneps, surtout dans les districts du nord, où l'avoine a constamment un prix élevé. Mais l'orge réussit, en général, mieux après les turneps consommés tard ; et on a trouvé, dans beaucoup de sols, que l'avoine est le grain qui réussit le plus mal après les turneps. En outre, le tréfle réussit rarement avec l'avoine (1), mieux avec l'orge, et encore mieux avec le blé semé au printemps. Dans l'orge, si elle n'est pas versée, le tréfle réussira ; mais, d'après l'état de haute fertilité où se trouve le sol dans cette rotation, l'orge est en danger de verser, excepté certaines variétés qui se couchent rarement. Les prairies artificielles manquent rarement parmi le blé semé au printemps, qui n'est pas si sujet à verser que le blé d'automne, et, peut-être, qu'aucune autre espèce de grains. On ajoutera que, le blé étant semé plus tôt dans

----

(1)En France, je crois que, en général, le tréfle réussit aussi bien avec l'avoine qu'avec l'orge ; il arrive même souvent qu'il réussit mieux, parce que, la semaille étant plus hâtive, le tréfle a moins à craindre des sécheresses du printemps. (*Note du Trad.*)

la saison, que l'orge ou l'avoine , cette semaille hâtive convient bien au tréfle , en lui assurant une humidité suffisante pour sa germination.

Rotations de sept ans.

La rotation suivante est adoptée dans quelques-uns des sols les plus riches et les plus profonds du *Suffolk* : 1ere Turneps ; 2e Orge ; 3e Fèves ; 4e Blé ; 5e Orge ; 6e Tréfle ; 7e Blé. On dit que , avec ce système , les récoltes sont productives, et que la terre est maintenue dans un grand état de propreté (1).

Rotations de huit ans.

Sur des loams ou des argiles riches , ou lorsqu'on peut se procurer une grande abondance d'engrais , on a fortement recommandé le cours de 8 ans suivant : 1ere Jachère fumée ; 2e Blé ; 3e Fèves en lignes et binées ; 4e Orge ; 5e Tréfle et Ray-grass ; 6e Avoine ou Blé ; 7e Fèves en lignes et binées ; 8e Blé ou Avoine. Cette rotation est calculée pour assurer d'abondantes récoltes pendant toute la période , pourvu qu'on fume sur le tréfle,

---

(1) Ces longues rotations sont cependant condamnées par M. MIDDLETON , comme tendant à favoriser les mauvaises herbes, et à épuiser le sol. Son opinion est que ce sont elles qui rendent la jachère nécessaire , et qui ont donné lieu à l'opinion erronée , qu'il est utile d'y avoir recours.

avant de le rompre : sans ce supplément d'engrais, l'assolement serait mauvais, et on n'obtiendrait que de faibles récoltes dans les dernières années du cours.

Il est à propos de remarquer ici, que les pois ne se trouvent compris dans aucune de ces rotations, attendu que l'expérience a démontré qu'ils ne peuvent réussir qu'une fois dans dix ans sur le même sol, et qu'ils sont, par conséquent, seulement convenables pour de très-longues rotations, ou pour des sols qui n'ont pas une profondeur suffisante pour les fèves, comme des sols légers à turneps, ou des argiles peu profondes. Ils réussissent principalement sur une prairie artificielle rompue; mais, même alors, la récolte est casuelle, et favorise souvent la croissance des mauvaises herbes.

Ces observations sont appuyées de l'autorité de Mr COKE, qui, dans les sols légers, après le cours ordinaire de *Norfolk*, savoir : 1ere Turneps ; 2e Orge ; 3e Tréfle ; 4e Blé, adopte le suivant, comme seconde rotation : 1ere Turneps ; 2e Orge ; 3^c Dactile pelotonné ou autres herbages pour pâture ; 4^c Pâture ; 5^c Pois; 6^c Blé. (1).

Doubles Récoltes dans la même année.

Dans le voisinage de la Capitale , et dans d'autres

---

(1). Il serait plus conforme aux principes de la culture alterne, de prendre une récolte d'avoine, après l'herbage, et ensuite les pois. (*Brown, Rural affairs*).

parties de l'Angleterre , ainsi qu'à la proximité d'*Edimbourg* (1) et d'*Aberdeen* , on obtient de doubles récoltes dans la même année , non-seulement dans les jardins , mais même dans les champs. Beaucoup de cultivateurs, près de *Londres* , fument pour des vesces , et sèment ensuite des turneps la même année ; l'année suivante, ils récoltent du blé; de sorte qu'ils obtiennent , dans deux ans , trois récoltes précieuses , qui produisent, en moyenne, de 16 a 20 l. par acre par an (980 francs à 1,225^f par hectare). (2) Quelques fermiers mettent du tréfle la troisième année , ce qui porte le produit annuel à 20 l. par acre , en terme moyen, ou bien près. Ce système était borné autrefois à quelques champs situés près des bâtiments d'exploitation ; mais il s'étend maintenant sur un grand nombre de fermes tout entiéres (3). Dans les saisons favo-

----

(1) Il n'est pas rare , près d'*Édimbourg* , d'obtenir des turneps , après une récolte hâtive de pommes de terre, dans la même année. On peut aussi obtenir des turneps après une récolte de tréfle , surtout s'il a été fauché pour être consommé en vert.

(2) Dans les parties méridionales de l'Angleterre , où l'orge peut être récoltée en Juillet , on peut transplanter en lignes, après cette récolte, des navets de Suède , dans le commencement d'Août ; ils seront à-peu-près aussi avancés que si on les avait semés en place en Mai.

(3) M. HUTCHINS , et d'autres jardiniers-cultivateurs, en *Kensington* et *Fulham*, cultivent, la 1re année, des choux , et ensuite des pommes de terre ou des turneps , et du blé la 2^c année ; obtenant ainsi trois récoltes précieuses tous les deux ans.

rables, on cultive aussi, souvent, des turneps sur éteules (1).

En Flandre, le système des doubles récoltes a reçu une très-grande extension. Dans leurs sols légers, ils sèment des carottes, en Février, dans du blé semé en Novembre, avec de l'engrais. Dans d'autres cas, ils sèment des turneps après la moisson d'une récolte de grains, en labourant promptement la terre; ainsi que de la spergule, pour la nourriture des vaches, ce qui procure un beurre excellent; et, avec l'avoine, ils sèment quelquefois de la lupuline, qui leur fournit une bonne coupe, avant qu'il soit nécessaire de labourer la terre. Les cultivateurs Flamands obtiennent, par ce moyen, une très-grande abondance de fumier, et ils tirent ainsi des produits très-considérables, de sols originairement légers et stériles, et qui retourneraient bientôt à leur premier état d'infertilité, sans l'industrie la plus active et la plus persévérante (2).

La navette est une excellente récolte à introduire de cette manière, parce qu'elle vient plus facilement

---

(1) On doit alors semer la variété appelée *Stone-Turnip*. Un loam sablonneux est le sol où elle réussit le mieux. On doit les semer à la volée, et très-épais, aussitôt qu'on peut mettre la terre en bonne culture. Le succès de cette récolte dépend principalement d'une longue continuation de temps doux, et favorable à la végétation, en Octobre, Novembre et Décembre. On a vu, près de *Londres*, des récoltes de turneps sur éteules, produire 10 l. par acre, et même plus.

(2) On estime, en Flandre, la seconde récolte, qui sert

qu'aucune autre récolte verte, et avec peu de dépense. Si on la sème immédiatement après que le
grain est coupé, dans un bon sol, la navette fournira, pour l'hiver, une excellente ressource pour
la nourriture des bêtes à laine, et la terre sera
améliorée, pour la récolte d'avoine qui suivra.

---

quelquefois de récolte préparatoire, à-peu-près aux valeurs suivantes, par acre anglais, et en monnaie anglaise :

	L.	Sh.	D.	Par hectare.
Carottes après Lin	5	3	10 —	311 f. 50c.
Spergule après Blé	6	2	» —	366 . »»»
Turneps après Seigle	6	4	7 —	373 . 75
Turneps après Avoine	6	4	7 —	373 . 75
Céréales fauchées en vert, *avant* Lin.	2	10	» —	123 . »»»
Céréales fauchées en vert, *avant* Pommes de terre	2	10	» —	123 . »»»

(Vendersteracten).

Quelquefois un cultivateur se procure trois récoltes dans un
an : 1re Une récolte de céréale, pour être coupée en vert ; 2e
Lin, avec lequel on sème des carottes ; ou, après que le lin
est arraché, des turneps, de la spergule ou du sarrazin. Si le
cours commence par des pommes de terre, elles sont précédées
par une céréale fauchée en vert ; elle doit être semée en hiver,
et coupée au commencement de Mai, au moment ou cette récolte est si précieuse pour le bétail, à cause de la rareté du
fourrage vert. Après une récolte de colza ou de chanvre, on
récolte de la spergule, des carottes ou des turneps ; après le
blé, des carottes semées au printemps, dans le blé, ou bien
de la spergule ou des turneps semés après la moisson. On sème
également des carottes dans le seigle, ou des turneps ou de
la spergule, après qu'il est coupé. Il est indispensable de varier les récoltes qui se suivent immédiatement, et de ne jamais semer la même plante deux années de suite. L'humidité du
climat et la douceur des hivers, en Angleterre et en Irlande,
seraient très-favorables au système des doubles récoltes.

Questions qui se lient avec les rotations judicieuses.

Avant de tirer aucune conséquence générale des observations précédentes, il est à propos de discuter les points suivants : 1° Après une jachère, dans un sol argileux, doit-on semer du blé ou de l'orge ? 2° Après du tréfle, est-ce l'avoine ou le blé qu'on doit préférer ? 3° Dans une rotation qui comprend des fèves et du tréfle, où doit-on placer respectivement ces deux récoltes ? 4° Quel est le meilleur système pour améliorer les sols médiocres, et conserver leur fertilité ?

1° En *Essex*, et dans beaucoup d'autres Comtés d'Angleterre, l'orge est la récolte ordinaire après la jachère ; et, pour préparer les sols argileux à cette récolte, la jachère est souvent labourée *huit fois*. On a remarqué que, lorsque la jachère est amendée avec de la chaux, le sol devient si *creux*, que le jeune blé s'y déchausse fréquemment ; et que, avec l'orge, on peut souvent se passer de fumier, qui est, en général, nécessaire pour le blé. L'orge doit être semée, au printemps, sur un labour d'hiver ; c'est alors une récolte très-productive et peu casuelle. La récolte de tréfle qui viendra ensuite, sera également abondante, si elle n'est pas étouffée par l'orge, qui est plus sujette à verser que le blé.

Il y a environ trente ans qu'on semait ordinairement, en Écosse, l'orge en première récolte,

après la jachère. Mais le danger de perdre la récolte de tréfle ; — le profit plus considérable qu'on
tire du blé ; — et la difficulté qu'on rencontrerait à
produire une suffisante quantité de ce grain pour
la demande des consommateurs Anglais , si on ces-
sait généralement de cultiver le froment sur la jachère , ne sont pas favorables à la culture de l'orge,
à cette place de l'assolement. En outre , s'il est nécessaire de labourer la jachère huit fois pour l'orge ,
selon la méthode d'*Essex* , et seulement six fois
pour le blé , c'est un fort argument en faveur de
cette dernière pratique.

2° En Angleterre , la culture du froment sur un
tréfle rompu , est généralement pratiquée. Cependant la récolte est sujette à éprouver de grands
dommages, par les ravages du *wire-worm* (1) ;
et, en Écosse, on s'est assuré , avec évidence, que
l'avoine est, à cette place, une récolte plus sûre
et plus profitable , et qu'elle laisse le sol dans un
meilleur état que le blé. On a indiqué toutefois
trois méthodes par lesquelles on peut prévenir les
ravages du *wire-worm.*

La première est de labourer le tréfle au commencement de Juillet , immédiatement après que la récolte de foin est enlevée , ou que le tréfle a été

---

(1) L'histoire de cet insecte n'est pas encore bien connue;
quelques personnes croient cependant qu'il appartient au genre
taupin (*élater*). La traduction littérale du nom anglais, est :
ver fil d'archal. (*Note du Trad.*)

coupé en vert. On sème alors de la navette ou du colza sur un seul labour, et on le fait pâturer par les moutons, en Septembre ou Octobre, pour semer le blé. Par ce moyen, le pâturage de la navette ou du colza, compense la perte de la seconde coupe du tréfle ou de son pâturage ; — le sol est plus sensiblement amélioré qu'en faisant pâturer le tréfle ; — le sol est rendu tellement meuble, qu'on peut employer le semoir, si on le veut, à la semaille du blé ; — et le piétinement des moutons débarrasse le sol de tous les insectes.

La seconde méthode, pour détruire ces insectes, est de retarder le labourage du chaume de tréfle, jusqu'en Décembre. Si on le laboure en Octobre ou Novembre, les insectes qu'on place à la surface, ont encore assez de force pour s'enfoncer dans le sol, où ils restent engourdis jusqu'au retour du printemps, époque de leurs ravages. Mais, si, pendant qu'ils sont engourdis, on les expose au froid et à l'inclémence de la saison, ils sont bientôt détruits (1).

Le troisième moyen est de semer le blé (même du blé d'hiver, *accoutumé à cette culture*) au printemps, au lieu de le semer en automne. On peut le faire avec succès, jusque dans le commencement ou même le milieu de Mars. Le blé ainsi

---

(1) Cette opinion est pleinement confirmée par l'autorité de M. Brown de *Markle*, qui a suivi cette méthode depuis plusieurs années, avec un succès constant.

cultivé, est généralement aussi productif en quantité, mais rarement d'aussi bonne qualité que celui qui a été semé après des turneps, des pois ou des fèves. Cependant, comme, par cette méthode, on se délivre des ravages du *wire-worm*, elle mérite attention (1).

3° Lorsque des fèves et du tréfle sont compris dans la même rotation, les premières doivent être placées vers la fin du cours, et non au commencement. Les fèves et le tréfle tirent tous deux leur nourriture, d'une profondeur considérable ; ainsi, ces plantes doivent s'enlever réciproquement les aliments qui leur conviennent ; mais le tréfle, étant la récolte la plus importante, doit être mis à la meilleure place. D'ailleurs, les fèves favorisent la multiplication du raifort-sauvage (*Raphanus Raphanistrum*), qui est un ennemi dangereux du tréfle.

4° Une des meilleures méthodes, pour accroître et conserver la fertilité des sols médiocres, est d'en tenir toujours une partie distraite de la rotation, en pâturage, pour trois, quatre ou cinq années, et de la faire rentrer ensuite dans la rotation ; de manière que, dans le cours d'un bail

---

(1) Si on veut suivre cette méthode, on doit se procurer la semence de blé accoutumé à ce mode de culture, dans le Comté de *Berwick*, ou dans les *Lothians*. On doit employer une plus grande quantité de semence, que lorsqu'on sème en automne ou en hiver.

de 21 ans, chaque division ait été, à son tour, laissée en pâturage pendant quelques années. Dans des terres qui ne sont pas naturellement fertiles et productives, ce plan doit être suivi des plus utiles résultats. Toutes les parties de la ferme obtiennent ainsi leur part des avantages qui résultent du pâturage ; ce qui est bien préférable à la méthode de conserver constamment la même partie de l'exploitation en prairies, et le reste en terres arables.

Conséquences générales, au sujet des rotations.

On doit recommander les règles suivantes, dans la pratique des assolements :

1º Dans les commencements de l'amélioration d'une ferme, il est nécessaire de se livrer principalement à la culture des récoltes qui doivent produire des engrais. Ainsi, on doit éviter l'orge, parce que, comparativement aux autres céréales, c'est celle qui fournit le moins de paille. On ne doit jamais, non plus, placer successivement deux récoltes épuisantes, à moins que le sol ne possède déjà un haut degré de fertilité naturelle ou acquise, comme c'est le cas, dans les terrains d'alluvion. On doit préférer les récoltes vertes, parce que, par leur abondance, elles fournissent une plus grande quantité de fumier, et entretiennent plus de bétail. Dans des sols et des situations semblables, les récoltes vertes fourniront au moins un quart, et, dans beaucoup de cas, un tiers d'engrais de plus que des récoltes de grains. D'ailleurs, après des récoltes vertes, la quantité et le poids des récoltes de grains, sont fortement augmentés, et ils obtiennent un meilleur prix sur les marchés.

2° Les récoltes doivent être arrangées de manière que les travaux de labours, semailles, sarclages, récoltes, que chacune exige, se succèdent régulièrement ; par ce moyen, on ne se trouve pas encombré de travaux, dans une saison particulière de l'année, et on évite la nécessité de recourir à des attelages du dehors. Toutes les récoltes d'une ferme peuvent être ainsi cultivées par les mêmes ouvriers (en exceptant toutefois les ouvriers nécessaires pour les binages, au printemps et en été, et pour aider durant la moisson), et avec les mêmes bêtes de travail (1).

3° On doit éviter les récoltes trop épuisantes, ou *le fréquent retour des mêmes espèces, ou d'espèces analogues ;* parce que cela est suivi, excepté dans des cas très-rares, d'une diminution dans la qualité et dans la quantité des produits. Il est certain même que, dans les sols d'une fertilité moyenne, comme sont le plus grand nombre de ceux qu'on cultive, les récoltes, soit légumineuses, soit graminées, réussissent d'autant mieux, qu'on

---

(1) Un habile cultivateur laboure ses terres à blé en Octobre ; pour les fèves, en Janvier ; pour l'avoine, en Mars ; pour l'orge, en Avril et Mai ; et pour ses turneps, en Juin ou Juillet : le tout avec les mêmes bêtes.

met plus de distance entre leurs retours sur le même sol (1).

4° On doit s'attacher à cultiver les récoltes *qui facilitent le mieux la destruction des mauvaises herbes.* La manière la plus efficace pour y parvenir, serait, excepté dans les sols très-riches, de cultiver *une plus grande proportion de récoltes vertes, que de céréales.* Par ce moyen, on s'assurerait une constante succession de produits abondants (2).

5° La rotation la plus productive *sur un sol léger, et en système général,* serait, 1re Vesces d'hiver et Turneps *semés de bonne heure ;* 2e Orge ; 3e Tréfle, et Navette en Juillet, pour détruire le *wire-worm ;* 4e Blé. Et, *sur les sols argileux,* 1ere Jachère, Vesces d'hiver ou Fèves ; 2e Blé d'automne, semé en lignes, pour assurer le succès du tréfle ; 3e Tréfle ; 4e Avoine. Quant aux rotations plus longues, on croit généralement qu'elles sont sujettes à salir tellement le sol, qu'il est fort difficile de le nettoyer complètement, sans une année de jachère.

---

(1) M. Andrew, de *Tillilumb,* près *Perth,* a trouvé que le tréfle produit presque le double, lorsqu'on ne le fait revenir que tous les huit ans sur le même sol, et que la récolte d'avoine qui le suit, est meilleure aussi, d'au moins 8 bushels par acre.

(2) Dans ce système, des vesces, suivies de turneps, dans la même année, ne peuvent être trop recommandées.

17 *

Il est à propos d'ajouter que, si la situation est élevée, et le climat humide, il n'est pas seulement nécessaire de faire choix d'une rotation judicieuse, mais aussi d'adopter des récoltes dont le succès ne soit pas trop fortement compromis par une année tardive. Pour une ferme de montagnes, où il est d'une importance particulière de s'arrêter à une rotation convenable, l'assolement suivant a été recommandé par un fermier très-expérimenté : 1ere Turneps ; 2e petite Orge quadrangulaire ; 3e Trèfle; 4e Avoine rouge ; cette espèce étant celle qui convient le mieux à ces sortes de situations, à cause de la rapidité de sa croissance. Dans les climats défavorables, on devrait toujours cultiver la petite orge quadrangulaire, quoique d'une qualité inférieure, au lieu de l'orge à deux rangs. Le seigle réussit bien, même dans les situations très-élevées, où on a essayé, sans succès, d'autres céréales. Si le sol est pauvre, on doit le pâturer pendant 2 ans ou plus, avant de le rompre pour de l'avoine.

En résumé, on doit recommander, en général, le système de culture alterne, dans lequel une partie d'une ferme est employée à produire des grains, tandis qu'on cultive sur le reste, des herbages et des récoltes vertes. Par le moyen des récoltes de grains, on se procure une suffisante quantité de paille, en partie pour la nourriture du bétail, mais surtout, dans le système d'agriculture perfectionnée, pour faire une abondante litière aux bestiaux, pendant qu'en même-temps, on tire un bon profit de la vente du grain. Au moyen des herbages et des récoltes vertes, on entretient, en été et en hiver, une grande quantité de bétail; et, lorsqu'avec une nourriture abondante, ils reçoivent aussi une litière copieuse, on ne manque pas d'obtenir une quantité considérable d'excellents engrais. C'est pour cela que la culture alternative des récoltes destinées à la nourriture de l'homme et des animaux domestiques, doit être regardée comme indispensable pour la production de la plus grande quantité possible de grains et de viande, sur tous les sols susceptibles de culture. Les avantages de ce système ne peuvent être révoqués en doute, que par les personnes qui n'ont pas eu occasion d'en observer les résultats. Ces deux branches de l'agriculture, lorsqu'elles sont réunies, au lieu d'être tenues séparées, contribuent puissamment à leur prospérité réciproque.

DEUXIÈME PARTIE.

DES PRAIRIES.

Les différentes plantes qui croissent dans nos champs, soit naturellement, soit artificiellement, fournissent de la nourriture à un grand nombre d'animaux utiles à l'homme. Nous obtenons d'eux des aliments, des vêtements et d'autres objets utiles, en telle abondance, que l'art de gouverner les prairies, desquelles dépend leur subsistance, présente un sujet de recherches aussi important au genre humain, que celui qui se rapporte aux terres arables.

Mais, outre l'importance immédiate des herbages, importance qui s'est beaucoup accrue, depuis que l'usage des aliments animaux est devenu si général, leur effet indirect sur la production des grains, est une considération très-importante, à cause de la fertilité qu'ils ajoutent au sol, dans les rotations alternes de labourage et de pâturage. Il paraît hors de doute que non-seulement la terre reçoit de nouveaux aliments, pour la production des grains, par la destruction des parties des plantes qui se pourrissent sur la surface, et par l'engrais qui résulte du pâturage, mais aussi qu'elle acquiert une consistance favorable à sa fertilité, pendant que les herbes qui la couvrent, la défendent contre les variations des saisons.

Les différentes particularités qui se rapportent aux herbages, peuvent être classées comme il suit : Pâturages élevés ; — Prairies de qualité moyenne ; — Riches pâturages permanents ; — Traitement convenable des sols riches en pâturages ; — Celui qui convient aux prairies naturelles , et procédés convenables pour convertir leurs produits en foin; — Regain ; — Pâturages d'été réservés ; — Transplantation du gazon ; — Prairies artificielles et consommation de leurs produits , soit pour la nourriture en vert du bétail à l'étable , soit en les convertissant en foin ; — Conversion des terres arables en prairies , dans le système de la culture alterne.

I. *Pâturages élevés.*

Dans plusieurs cantons où l'entretien du bétail est conduit de la manière la plus régulière , les cultivateurs ont beaucoup amélioré leurs pâturages élevés , en ouvrant des rigoles d'écoulement en travers de la pente des collines , partout où il paraissait une humidité nuisible. Non-seulement le produit de ces pâturages a été rendu plus sain et plus agréable au bétail , mais les eaux , conduites en pente douces par différents canaux , n'ont plus déchiré les flancs des coteaux , par leur chute rapide , dans les fortes averses.

Une autre amélioration importante , dont ces pâturages sont susceptibles , consiste à garnir le sol, des plantes les plus hâtives et les plus productives qui peuvent y prospérer. A cet effet, le sol, s'il peut être cultivé, doit être labouré, amendé avec de la chaux, et ensemencé en herbages de bonne qualité, en choisissant, en particulier, les meilleures variétés de ray-grass, et en y mêlant un peu de trèfle blanc et quelques graminées d'une floraison tardive.

Parmi les règles pratiquées par les meilleurs cultivateurs, pour le traitement des pâturages élevés, les suivantes méritent d'être recueillies : 1° Enclore ces pâturages, attendu que la même étendue de terre, lorsqu'elle est abritée, et convenablement traitée, nourrit une plus grande quantité de bétail, et avec plus de succès que lorsqu'elle est ouverte et exposée aux vents. — 2° Ne pas mettre sur le pâturage, plus de bétail qu'il ne peut en nourrir ; car si on fait cette faute, non-seulement le bétail est mal entretenu, mais les herbages diminuent en quantité, et le sol est appauvri. — 3° Lorsque le pâturage est divisé en plusieurs enclos, on doit faire sortir, à des intervalles convenables, les bestiaux d'une division, pour les mettre dans une autre ; en donnant toujours la première pâture de l'herbe, plutôt au bétail à l'engrais, qu'au bétail d'élève. Cette pratique tend à accroître la quantité de l'herbe, qui a ainsi le temps de repousser ; et le sol ayant été purgé de toutes les émanations du bétail, surtout s'il est tombé de la pluie, les bestiaux mangent avec bien plus d'appétit et de goût, lorsqu'on les y remet.

— 4° Les excréments des animaux doivent être répandus aussitôt, au lieu de les laisser réunis en masses, là où ils sont tombés. — 5° Lorsqu'on nourrit, sur le même pâturage, des bestiaux de différentes tailles, ceux de la plus grande race doivent pâturer les premiers ; — 6° Plusieurs personnes pensent qu'il n'est pas convenable de mettre ensemble à la pâture, des bestiaux de différentes espèces, à moins que le pâturage ne soit très-étendu, ou qu'il ne contienne, dans diverses parties, des herbes de différentes qualités. On a remarqué généralement, que les herbes produites par le fumier du bétail à cornes, ou des chevaux, ne sont pas saines pour les bêtes à laine, étant d'une qualité trop riche.

Il n'y a aucun procédé qui apporte une amélioration plus effective à ces sortes de pâturages, que l'application de la chaux, soit qu'on la répande à la surface, soit qu'on la mêle avec le sol (1). Dans ce dernier cas, il est essentiel que la chaux soit mêlée *seulement avec la surface du sol ;* car la chaux est sujette à s'enfoncer trop, si elle est enterrée profondément par la charrue. Alors les

---

(1) Près de *Buxton*, dans le Comté de *Devon*, on a appliqué à la surface, 1 500 bushels (1,312 hectol. par hectare) de chaux, en poudre ou éteinte, par acre. La dépense a été de 2 d. par bushel, y compris le transport et les frais pour la répandre. Les effets, quoique lents, ont été frappants. La bruyère a été détruite, et remplacée par un herbage doux et de bonne qualité.

herbages grossiers reprennent possession du sol, et les engrais qui y sont ensuite déposés par le bétail, n'enrichissent pas la terre autant que si la chaux n'avait été incorporée qu'avec la surface.

II. *Prairies de qualité moyenne.*

On ne peut pas douter qu'une bien plus grande proportion du sol du Royaume-Uni, que celle qui est maintenant cultivée, ne puisse être soumise au système de culture alterne, c'est-à-dire, mise en culture, et ensuite convertie en prairie. Une grande partie des prairies de moyenne qualité, de 200 à 400 pieds d'élévation au-dessus du niveau de la mer, sont dans ce cas. Tous les agriculteurs éclairés et amis de la prospérité de leur pays, regrettent que ces sols soient laissés dans un état de pâturage peu productif, et que la charrue en soit exclue.

Sur la demande de la Chambre des Lords au Conseil d'Agriculture, il a été fait, en Décembre 1800, une enquête très-étendue « sur les meilleurs moyens « de convertir certaines portions d'herbages en terres « arables, sans épuiser le sol, et, après une cer- « taine période, de les remettre en herbages, dans « un état amélioré, ou, au moins, sans détério- « ration ». — Les informations recueillies par le Conseil, sont extrêmement satisfaisantes et d'une haute importance (1).

____

(1) Elles sont imprimées dans le 3eme volume des *Communications* To the Board.

Il paraît, par ces recherches, que l'acre de tréfle, de vesces, de navette, de pommes de terre, de colza ou de choux, fournit au moins trois fois autant de nourriture pour le bétail, que ce même acre ne l'aurait fait, s'il était resté en pâturage de qualité moyenne, et, conséquemment, que la même étendue de terre pourrait entretenir au moins autant de bétail que lorsqu'elle était en herbages, et produire, en outre, tous les deux ans, une précieuse récolte de grains ; et cela, indépendamment de la valeur de la paille, qui, employée, soit comme nourriture, soit comme litière, ajoute considérablement à la masse des engrais.

En discutant ce sujet, il est nécessaire de porter son attention sur les points suivants : 1° S'il est nécessaire d'avoir recours à quelques procédés préliminaires, avant de rompre l'herbage ; 2° le mode le plus convenable de le faire ; 3° la rotation de récoltes ; 4° l'engrais nécessaire ; 5° le traitement durant la rotation ; 6° les procédés pour remettre le terrain en prairie ; 7° ceux de la semaille de l'herbage ; 8° le traitement subséquent.

1° Si le sol est humide, il est nécessaire de le dessécher complètement, avant de le rompre ; car il est probable que c'est à cause de son humidité, qu'il était laissé en pâturages.

Les terres qui ont été long-temps en pâturages, n'exigent pas de fumier pendant le 1er cours de récoltes, après qu'elles ont été rompues ; mais il est toujours convenable, dans ce cas, d'appliquer un amendement calcaire. Quelquefois on répand la chaux sur le sol, avant de le rompre; d'autrefois, c'est seulement sur une jachère d'été, ou pour une récolte de turneps en lignes. La marne ou la craie ont été aussi employées, dans le même cas, avec de grands avantages. Le sol obtient ainsi plus de force et de vigueur; — les récoltes suivantes sont beaucoup plus considérables; — ordinairement le sol est tellement ameubli, qu'on peut le labourer avec la moitié de la force qui aurait été nécessaire sans cela; — lorsqu'on le remet en prairie, l'herbe y est plus abondante.

2° Lorsque le sol n'est pas trop *creux* ni trop meuble, ou lorsque le gazon ne peut pas être amené promptement à l'état de putréfaction, l'écobuage est un procédé très-avantageux pour rompre un vieux pâturage. Par ce moyen, on se procure promptement une bonne terre végétale; — on prévient les dommages que pourraient faire les insectes; — enfin, on donne au sol un stimulant qui assure une récolte abondante.

Lorsque, par quelque cause que ce soit, on ne peut pas écobuer, le sol doit recevoir un *labour tranché*, soit avec une charrue disposée pour cette opération, soit avec deux charrues qui se suivent, la 1ère ne prenant qu'une tranche de 3 pouces d'épaisseur environ, qu'elle renverse au fond du sillon, et la seconde prenant plus profondément à la même place, et couvrant le gazon d'une couche de terre meuble; le sillon formé par les deux

charrues ne doit pas avoir plus de profondeur ,
que l'épaisseur de bonne terre qui se rencontre
dans le sol (1). Si la terre ne reçoit qu'un labour,
il doit être fait avant l'hiver, afin qu'il reçoive les
bénéfices des gelées , qui non-seulement facilitent
les opérations postérieures , mais aussi détruisent
une grande partie des insectes qui étaient logés dans
le sol.

Lorsqu'on laboure en une seule tranche , les
meilleures dimensions sont de 4 1/2 pouces de profondeur , sur 8 ou 9 de largeur.

3° La rotation de récoltes qu'on doit adopter ,
lorsqu'on rompt des prairies , doit dépendre , en
partie , de la nature du sol, et, en partie, de la
préparation qu'il a reçue pour la culture. On doit
cependant poser , comme principe général, que ,
si , dans le cours des récoltes , on n'a pas détruit
les mauvaises plantes indigènes au sol , elles re-
prendront le dessus, lorsqu'on mettra le terrain
en herbage , et croîtront avec bien plus de vigueur
que les plantes choisies par le cultivateur ; et la
conséquence en sera une forte *diminution* dans les
produits de la prairie, qu'on devra attribuer uniquement, ou, au moins, principalement aux procédés défectueux qui ont précédé. Il est nécessaire,

---

(1) La charrue à *skim coulter*, *de* DUCKETT , fait la même
opération en une seule fois ; mais tous les cultivateurs ne peuvent pas se procurer cet instrument ; et, comme il exige 4 chevaux et deux hommes , il n'y a pas d'économie à s'en servir.

en conséquence , d'entrer dans quelques détails sur ce sujet , en les appliquant à l'argile ; — à la craie ; — aux tourbes ; — aux loams ; — aux sables.

Argile. — Dans les sols argileux , l'opération doit commencer par l'écobuage , principalement lorsqu'on y soupçonne des insectes. On peut ensuite adopter la rotation suivante : 1ere Navette pâturée par les moutons; 2e Fèves ; 3e Froment ; 4e Fèves ; 5e Froment ; 6e Jachère; 7e Froment et Graines de pré. Cela pourra paraître fort épuisant; mais le cours est justifié par l'expérience , lorsqu'il est question de vieux pâturages en sols argileux. Si le sol n'a pas été écobué, la première récolte doit être de l'avoine, ou des fèves *plantées.* Pour bien exécuter l'opération de remettre le sol en prairie, ce doit être, dans tous les cas, selon la nature du sol , soit après une jachère complète, ou après une récolte de turneps *bien cultivée* , qu'on doit procéder à la semaille des graines de pré.

Quant aux sols argileux , meubles , en vieux pâturages , lorsqu'on juge nécessaire ou convenable de les rompre , on peut adopter la rotation suivante : 1ere Labour d'automne , pour semer de l'avoine au printemps ; 2e Jachère pour navette , qui doit être pâturée par les bêtes à laine ; 3e Fèves ; 4e Blé avec Tréfle ; 5e Tréfle ; 6e Tréfle; 7e Blé ; 8e Navette pâturée légèrement et ensuite binée au printemps , pour venir à graine ; 9e Blé , avec graine de pré. Cette rotation est très-profitable , et peut s'appliquer aux meilleurs pâturages du Comté de *Lincoln.*

Sols craïeux. — L'écobuage est considéré comme indispensable dans cette circonstance, pour préparer le sol à recevoir des turneps, qu'on doit cultiver pendant deux années successives, si on peut se procurer de l'engrais ; ensuite, Orge ; — Tréfle ; — Blé ; et, après encore une ou deux récoltes de turneps, la terre peut être semée en sainfoin, avec grand avantage.

Sols tourbeux. — Dans ces sols, l'écobuage est essentiellement nécessaire. Avec un traitement judicieux, le cultivateur peut s'assurer les profits les plus considérables et les plus prompts, avec avantage pour le public, et sans nuire au propriétaire du sol. On ne doit pas non plus négliger les opérations de desséchement. On peut assoler les sols tourbeux comme il suit : 1ère Navette ou Pommes de terre ; 2e Avoine ; 3e Turneps ; 4e Avoine ou Blé ; 5e Tréfle ou Prairie. Lorsqu'on peut se procurer de la chaux en abondance, elle est ici d'une très-grande utilité, en mettant ces sols en état de produire d'excellentes récoltes de grains (1).

Loams. — Les cours de récoltes applicables à cette espèce de sol, sont trop nombreux pour être insérés ici. Si la terre est très-meuble, on pourra suivre la rotation suivante : 1ère Avoine ; 2e Tur-

---

(1) En Irlande, du gravier calcaire en grande quantité, produit le même effet.

neps ; 3ᵉ Blé ou Orge ; 4ᵉ Fèves ; 5ᵉ Blé ; 6ᵉ Jachère ou Turneps ; 7ᶜ Blé ou Orge , avec graines
de pré. Si le terrain est durci et tenace , au lieu
de prendre de l'avoine , il faudra commencer par
l'écobuer pour des turneps.

Sols sablonneux. — Dans les sables riches et profonds , les carottes sont la récolte la plus précieuse
qu'on puisse cultiver. Pour des sables moins riches,
ce sera des turneps consommés sur place, et ensuite de l'orge avec des graines de prés.

4° Dans la méthode perfectionnée d'établir des
prairies , le sol doit être préalablement rendu
aussi propre et aussi fertile qu'il est possible. A
cet effet, toutes les récoltes vertes qu'on cultivera
doivent être consommées sur place ; les jachères,
ou les récoltes-jachères , ne doivent pas être négligées , et toute la paille des récoltes de céréales
doit être convertie en engrais , et appliquée au sol
qui l'a produite. L'amendement par des substances
calcaires , soit avant de rompre l'herbage , soit pendant le cours de récoltes , est une chose très-essen-
tielle. En général , rien n'améliore davantage les
prairies et les pâturages , que la chaux ou la marne;
elles améliorent la qualité de l'herbe , la rendent
plus agréable au bétail, et plus nourrissante.

5° Lorsqu'on cultive des turneps dans des sols
légers , les bêtes à laine doivent être parquées sur
le sol , pendant qu'elles les consomment ; si le sol
est argileux ou humide , la récolte doit être arrachée, pour la faire consommer dans une prairie

voisine, ou sous un hangar. Si le sol est dans un très-haut état de fertilité, il est assez ordinaire d'enlever la moitié des turneps, et de faire consommer seulement le reste sur place ; mais on ne peut recommander cet usage dans les sols pauvres.

6° On a agité la question de savoir si les graines de prés doivent être semées seules, ou dans des céréales. En faveur de cette dernière opinion, on a dit que, en réunissant les deux récoltes, les plantes de prés réussissent aussi bien que si elles étaient semées séparément, et que la récolte de grains n'exige aucun travail de culture. D'un autre côté, on a observé que le sol devant, dans ce cas, être amené à un haut degré de fertilité, on court le risque que les céréales croissent avec trop de vigueur, et étouffent les plantes de prés. D'ailleurs, si la saison est humide, les céréales seront en danger de verser, et dans ce cas, les herbes seront presque toujours détruites. Dans les sols modérément fertiles, l'herbage a plus de chances de réussite ; mais alors on a prétendu que le sol se trouve tellement épuisé par la récolte de céréales, qu'il forme rarement ensuite une bonne prairie. En réponse à ces objections, on a dit que, lorsque, d'après la richesse du sol, on pouvait courir quelques risques, en semant une pleine récolte de céréales, il suffisait de diminuer la quantité de semence, même jusqu'à un tiers de la quantité ordinaire ; et qu'une récolte de grains, lorsqu'elle n'est pas trop épaisse, favorise la croissance des jeunes plantes, et les protége contre l'ardeur du sol, sans leur faire aucun tort.

Lorsqu'on sème les deux récoltes ensemble, on doit donner la préférence à l'orge, excepté dans les sols tourbeux. L'orge a une tendance à ameublir le sol dans lequel elle croît, qui est favorable à la végétation des jeunes herbes. Dans les diverses variétés d'orge, on doit préférer celle qui produit le moins de paille, et qui mûrit le plus tôt. Dans les sols tourbeux, on doit préférer l'avoine.

7° La manière de semer les graines de prés, est aussi une chose importante. On a inventé pour cet usage, des machines qui réussissent bien ; mais elles sont malheureusement trop coûteuses pour la généralité des cultivateurs. C'est une mauvaise méthode que de mêler les différentes graines, avant de les semer, afin d'abréger l'opération de la semaille. Il vaut mieux semer chaque espèce séparément ; car la dépense nécessaire pour faire la semaille en plusieurs fois, n'est rien, en comparaison de l'avantage de distribuer chaque espèce avec égalité. Les semences de graminées, étant très-légères, ne doivent jamais être semées, lorsqu'il fait du vent, excepté par des machines, attendu qu'il est fort important que la semaille soit bien égale. On doit éviter aussi les temps trop humides, parce qu'il est très-nuisible de pétrir le sol, quelque peu que ce soit. Les graines de prés doivent être enterrées par un hersage plus ou moins fort, selon la nature du sol.

8° Après l'enlèvement de la récolte de céréales, les jeunes herbes ne doivent être pâturées que très-peu pendant le premier automne, et seulement par des temps secs. On doit les rouler avec un pesant rouleau, au printemps suivant, afin de serrer la terre contre les racines. On traite ensuite la jeune prairie comme un pré permanent.

En faisant attention à ces diverses particularités, la plus grande partie des prairies et des pâturages du Royaume, ceux qui sont d'une qualité inférieure, même moyenne, pourraient être rompus et culti-vés, non-seulement sans inconvénient, mais avec grand profit pour les fermiers, les propriétaires et le public.

III. *Riches pâturages permanents.*

Il y a plusieurs espèces de prairies qui ne doivent pas être rompues; comme les prairies arrosées; — les marais salés; — les terrains sujets aux inonda-tions; — les prairies situées près des villes popu-leuses, où leurs produits sont toujours demandés, et, par conséquent, chers; — et les terrains situés dans le fond des vallées des contrées montueuses (principalement dans les pays craïeux), où les prairies sont rares, et où elles ont un grand prix, parce qu'elles ajoutent à la valeur des terrains éle-vés, situés dans le voisinage, par la nourriture de printemps et d'automne, qu'elles fournissent en bé-tail. Mais lorsqu'il est question de savoir si *des sols riches* , qui ont été long-temps en herbage , et qui continuent d'être productifs, doivent être rompus, on trouve une grande diversité d'opinions sur ce point.

Afin de mettre le lecteur en état de décider une question qui a été si débattue, nous allons donner une description abrégée de la nature et des qualités des diverses espèces de sols qu'on laisse ordinairement en pâturages permanents , et que quelques personnes craignent tant de voir convertir en terres arables ; nous indiquerons brièvement aussi les avantages qu'on attribue à cette nature de terrain.

Les sols qu'on considère comme les plus propres à former des pâturages permanents , sont de trois sortes : 1° Les Argiles tenaces, qui ne sont propres ni aux turneps ni à l'orge , et qu'on regarde comme s'améliorant d'autant plus, qu'on les conserve plus long-temps en pâturages , avec un traitement judicieux (1); 2° les Loams argileux

____

(1) On explique ainsi cette assertion : Dans le cours des années, il se forme à la surface des sols de cette espèce, une épaisseur de 2 et 3 pouces d'un terreau noir , riche et léger, qui est la matrice de ces riches herbages. Si le sol est labouré, cette surface précieuse est mêlée avec les parties inférieures , froides et moins fertiles , et ne peut plus se renouveler qu'au bout d'un long espace de temps. D'un autre côté , on soutient que les terres argileuses s'améliorent, lorsqu'on les sème en herbages , et on a pleinement constaté, par des expériences répétées , que les sols de cette espèce produisent une récolte d'herbes aussi abondante, la première année après leur semaille, que les deux années suivantes. On conclut, de là , qu'il est

meubles, avec un sous-sol argileux ou marneux ;
et, 3° les Sols riches, profonds et sains, situés au
fond des vallons, enrichis aux dépens des terrains
supérieurs, et placés généralement dans des situations favorables, sous le rapport du climat (1).

On présente, avec beaucoup de force, les avantages des pâturages de cette espèce. On assure qu'ils
peuvent engraisser des bestiaux à cornes d'un
plus grands poids que tout autre sol ; — qu'ils ne
souffrent pas autant de la sécheresse des étés ; —
que leurs herbages sont plus nutritifs pour les bêtes
à laine, ainsi que pour le bétail à cornes ; — que
les vaches laitières qu'on y nourrit, donnent un
lait plus riche, plus de beurre et de fromage ; —
que les pieds des animaux qui y pâturent, sont
sujets à moins d'accidents ; — qu'ils produisent une
plus grande variété d'herbes ; — que, lorsqu'ils ont
été convenablement formés, ils offrent une succession de pâturages, pendant toute la saison ; —
que les herbes y sont plus douces et d'une plus
facile digestion ; — et qu'on en tire un produit immense, presque sans dépense.

On a dit que, rompre des pâturages qui possèdent
ces avantages, est une opération qui ne peut être

---

utile de les rompre souvent, pour les couvrir de nouvelles
plantes. Mais il est question de savoir s'il est convenable de
détruire la couche riche du terreau, lorsqu'elle est formée.

(1) Dans les sols de cette espèce, il ne se forme jamais
de fentes ou crévasses, même dans les étés les plus secs.

justifiée que par la nécessité publique la plus urgente, et le besoin de prévenir les horreurs de la famine.

On se fera une idée de la valeur réelle de ces sortes de terrains, en considérant leur rente et leur produit.

Les herbages du Comté de *Lincoln*, sont regardés comme les plus riches du Royaume. La rente varie de 1 l. 15 sh. à 3 l. par acre (105 à 180^f par hectare), et la valeur du produit, de 3 l. par acre, à 10 l. 8 sh. (180 à 624 f. par hect.). Ce produit se tire en viande de bœuf, de mouton, ou en laine, et on l'obtient avec très-peu de dépenses. La quantité de bétail que peuvent nourrir, par acre, *les plus riches pâturages*, surpasse celle qu'il serait possible d'entretenir par les produits de quelque genre de plantes cultivées que ce soit, sur la même étendue de terrain. Il n'est pas du tout rare d'engraisser, par acre, de 6 à 7 (15 à 17 par hectare) moutons dans l'été, et environ deux moutons (5 par hectare) en hiver. Les moutons, lorsqu'on les met à la pâture, peuvent peser de 18 à 20 livres par quartier, et l'accroissement du poids peut être calculé à 4 livres par quartier, ou 16 livres par bête. Mais, en supposant seulement 100 livres pour le tout, à 8 deniers par livre (80 centimes), cela formerait 3 livres 17 sh. 10 deniers (93^f 40 c. par acre, ou 233^f par hectare). La laine vaut encore environ 2 guinées de plus (48^f), outre la valeur de l'entretien d'hiver ; le tout se monte à environ 7 livres par acre (420^f par hectare), qu'on obtient à très-peu de frais. Il est évident que de tels sols ne peuvent être employés d'une manière plus lucrative qu'à l'engraissement du bétail (1).

Les pâturages de la première et de la seconde espèce, les *argiles tenaces*, et *les loams consistants*, lorsqu'ils ont été amenés, par la succession des années et peut-être des siècles, *à un haut état de richesse*, ne peuvent être labourés, sans courir le risque de diminuer leur valeur, et sont toujours plus profitables, en état de pâturages, qu'ils ne pourraient l'être pour la production des grains.

Les sols de la troisième espèce, ou *les terres profondes et saines des vallons*, seraient fort productifs en grains, si on les labourait ; mais il est probable que la culture leur nuirait ; en rendant leur consistance trop meuble et trop légères par les labours ; — en détruisant les plantes de bonne qualité qui y croissent naturellement ; — et en favorisant la décomposition des principes de fertilité qui résident dans le sol (2).

---

(1) Dans les marcaireries , les bons pâturages produisent souvent 5 quintaux de fromages par acre. On regarde cependant, en général, 4 quintaux comme un bon produit. Les pâturages les plus riches ne produisent pas le fromage de la meilleure qualité.

(2) Il est possible que la luzerne réussisse parfaitement bien dans de tels sols ; et il n'est pas douteux que ses produits n'aient une valeur bien plus considérable que ceux qu'on peut tirer de ces terrains, dans leur état actuel.

Au reste, l'étendue des sols de ces trois espèces n'est pas assez considérable, pour que les avantages qu'on pourrait trouver à les rompre, puissent être considérés comme un objet d'intérêt national, ou assez importants, pour qu'il soit convenable de courir le risque de nuire à leurs produits futurs en herbage. Mais il y a des pâturages d'une qualité inférieure, qu'on est trop disposé à confondre avec ceux dont je viens de parler, et à l'égard desquels on ne peut guère douter des avantages qu'il y aurait à les convertir de temps en temps en terres arables. Ces prairies ne se conservent point, ou ne s'améliorent point par leur propre fertilité naturelle, mais par l'application périodique d'engrais produits par les terres arables du voisinage (1).

Maintenant la question est de savoir s'il est plus avantageux pour le fermier et pour le propriétaire, de laisser constamment la moitié d'une ferme en herbages permanents, tandis que l'autre moitié reste perpétuellement soumis à la culture, ou s'il est plus profitable de soumettre le tout à une culture alterne, en faisant produire à chaque partie successivement, des herbages et des grains, en exceptant toujours les riches pâturages dont nous avons

---

(1) Il n'est pas douteux qu'il n'y ait une grande économie à fumer de temps à autre les *prairies à foin ;* et, dans le plus grand nombre des cas, cette denrée précieuse peut être produite avec le plus grand avantage possible, par les mêmes terres qui produisent les récoltes de grains, et dans un assolement régulier.

parlé ?

Il y a de très-graves objections contre la division d'une ferme en *páturages permanents*, et en *terres arables permanentes*. Les terres arables sont détériorées par la soustraction des engrais qu'elles produisent, si on les emploie à l'amendement des prairies, tandis qu'une partie des engrais ainsi employés, est perdue ; car, répandre des substances putrescentes sur la surface de la terre, *si on le fait dans la saison qui ne convient pas à cette opération*, c'est engraisser non-seulement le sol, mais l'atmosphère (1). Les misérables récoltes de grains qu'on obtient dans les cantons où on suit ce système, prouvent suffisamment ses fâcheuses conséquences.

Cet usage d'appauvrir les terres arables, pour l'amendement des prairies, est regardé comme si préjudiciable par les cultivateurs les plus expérimentés, que, selon leur opinion, le propriétaire perd un quart de la rente qu'il pourrait obtenir pour chaque acre soustraite ainsi à la culture, tandis que le public perd 3 3/4 *bushels* de grains, pour chaque *stone* (2) de bœuf ou de mouton qu'on obtient par cette méthode.

C'est un point sur lequel on ne peut pas trop

____

(1) La perte est moins considérable, lorsqu'on répand le fumier sur la prairie, en Octobre, à la veille des pluies qui doivent entraîner ses sucs dans le sol.

(2) Le stone est de 14 livres anglaises.

insister dans un pays où la population est croissante , et où on est forcé d'avoir recours à des
importations de grains étrangers pour la subsistance de ses habitants. Car , si on excepte les pâturages très-riches , les terres arables produisent
en moyenne, en plus grande abondance que les
prairies , des denrées propres à la nourriture de
l'homme , et dans la proportion de 3 à 1 ; par conséquent , chaque pièce de terre qu'on laisse en prairies , sans nécessité , et dont le produit peut nourrir un individu , soustrait à la société un produit
suffisant pour alimenter deux autres individus. Plusieurs bons cultivateurs regardent cependant comme
avantageuse , la méthode d'amender avec du fumier,
les prairies et les pâturages ; et, lorsqu'on peut le
faire sans rien soustraire aux terres arables , toute
objection est détruite. M. MIDDLETON recommande,
à cet effet, de répandre le fumier sur la prairie ,
en Octobre , immédiatement avant les pluies qui
arrivent ordinairement en cette saison, et qui entraînent les sucs du fumier dans la terre. Alors la
perte est peu considérable , et peut être évitée
entièrement , en employant le fumier à l'état de
compost (1).

---

(1) La pratique de répandre les engrais à la surface du
sol , est devenue très-générale en Irlande. On conduit le fumier dans les mois d'Août et de Septembre ; et on a trouvé
que les terres traitées ainsi, conservent leur fertilité pendant
long-temps. Dans ce pays , on trouve que c'est une méthode

Dans plusieurs parties de l'Angleterre , les propriétaires sont disposés à craindre que leurs intérêts puissent souffrir d'un changement de système ; et on doit vivement regretter que les lois ne leur fournissent pas une protection assez efficace contre les fermiers disposés à tenir peu fidèlement leurs engagements. A part cette circonstance , les intérêts du propriétaire peuvent être suffisamment garantis par des clauses judicieuses , et en prescrivant une méthode de culture plus parfaite. On pourrait ainsi établir un système d'agriculture alterne, qui augmenterait considérablement la valeur des propriétés territoriales , et qui servirait puissamment les intérêts du pays.

La principale objection qu'on présente contre la conversion des vieilles prairies en terres arables , est la prétendue infériorité des prairies nouvelles, comparées aux vieilles prairies ; opinion qui a probablement sa source , soit dans le mauvais choix des semences employées , soit dans l'application d'une trop petite quantité de semences , ce qui favorise la croissance des mauvaises herbes. Un cultivateur qui exploitait une ferme considérable, consistant principalement en sols argileux , riches et profonds , et dont presque tous les prés avaient été

___

très-avantageuse d'améliorer les prairies ; et, en employant ainsi du compost au lieu de fumier pur , l'amendement serait moins cher et plus efficace.

rompus de temps à autre, avait l'habitude de les remettre en prairies, en semant les graines de prés avec une récolte d'orge : il semait, par acre, 14 livres de tréfle blanc, un peck de plantin lancéolé et 3 quarters de graines de foin (par hectare, 35 livres tréfle blanc, 45 litres plantain et 23 hectol. graines de foin). Au moyen de cette grande quantité de semence, il s'assurait toujours, dès la première année, une herbe épaisse, qui ne différait du vieux pâturage, *que par une végétation plus vigoureuse.* En effet, les terres de cette espèce, avec un traitement judicieux, peuvent rarement être détériorées par les labours. Lorsqu'on les remet en prairies, elles ne peuvent pas supporter, la première et la seconde année, du bétail à cornes d'une aussi grande taille que dans la suite ; mais elles peuvent en entretenir *un plus grand nombre,* quoique d'une taille inférieure (1), et produire, pour le marché, un poids plus considérable de viande de boucherie.

---

(1) Le Docteur CARTWRIGHT assure qu'on employait, en effet, par acre, 3 quarters de graines de foin, recueillie du foin ordinaire des prairies, dont probablement la moitié avait perdu le pouvoir de végéter, pour avoir été trop échauffée dans la meule, et dont une grande partie du reste n'avait jamais été suffisamment mûre. De là la nécessité de semer une quantité qui semble excessive. Le prix était alors (il y a environ 50 ans) de 3 sh. à 4 sh. 6 deniers par quarter. Il aurait été bien préférable, au lieu d'employer un si pitoyable mélange, de faire amasser, par des ouvriers, seulement les espèces qu'il convenait de semer, et dans leur parfaite maturité.

Il est souvent avantageux de conserver un ou deux enclos d'étendue moyenne, comme de 10 ou 20 acres (4 à 8 hectares), selon l'étendue de la ferme, en pâturage permanent, pour la nourriture du gros bétail et des moutons, et comme une ressource pour le cas d'un printemps très-froid ou d'un été très-sec ; mais conserver en pâturages permanents ou en vieilles prairies, une proportion considérable d'une ferme, à moins qu'ils ne soient de la plus riche qualité, c'est presque toujours nuire au propriétaire, au fermier et au public. Dans tous les domaines où on a porté à une extension déraisonnable, le système des pâturages permanents, on peut facilement augmenter le revenu du sol dans une très-grande proportion, en employant les engrais à la culture des turneps et d'autres récoltes vertes, et en adoptant un système de culture alterne.

Il y a cependant des cas où cette doctrine, quoique bonne en général, ne doit pas être poussée trop loin. On a remarqué que, en *Norfolk*, où le sol est, en général, léger, et où les moutons sont *élevés* et *engraissés* dans la même ferme, les pâturages permanents sont essentiels. Dans des sols de cette espèce, on a trouvé qu'on avait eu tort de rompre d'anciens pâturages, surtout lorsqu'ils étaient assujettis à la *dîme rectoriale*. Certains sols de qualité inférieure, qui entretenaient 2 bêtes à laine par acre, en payant seulement *la dîme vicariale*, et qui se louaient à 10 sh. par acre, ne peuvent plus, depuis qu'ils ont été rompus, payer, même sans rente, la dîme des grains, et les dépenses de la culture. En général, une ferme se loue mieux, lorsqu'elle a une bonne proportion de prairies, qui permet au fermier de porter sa spéculation, en partie vers le bétail, et en partie vers les grains, de sorte que, si un objet vient à manquer, il est compensé par l'autre.

IV. *Du mode de traitement des riches pâturages.*

Les règles qui se rapportent au traitement des riches pâturages, ne sont ni nombreuses, ni difficiles à suivre.

1° Nous allons d'abord considérer le genre d'amendements qui leur convient, et la saison où ils doivent être appliqués. Les substances qui s'emploient en petites quantités, comme la suie, les cendres de houille, de bois, ou de tourbe, la chaux, les touraillons, etc., produisent souvent beaucoup d'effet, lorsqu'on les applique en Février ou Mars, si le temps est assez sec pour qu'on puisse le faire sans pétrir le sol ; mais comme ils ne conviennent pas à tous les terrains, on doit essayer leur efficacité par des expériences, avant de se livrer à de grandes dépenses en 'ce genre. Il y a de fortes objections contre l'application du fumier pur aux prairies ; on croit qu'une grande partie des principes qu'il contient, s'évaporent par son exposition aux influences de l'atmosphère ; (1) on doit donc préférer les composts. On peut les appliquer à raison de 3o à 4o yards cubes par acre. Un amendement semblable est nécessaire tous les quatre ans, pour conserver une prairie en bon état. De cette manière, il n'est pas nécessaire d'appliquer des engrais putrescents sans mélanges (2), ce qu'on doit éviter, au moins dans les pâturages destinés aux vaches laitières, parce que cela nuit à la qualité du lait.

2° Nous avons déjà parlé de l'attention qu'on doit avoir de détruire les mauvaises herbes dans les prairies (3). Il est également nécessaire de

---

(1) Dans les parties septentrionales de l'Angleterre, on conduit ordinairement le fumier sur les pâturages , par les temps de gelée, afin de ne pas faire de tort au sol, et aussi parce qu'on a plus de loisir dans cette période de l'année. Cette pratique est réprouvée, avec raison, par l'intelligent Docteur FENWICK. Tant que la gelée dure , la terre ne peut tirer aucun auvantage du fumier ; et, lorsqu'il survient un dégel , il est évident que l'eau de la neige fondue , ou des pluies qui tombent ordinairement à cette époque , enlève à la masse tout ce qu'elle contient de soluble ; en même-temps, le sol, étant encore gelé pendant plusieurs jours , ne peut, par conséquent, absorber l'humidité qui se trouve à sa surface, et même , lorsque la terre est dégelée , elle ne peut absorber que peu d'eau, parce qu'elle en est ordinairement saturée dès-avant l'invasion de la gelée ; et la quantité d'eau qui coule à sa surface, est trop considérable pour pouvoir être absorbée par le sol, dans quelque circonstance que ce soit.

(2) Lorsqu'on emploie des engrais putrescents, il est à désirer que ce soit par un temps humide et chaud, afin que le fumier soit promptement entraîné dans le sol.

(3) Chap. 3. Sect. 7.

les débarrasser de tout ce qui pourrait nuire aux jeunes herbes : comme fourmillières , branchages provenant de l'émondage des haies ou transportés par le vent ; de même que de tout ce qui pourrait nuire au bétail , si on les emploie comme pâturages , ou géner la faux , si on y récolte du foin. En répandant les taupinières avec la pèle ou avec une herse garnie d'épines , on améliore la prairie.

3° Autrefois, on regardait l'emploi du rouleau comme indispensable dans les prairies , afin d'unir et de consolider la surface; — de prévenir la formation des fourmillières ; — de favoriser la végétation des bonnes herbes ; — et de rendre moins pernicieux les effets de la sécheresse ; mais on doit plutôt recommander l'usage de *scarifier* le gazon avec une charrue composée seulement de coutres , ou les dents de la herse, de manière à déchirer toute la surface, *lorsqu'elle forme une croute.* L'action du rouleau tend à accroître la tenacité de la surface; mais , par l'effet du *scarificateur* , cette surface est ameublie , et les racines des herbes végètent plus facilement. Cette opération semble particulièrement utile , lorsqu'elle précède l'application des engrais ; car , lorsque le sol est bien *scarifié,* tout l'engrais répandu à la surface atteint promptement les racines des plantes , de sorte qu'une petite quantité, appliquée ainsi , fait autant d'effet qu'une beaucoup plus grande, employée selon l'ancienne méthode et sans cette opération.

4° Le pâturage du gros bétail, par les temps

humides, fait beaucoup de tort aux sols qui, par leur nature, retiennent l'eau. Chaque pas des bêtes forme un enfoncement qui se remplit par l'eau des pluies, et qui la retient comme un vase. L'excès d'humidité détruit l'herbe, non-seulement dans l'enfoncement, mais aussi à l'entour; et les racines des plantes, ainsi que le sol lui-même, sont refroidies à l'excès. Un bon cultivateur ne doit donc pas permettre, pour aucune considération, que le gros bétail mette le pied dans les pâturages de cette espèce, pendant les temps humides, et même très-peu pendant tout l'hiver. En général, on laisse pâturer les bêtes à laine dans les jeunes herbages, mais seulement dans les temps secs, depuis la fin de l'automne jusqu'au commencement de Mars; ensuite on les en écarte; et on permet rarement à aucun animal d'y entrer, jusqu'à ce que la saison devienne sèche, et la surface du sol assez ferme, pour ne pas être pétrie par leur piétinement.

5° Une des plus grandes difficultés dans le traitement des vieux pâturages, est d'empêcher la croissance de cette énorme quantité de mousse, qui étouffe les meilleures espèces d'herbes. Dans ce cas, les saignées et l'emploi de riches composts sont nécessaires. Le moyen le plus efficace de détruire la mousse et d'améliorer les pâturages, est d'y passer, à plusieurs reprises, une herse de fer fortement chargée, de manière à pénétrer jusqu'à 2 pouces de profondeur, et d'y répandre ensuite de la chaux ou du compost bien préparé. On a trouvé aussi

qu'en faisant pâturer des moutons, pendant qu'on
les engraisse avec des tourteaux d'huile, on détruit
la mousse et on fait croître une grande abondance
d'herbe. Mais le remède radical est de labourer de
telles prairies, à la première apparition de la mousse,
ou avant qu'elle ait fait un progrès considérable.

6° En général, les riches pâturages doivent rarement être fauchés. On a vu d'excellents pâturages,
bas et humides, fortement détériorés par cette pratique, et rendus incapables d'engraisser aussi bien
le bétail. Lorsqu'on les fauche, on doit le faire de
bonne heure dans la saison, avant la maturité des
semences de l'herbe ; le regain doit alors être pâturé légèrement par les bêtes à laine, dont les excréments sont plus fertilisants que ceux du gros bétail, et sont moins sujets à brûler l'herbe.

Dans quelques cas, les riches prairies, *lorsqu'elles
sont fauchées tous les ans*, deviennent sujettes à produire de mauvaises herbes ; cette pratique favorise
la croissance de la mousse et des herbes à fortes
racines, qui changent graduellement et détériorent
la nature et la qualité de l'herbage. Le trèfle blanc
disparaît, et les plantes grossières occupent le sol.
Lorsque cela a lieu, la prairie doit être pâturée
pendant 2 ou 3 ans, au lieu d'être fauchée, jusqu'à ce que les mauvaises herbes ayent cédé la place
aux bonnes.

Quant à la méthode de faucher et de pâturer
alternativement, c'est un point qui a été fortement
discuté parmi d'habiles agriculteurs. En adoptant

ce système, on a dit qu'un cultivateur peut se passer pendant plus long-temps d'appliquer des engrais; mais qu'à la fin, ses terres se trouvent ruinées. On soutient que pour qu'une prairie puisse entretenir une bonne quantité de bétail, il faut qu'elle soit accoutumée à être pâturée, principalement pour les moutons; — que lorsqu'un pré a été fauché pendant long-temps, si on le fume pour le convertir en pâturage, il produit souvent beaucoup d'herbes, mais que cette herbe, toutes choses égales d'ailleurs, ne peut pas entretenir un si grand nombre de têtes de bétail, ni l'engraisser aussi bien; — et que d'anciens pâturages ne produiront jamais autant de foin que les prés qui ont été habituellement fauchés; car, dans les uns et dans les autres, l'herbe croîtra *comme elle est accoutumée de le faire,* et ne changera pas promptement ses habitudes. D'un autre côté, on a assuré que beaucoup de cultivateurs expérimentés préfèrent la méthode de pâturer et de faucher alternativement, trouvant que, sous ce système, la qualité et la quantité du foin ont été améliorées, et que le pâturage, de 2 en 2 ans, s'est conservé de bonne qualité et productif.

7º C'est un point fort important, de déterminer dans quels cas le fauchage ou le pâturage deviennent plus avantageux. Si on pâture, le sol profite du fumier et des urines du bétail; mais les excréments étant distribués très-irrégulièrement, et étant dévorés par les insectes, pendant les chaleurs de l'été, perdent beaucoup de leur utilité. Si le fumier provenant de l'herbe , soit qu'elle ait été convertie en foin , soit qu'elle ait été employée à nourrir le bétail en vert à l'étable , était appliquée au sol , à la fois et en saison convenable , il en tirerait bien plus d'avantages. On sait que l'ombre d'une récolte épaisse , qui a couvert le sol pendant un certain temps , tend à accroître sa fertilité ; et on a reconnu partout , après des essais répétés , sur presque toute espèce de sol , que l'avoine qui suit un tréfle coupé à la faux , soit pour la nourriture du bétail à l'étable , soit pour en faire du foin , est supérieure à celle qui suit un tréfle pâturé.

V. *Des Prairies naturelles à faucher.*

On peut distinguer ces prairies en trois classes : 1ere Celles qui sont situées sur les rives des ruisseaux et des rivières ; 2e les Prairies élevées ; 3e les Prairies marécageuses.

1re Lorsqu'on soumet à l'irrigation les prairies plates situées le long d'un cours d'eau qui entraîne avec lui du limon ou des matières fertilisantes provenant des campagnes qu'il traverse , elles atteignent un haut degré de fertilité ; mais, comme elles sont rarement défendues par des encaissements, et qu'elles sont souvent inondées dans des saisons peu convenables , le sol est souvent refroidi , les meilleures herbes sont détruites et remplacées par des plantes de peu de valeur. Cela arrive très-fréquemment dans les prairies dont la jouissance est en commun et où les saignées sont par conséquent négligées. De telles prairies produisent environ 1 *ton* (2,750 kil. par hectare) de foin ordinaire , et se loue environ 25 sh. par acre (75^f par hectare). Si elles étaient, encloses , encaissées , et convenablement saignées , elles vaudraient probablement de 3 à 4 l. par acre (180 à 240 f. par hectare).

Dans quelques cas, des prairies basses et plates ont été fortement améliorées, en y répandant du sable, à raison de 10 à 15 *tons* par acre (par hectare, 25 à 40 voitures de 1,100 kil. chacune); mais le sable doit être répandu avec soin, et appliqué successivement, afin de ne pas courir le risque que l'herbe, dans aucune partie, soit étouffée par une distribution inégale (1).

Nous avons déjà parlé (Chap. 3e) des avantages qu'il y a à protéger les prairies de cette espèce contre les inondations inutiles et souvent désastreuses (2). Nous allons passer au traitement des prairies élevées.

---

(1) Cette méthode a été essayée en *Norfolk*, avec un trèsgrand succès. Des prés qui avaient été couverts de sable , ont produit une très-grande quantité d'herbes d'excellente qualité; tandis qu'une portion des mêmes prés, laissée dans son premier état, est restée presque sans valeur.

(2) Dans le Comté de *Derby* , il n'est pas rare d'élever, pour protéger le bétail contre les inondations , des monticules de terre de 2 ou 3 *yards* (mètres) de hauteur, sur lesquelles les bêtes peuvent se retirer, en cas de débordement subit.

2ᵉ Les prés élevés de *Middlesex* , contiennent environ 70,000 acres , ou les 7/18ᵉ de tout le Comté. Le sol , étant d'une nature tenace et mêlée de beaucoup de cailloux , était peu propre au labour ; mais ayant été mis en prairies , et amendé par les riches fumiers de la Capitale, dans une plus haute proportion que quelques-autres prés que ce soit du Royaume, il est devenu et il continue de former une prairie de première qualité.

C'est presque toujours en Octobre qu'on conduit les engrais sur les prairies de *Middlesex* , lorsque le sol est assez sec pour pouvoir supporter le passage des voitures chargées , et lorsque la chaleur du jour est assez modérée pour ne pas faire exhaler les parties volatiles du fumier. A cette saison de l'année , il ne tarde pas ordinairement à survenir des pluies qui font entrer l'engrais dans la terre. Lorsqu'on peut se procurer, comme ici, une très-grande quantité de fumier , il n'est pas aussi nécessaire que dans d'autres cas , de prendre des précautions pour l'employer le plus utilement , ou pour en préparer des composts.

Cette vaste étendue de sol argileux aurait été de très-peu de valeur , si on avait tenté de la tenir en culture. La difficulté de le labourer , — les attelages coûteux qui auraient été nécessaires pour dompter un sol d'une nature si rebelle , — la courte période de l'année pendant laquelle on aurait pu le labourer avec succès , — et l'incertitude des produits sur un tel sol , sont des circonstances qui auraient diminué considérablement sa valeur. Mais, converti en prairies permanentes, et jouissant des avantages de la proximité de la Capitale, (qui rend les prés plus profitables que les terres arables), sa rente s'est élevée de 3 l. à 5 ou 6 l. (de 180 à 300 et 360 f. par hectare), dans quelques cas, à 7 l. par acre (420 f. par hectare). On a même vu quelques acres qui, par convenance, se sont loués jusqu'à 10 l. (600 f. par hectare). En terme moyen, ces prairies produisent, outre le regain, 2 *tons* de foin par acre (5,500 kil. par hectare), de la meilleure qualité pour la nourriture des chevaux (1).

Les prairies destinées à la nourriture des vaches sont fauchées ordinairement deux, et même trois fois dans le cours de l'été. On laisse rarement les herbes sur pied, jusqu'à ce que les tiges qui doivent porter les semences, soient parvenues à leur entier dévelopement, le grand point, dans ce cas, étant d'obtenir un foin tendre et doux. On le fauche ordinairement, pour la première fois, de bonne heure en Mai, deux à quatre semaines plus tôt qu'il ne serait convenable de le faire, si le foin était destiné aux chevaux. Dans tous les autres cas, les bons cultivateurs ne fauchent jamais leurs prés

---

(1) On suppose que l'excellente qualité du foin de ces prairies est due principalement à l'absence des plantes à feuilles épaisses et succulentes. Celles-ci sont sujettes à se noircir ou à moisir dans la meule, ce qui détériore toute la masse.

plus d'une fois dans l'année , à moins qu'ils n'ayent une quantité de fumier suffisante pour couvrir le sol , aussitôt après la seconde coupe. En général, losqu'on destine le foin aux chevaux , on juge plus convenable de ne faucher qu'une fois , et de faire pâturer le regain , afin d'accroître la coupe de l'année suivante (1).

La manière de faire le foin en *Middlesex* , étant considérée comme la mieux calculée et la plus parfaite qu'on connaisse jusqu'aujourd'hui , on en présentera tous les détails dans l'*appendice*.

Mettre le foin en meules. — Cette importante opération est exécutée, dans plusieurs parties de l'Angleterre , avec un soin et une adresse remarquable. Les meules sont souvent rondes , et les

---

(1) M. CURWEN n'envisage pas les prairies des environs de *Londres* , sous un jour aussi favorable que l'intelligent auteur du rapport de *Middlesex*; il regrette , au contraire, que tant de sols riches , environnant la Capitale , soient consacrés principalement à la production du foin , au lieu d'être employés à produire des récoltes vertes , attendu que l'engrais est ici sur place. Tandis que, dans d'autres districts , on le charie souvent à 10 milles et au-delà , pour cette destination particulière. Il pose en principe , que chaque champ qu'on laisse ainsi en prairies à foin , pourrait , avec un traitement convenable , produire des turneps , des vesces et du blé ; ce qui quadruplerait les aliments qu'on obtient du sol , non-seulement en quantité , mais en faculté nutritive. Il n'y a pas de doute que chaque acre , situé près de *Londres* , ne puisse produire de 30 à 40 *tons* de nourriture verte , au lieu que, dans son état présent , il produit environ 2 *tons* de foin sec , outre un peu de regain dout on tire peu de profit.

côtés, ainsi qu'une partie du sommet, sont amenées à la forme la plus régulière, en tirant le foin
à la main, de sorte que la pluie ne peut aucunement pénétrer dans la meule. On emploie souvent
aussi la même méthode pour la couverture de la
meule ; et, au total, cela est préférable à l'emploi
de la paille, qui est moins souple, et qui est sujette à admettre l'eau, à moins que la couverture
ne soit faite avec une grande attention.

Saler le foin. — Mêler du sel au foin, en mêmetemps qu'on élève les meules, est une pratique qui
a été usitée dans les Comtés de *Derby* et d'*Yorck* (1).
Le sel, principalement lorsqu'on l'applique à la
seconde récolte du trèfle, ou à une récolte qui a
reçu beaucoup de pluie, arrête la fermentation
et prévient la moisissure. Si on mêle de la paille avec
le foin, on prévient encore plus efficacement l'échauffement de la meule, parce que la paille absorbe l'humidité. Le bétail à cornes mange nonseulement le foin ainsi salé, mais même la paille
qui y est mêlée, avec plus d'avidité que le meilleur foin non salé, et il profite aussi bien. La quantité qu'on recommande, est un *peck* de sel gemme,
pour un *ton* de foin (15 litres pour 1,000 kil.).
Au moyen de ce procédé, on a vu des foins qui
avaient été inondés, être préférés, par les bêtes à
cornes, au meilleur foin qui n'avait pas été salé.

______

(1) Peut-être cette méthode empêcherait-elle entièrement
l'inflammation spontanée des meules.

Prairies marécageuses.

Dans plusieurs districts montueux du Royaume, les prairies marécageuses sont encore considérées comme une importante acquisition, par ceux qui exploitent des fermes à pâturages. Dans quelques cas, l'herbe est d'une nature si aqueuse, qu'il est difficile de la convertir en foin. Pour l'empêcher de trop se tasser dans les tas, on est forcé de les ouvrir fréquemment, et, lorsque le temps le permet, de les exposer complètement au vent et au soleil; cette sorte d'herbe ne pouvant supporter qu'un degré de fermentation très-modéré.

Lorsqu'au contraire l'herbage est d'une nature plus dure, on doit le mettre en petits tas, avant d'être complètement sec, de manière à *faire suer* le foin ou à y déterminer une légère fermentation. Les parties fibreuses des foins durs deviennent ainsi plus agréables au bétail, et plus nutritives; traité ainsi, il forme aussi une bien meilleure litière. Mais, aussitôt que la chaleur y devient sensible, le foin doit être répandu, si le temps le permet, et mis en gros tas, aussitôt qu'il est sec.

Dans les districts pastoraux humides des parties nord-ouest de l'Écosse, les granges à foin sont nécessaires. Ou les construit, en leur donnant autant d'air qu'il est possible, afin que le foin puisse s'y sécher et s'y bien conserver. Dans quelques-uns de ces districts, on emploie le singulier moyen de mettre le foin, lorsqu'il est sec , en cordes de 2 *fathoms* (4 mètres) de longueur, qu'on entortille ensuite deux à deux. Étant ainsi comprimé, il occupe moins de place dans les granges , et il y souffre moins de dommage , lorsqu'on le charie à de grandes distances , pour l'usage du bétail , pendant de très-mauvais temps.

VI. *Regain.*

En *Middlesex* , les fermiers louent souvent le regain à environ 20 sh. par acre (60 francs par hectare), pour être pâturé par du gros bétail qu'on laisse dans la prairie jusqu'au moment où on courrait le risque d'endommager le sol par le piétinement. Il est bien connu que, lorsqu'un bœuf enfonce le pied dans un sol argileux , l'eau que conserve le trou, détruit l'herbage, et que ce tort n'est réparé qu'au bout de plusieurs années. Lorsqu'on ôte le gros bétail des pâturages , on y met des bêtes à laine, qu'on y laisse jusqu'aux premiers jours de Février. Quelquefois on fait consommer aux bêtes à laine tout le regain , au prix de 3 à 5 sh. par *score* , par semaine.

Dans quelques districts, après que le foin a été fauché en Juillet, on conserve toute la seconde coupe, sans y mettre aucune espèce de bétail , jusqu'au printemps, ou au commencement de Mai, et on le fait pâturer alors par les bêtes à laine. Lorsqu'on n'a pas de prairies arrosées , cette méthode

semble présenter la ressource la plus précieuse,
que puisse se procurer un cultivateur qui spécule
sur les bêtes à laine. La valeur du regain, comme
on le consomme ordinairement, n'est pas considérable, et peut être estimée de 7 sh. 6 d. à 15
ou 20 sh. par acre (de 22 à 60^f par hectare).
Un regain passable, conservé jusqu'au printemps,
pourra nourrir 5 et, dans quelques cas, jusqu'à
10 brebis par acre (12 à 25 brebis par hectare),
avec leurs agneaux, pendant toute la période la
plus critique du printemps, lorsque les turneps
sont finis, et que les herbes les plus hâtives ne
sont pas encore prêtes. On peut donc bien l'évaluer
de 30 à 40 sh. par acre (75 à 100^f par hectare), à cette periode de l'année ; et, dans les printemps froids et tardifs, sa valeur sera encore beaucoup plus considérable.

VII. *Pâturages d'été réservés.*

Dans le rapport original du *Cardiganshire*, on
recommande la pratique suivante, à laquelle on
a donné le nom de *Fogging* : Le bétail est retiré
des pâturages au commencement de Mai, et n'y
retourne qu'en Novembre ou Décembre ; on continue alors de les pâturer jusqu'en Mai suivant.
Ce procédé ne peut cependant être convenable
que dans des sols de la nature la plus sèche, et
qui ne peuvent souffrir aucun dommage du piétinement, dans les saisons les plus humides.

VIII. *Transplanter le gazon.*

C'est une nouvelle pratique agricole, tentée d'abord en *Norfolk* (1), d'où elle s'est répandue dans d'autres districts. Dans ce procédé, un vieux gazon de bonne qualité, qui doit être formé principalement des racines fibreuses des plantes, est coupé en petites pièces d'environ 3 pouces carrés, et on place ces pièces sur la surface du sol préparé à cet effet, en laissant, entre chacune, une distance d'environ 6 pouces. De cette manière, le gazon d'un acre suffit pour planter 9 acres (2). Les petites pièces de gazon doivent être arrangées avec soin, l'herbe en dessus, et bien pressées sur le sol. On ne doit pas couper plus de gazon, chaque jour, qu'on ne peut en conduire, distribuer, et planter avant la nuit. Si on trouve que le gazon manque de quelques espèces particulières de bonnes plantes, comme tréfle blanc, tréfle rouge vivace, etc., les semences de ces plantes doivent être répandues en Avril sur le jeune pâturage. On doit y passer fréquemment de pesants rouleaux, lorsque le sol n'est ni trop humide ni trop sec; cela force les plantes à s'étendre sur le sol, au lieu de s'é-

-----

(1) On attribue la découverte de ce nouveau procédé, à M. JOHN BLOMFIELD, de *Warham*, fermier de M. COKE.

(2) Le gazon des vergers conviendrait probablement bien pour cela.

lever en touffes, comme elles seraient disposées à le faire sans cela. On ne doit faire pâturer aucune espèce de bétail sur la prairie transplantée, dans le premier printemps, ni même dans l'été, et jusqu'à ce que les herbes ayent mûri et répandu leurs semences. Le pâturage doit même être très-modéré jusqu'à ce que les jeunes rejetons des mères-plantes se soient réunis et forment un gazon uniforme et compact. La dépense de cette opération est d'environ 2 l. 10 sh. par acre (150 fr. par hectare), sans compter les frais qu'entraîne la jachère d'été, du sol sur lequel on a transplanté le gazon, ni la rente du sol pour l'année, ni la taxe des pauvres et autres, ni les frais nécessaires pour remettre dans son premier état, le sol sur lequel on a enlevé le gazon.

Cette méthode semble convenable pour l'amélioration des sols légers, qui ne produisent pas naturellement beaucoup d'herbes ; car les racines des plantes, s'étant une fois formées dans un terrain riche, prospéreront probablement ensuite, même dans un sol pauvre, attendu qu'elles tirent de l'atmosphère une partie considérable de leur nourriture. On ne peut donc trop la recommander à ceux qui désirent former des pâturages permanents dans des sols légers et graveleux ; et, si on trouve qu'elle réussisse dans les sols tourbeux, cette méthode formera une acquisition très-importante pour beaucoup d'éleveurs de bêtes à laine, dans plusieurs parties du Royaume.

IX. *Prairies artificielles.*

On ne peut évaluer trop haut les avantages qu'on a tirés de l'introduction de la culture des plantes à fourrage. Parmi les plantes que produisent naturellement les prairies, il y en a plusieurs qui sont de qualité inférieure, ou qui sont dédaignées par les chevaux, le bétail à cornes ou les moutons. C'est pour cela qu'un vieux gazon est rarement brouté aussi ras qu'un terrain dans lequel on cultive séparément des plantes choisies, et connues pour être agréables au bétail, saines et nutritives. Les prairies naturelles contiennent souvent aussi des plantes narcotiques et vénéneuses, capables de faire beaucoup de tort aux bestiaux. Les animaux, dans l'état sauvage, distinguent, par l'odorat, les plantes qui leur sont nuisibles ; mais les animaux domestiques apportent moins d'attention aux indications qui leur sont fournies par ce sens ; et souvent la faim les détermine à manger des plantes qu'ils auraient rejetées dans un autre cas.

Les plantes à fourrage dont on traite ici, sont : 1° Le Trèfle rouge ou commun ; 2° le Trèfle blanc ; 3° le Sainfoin ; 4° la Luzerne ; et, 5° quelques articles divers, comme la Lupuline, le Ray grass, etc.

1° *Trèfle commun.* — Cette plante est profitable aux cultivateurs, par l'abondance de son produit, et par l'amélioration qu'elle apporte au sol dans lequel on la cultive. Les terres épuisées par les

récoltes de grains , et qui ne sont pas accoutumées
au tréfle , sont toujours ramenées à la fertilité par
l'espèce de putréfaction que cause dans le sol ,
l'ombre produite par une récolte de tréfle. Il convient mieux cependant pour les sols argileux , que
pour ceux qui sont légers et sablonneux. Il réussit dans les premiers , même lorsqu'il ne sont pas
très – fertiles , pourvu qu'ils soient suffisamment
ameublis.

Pour assurer la continuation de cette fertilité ,
dans les rotations suivantes , il est très-avantageux
de donner un profond labour pour la jachère , ou
pour la récolte des turneps qui doit servir de préparation à celle de tréfle ; cette vérité a été reconnue par l'expérience , dans un grand nombre
de circonstances (1).

---

(1) M. Mason , de *Chilton* , habile fermier du Comté de
Durham , soupçonne que le tréfle tend à favoriser la *rouille*
du froment. Il a semé en froment un champ , dont une partie
avait produit de l'avoine , et l'autre du tréfle ; la partie qui
avait été en tréfle a été rouillée , et l'autre ne l'a pas été.
Cette circonstance est favorable à l'opinion d'après laquelle
la terre qu'on destine au froment, ne doit pas être dans un
trop haut état de fertilité. Un fermier de l'ouest de l'Angleterre , se plaignait récemment que ses riches récoltes étaient
fréquemment attaquées de la rouille , tandis que celles de ses
voisins , dont les terres étaient remplies de chiendent et en
mauvais état , ne souffraient pas de cette maladie. C'est ce qui
a fait dire qu'il arrive une fois dans sept ans , que les plus
mauvais cultivateurs obtiennent les plus belles récoltes. Cependant , avec une bonne culture , un cultivateur industrieux peut

La culture du tréfle commun est trop bien connue pour exiger ici beaucoup de détails. On a révoqué en doute l'utilité de mêler sa semence à celles d'autres plantes de prairies artificielles ; cependant beaucoup de personnes pensent qu'il est très-avantageux d'y mêler une petite quantité de ray-grass, particulièrement parce que cette plante, étant très-hâtive, protége le tréfle contre les gelées du printemps (1). Le ray - grass n'est pas épuisant, *s on le coupe jeune;* il est utile, lorsqu'on convertit le tréfle en foin ; et il améliore la qualité du fourrage , lorsqu'on le coupe pour la consommation en vert ; le tréfle, ainsi mélangé, peut aussi être fauché plus tôt dans la saison (2). Cette circonstance rend le mélange plus nécessaire en Écosse qu'en Angleterre. Il améliore beaucoup aussi la qualité du foin sec *pour les chevaux de travail*, en le rendant plus nutritif et plus fortifiant.

Les circonstances les plus importantes qui se lient à la culture du tréfle, sont : 1° Le procédé de nourrir le bétail au vert à l'étable ; 2° la conver-

---

prévenir les mauvais effets de la rouille.

(1) La principale objection qu'on ait faite contre le ray-grass, est que non-seulement il épuise le sol , lorsqu'on le laisse venir à graine, mais qu'il dessèche la terre et la durcit.

(2) On sème 10 à 12 livres de graines de tréfle par acre (25 à 30 livres par hectare), dans les sols secs et meubles ; et 14 à 18 livres (35 à 45 livres par hectare) sur les loams consistants ou sur les sols argileux, avec un peck de ray-grass (45 litres par hectare).

sion du tréfle en foin ; 3º son emploi pour l'engraissement du bétail ; 4º son emploi pour pâturage.

Nourriture du bétail en vert à l'étable. — On emploie , à cet usage , diverses plantes , comme les vesces , la luzerne , l'herbe des prairies naturelles ; et aussi l'orge , le seigle , l'avoine et les fèves , le tout coupé en vert ; mais le tréfle , soit seul , soit mêlé avec le ray-grass , est la plante qu'on y emploie le plus habituellement (1).

La nourriture du bétail en vert à l'étable (2), présente les avantages suivants : 1º Économie en surface de terre ; 2º Avantage de diminuer les dégradations des clôtures ; 3º Économie de nourriture ; 4º Amélioration du bétail ; 5º Augmentation du produit en lait ; 6º Augmentation de la quantité et de la qualité du fumier ; 7º Accroissement de valeur du produit du sol.

1º *Économie de surface de terre.* — On a présenté des calculs exagérés de cette économie. Quelques personnes ont prétendu qu'elle était dans le

---

(1) En Amérique , on emploie aussi à cet usage le maïs, le millet et le sarrasin.

(2) Les Anglais expriment d'un seul mot (*soiling*), le procédé qui consiste à nourrir le bétail à l'étable, avec du fourrage fauché vert. Il est fâcheux que nous n'ayons pas , dans notre Langue , un équivalant de cette expression. S'il se présentait à moi un mot convenable pour exprimer cette idée , je ne craindrais pas l'accusation de néologisme en l'employant, car l'expression ne nous manque , que parce que le procédé est encore peu répandu chez nous. (*Note du Trad.*)

rapport de 1 à 6, si non plus. Mais il paraît, d'après des expériences soignées (1), qu'on peut, avec certitude, l'établir de 1 à 3, avantage qui suffit bien pour recommander ce procédé à l'attention d'un cultivateur industrieux et intelligent.

2° *Dégradation des clôtures.* — Lorsqu'on entretient constamment le bétail à l'étable, les clôtures sont moins nécessaires ; on peut ainsi diminuer la dépense et la perte de terre qu'elles entraînent. Mais si on conserve les mêmes clôtures, elles sont bien moins sujettes à être dégradées, soit par le bétail, soit par la négligence et les dégats de ceux qui sont employés à le garder.

3° *Économie de nourriture.* — Les animaux détruisent les herbes qu'ils pâturent, de cinq manières différentes : 1° En les mangeant ; 2° en les foulant aux pieds ; 3° en répandant leurs excréments en trop grande quantité sur un seul point ; 4° en se couchant ; 5° en les rendant moins appétissantes par leur haleine. De ces cinq moyens

---

(1) D'après une expérience rapportée au Bureau d'Agriculture, 33 têtes de bétail à cornes ont été nourries à l'étable, depuis le 20 de Mai jusqu'au 1er Octobre 1815, avec le produit vert de 17 1/2 acres (7 hectares), et on affirme qu'il aurait fallu 5o acres (20 hectares), si on les eût fait pâturer. Le résultat des expériences de M. QUINCY est à-peu-près le même ; car il a nourri à l'étable, avec le produit de 17 acres de terre, la même quantité de bétail qui, auparavant, avait toujours exigé 5o acres, en les faisant pâturer. Cette coïncidence est remarquable.

de destruction, le premier seul est utile ; tous les autres tendent à une dilapidation qui est toujours en proportion de la richesse et de la fertilité du sol.

4° *Amélioration du bétail* — Cet avautage s'aplique à toutes les espèces de gros bétail, principalement dans les saisons sèches, lorsque les pâturages sont sujets à manquer.

Les chevaux ou les bœufs de travail se nourrissent à l'étable avec beaucoup d'avantages. On leur épargne ainsi la fatigue d'aller recueillir leur nourriture après le travail, et on ne court aucun risque des plantes nuisibles ou des eaux malsaines. Ils se remplissent bien plus promptement, et il leur reste ainsi plus de temps pour le repos ; ils se reposent aussi bien plus commodément dans une étable ou sous un abri, avec abondance de litière, qu'en plein champ, où tant de choses viennent les tourmenter.

La nourriture en vert à l'étable, du gros bétail à l'engrais, réussit de même. Les jeunes bœufs deviennent ainsi plus faciles à dresser pour le travail, et sont moins sujets aux accidents et aux maladies. La taille et la beauté des formes qu'on peut procurer au bétail tenu ainsi constamment sous des abris et dans un état progressif d'amélioration, justifient l'opinion que ce procédé est bien préférable à celui qui laisse le bétail exposé aux vicissitudes de l'atmosphère et aux autres inconvénients inséparables du système du pâturage, quoiqu'il s'exerce sur le sol le plus riche, et dans des herbages de la plus belle végétation.

La nourriture à l'étable convient aussi bien aux bêtes à laine que le pâturage ; la qualité de la laine en est améliorée, et les bêtes sont moins sujettes à plusieurs maladies, comme la pourriture, etc., qui leur sont si souvent fatales.

Les porcs peuvent être nourris à l'étable, avec beaucoup d'avantage, au moyen du tréfle ; pour cet effet, le jardin de chaque journalier devrait toujours contenir une petite pièce de tréfle. Les fèves coupées en vert, dont les porcs sont particulièrement friants, seraient peut-être encore plus profitables pour cet usage. La fève de *Windsor* est la meilleure pour cela, et on doit en planter à diverses époques, pour assurer une succession régulière de nourriture. Les chevaux aiment beaucoup aussi les fèves coupées vertes, lorsqu'ils y sont accoutumés ; elles engraissent très-bien aussi le bétail à cornes à l'étable.

5° *Augmentation du produit du lait*. — Il est très-avantageux de donner aux vaches du fourrage vert à l'étable, au moins au milieu du jour, afin qu'elles ne soient pas tourmentées par les mouches, ni forcées de se réfugier dans les mares d'eau, ou à l'ombre des arbres et des haies, ce qui fait perdre une grande quantité de fumier. Le bétail est maintenu ainsi dans un meilleur état de santé, et le lait est d'une qualité supérieure. Dans la meilleure saison du pâturage, il est possible que les vaches qui y sont nourries , donnent autant de lait que celles qui sont entretenues à l'étable ; mais, dès qu'ils commencent à diminuer en abondance , les vaches régulièrement nourries à couvert fournissent un bien plus grand produit à la laiterie.

6° *Augmentation de la quantité et de la qualité du fumier.* — Cet avantage ne peut être révoqué en doute. Dans le procédé du pâturage , les excréments , qui tombent sur le sol , sont détruits de différentes manières , et ne peuvent subir la fermentation ; tandis que , par la nourriture à l'étable, non-seulement on obtient une plus grande quantité de riche fumier , mais il peut être *fabriqué* avec plus d'avantages. D'ailleurs , le fumier , fait en été , est toujours supérieur à celui d'hiver , à cause de la chaleur de la saison , qui , favorisant une fermentation rapide , donne naissance à plusieurs substances précieuses, dont la formation est arrêtée , en grande partie , par le froid et l'humidité surabondante de l'hiver. C'est par ce moyen seul , que les cultivateurs de sols argileux peuvent marcher de pair , pour la production des engrais , avec les cultivateurs de *sols à turneps.*

7° *Accroissement de valeur des produits du sol.* — Il n'y a certainement aucune méthode par laquelle on puisse tirer plus de profit des herbages cultivés , que par la nourriture du bétail à l'étable. Dans le voisinage des villes , la même prairie , qui serait considérée comme payée très-chèrement à 9 ou 10 l. par acre, pour être pâturée , produira souvent 20 ou 25 l., en employant le produit à la nourriture en vert à l'étable. Il faut toutefois déduire de ce profit la dépense du fauchage, et du transport du fourrage vert.

L'entretien du bétail à l'étable, présente encore quelques autres avantages : Il fournit le moyen d'employer utilement toutes les herbes qui croissent dans les plantations et les vergers, et qui fournissent souvent, au printemps, une nourriture abondante au bétail, avant qu'on puisse faucher le tréfle. On prévient, par ce moyen, le dommage que font souvent les bestiaux aux grains, aux turneps et à d'autres récoltes, en rompant ou franchissant les clôtures. Dans les terres arables, on remarque aussi que la récolte qui suit le tréfle fauché vert, est constamment supérieure à celle qu'on fait succéder au tréfle pàturé. Quant aux pàturages permanents, on les met ainsi à l'abri des fàcheux effets du piétinement du bétail, dans les saisons humides. C'est pour cela qu'on regarde les bêtes à laine comme préférables au gros bétail, à moins que celui-ci ne soit nourri à l'étable.

Dans le procédé de l'entretien du bétail à l'étable, on doit faire attention aux règles suivantes : Distribuer la nourriture souvent, et en petite quantité à la fois ; observer avec attention le bétail pendant qu'il mange, afin de réduire la quantité de nourriture, aussitôt qu'on aperçoit le plus léger symptôme de perte d'appétit ; prendre garde de ne donner le tréfle qu'avec parcimonie, principalement lorsqu'il est humide, afin d'éviter les accidents de météorisation.

On peut les éviter efficacement, en ayant soin de faucher toujours le tréfle deux jours à l'avance. Il est convenable aussi (à moins que les bêtes n'ayent été accoutumées, dès leur première jeunesse, à être tenues constamment à l'étable) de leur procurer la faculté de s'exercer et de prendre l'air dans une cour fermée ; il est indispensablement nécessaire que les étables soient tenues constamment dans une grande propreté, et que les bêtes soient étrillées fréquemment.

On ne peut pas dissimuler que l'entretien du bétail en vert à l'étable n'exige beaucoup de travail pour couper, amasser et conduire le fourrage, le distribuer aux bêtes, les tenir proprement et conduire le fumier aux champs ; et aussi qu'il n'occasionne quelques dépenses en bâtiments ; mais certainement ces inconvénients sont amplement compensés par les avantages que nous avons détaillés. En conséquence, dans tous les cas où le sol et le climat sont favorables à cette pratique, il ne peut y avoir aucun doute sur son utilité et sur la convenance de l'adopter (1).

---

(1) En Flandre, on ne sème que 6 livres de graine de tréfle, par acre anglais (15 livres par hectare (*), pour une pleine récolte à couper en vert ; et la graine ne coûte que 6 *pences* (60 centimes) la livre. Quel encouragement pour cultiver une récolte qui forme la base d'une bonne culture ! C'est le haut prix de la graine, qui détourne les fermiers ordinaires de semer du tréfle ; et cependant on fait payer à cette graine un droit d'importation !

(*) Cette quantité de semence me parait excessivement faible;

Convertir le tréfle en foin. — Le procédé doit être fort différent ici, de celui qu'on pratique pour le foin des prairies naturelles. Le tréfle doit toujours être fauché, *avant que la semence soit formée*, et même avant que les plantes soient entièrement fleuries, afin que tous les sucs du tréfle restent dans le foin. Par l'adoption de cette méthode, le foin est coupé dans une meilleure saison; il est plus facilement séché, et il est d'une meilleure qualité; les principes nutritifs de la plante ne se trouvent pas concentrés dans la semence, qui est souvent perdue.

On commence à connaître l'avantage de convertir les plantes en foin, avant leur complète maturité. Elles contiennent bien plus de matière saccarine, et sont, par conséquent, bien plus nutritives. La récolte de tréfle, coupée de bonne heure, sera peut-être de 10 pour o/o plus légère que si on attendait qu'elle fût complètement mûre; mais la perte est amplement compensée par l'avantage d'obtenir un fourrage plus nutritif; et la coupe suivante sera proportionnellement plus considérable. Le foin de plantes mûres peut entretenir le bétail; mais c'est seulement le foin *des jeunes plantes* qui peut l'engraisser.

---

dans la plupart des circonstances, il en faut au moins le double. Le grand état de fertilité et l'extrême ameublissement des terres de la Flandre, peuvent seuls rendre cette quantité suffisante. (*Note du Trad.*)

Lorsque le tréfle est coupé, il doit rester en andains, jusqu'à ce que ceux-ci soient secs à-peuprès aux deux tiers de leur épaisseur. Alors on les retourne, soit à la main, soit avec le manche du rateau, mais *sans les étendre*. S'ils ont été retournés le matin, et que la journée soit sèche, on peut mettre le foin en tas dès le soir. Après cela, il doit être secoué le moins possible ; si le temps est beau, après qu'il est resté quelque temps en tas, selon la saison, on peut le charier et le mettre en meules (1).

Une récolte de tréfle produit ordinairement de 2 à 3 tons de foin par acre (6 à 8 mille kilog. par hectare). Sur le marché de *Londres*, il se vend environ 15 sh. (18 francs) par *ton* (environ 1,100 kilog.) plus cher que le foin des prairies.

On a recommandé récemment une autre méthode

---

(1) Dans les climats secs, la pratique est différente : Lorsque la plante n'est pas dans un état humide, il y a moins de danger à répandre le foin. Si la saison est favorable, on peut l'obtenir ainsi parfaitement sec en trois ou quatre jours. On peut le mettre en meules le 4ᵉ jour, sans aucune crainte qu'il s'échauffe trop ; il s'y conservera en parfait état. (*)

(*) Cette note pourrait faire croire qu'en France, où le climat est moins humide qu'en Angleterre, il peut être avantageux de répandre le tréfle qu'on veut faire sécher, comme le foin des prairies. Cependant je puis assurer, d'après mon expérience, que la méthode indiquée dans le texte, est beaucoup préférable, du moins dans la partie septentrionale de la France. Ce n'est que par cette méthode qu'on peut convertir le tréfle en un excellent fourrage, en lui conservant toutes les feuilles. (*Note du Trad.*)

de faire le foin, essayée d'abord dans le *Lancashire*, et qui consiste à lier en petites bottes, l'herbe,
aussitôt qu'elle est coupée. Lorsque le temps est favorable, il peut, par ce procédé, être mis en
meules le cinquième jour. La main d'œuvre, pour
lier les bottes et les amasser, ne coûte qu'environ 2 sh. 6 d. par acre (7^f 50^c par hectare).
Ce procédé donne un foin de très-belle qualité;
la couleur est d'un beau vert, et l'odeur très-
agréable (1).

Son emploi pour la nourriture du bétail. Si on
excepte la luzerne et les herbages des riches prairies fraîches, il n'y a pas de récolte qui puisse
entretenir autant de bétail que le trèfle. Il peut
être employé avec profit, au printemps, à l'engraissement des moutons ; avec cette nourriture,
ils s'engraissent très-promptement. Après cela, on
peut obtenir une récolte de foin, et deux ou trois
semaines après son enlèvement, on peut mettre
dans la pièce, les moutons destinés à être engraissés par les turneps ; ils peuvent y rester jusqu'à

---

(1) Ce procédé a été introduit du *Lancashire* en Écosse,
et mentionné dans la 1re édition de l'Agriculture d'Écosse,
imprimée en 1812. Il a été dernièrement essayé, avec beaucoup
de succès, par M. CURWEN. Il est à désirer, en général,
qu'on apporte une attention particulière aux procédés de fabrication du foin ; car un acre de foin bien soigné, fournit
plus d'aliments qu'un acre d'avoine, en comptant le grain et
la paille ; il procure aussi plus d'engrais, pour assurer la fertilité future de la terre.

ce que la récolte de turneps soit prête.

Faire pâturer le bétail au piquet. (1) — Dans quelques parties de l'Écosse et de l'Irlande, au lieu d'entretenir le bétail à l'étable , on le fait pâturer au piquet dans le champ-même.

Dans le rapport agricole du Comté d'*Aberdeen*, on établit que , dans quelques cas , cette méthode est mise en usage avec plus de profit que la nourriture à l'étable elle-même. Dans le voisinage de *Peterhead* , par exemple, on fait pâturer ainsi les vaches laitières dans les prairies , dans un ordre régulier et systématique ; on avance chaque piquet , en ligne droite, d'un pied seulement , à chaque fois , afin d'empêcher les vaches de fouler aux pieds l'herbe qu'elles doivent manger ; on a soin de les avancer ainsi d'un bout du champ à l'autre , dans le même ordre qu'un homme le faucherait. De cette manière , une étendue de terrain donnée peut nourrir plus de bétail que par toute autre méthode ;

---

(1) Les longes les plus convenables pour faire pâturer le bétail au piquet , sont des chaînes en fer à chaînons courts , avec deux tourillons à chaque chaîne , pour empêcher qu'elles se tordent. Pour le bétail à cornes , elles doivent avoir 5 yards (14 pieds environ) de longueur , avec une large courroie et une boucle , pour la fixer à une jambe de devant , au-dessus du sabot. Pour les bêtes à laine , elles doivent être beaucoup plus légères , et seulement de 3 yards (10 pieds environ) de longueur , avec une courroie qu'on fixe autour du cou. La longe est attachée à un pieu de fer solide , qui porte à sa tête un anneau qui tourne librement ; autrement , la chaîne serait sujette à s'entortiller autour du pieu.

excepté lorsque l'herbe est assez grande pour être fauchée et distribuée verte à l'étable. On a vu ce système porté à une grande perfection par un propriétaire qui faisait suivre les vaches par quelques bêtes à laine attachées à des chaînes un peu longues. Quelquefois aussi, il faisait succéder aux vaches, des chevaux attachés au piquet, ce qui empêchait toute espèce de dilapidation, attendu que les pousses d'herbes produites par les excréments d'une espèce de bétail, sont mangées sans répugnance par des bêtes d'une autre espèce. Ce système était particulièrement approprié aux nourrisseurs de vaches de *Peterhead*, attendu que leurs *tenues* étaient trop petites pour permettre d'entretenir des domestiques pour couper l'herbe, et des chevaux pour la charier dans l'état vert.

En Irlande, la méthode du pâturage au piquet est fortement recommandée. On y a observé que le bétail à cornes et les moutons prospèrent mieux et s'engraissent plus vite, lorsqu'on leur assigne ainsi successivement un pâturage frais, que lorsqu'on les laisse errer à volonté dans tout le champ. Lorsqu'on change le piquet de place, le bétail est excité à manger par la nourriture fraîche, qu'on renouvelle ainsi deux fois le jour. Il ne contracte pas des habitudes vagabondes qui épuisent ses forces, et l'empêchent de s'engraisser ; devenant plus docile, il profite nécessairement davantage. Le pâturage est aussi amélioré, parce que les jeunes herbes ne sont pas broutées prématurément, ce qui arrête leurs progrès, mais restent intactes jusqu'à ce qu'elles soient propres à être consommées.

Quelques agriculteurs habiles ont pratiqué ce système, avec succès, en Irlande (1); ils ont obtenu ainsi du bœuf et du mouton de la meilleure qualité ; et leurs terres se sont sensiblement améliorées, depuis qu'ils suivent cette méthode. Dans d'autres cas, on l'a essayée aussi avec des vaches laitières, du bétail d'élève, des bêtes à laine et des agneaux ; elle a parfaitement réussi dans tous ces cas (2); et, par son adoption, on a trouvé que la terre s'améliore plus en deux ans qu'en cinq, avec le pâturage libre ; on a trouvé aussi qu'on peut entretenir, par acre, au moins un tiers de bétail de plus, sous un système que sous l'autre. La cause en est sensible : le bétail, étant mieux nourri, répand plus de fumier, qui, tombant sur

---

(1) Le Lord de VESCI a obtenu du bœuf de meilleure qualité, et engraissé dans un temps plus court, par ce système, que par aucun autre qu'il ait jamais essayé. Il s'occupe maintenant d'améliorer, par cette méthode, des terres de qualité inférieure.

(2) Cette pratique est recommandée particulièrement dans les cas suivants : 1º Lorsque les pâturages non clos sont voisins de champs en culture ; 2º lorsqu'il y a, dans le voisinage, de jeunes plantations qui ne pourraient être closes sans de grandes dépenses ; 3º lorsque des champs étendus doivent être pâturés en partie, sans pouvoir facilement recevoir plusieurs divisions de clôture ; 4º lorsque l'herbe est trop courte pour être fauchée.

un espace étroit, est répandu et incorporé dans la terre par les pieds du bétail, pendant qu'il est attaché à la même place ; tandis que le fumier qui est répandu dans le pâturage ordinaire, profite peu au sol (1).

Mais cette méthode, quoique préférable au pâturage libre, ne peut être comparée, comme pratique générale, à la nourriture du bétail en vert à l'étable. Cette dernière doit ê're préférée, comme assurant l'emploi utile d'une plus grande proportion de la récolte d'herbe, dont une partie doit être détruite ou gâtée, lorsque le bétail est attaché sur le sol ; l'herbe fauchée repousse aussi plus vite et plus également que lorsqu'elle est pâturée par le bétail. D'ailleurs, les animaux, consommant l'herbe dans l'étable, sont à l'abri de l'excessive chaleur de l'été et des attaques des mouches, qui leur sont préjudiciables ; et leurs excréments et leurs urines acquièrent bien plus de valeur, lorsqu'ils sont conservés dans des tas de fumier ou des citernes, en état d'être conduits où le besoin s'en fait sentir, qu'appliqués immédiatement au sol.

---

(1) M. BURROUGHS a fait pâturer au piquet, 7 moutons par acre, au printemps ; et, trouvant que l'herbe était plus forte au millieu de Mai, que lorsqu'il avait commencé à les y mettre, il a été forcé de mettre 2 moutons de plus par acre, afin de maintenir l'herbe courte comme cela convient à cette espèce de bétail. Dans les pâturages élevés de l'Écosse, ou trouve que les moutons pâturant au piquet, s'engraissent plus rapidement que de toute autre manière.

La méthode du pâturage au piquet peut cependant être convenable, comme un accessoire au sys-
tême de nourriture à l'étable ; en effet, lorsqu'on
a fait des dispositions pour entretenir le bétail à
l'étable, et que, à cause du froid ou de la sécheresse, le tréfle n'a pas acquis assez de hauteur
pour être fauché, il doit être convenable de suivre
la méthode du pâturage au piquet, jusqu'à ce que
l'herbe soit plus avancée.

Pâturage au parc. — Lorsqu'on ne veut pas
faire pâturer au piquet, on peut adopter la méthode
du pâturage au parc, dans les herbages naturels
ou artificiels. Dans cette méthode, une portion de
prairie est enclose par des claies (1) dans lesquelles les bêtes à laine sont renfermées ; et, lorsque la récolte est consommée, le parc est transporté plus loin. Cette pratique est exécutée très-
en grand à *Holkham*, et elle convient particulièrement aux sols légers et secs, Ses avantages sont :
Que l'herbe est consommée plus économiquement;
que les bêtes profitent plus, ayant tous les jours
une pâture fraîche ; et que le fumier qu'elles répandent, étant plus concentré, doit être plus profitable. Un fermier très-expérimenté, en *Berkshire*,
(Mr STONE , de *Basildon*), fait consommer tous
ses pâturages, en portions divisées par des claies,

____

(1) On emploie quelquefois de forts filets pour enclore le
parc ; mais les claies sont préférables, à moins que les bêtes
à laine ne soient très-dociles.

pour les bêtes à laine d'élève, mais non pour les bêtes en graisse ; par ce moyen , il estime que ses pâturages profitent deux fois plus. Il pratique même cette méthode dans ses éteules de blé. Dans les parcs , et dans le voisinage des bois , les bêtes à laine ainsi renfermées , peuvent recevoir en automne, pour litière , les feuilles des arbres ; on augmente ainsi la quantité d'engrais qu'on fait sur la ferme.

Pâturage destiné à durer plusieurs années. — Si le sol est destiné à être pâturé après la première année , il est nécessaire de mêler d'autres plantes avec le tréfle. En Flandre , au moyen de l'application des cendres de Hollande , qui détruisent les insectes si nuisibles à la récolte de la seconde année , et qui d'ailleurs contiennent souvent du sulfate de chaux , le tréfle reste productif pendant deux ans ; mais comme il décline la seconde année avec notre mode de culture , il est nécessaire de suppléer aux vides qui s'y forment. Lorsqu'il a été coupé de bonne heure la première année , la récolte est plus abondante la seconde.

Le principal objet qu'on doit avoir en vue , est de réunir des plantes qui poussent à différentes saisons de l'année. Pour atteindre ce but , M. BRIDGE, du Comité de *Dorset* , recommandait un mélange de 6 à 7 l. de tréfle moyen (*trifolium medium*), autant de tréfle blanc, la même quantité de tréfle houblon , et un bushel du meilleur ray-grass de *Devonshire* le tout par acre , (de 40 ares français environ). Par ce moyen , on obtient une succession de pâturage pendant toute la saison.

2° *Tréfle blanc.* — Dans les sols secs et riches, le tréfle blanc (*Trifolium repens*) est fortement recommandé pour gazonner cette espèce de terre ; on le considère comme la meilleure herbe à pâturer. Il est très-avantageux de semer cette espèce de tréfle avec l'orge, et, après l'avoir pâturé pendant une année, d'y semer du blé sur un labour.

3° *Le Sainfoin.* — Cette plante a donné lieu à des améliorations de culture très-importantes. Des sols pauvres, qui ne valent pas plus de 2 sh. 6 d. à 5 sh., par acre, pour tout autre emploi, peuvent, avec du sainfoin, produire depuis 1 *ton* et demi jusqu'à 2 *tons* d'un excellent foin, valant 1 guinée par *ton* de plus que le foin des prairies également bien soigné ; en outre, un beau regain. D'ailleurs, il demeure productif pendant un grand nombre d'années.

Il est malheureux qu'une plante aussi utile ne soit pas plus généralement cultivée. L'opinion générale est qu'elle ne réussit que dans les sols craïeux ou dans les terres qui reposent sur le carbonate calcaire ; mais il est probable qu'elle réussirait sur d'autres sols, si on les amendait avec une grande quantité de substances calcaires ; particulièrement sur les hauteurs sèches, avec un sol peu profond reposant sur un sous – sol pierreux non continu. La terre doit être en bon état, parfaitement nettoyée de mauvaises herbes, avant d'y répandre la semence, qu'on fait accompagner par l'orge ou

le sarrazin. On doit préférer les semailles hâtives,
c'est-à-dire de la fin de Février ou du commencement de Mars ; car, dans les temps secs, la
graine ne végète pas. Dans sa première jeunesse,
elle est sujette à être détruite par la puce de terre.

Ordinairement on ne mêle pas la graine de sainfoin avec celle d'autres herbages ; cependant on
regarde comme avantageux , le mélange d'un peu
de tréfle blanc. On peut douter que le sainfoin soit
égal au tréfle sur les sols riches ; mais son grand
mérite est de produire une récolte abondante, là
où le tréfle ne réussirait pas.

4° *La Luzerne* — Cette plante précieuse exige
un sol riche bien égoutté, et parfaitement nettoyé
par deux ou trois récoltes de vesces , de turneps
ou de choux. On peut la semer , soit à la volée,
ce qui est l'usage ordinaire , soit en rayons, à 9
pouces de distance , entre des rayons d'orge également espacés. Il est préférable de la semer avec de
l'orge ou de l'avoine, qu'on sème peu épais , non-
seulement parce qu'on profite de la récolte de céréale , mais parce que celle-ci protége les jeunes
plantes contre la puce de terre , qui y fait souvent
beaucoup de ravages , lorsqu'elles sont très-jeunes.
Pour les semailles en lignes au semoir, on emploie 12
à 15 liv de semence par acre (30 à 35 liv. par hect.);
si on sème à la volée, on n'en met pas moins de 20 l.
(50 liv. par hect.) Quelquefois la luzerne se coupe
quatre fois dans l'année ; mais , généralement ,
elle fournit trois bonnes coupes. Elle est très-su-

périeure au tréfle , pour la nourriture des vaches
laitières , ne donnant aucun goût au lait ou au beurre,
et 1 acre (40 ares) est suffisant pour 3 ou 4
vaches , pour toute la saison de la nourriture en
vert à l'étable. Dans les sols riches , le quart d'un
acre par tête sera suffisant pour toute espèce de
gros bétail prise en moyenne. Dans les sols de qualité un peu inférieure , on peut compter 1/2 acre.
La luzerne demande d'être tenue bien propre par
des binages à la main , et par l'usage du scarificateur entre les rayons , pour celle qui est semée
en lignes. Dans ce cas , toutes les autres herbes
qui se trouvent dans les lignes doivent être arrachées avec soin. Si le tiers de toutes les terres qu'on
garde en pâturages permanents , c'est-à-dire , les
sols profonds situés dans les vallées , étaient propres
à la culture de la luzerne , comme il y a lieu de
le croire , quel trésor est à la disposition des propriétaires de ces sols ! On peut remarquer , comme
preuve de cela , que , dans l'île de *Jersey* , depuis
qu'on a reconnu l'importance de la luzerne , on a
consacré à cette culture beaucoup de prairies de
bonne qualité. On les défonce à la bêche , avec
de grandes dépenses , mais qui sont bien compen-
sées par la certitude du succès , la précocité de
la récolte , et le travail que cette opération procure aux manouvriers (1).

---

(1) A la recommandation du Bureau d'Agriculture d'Angleterre , la luzerne a été introduite dans nos possessions des Indes-

5° *Articles divers.* — Plusieurs autres plantes peuvent être cultivées avantageusement comme fourrage, dans des circonstances particulières. Le tréfle jaune (*medicago lupulina*) est une plante utile par sa précocité, lorsqu'on la mêle à d'autres plantes à fourrage. Le tréfle moyen (*trifolium medium*) étant plus durable que le tréfle commun, mérite l'attention des cultivateurs, lorsque le sol doit rester quelque temps en herbage. En Amérique, le *timothy - grass* (*phleum pratense*) forme la base des prairies artificielles ; il réussit bien dans les sols et les situations humides ; il est très-productif ; et son usage s'étend en Angleterre. C'est une plante un peu tardive, et sa dureté prévient d'abord contre elle ; mais le foin est abondant et très-nutritif. Dans les terrains décidément marécageux, le *fiorin* (*agrostis stolonifera*) produit une très-grande quantité de fourrage ; c'est peut - être la plante la plus utile que les marais puissent produire. On a beaucoup discuté sur l'utilité du ray-grass (*lolium perenne*) ; mais, lorsqu'on le charge suffisamment de gros bétail pour tenir constamment l'herbe courte, ou lorsqu'on le fait pâturer par des bêtes à laine, ou, enfin, lorsque, en le destinant à faire du foin, on le coupe de très-bonne

---

Orientales, et les pommes de terre s'y cultivent aujourd'hui en bien plus grande quantité qu'autrefois. Il est probable que ces deux plantes deviendront les plus riches productions de ces contrées.

heure, toutes les objections qu'on a faites contre lui, s'anéantissent (1). Le dactyle pelotonné (*dactylis glomerata*) est hâtif, rustique et productif; mais c'est une herbe plus dure que le ray-grass, et qui demande encore plus d'attention à le couper de bonne heure ou à le faire pâturer bien ras (2). Il réussit bien seul; mais, l'époque de sa maturité étant différente de celle du tréfle, on ne doit pas le mêler avec cette plante. Le pâturage qu'il fournit, est très-abondant, et convient particulièrement aux bêtes à laine (3). On a fortement recommandé aussi la chicorée, comme une plante très-rustique, convenant aux sols les plus pauvres, réussissant bien dans les sols humides, très propre à être pâturée ou donnée en vert à l'étable, mais non à être convertie en foin, et produisant une plus grande quantité de nourriture pour les moutons, qu'aucune autre plante cultivée.

Il y a en tout 215 espèces d'*herbes* proprement

---

(1) Il paraît que l'ancien ray-grass communément cultivé, est inférieur aux variétés nouvelles.

(2) Le Dactyle pelotonné est cultivé d'une manière très-étendue, et *avec un succès étonnant*, à *Holkham*. La quantité de bêtes à laine qu'un acre nourrit été et hiver, est vraiment surprenante; et le sol se trouve renouvelé et enrichi après deux ou trois années de pâturage.

(3) Le Dactyle pelotonné ne convient pas aux terres basses, parce que là, il est sujet à devenir trop dur. M. FALLA recommande fortement la fétuque des prés (*festuca pratensis*).

dites, qu'on pourrait cultiver sous le climat de la Grande-Bretagne. De ce nombre, il n'y en a que deux qu'on ait employées avec quelqu'étendue, dans la culture des prairies artificielles, le *ray-grass* et le *dactyle pelotonné*. C'est par ce motif que le Duc de BEDFORD a fait faire une série d'expériences, pour constater la valeur comparative de 97 espèces d'autres graminées ; le résultat de ces expériences est annexé aux leçons de Sir HUMPHRY DAVY, et, depuis, il a été publié séparément, avec de plus grands détails.

D'après ces expériences, la fétuque élevée (*festuca elatior*) est la plante qui fournit le plus de matière nutritive, lorsqu'on la coupe au moment de la floraison ; et le timothy-grass (*phleum pratense*) est celle qui en fournit le plus, lorsqu'elle est coupée au moment de la maturité des semences. Le *sea-meadow-grass* (1) a fourni la plus grande quantité de regain.

Le petit nombre des herbes cultivées a été un sujet de reproches contre l'industrie des cultivateurs Anglais ; cependant, quoique le catalogue soit très-étendu, la liste de celles qui méritent d'être cultivées, n'excède pas 10 ou 12 ; et, dans ce nombre, quelques-unes ont des semences si petites

---

(1) Je ne sais pas quelle est la plante qui porte ce nom vulgaire, en Angleterre. Au reste, d'après la marche qui a été suivie dans l'expérience dont parle ici l'Auteur, ses résultats paraissent mériter bien peu de confiance (*Note du Trad.*)

et si pailleuses, qu'il est très-difficile de les nettoyer et de les semer. Quelques-unes n'amènent à maturité qu'une petite quantité de semence, et d'autres conviennent mal à la généralité des sols et des situations (1).

X. *De la conversion des terres arables en prairies pour leur amélioration, et de la culture alterne.*

On ne peut pas douter que si le quart des terres arables qu'on sème maintenant en grains, étaient convenablement mises en prairies pour la nourriture du bétail, jusqu'à ce qu'elles redevinssent propres à produire d'abondantes récoltes de grains, il n'en résultât de très-grands avantages, et pour les cultivateurs et pour le public, attendu que les trois autres quarts, mieux amendés, et cultivés à moins de frais, produiraient, pour la consommation, autant de denrées que le tout en produit aujourd'hui. Le défaut de succès dans la mise des terres en prairies, est dû ordinairement à l'emploi d'une trop petite quantité des semences, ou à ce que le sol n'était pas en bon état, et n'avait pas reçu une assez grande quantité d'engrais; par suite de ces

---

(1) M. Georges Sinclair établit, d'après le résultat de ses expériences, qu'aucune plante ne convient mieux que le dactyle pelotonné, pour toutes les circonstances. Une nouvelle variété de ray-grass a été récemment offerte aux cultivateurs, par M. Holdich, sous le nom de *Russell-grass ;* elle donne de grandes espérances.

mécomptes, on a continué à tenir en cours de culture, de grandes étendues de terre, au grand détriment des cultivateurs et du public; tandis que de meilleures rotations, et, en particulier, un plus grand nombre de récoltes vertes, peuvent enrichir tout sol pauvre et épuisé.

La mise en prairies d'une portion des terres arables d'un pays est un sujet de très-grande importance, qui peut contribuer essentiellement à prévenir toute crainte de disette. En effet, rien ne peut apporter plus de secours, dans les cas de rareté des grains, que d'augmenter le nombre des vaches. Le lait, employé avec du riz, du pain, du biscuit, de l'orge égrugée ou de la farine, épargnerait une grande partie de la consommation de ces objets. Rien ne peut leur être substitué plus promptement et plus économiquement. Chaque vache, employée ainsi, épargnerait, chaque année, une grande quantité de grains (1).

Si la terre qu'on met en prairie, en la suppo-

---

(1) M. Curwen estime ainsi le produit qu'on peut tirer des vaches à lait : En moyenne, chaque vache d'une bonne race, et bien nourrie, produira annuellement 3,739 quarts (ou litres) de lait, qui, à deux deniers (20 cent.) par quart, font 30 l. 3 sh. 2 d. (725^f environ) par tête de vache. La nourriture peut coûter 10 d. (1^f) par jour, ou 15 l. 4 sh. 2 d. (365^f) environ par année. Les intérêts du capital, les risques, l'assurance, peuvent être portés à 3 l. (7 .^{f}) par an. Le profit net d'une vache est donc de 12 l. (288^f) par année, sans compter le veau. On a évalué, dans cette estimation, les pertes inévitables par accident.

sant en bon état, valait 40 sh. par acre, 2 1/2 acres pourront nourrir une vache (1). Chaque vache donnera, en moyenne, 2 galons de lait par jour, ce qui fera pour l'année, en estimant le galon à 8 deniers (20ᶜ le litre), un produit de 22 l. 8 sh. (538ᶠ); mais, pour prévenir toute objection, en ne comptant que 20 l. (480ᶠ), le produit du sol sera de 8 l. par acre par année (480ᶠ par hectare), ce qui est plus qu'il ne pourrait produire dans son état d'épuisement, en continuant de la cultiver en grain, et ce produit sera obtenu avec moins de dépenses. Après avoir acquis une nouvelle fertilité par ce procédé, la terre peut être remise en culture.

Cependant, en général, les terres arables sont plutôt converties en pâturages pour les bêtes à laine. On a adopté, pour cela, diverses méthodes. Dans le Comté de *Rutland*, sur des *loams* secs, on suit avec succès le cours suivant : 1ʳᵉ Turneps, ou Pois blancs ; 2ᵉ Orge ; 3ᵉ Tréfle ; 4ᵉ Froment; 5ᵉ Turneps ; 6ᵉ Orge; et, ensuite, Pâturages pour trois années ou plus. D'autres recommandent, comme plus profitable, la rotation suivante : 1ʳᵉ Vesces, et, ensuite, Turneps ; 2ᵉ Froment ; 3ᵉ Tréfle ; 4ᵉ Avoine ; et, après une récolte de vesces et de turneps, du Froment avec des graines de prés. Les

____

(2) On suppose sans doute ici, que c'est au pâturage. (*Note du Trad.*)

terres traitées ainsi augmentent beaucoup en fertilité, et, dans la suite, elles enrichissent le cultivateur, par les abondantes récoltes de grains que quelques années d'herbage et de pâturage, la mettent en état de produire.

C'est une grande erreur, en établissant des prairies, d'employer une quantité insuffisante de semences. En général, on emploie 12 à 14 liv. de graine de tréfle (30 à 35 liv. par hectare). Mais il est probable que cette quantité n'est pas assez considérable. Dans quelques circonstances, on a employé, par acre, 10 l. de tréfle commun (25 liv. par hectare), autant de tréfle blanc, autant de lupuline, ou 30 liv. en tout (75 liv. par hect.) de graines fines, avec addition de 3 pecks (60 litres par hect.) de ray-grass, et on a obtenu un fourrage très-abondant (1). Ceci semble confirmer la doctrine que nous avons déjà établie sur

----

(1) Il arrive cependant souvent que le tréfle ne réussit pas, non pas par manque de semence, mais par le défaut d'une bonne préparation du sol, ou par l'emploi d'un mauvais procédé de semaille. La semence doit toujours être enterrée à la herse d'épines, et roulée après la semaille, selon la nature du sol et d'autres circonstances *

* Le roulage est toujours une excellente opération, dans les sols sablonneux et légers ; mais dans les terres argileuses, même médiocrement consistantes , cette opération fait presque toujours plus de mal que de bien, sur la semaille du tréfle. En général, d'après mes observations, l'emploi du rouleau demande beaucoup de circonspection, dans les sols de cette nature. (*Nota du Trad.*)

les avantages qu'il y a à ne pas économiser la semence, lorsqu'on veut établir une prairie, principalement si on la destine à subsister pendant un
temps un peu long. Quoique les plantes soient
d'abord très-abondantes, il en périt une partie,
et elles restent convenablement espacées, à mesure
qu'elles vieillissent.

Un autre point auquel on ne peut pas faire trop
d'attention, est que la terre arable qu'on destine
à être convertie en prairie, doit être naturellement sèche, ou être égouttée par des travaux préa-
lables, avant qu'on puisse espérer d'en obtenir de
bonnes récoltes de fourrage artificiel. Les meilleures
plantes à fourrage craignent excessivement un sol
humide dans leur jeunesse, et, dans ce cas, elles ne
s'enracinent pas assez profondément pour pouvoir
résister aux vicissitudes des saisons ; enfin, leurs
racines n'étant pas assez fortes, elles périssent,
lorsqu'elles ont amené leurs semences à maturité,
et laissent le sol vide. On a aussi recommandé de
mettre en billons larges et élevés, les terres arables
qu'on convertit en prairies. Il est certain que cette
méthode augmente la surface du terrain ; d'autant
plus que les herbes, surtout lorqu'elles sont pâturées, poussent dans toutes les directions, et ne s'é-
lèvent pas verticalement comme les grains. D'ailleurs,
on se procure ainsi une variété d'herbage et de
sites, convenables pour toutes les saisons. Si la saison est humide, le haut des billons présente un
excellent pâturage et un sol sec où le bétail peut

se reposer ; tandis qu'on a remarqué, pendant la sécheresse de 1783, que, pendant que le haut des billons, ainsi que les sols plats, étaient desséchés, les raies et la partie inférieure des billons élevés continuaient à fournir un abondant pâturage. On doit remarquer toutefois que, dans le cas où le sous-sol retiendrait fortement l'eau, il est nécessaire que chaque raie soit accompagnée d'une saignée couverte ; sans cela, l'herbe y serait d'une qualité très-inférieure, surtout dans les années humides.

On ne peut pas élever trop haut les avantages que présente la culture alterne. Il n'y a que ceux qui ont essayé cette méthode, qui peuvent connaître l'immense amélioration qu'on apporte dans les produits, en convertissant en prairies les terres anciennement cultivées, et en mettant en culture les anciens pâturages. Si on mettait graduellement en prairies un million d'acres de terres anciennement cultivées, en convertissant, en même-temps, en terres arables, la même étendue d'anciens pâturages, et en les soumettant à des assolements judicieux, ce serait probablement le moyen de fournir à la consommation, deux millions de *stones* de viande de bœuf et de mouton, et 3 millions de *qurters* de grains, de plus qu'on ne peut en produire dans l'état actuel (1). En adoptant cette méthode,

---

(1) Dans le *Northumberland*, on fait beaucoup de cas du système de culture alterne. Dans les sols légers, on fait : 1re Turneps en lignes ; 2e Orge ou Froment en lignes ; 3e Trèfle;

et en la conduisant judicieusement , les récoltes sont
toujours abondantes , et le sol est tenu dans un
état de fertilité toujours croissant (1).

Il est à propos de remarquer , en même-temps,
qu'une trop grande étendue de pâturages doit être
évitée dans une contrée populeuse. Elle diminue
la masse des denrées les plus nécessaires à la vie,
tandis qu'elle augmente la quantité des objets de
luxe , et que ses produits fournissent moins de
subsistance à l'homme (2).

---

avec graines de prés , pâturé d'abord , en partie , par du bétail à cornes et , en partie , par des bêtes à laine , et ensuite
par ces dernières seules , le tout pendant 3 années au plus ;
ensuite Avoine. Dans les sols argileux , on substitue aux turneps , la jachère ou les fèves ; avec ce système , la terre ne
refuse jamais de fournir d'abondantes récoltes de tous ces
articles.

(1) Le Docteur COVENTRY établit cette doctrine dans les
termes suivants : Tenir le sol pendant une trop longue période en état d'herbage , est une erreur provenant de la pré-
dilection ordinaire pour les prairies , particulièrement lorsqu'elles sont encloses. Dans plusieurs parties du Royaume ,
cela a donné lieu à une singulière combinaison de profusion
et de parcimonie dans le traitement de pièces de terre adja-
centes , et qui , sous tous les rapports , pourraient être soumises au même genre de culture.

(2) Il paraît , d'après les recherches les plus soignées , que
les pommes de terre produisent , en moyenne , par acre , un
poids de 10 à 13 *tons* d'aliment propre à l'espèce humaine.
Le froment , en déduisant la semence , produit environ 21 1/2
bushels par acre , ou en poids 1,240 liv. Tandis que la quantité
de nourriture animale produite par acre en état de pâturages,
n'est que de 180 liv ; et même , par le moyen de la laiterie ,

Au total, on a remarqué, avec justesse, que le système de culture alterne est le plus avantageux aux cultivateurs et au public. Il exige un capital considérable pour le commencer et l'entretenir ; et il est vrai aussi qu'il cause plus d'embarras dans son éxécution ; mais ce sont des circonstances qui accompagnent nécessairement tout système perfectionné. Si la moitié d'une ferme est consacrée aux prairies artificielles et autres récoltes vertes, on peut souvent entretenir et engraisser, avec ses produits, autant de bétail qu'avec toute la ferme supposée en état de pâturages ; tandis que l'autre moitié, enrichie par la grande quantité de fumier produites par la consommation de ces récoltes, fournira autant de produits disponibles pour le marché, en grains de diverses espèces, que si toute la ferme était cultivée en céréales. Tels sont les avantages supérieurs qu'on peut tirer de la réunion de l'économie du bétail avec la culture des grains. Partout où cette réunion est praticable, elle peut améliorer plus essentiellement l'agriculture britannique, que tout autre moyen qu'on ait présenté jusqu'ici (1).

---

qui est plus productive, il passe rarement 240 liv. Cependant, à poids égal, la viande et le fromage sont plus nutritifs que les végétaux, et on les obtient avec moins de dépenses.

(1) En Angleterre, malheureusement, le système de culture alterne ne pourra être généralement adopté que lorsque la législation ou les décisions des tribunaux protégeront plus efficacement les intérêts des propriétaires, en donnant plus de solidité aux stipulations des baux.

TROISIÈME PARTIE.

DES JARDINS ET DES VERGERS.

DE toutes les manières d'employer la surface du sol , la plus productive et la plus avantageuse est la culture des jardins. Elle produit aussi les articles les plus délicats , les plus recherchés, et , sous quelques rapports , les plus sains pour la nourriture de l'homme. Les jardins , comme nous le verrons tout-à-l'heure , sont également , de toutes les espèces de terrain , celle qui , sur la plus petite étendue, emploie le plus grand nombre de bras , et fournissent la plus grande quantité de produits utiles. Il est donc avantageux à la société , que la plus grande étendue de terrain possible soit cultivée de cette manière. Les vergers sont fréquemment réunis aux jardins , et leurs produits sont souvent les mêmes ; nous devons cependant traiter cet objet à part.

I. *Des Jardins.*

On cultive , dans les jardins , non-seulement des fruits de plusieurs espèces , mais aussi des racines, des salades , des légumes et d'autres végétaux destinés à l'usage de la cuisine , qui , tous , présentent des avantages particuliers.

Les fruits ont été probablement un des premiers objets sur lesquels les hommes ayent dirigé leur

attention, avec le dessein de les employer comme
nourriture, quoique, aujourd'hui, ils soient devenus plutôt un article de consommation de luxe,
qu'un aliment vraiment nutritif. La nature les produit dans la saison de l'année où les aliments de
cette espèce, doués de qualités rafraîchissantes et
délayantes, sont particulièrement agréables.

Les racines contiennent plus de substance nutritive, quoique, sous ce rapport, elles soient inférieures aux grains. On en compte plus de quarante
espèces, qu'on cultive dans ce pays ; mais les pommes
de terre et les turneps sout les seules qu'on cultive en très - grande quantité. En les employant
comme aliments, l'homme a besoin d'une moins
grande quantité d'une nourriture animale; et, si
on les prend en quantité suffisante, elles peuvent
suffire, seules, à entretenir la vie et la santé,
surtout pour les jeunes gens ou pour les personnes
qui ne sont pas exposées à un travail corporel
fatigant (1).

On a considéré les salades comme un article de
luxe, plutôt que comme un aliment. Quelques-unes
d'entre elles, comme les laitues, sont précieuses
par leurs qualités rafraîchissantes ; mais les principes narcotiques qu'elles contiennent, font que plu-

---

(1) En Irlande, le peuple, dont les individus sont beaux
et bien faits, se nourrit presqu'entièrement de pommes de terre
et de lait de beurre. Les anciens Romains consommaient beaucoup de navets.

sieurs espèces ne peuvent être mangées, sans inconvénient, que lorsqu'elles ont été *blanchies* (1).

Les choux, choux-fleurs et autres végétaux culinaires sont, dans leur état naturel, peu propres
à servir à la nourriture de l'homme. Ils sont durs
et d'une digestion difficile ; et ils peuvent à peine
être suffisamment attendris pour que l'estomac puisse
s'en accommoder. Ils sont, au reste, très-utiles pour
s'opposer à la putrescence des aliments de nature
animale, étant d'une nature aqueuse, et légèrement acides. Leur propriété laxative les rend
utiles, pendant l'été, dans les cas de constipation,
ce qui arrive fréquemment dans cette saison, à
cause de l'accroissement de la transpiration.

On emploie aussi une partie des jardins à cultiver des plantes légumineuses, et, en particulier,
des pois et des fèves, afin de se procurer quelques
espèces délicates et hâtives, que ne pourrait produire la culture des champs. Cependant la consommation des semences légumineuses, comme aliment
de l'homme, est nécessairement circonscrite. Avant
leur maturité, elles forment une nourriture succulente, qui convient à tout le monde ; et, lorsqu'elles ont atteint leur maturité, on peut encore
les employer en potages ; mais, réduites en farine,
elles ne conviennent qu'aux personnes chez lesquelles

---

(1) On blanchit les laitues, en les liant, ce qui les rend
plus tendres, et adoucit leur amertume et leur âcreté.

les pouvoirs de la digestion sont très-énergiques (1). Plusieurs de ces végétaux sont d'une immense importance, comme ressource dans les temps de disette, puisqu'on peut en obtenir deux ou même trois récoltes, pendant qu'on attend celle des grains.

Après ces remarques générales, nous allons considérer : 1° les Avantages des jardins en général ; 2° leurs Différentes Espèces ; 3° la Rente des jardins ; 4° enfin, les Moyens de les améliorer.

I. *Avantages des jardins en général.*

Ces avantages sont évidents, d'après le grand nombre d'individus qu'ils emploient, et l'énorme quantité de produits précieux qu'ils livrent à la consommation.

Dans le voisinage de *Londres*, en particulier, les jardins donnent lieu à une quantité très‑considérable de travail productif. Les labours, les binages, les défoncements, les hersages, la plantation, les soins nécessaires pendant la croissance des végétaux cultivés dans les jardins, ceux qu'exigent leur récolte et leur conduite au marché ; tout cela doit fournir du travail et des profits à un très‑grand nombre d'individus, sans compter la foule de ceux qui les revendent sur les marchés, ou qui

____

(1) Peut-être peut-on faire une exception pour le véritable *pois à bouillir* (*boiling pea.*)

22 *

vont les crier dans les rues de la Capitale et dans les villages voisins.

On dit que 14,000 acres de terre (5,600 hect.) sont employés en nature de jardins à fruits et à légumes , pour fournir à la consommation de *Londres* (1). Le produit moyen de ces terrains, même aux bas prix auxquels les denrées de cette espèce sont tombées sur les marchés (2), est d'environ 60 liv. par acre (3,600^f par hectare), ou , en total , 840,000 liv. (20,160,000 francs) par année. Cette considération place l'art du jardinier sous un point de vue très-favorable ; car aucun autre genre de culture ne pourrait fournir une aussi grande proportion d'aliments à l'homme , ni procurer de l'occupation à un aussi grand nombre de bras , ni payer si libéralement les soins qu'on lui consacre (3).

Dans le voisinage immédiat d'*Édimbourgh* , il y a environ 500 acres (200 hectares) employés comme jardins , outre ceux qui se trouvent à la distance

---

(1) On n'imaginerait pas pour quelle proportion les végétaux des jardins entrent dans la nourriture des classes moyennes et inférieures , en été et en automne. Dans ces saisons, il est probable que les jardins nourrissent plus de monde que les champs.

(2) Cette diminution est d'un tiers ou deux cinquièmes sur la valeur moyenne des produits ; tandis qu'il y a très-peu de diminution sur les frais de culture et toutes les dépenses inévitables.

(3) Les profits des revendeurs ne sont pas compris dans ce calcul.

de 6 à 15 milles , et dont les produits arrivent souvent sur les marchés de cette ville. On en évalue le produit total à 18,000 l. (430,000 francs), ou 36 l. par acre (2,160 francs par hectare). C'est beaucoup moins que le produit moyen des jardins, près de *Londres ;* mais ces derniers sont situés sous un climat plus favorable ; — une partie considérable en est consacrée à la culture d'objets de luxe ; — leurs produits sont vendus sur un marché plus considérable , où les prix sont plus élevés, où on peut se procurer à volonté une grande quantité d'excellents engrais, et dans une localité où on peut leur consacrer , avec avantage , une plus grande quantité de travail.

Dans le voisinage d'*Aberdeen* , les jardiniers trouvent que les ognons sont la production la plus favorable qu'ils puissent cultiver ; ils en obtiennent souvent de 45 à 58 l. par acre , selon le prix auquel 'se vend cette denrée (1). Le produit des carottes est d'environ moitié de ces sommes. Celui des turneps, de 14 à 18 l. (de 840 à 1,080 francs par hectare), et celui des pommes de terre, de 15 à 20 liv. (de 900 à 1,200 francs par hectare);

---

(1) On a fait une expérience pour savoir qu'elle quantité d'ognons on pourrait faire produire à un quart d'acre de terre (10 ares). On a obtenu 3 tons 3,300 kilog.), qui, vendus à 24 l. (576^f) le ton, ont donné un profit de 13 l. (312^f), après le paiement des frais , qui se sont montés à 11 l. (264^f)· L'espèce provenait de l'ognon blanc de *Lisbonne* naturalisé dans le pays.

le tout, selon l'abondance de la récolte et les prix du moment.

Au total, on ne peut pas douter que les produits des jardins ne soient beaucoup supérieurs à ceux des terres arables ou des pâturages, à cause de la culture plus soignée qu'ils reçoivent ; — de la valeur plus élevée des objets qu'ils produisent, en conséquence de leur qualité supérieure ou de leur précocité ; — de leur plus haut état de fertilité, sauf quelques exceptions particulières ; — enfin, du soin avec lequel on y obtient du même terrain, plusieurs récoltes successives dans la même année.

Puisque les produits des jardins sont aussi supérieurs en qualité et en valeur, on pourrait supposer qu'une plus grande proportion du pays pourrait être cultivée de cette manière. Mais les dépenses sont si considérables que, si les prix des produits diminuaient beaucoup, ce qui serait la conséquence nécessaire d'une culture plus étendue, la culture des jardins ne serait bientôt plus une profession lucrative.

Il est probable que, aujourd'hui, la concurrence est déjà aussi forte qu'elle doit l'être ; et la consommation des fruits et des végétaux à *Londres*, excède déjà, comparativement, celle de quelqu'autre partie que ce soit du Royaume. Elle se monte à 16 sh. 9 d. (20 francs 10 cent.) par tête ; tandis que, à *Édinburgh*, elle n'excède pas 3 sh. 6 d. (4 francs 20 cent.) par tête, en portant le nombre de ses habitants à 103,000, et la valeur des fruits et des végétaux consommés , à 18,000 l. (432,000 francs) par année.

II. *Des différentes espèces de jardins.*

On peut classer les jardins sous les titres suivants : Jardins à fruits des particuliers ; — Potagers des particuliers ; — Jardins des jardiniers de profession, cultivés à la bêche , pour des fruits ou d'autres végétaux ; — Champs cultivés en jardins , ordinairement à la charrue ; — Jardins des manouvriers; — Jardins des villages.

1° *Jardins à fruits des particuliers.* — Il est heureux que les hommes riches prennent souvent du goût à la culture des fruits. Elle est la source d'un amusement pur , raisonnable et attrayant ; c'est un motif, pour les propriétaires fonciers, de résider dans leurs domaines, et d'abréger le temps qu'ils seraient disposés à passer , sans cela, dans les cités populeuses.

Les jardins fruitiers peuvent être divisés en deux classes : ceux dans lesquels on cultive des fruits qui ont besoin de la chaleur artificielle des serres, pour arriver à leur perfection ; et ceux dont les fruits peuvent acquérir toutes leurs qualités, avec des soins judicieux , par la seule température du climat (1). Dans beaucoup de cas , cependant,

---

(1) Cela dépend beaucoup du sol. M. MIDDLETON remarque que le meilleur sol pour un jardin fruitier, est un sol marneux.

ces deux espèces de jardins sont réunies.

Les peines qu'on se donne, et les dépenses auxquelles on se livre, en Angleterre et en Écosse, pour cultiver des fruits par des moyens artificiels, sont très-considérables, et doivent nécessairement s'accroître, à mesure que le climat devient plus rude (1). On a apporté récemment quelques améliorations dans la construction des serres. On a trouvé de l'économie à construire les châssis fixes, au lieu de ceux qui s'élevaient et s'abaissaient, parce que ceux-ci occasionnaient souvent la rupture des vitres; on y admet l'air par des ventilateurs placés, en bas, sur la face, et, en haut, dans le mur de derrière.

Les tuyaux de conduite de la chaleur, placés dans l'intérieur de la serre, ont été trouvés bien préférables à l'ancienne méthode de les pratiquer dans l'épaisseur du mur du fond ; ces tuyaux doivent être très-larges ; lorsqu'ils sont de petites dimensions, ils n'ont pas assez de capacité pour permettre à l'air, dilaté par la chaleur, d'y séjourner ; et

---

C'est l'espèce de sol qui domine à *Brentford* et *Isleworth*, en *Middlesex* ; et on a profité de cette circonstance, pour construire un grand nombre de murs de 10 pieds de hauteur, dont les produits fournissent aux marchands fruitiers de *Londres* les fruits de la meilleure qualité, comme abricots, pêches, pavies, et mêmes des poires.

(1) On calculé que 479,360 pieds carrés de verre sont employés, dans l'Écosse seule, pour protéger la végétation des fruits exotiques.

une grande partie du calorique est forcée de s'échapper avec la fumée, inconvénient auquel on remédie par des tuyaux plus larges. Dans les petites serres, les meilleurs tuyaux sont ceux qu'on fait en poterie, de la même forme que ceux qu'on place en haut des cheminées, seulement un peu plus épais. Chaque tuyau a 2 pieds 1/2 de longueur, et environ 10 pouces de diamètre intérieur. On les place bout-à-bout, et le joint repose sur des briques faites exprès, et qui présentent une échancrure demi-circulaire. Les tuyaux de cette espèce ne sont pas chers, et exigent moins de combustible que ceux de briques.

Nous ajouterons que le fer fondu peut très-avantageusement remplacer les bois dans la construction des serres. Il est infiniment plus durable ; son apparence est plus légère et plus élégante ; et, en le disposant adroitement en colonnes, on peut se dispenser d'employer des solives, ce qui diminue la dépense, en conservant à la construction la solidité nécessaire.

On peut aussi, en échauffant les murs des jardins par des tuyaux de chaleur, accélérer la maturité de certains fruits. Sans ce procédé, il serait très-rare que les pêches et les pavies pussent parvenir à leur perfection, en plein air, sous un climat comme celui de l'Écosse. On construit fréquemment ces murs, de manière à pouvoir placer temporairement devant eux un châssis vitré ; et ils sont ordinairement munis d'un appareil de couverture temporaire, en filets ou en canevas.

On emploie différents moyens pour protéger les fleurs des arbres fruitiers les plus délicats et les plus hâtifs, placés en espaliers, des effets des vents froids qui dominent souvent en Mars, Avril et Mai ; mais on préfère généralement des filets de laine grossière, avec des mailles suffisamment larges pour permettre d'y introduire le bout des doigts (1).

On connaît les avantages de la taille des arbres à fruits. Par cette opération, on s'oppose à l'excès de vigueur qui retarde la fructification, et on facilite l'accès de l'air et de la lumière, que hâte la maturité, et qui améliore la saveur des fruits. L'époque la plus convenable pour soumettre les arbres à cette opération, est celle où la sève est montée, ce qui a lieu au printemps, et lorsque les feuilles sont complètement développées.

La pratique d'enlever l'écorce extérieure des arbres à fruits, est un ancien usage (2), sur lequel on

---

(1) M. MIDDLETON dit que quelques-uns des jardiniers de *Brentford*, préservent de tous dangers les fleurs et les fruits de leurs espaliers, par le moyen d'une planche de 10 à 12 pouces de largeur, placée horizontalement sur des crampons , près du sommet des murs.

(2) LE GENDRE, *Curé d'Hanouville*, dans un petit ouvrage traduit et imprimé à *Londres* en 1666, s'exprime ainsi : » Si l'é-
» corce des arbres est en mauvais état, on doit enlever, avec
» une serpe, l'écorce jusqu'au vif ; les arbres, ainsi débarrassés,
» pousseront avec une nouvelle vigueur. » On lit, dans le Traité des arbres à fruits, de HITT, imprimé en 1756 : » En enlevant
» la vieille écorce des arbres, et en nettoyant les parties chan-
» creuses, on détruit beaucoup d'insectes, et de leurs œufs. »

a rappelé dernièrement l'attention du public, par les
expériences heureuses qui en ont été faites sur une
grande échelle dans le voisinage d'*Édinburgh* (1)
Par cette opération, on atteint trois buts utiles :
1° Il arrive souvent que l'écorce serre trop fortement la tige, ce qui empêche la circulation de la
sève ; par ce moyen, on écarte cet obstacle. 2°
On garantit les jeunes feuilles et les fleurs, des ravages d'un grand nombre d'insectes qui se logent,
eux ou leurs larves, dans les fissures de l'écorce.
3° L'air peut pénétrer dans le tronc, ce qui est
utile à son accroissement. Il n'est cependant pas
convenable d'enlever l'écorce des jeunes arbres ou
des jeunes branches ; et on doit toujours prendre

Dans l'*Annual Register* de *Rivington*, pour 1726. Sous le titre
de *Projets utiles*, on lit que » il est ordinaire, dans le *Con-
» necticut*, d'enlever la vieille écorce des pommiers, afin de
» rajeunir les arbres, en ayant soin de ne pas endommager
» l'écorce intérieure. » — Dans le *Gardener's Remembrancer*,
de M. Phail, on cite une expérience faite en 1802, dans les
jardins de *Kensington*, dans laquelle on a enlevé l'écorce extérieure des arbres, sans toucher à l'écorce intérieure. On recommande aussi, dans le même ouvrage, d'enlever l'écorce
qui se détache de la vigne, et de laver la tige avec une éponge
trempée dans l'eau de savon.

(1) M. P. Lyon, du jardin de *Comely*, près d'*Édimbourgh*,
a fait cette expérience sur plus de 800 arbres fruitiers jeunes
et vieux, et avec le plus grand succès. Dans le cas où cette
opération se fait sur de vieux arbres, M\ T. A. Knight recommande, après avoir enlevé la vieille écorce, de greffer de
nouvelles variétés sur l'ancien tronc. Ce procédé pourrait être
très-utile dans les vieux vergers.

le plus grand soin de ne pas endommager l'écorce
intérieure. Lorsque cette opération est pratiquée
avec jugement, sur de vieux arbres, elle leur est
très-utile ; surtout lorsque l'écorce est gercée, et
sert de retraite à des insectes.

On a essayé, avec grand succès, le même procédé sur les vignes ; et cette pratique pourrait
devenir extrêmement avantageuse aux vignobles du
continent.

Dans quelques cas, on a obtenu une récolte
abondante de fruits, et principalement de poires,
sur des arbres qui, sans cela, n'auraient rien produit, en enlevant un anneau d'écorce de quatre à
six lignes de largeur, tout autour de la tige (1).
En couvrant l'incision avec un chiffon, elle se
remplit de nouvelle écorce, dans l'espace de quelques semaines.

Dans beaucoup de cas, des arbres fruitiers ont
été plantés trop profondément dans le sol ; les racines sont ainsi privées des influences bienfaisantes
de l'atmosphère, par une couche de terre trop é-
paisse. On a souvent rendu la vigueur à ces arbres,
en enlevant une partie de cette couverture inutile ;
et en laissant seulement quelques pouces de terre
meuble au-dessus des racines.

----

(1) En Mai 1818, le jardinier de M. SHEPLARD coupa un
anneau d'écorce, de deux à trois pouces de largeur et de toute
l'épaisseur de l'écorce, sur un vieux poirier qui n'avait jamais
porté de fruits, et le résultat fut une abondante récolte.

Nous ajouterons ici qu'on peut produire les effets les plus avantageux, et augmenter le produit de toutes espèces d'arbres à fruits, en enlevant la terre autour de la tige, dans un rayon de trois pieds, en y jetant deux ou trois seaux d'eau de savon qui a servi au lessivage, et en remettant la terre à sa place. On peut appliquer avantageusement le même procédé à divers arbustes, comme groseillers, framboisiers, etc., ainsi qu'aux vignes, en se contentant seulement de répandre l'eau de savon sur le sol, autour d'eux.

2° *Jardins potagers des particuliers.* — Pour toute personne qui réside à la campagne, un jardin potager bien cultivé, est un objet très-essentiel, sous le rapport de la santé, de l'agrément et de l'économie.

Nous devons porter notre attention sur les particularités suivantes : 1° Le Sol; 2° le Défoncement; 3° les Engrais; 4° les Insectes; 5° les Rotations; 6° enfin, les Plantes qu'on doit cultiver.

1° On a reconnu, par expérience, qu'un loam sablonneux est le sol qui convient le mieux à un jardin potager, surtout si les grains de sable qui composent le sol, sont petits, parce qu'alors, le sol peut retenir une plus grande quantité d'engrais et d'humidité, dans les saisons sèches. Un sol marneux ou mélangé convenablement d'argile, peut former aussi un bon potager, à cause de sa propriété de retenir puissamment l'humidité et les engrais. L'addition d'une quantité modérée d'oxide de

fer est utile, et favorise la fertilité. Il est à désirer, au reste, qu'un jardin contienne plusieurs
espèces de sol, parce qu'il y a quelques végétaux
qui exigent un terrain fort et argileux, et qui ne
réussissent pas dans un sol léger. Lorsque le sous-
sol pèche par excès d'humidité, les saignées sont
indispensables.

2° On ne fait pas toujours assez d'attention, dans
la culture des jardins, à préparer le sol par des
défoncements exécutés à une profondeur suffisante.
Le sol doit avoir une profondeur d'un pied et demi
à deux pieds et demi, particulièrement pour y
cultiver des végétaux à racines pivotantes. Par ce
moyen, les racines peuvent, avec plus de facilité,
étendre leurs fibres dans toutes les directions, pour
y chercher leur nourriture ; et on se procure ainsi
un réservoir où l'eau des pluies surabondantes se
conserve, pour servir à la nourriture des plantes,
dans les temps de sécheresse.

3° Les espèces d'engrais qu'on doit employer,
dépendent de la nature du sol. Les jardiniers préfèrent le fumier pourri, parce que, dans le cours
de sa fermentation, les semences des mauvaises
herbes et les larves des insectes y ont été détruites ;
et plus le fumier est pourri, plus il produit d'effet
pour favoriser une rapide végétation des plantes (1).

---

(1) On n'est pas d'accord sur l'utilité du fumier gras et
pourri, pour les plantes des jardins. Quelques-uns prétendent
que tous les végétaux sont tendres et délicats, en proportion

Les herbes marines, lorsqu'on peut s'en procurer, sont un excellent engrais pour les plantes potagères et, en particulier, pour les ognons (1).

de la promptitude de leur croissance, et que ceux qui ont la saveur la plus désagréable sont ceux qui ont végété dans des sols pauvres et peu amendés, où leur végétation n'a pas été assez prompte. Ce sont les sucs les plus promptement formés qui sont les plus doux ; et on soutient, en conséquence, que les engrais les plus putrescents donnent aux végétaux la saveur la plus agréable, parce qu'ils les font pousser avec le plus de promptitude. C'était - là l'opinion de M. YOUNG ; et cette doctrine est appuyée sur la haute réputation dont jouissent les plantes potagères qui sont cultivées dans le jardin de M. JOHN GRATIAN, à *Belper*, dont les dimensions sont énormes, et la végétation d'un luxe remarquable, qualités qu'il obtient au moyen de matière fécale liquide, et de l'eau des égouts, qu'il emploie par voie d'irrigation. — On soutient, d'un autre côté, que les végétaux qu'on cultive avec une grande abondance d'engrais *fétides*, ne peuvent jamais avoir aussi bon goût, ni être aussi sains ; — que les brocolis de *Londres*, par exemple, ont une saveur forte et désagréable ; — et que les turneps des champs sont beaucoup meilleurs que ceux qu'on cultive dans les jardins. Au total, il paraît que, lorsque la végétation des plantes est excitée par une très-grande abondance de fumier, elles sont insipides, ou manquent de saveur ; — Qu'une quantité modérée de fumier produit les plantes de la meilleur qualité ; — que les végétaux de la saveur la plus douce, sont ceux qui croissent avec vigueur, dans une terre neuve et vierge Dans ces sols, les feuilles des choux sont quelquefois d'une qualité si supérieure, qu'elles sont presque transparentes.

(1) Lorsqu'on pouvait se procurer des herbes marines à un taux raisonnable, à *Kirckaldy*, on y obtenait des récoltes d'ognons très-considérables.

Les résidus de savonnerie sont aussi un excellent engrais pour les jardins. Cette substance, non-seulement détruit les insectes et leurs larves (1), mais, consistant principalement en matière calcaire, elle améliore beaucoup la qualité des végétaux. Le fumier de vaches s'emploie fréquemment étendu d'eau, et à l'état liquide ; c'est un très-bon engrais. En Flandre, on n'emploie pas d'autre fumier que celui de vaches, pour la culture des pêchers, le fumier de chevaux et de porcs, étant d'une nature trop brûlante. On assure que le meilleur engrais pour les pommiers, est le tan sorti des fosses; les vergers des tanneurs réussissent presque toujours bien. Dans les sols riches des jardins des environs de *Londres* , l'application de la pierre calcaire en poudre, serait d'une très-grande utilité.

4° Les limaces font un très-grand tort dans les jardins. On emploie , pour les détruire ; la chaux éteinte , les cendres de houille passées au crible, la sciure de bois ou les balles de l'orge, qu'on répand sur la surface, ou qu'on met en lignes. Le

---

(1) On a remarqué, en particulier, que les résidus de savonnerie détruisent le ver qui fait tant de tort aux plantes de la famille des choux , et qui, perçant la tige et s'y logeant près du collet de la racine, empêche l'ascension dss sucs destinés à la nourriture de la plante , et occasionne à cette place une protubérance de matière dure, qui pese quelquefois plus d'une livre. Les résidus de savonnerie pourraient peut-être prévenir aussi une maladie semblable , à laquelle sont exposés les turneps.

sel commun serait probalement encore plus utile.

5º Les jardiniers les plus habiles mettent beau-coup d'attention à adopter une rotation convenable de récoltes, et ils ont recours à la jachère, lors-que le besoin s'en fait sentir, ou ils mettent le terrain en trèfle, ce qui manque rarement de lui rendre sa première fertilité. Les personnes qui ont apporté le plus de soin à la culture des jardins, sont maintenant convaincues qu'on doit changer, tous les 7 ou 8 ans, les carrés qu'on consacre à la culture des groseilliers ou des framboisiers, et, tous les 4 ou 5 ans, les planches de fraisiers. Les principaux jardiniers des environs d'*Édinburgh*, regardent comme essentiel, d'adopter, pour les principales récoltes, une certaine rotation que nous indiquerons plus loin.

6º Quant aux diverses plantes sur lesquelles s'exerce la culture potagère, il y en a plus de 80 espèces qu'on cultive en Écosse, malgré l'in-fériorité du climat; leur simple énumération, avec quelques remarques sur leur nature, leurs proprié-tés et leur mode de culture, remplirait un grand nombre de pages; nous devons donc l'omettre dans un cadre aussi resserré que celui de cet ouvrage.

3º *Potagers des jardiniers, cultivés à la bêche.* — Les jardins potagers qui alimentent les marchés de *Londres*, méritent une attention particulière, à cause de la valeur considérable de leurs produits; — de la richesse naturelle du sol; — de la quan-tité d'engrais qu'on leur donne; — de la quan-tité de travail qu'on emploie à leur culture; —

de l'habileté avec laquelle ils sont exploités. **Le**
produit des jardins situés dans le voisinage immédiat de *Londres*, est évalué de 100 à 200 l. par
acre, par année (de 6,000 à 12,000 francs par
hectare). Ce produit est si considerable , qu'il
convient d'expliquer d'où il provient.

Les jardins situés à *Neat-Houses*, près de *Chelsea*,
en *Middlesex*, se distinguent par leur valeur et
leurs produits, mais ils ont en leur faveur plusieurs avantages : Le sol est naturellement fertile ;
— depuis un très-long temps, il a été cultivé en
jardins potagers , et amendé d'une très-grande quantité de fumiers ; — par le soin qu'ils donnent à
leurs écluses , les jardiniers disposent de l'eau à
volonté ; — enfin , étant situés dans le voisinage
immédiat de la Capitale , les frais de transport sont
modérés.

Mais le lieu où on tire de la plus petite étendue de terre , les produits les plus abondants et de
la plus haute valeur , est le voisinage de *Blue-An-
chor-Lane* , *Bermondsey* , *Surrey*. On y parvient,
en couvrant un tiers ou un quart de chaque jardin , de cloches ou de châssis ; les premières , pour
accélérer la végétation des plantes ; et les derniers , pour conserver , pendant l'hiver , les végétaux qu'on doit en tirer au printemps , pour les
placer alors sous les cloches. Les jardins , traités
avec cette dépense , produisent annuellement jusqu'à 200 l. par acre (12,000 francs par hectare).
Mais , en considérant l'évaluation suivante des frais
de culture , on verra que ce produit , quelqu'é-

levé qu'il soit, n'est pas trop considérable pour indemniser les cultivateurs de leurs avances de fonds, ainsi que du travail opiniâtre et des soins qu'exige une culture aussi minutieuse.

Les dépenses de culture de 10 acres (4 hect.) de jardin , lorsqu'une partie considérable du sol est couverte de cloches et de châssis , peuvent s'estimer comme il suit :

		l.		f.
Rente de 10 acres, à 10 l. par acre (600 francs par hectare), ci		100 l.	—	2,400^f.
Taxe des pauvres , dîme et autres impôts , à 8 l. par acre (480^f par hect.)		80	—	1,920
Dix femmes, en terme moyen, à 52 l. (1,248 f.) par année , chacune		520	—	12,480
Quatre femmes , à 20 liv. (480^f) chacune		80	—	1,920
Cinq chevaux, à 52 l. (1,248^f) par tête		260	—	6,240
Deux charretiers , à 50 liv. (1,200^f) chacun annuellement.		100	—	2,400
Engrais , semences et eaux .		200	—	4,800
Ustensils.		100	—	2,400
Dépenses du marché		50	—	1,200
Mémoires du maréchal , du charron et du charpentier . .		100	—	2,400
		1590		38,160
Intérêts du capital , et profit ,		410		9,840
Total		2,000		48,000

23 *

Il faut que les produits soient énormes, et les prix très-élevés, pour compenser les dépenses auxquelles il faut se livrer, lorsqu'on a besoin d'employer 3,000 cloches (1), et 60 châssis, pour obtenir des produits hâtifs.

Dans les jardins où la culture est portée à la plus grande perfection, on cultive les choux-fleurs et les concombres, *sous cloches*, et on en tire des sommes considérables. Les choux-fleurs, lorsqu'on les obtient de bonne heure au printemps, rapportent 80 l. par acre (4,900 francs par hectare); et les concombres, lorsque la récolte est abondante, et qu'on les apporte au marché dans les temps chauds, qui en augmentent beaucoup la consommation, produisent de 100 à 120 l. par acre (de 6000 à 7,200 francs par hectare). Entre les cloches, on cultive ordinairement du céléri (2), qui, dans beaucoup de cas, occupe le même sol pendant plusieurs

---

(1) La dépense des cloches est très-considérable. Il y en a de deux sortes, les cloches à main, et les cloches en globe. Les premières coûtent 5 sh. (6 francs) la pièce, et les autres 8 sh. (9 francs 60 c.). Mais, aujourd'hui, ce n'est que dans les ventes qu'on peut les obtenir à ce prix. Lorsqu'on les achète neuves, elles coûtent de 10 à 12 sh. (de 12 francs à 14 francs 40 centimes), selon leur poids, d'après lequel s'élève l'impôt.

(2) Dans le voisinage de la Capitale, il se cultive annuellement en céléri, de 200 à 300 acres (de 80 à 120 hectares); cette plante est employée en salades, dans les potages, etc.; elle est regardée comme un puissant anti-scorbutique.

années. On y cultive aussi un grand nombre d'autres articles , comme radis , laitues , bettes , ognons , épinards , broçolis , choux , etc. , soit les uns après les autres , soit entremêlés , selon que le jardinier le juge le plus convenable.

Parmi les plantes que cultivent les jardiniers , l'asperge mérite une attention particulière. La valeur moyenne de son produit , peut être évaluée annuellement , de 5o à 75 l. par acre (de 3,000 à 4,5oo francs par hectare); mais c'est la seule récolte que le sol produise dans l'année ; et elle exige beaucoup de travail et de dépenses , pour les recueillir et les préparer pour le marché. La dépense première , pour établir convenablement un acre (4o ares) d'asperges , ne peut être évaluée à moins de 1o5 l. (2,52o francs) , à quoi il faut ajouter la rente du sol , avant qu'on en tire aucun produit. Il peut rester productif pendant 1o ans ; mais on doit évaluer au moins à 1o l. (24o francs) par année , la dépense nécessaire pour la culture , la récolte et l'envoi au marché , sans compter la rente , les taxes , l'intérêt du capital, etc.

Le produit moyen des jardins de première et de seconde qualité , peut être calculé à 15o l. par acre (9,ooo francs par hectare); le terme moyen des dépenses et du produit probable peut être établi comme il suit, par acre (4o ares) :

Rente , dîme et taxe . . .   20 l. —   480 f.
Travail.   50   — 1,200
Attelages et engrais   40   —   960
Dépenses de marché et autres .   10   —   240

                                   120   2,880

Profits, en y comprenant l'intérêt
du capital , ...   30   720

                    Total   150 l.   3,600 f.

Il y a cependant , dans le voisinage de *Londres*, beaucoup de jardins de qualité inférieure , qui , quoique cultivés à la bêche, ne produisent pas annuellement plus de 90 l. par acre (5,400 francs par hectare); et même quelques-uns, dont le sol est très-mauvais , qui ne produisent pas plus de 50 l. (3,000 francs par hectare). Au reste , tous ces produits sont extrêmement variables : Telle récolte produit de grands profits une année, qui ne présente que de la perte l'année suivante. Les dépenses sont toujours considérables , et , tout bien pesé , il y a peu de spéculations qui , à raison de l'habileté et de l'industrie qu'on y emploie, donnent moins de profits que la profession de jardinier.

Dans plusieurs parties de l'Angleterre et de l'Écosse, on rencontre beaucoup de jardins qui sont fort inférieurs à ceux dont nous venons de parler, sous le rapport de la valeur et des produits. Il faut beaucoup d'industrie et de rudes travaux, pour tirer de grands profits d'une occupation semblable ; cependant un grand nombre de familles trouvent leur subsistance dans la culture de 2 à 10 acres de jardins chacune ; quelques-unes en cultivent jusqu'à 16. En général , on soumet ces terrains à une succession régulière de récoltes , dans la même année. On peut citer pour exemples , les rotations suivantes , qui sont en usage dans les environs d'*Edinburgh*.

1ere *Rotation* — Pommes de terre hâtives , plantées en Mars ou Avril , et arrachées en Juin ou Juillet ; ensuite , des navets jaunes , des choux-fleurs ou des choux verts.

2e *Rotation*. — Pois hâtifs , semés en Décembre, Janvier , Février ou Mars. Choux verts , semes entre les lignes de pois au printemps, pour produire une récolte , après que les pois sont enlevés.

3e *Rotation*. — Navets hâtifs , semés en Mars ou Avril , et arrachés en Juin ou Juillet ; le sol bien amendé et semé en ognons , épinards et laitues , pour l'hiver et le printemps.

Le produit moyen des terrains soumis à ces rotations , peut être évalué à 40 ou 45 l. par acre (2,400 à 3,000 francs par hectare). Les frais en travail et engrais sont très-considérables ; et, sans une attention continue, et l'industrie la plus active, les jardiniers ne peuvent se tirer d'affaire (1).

---

(1) Près de *Devize* , et d'autres villes du *Wiltshire* , un grand nombre de familles trouvent leur subsistance dans la culture de jardins de 2 à 5 acres chacun. Le sol est sablonneux, et les plantes potagères qu'il produit, servent à la con-

4ᵉ *Jardins cultivés à la charrue.* — Quelques jardiniers occupent une grande étendue de terre, en y emp'oyant les instruments de la grande culture, et on les désigne du nom de *Cultivateurs-Jardiniers.*

Dans le voisinage de *Londres*, on ne trouve pas moins de 8,000 acres (3,200 hectares) de terre cultivés par les jardiniers de cette espèce, et où la charrue remplace la bêche (1). Leurs récoltes sont ordinairement : 1° Pois hâtifs, semés en Janvier ou Février, dont le prix et le produit varient, mais qu'on peut évaluer, en terme moyen, à 40 sacs de 4 bushels chacun, en gousses, à raison de 7 sh. 6 d. par sac, ou environ 15 l. par acre (900 francs par hectare). Les tiges de pois hâtifs valent presque le foin, et peuvent être éva-

------

sommation des villes et des villages du voisinage. La culture des jardins est si lucrative, lorsqu'elle est bien entendue, qu'on a vu trois frères, livrés à la profession de jardinier, entretenir très-bien leurs familles, et acquérir graduellement une certaine fortune, par la culture de 5 acres de terre.

(1) M. HOBLYN pense que, dans les campagnes, la charrue présente d'autant plus d'avantages sur la bêche, que, avec un de ces instruments, on peut faire, dans un jour, autant d'ouvrage que dans dix, avec l'autre. Dans son propre jardin, la terre est labourée à 9 pouces de profondeur avec une première charrue et une seconde, marchant dans le même sillon, pénètre encore 6 pouces plus profondément ; ce qui fait en tout une profondeur de 15 pouces. Ayant une grande étendue de terrain, il ne le charge que d'une récolte par année; et, par ce moyen, il l'entretient propre et en bon état.

luées à 3 l. par acre (180 francs par hectare) ;
par conséquent, pour la récolte totale , 18 l. par
acre (1,080 francs par hectare). 2° Les pois
sont arrachés en Juin ou Juillet , et le terrain
est semé en navets , qui produisent environ 20 l.
par acre (1,200 francs par hectare), lorsqu'ils
sont vendus sur le marché pour la consommation
immédiate. 3° Lorsque les navets sont arrachés ,
on laboure de nouveau le terrain, et on y plante
des choux hâtifs. Si les pois ont été récoltés tard,
on leur fait succéder généralement une récolte de
choux d'hiver. Le produit moyen des terres cultivées ainsi, peut être évalué à 50 l. par acre (3,000
francs par hect.)

La rente des terres qui se cultivent de cette manière , n'excède pas , en général, 3 à 5 l. par acre
(180 à 300 francs par hect.) ; parce que , quoique les frais de culture soient moins considérables,
cependant les végétaux qu'on obtient par la culture
à la charrue , sont généralement d'un poids considérable, comme les choux , les carottes, les navets,
les pommes de terre , etc., et exigent , par conséquent , un transport dispendieux. D'ailleurs, des
objets aussi communs ne peuvent jamais se vendre
à un prix aussi élevé que les espèces plus délicates;
et , en conséquence, le produit en argent n'est
pas en proportion de la différence de dépense entre
l'emploi de la charrue et celui de la bêche (1).

---

(1) *Le labour à tranche* , pour la culture des jardins , coûte

Les cultivateurs-jardiniers ne se contentent pas quelquefois de cultiver des plantes potagères, mais sèment aussi du grain et des prairies artificielles ; dans ce cas , après une récolte de pommes de terre printanières, suivie de navets dans la même année, ils sèment du froment avec du trèfle. Cette méthode est considérée comme la plus lucrative que puissent suivre les cultivateurs-jardiniers, à cause de l'économie de main-d'œuvre qui en résulte. Lorsqu'ils ne peuvent se procurer, sans difficulté, une quantité d'engrais suffisante pour produire une succession de récoltes de plantes potagères , ils cultivent quelquefois de l'avoine, de l'orge ou des vesces à faucher en vert , renouvelant ainsi la fertilité du sol , par des récoltes de nature variée.

5° *Jardins des fermiers*. — Un jardin bien conduit est une acquisition très - précieuse pour un fermier , soit sous le rapport de l'économie, soit sous celui de l'agrément. On peut obtenir , dans un jardin bien abrité et bien cultivé , plusieurs plantes potagères , qu'on ne pourrait obtenir d'aussi bonne qualité en pleins champs. On doit avoir attention de semer les divers végétaux, à différentes

---

de 3o à 5o sh. par acre (de 9o à 15o francs par hect.); tandis que le défoncement à bras , avec la bêche, coûte de 5o sh. à 4 l. par acre ; et les défoncements profonds à la bêche, de 4 à 6 l., et même quelquefois jusqu'à 8 l. par acre (24o francs , 36o francs et 48o francs par hectare).

saisons, afin de pouvoir les consommer plus régulièrement et pendant plus long-temps dans l'année. Il est utile aussi de consacrer une portion du jardin, à des semis de choux, de navets de Suède et d'autres plantes qui doivent être ensuite transplantées dans les champs. Les débris des jardins peuvent se donner, avec avantage, aux porcs et aux vaches laitières. Cependant les travaux du jardin doivent toujours céder le pas à ceux de la ferme; et le cultivateur ne doit jamais permettre que son attention et ses soins soient détournés de ses récoltes de grains et de plantes à fourrage.

L'étendue du jardin doit dépendre, non pas de celle de la ferme, mais du nombre d'individus qui composent la famille du cultivateur, et du mode de culture qu'on y adopte, soit à la bêche, soit à la charrue. En général, un demi-acre ou 3/4 d'acre (20 à 30 ares) sont suffisants, lorsqu'on les laboure à la bêche, en y comprenant un petit espace qu'on laisse en gazon, pour y faire sécher le linge de la famille, soit en l'étendant sur l'herbe, soit en le suspendant à des cordeaux. Si le jardin est cultivé à la charrue, selon la méthode des cultivateurs-jardiniers des environs de *Londres*, on peut, avec avantage, lui donner un acre (40 ares) d'étendue. En substituant la charrue à la bêche, on diminue beaucoup le travail, et on peut se dispenser d'avoir un jardinier de profession accoutumé au labour à la bêche, ce qui fait une économie considérable.

On ne peut pas trop insister sur les avantages
d'une clôture exacte pour un jardin. Un mur de
pierres ou de briques , d'une hauteur de 7 à 10
pieds , est la meilleure de toutes les clôtures ,
parce qu'elle atteint le double but de former un
abri utile , et d'empêcher toute espèce d'introduction du dehors , même de la part de la volaille ,
qui commet tant de ravages dans les jardins , et
qui devient si souvent une cause de mésintelligence
entre les voisins , lorsqu'on apporte un peu de soin
à la culture du jardin. Les murs de briques sont
beaucoup préférables à ceux de pierres. Les briques, lorsqu'une fois elles sont échauffées , retiennent
la chaleur pendant fort long - temps , et même
pendant une nuit entière ; elles absorbent aussi toute
l'humidité avec laquelle elles se trouvent en contact ; tandis que les murs de pierres se refroidissent
immédiatement après le coucher du soleil ; et , lorsque la pierre se trouve en contact avec un air plus
échauffé qu'elle , le calorique , en y pénétrant ,
dépose à sa surface , l'eau qu'il tenait en dissolution , et cette humidité cause souvent la pourriture
des fruits.

Les végétaux qu'on cultive dans le jardin d'un
fermier , doivent être d'une culture facile ; — d'espèces appropriées à la consommation de la famille ;
— on ne doit pas y oublier des plantes aromatiques , et quelques plantes médicinales. On peut
planter des arbres à fruits le long des murs , et
et même quelques-uns dans l'intérieur du jardin ;

ear, quoique les arbres nuisent à la culture des plantes potagères, cependant la valeur de leurs fruits est généralement plus considérable que le dommage qu'ils causent. On ne doit pas négliger les groseilliers, les framboisiers et les fraisiers, dont l'industrieuse femme de ménage sait employer les fruits à divers usages, et qui peuvent, en particulier, remplacer, jusqu'à un certain point, les vins étrangers (1).

6° *Jardins des manouvriers*. — Ce sujet intéressant sera considéré sous les points de vue suivants : 1° Les Avantages qui résultent, pour les manouvriers, de la possession d'un jardin ; 2° l'Étendue qu'on doit lui donner ; 3° enfin, le Mode de culture le plus convenable.

1° A la campagne, un manouvrier ne peut pas vivre commodément sans un jardin. Beaucoup d'entre eux ne peuvent payer le loyer (2) de leurs

---

(1) On fabrique de très-bon vin blanc avec la grosse groseille blanche de Hollande ; mais on doit y employer du sucre de bonne qualité. Avec la groseille noire, on prépare une excellente liqueur, qu'on appelle, en *Kent*, *vin de gazle*.

(2) Tout ceci se rapporte à des mœurs fort différentes des nôtres. En Angleterre, la classe des manouvriers ne possède, en général, aucune propriété. Il dépend, par conséquent, du propriétaire du domaine sur lequel ces hommes sont habituellement employés, et qui, presque toujours, leur fournit, sous un loyer modique, une petite habitation (*cottage*), de leur procurer aussi l'avantage de jouir d'un jardin.

En France, cette classe d'hommes jouit d'une bien plus

maisons, lorsqu'ils ne possèdent pas de terre, mais lorsqu'ils ont la jouissance d'un jardin, ils acquittent ce loyer sans difficulté. Le jardin procure au manouvrier une addition considérable d'aliments ; il contribue à entretenir la bonne santé dans la famille, en fournissant à ses membres l'occasion d'employer utilement des heures qui, sans cela, eussent été perdues (1). Par ce moyen, leurs familles sont fournies, à peu de frais, de plantes potagères pendant l'été, et de racines pendant l'hiver; le profit qu'ils en tirent, a encore bien plus de valeur à leurs yeux, par la considération que c'est le fruit de leur propre travail (2). La variété

---

grande indépendance ; le plus grand nombre possède des maisons, et il en est peu qui ne possèdent aussi quelques terrains plus ou moins étendus. Ceux qui n'en ont pas, ne sont pas dans la nécessité d'attendre cette jouissance de l'humanité d'un propriétaire, parce que, à raison de la division des propriétés, ils trouvent toujours à louer quelque terrain à leur convenance. (*Note du Trad.*)

(1) Lorsque le manouvrier est forcé par le mauvais temps, de retourner chez lui, il peut employer, dans son petit terrain, le premier instant de temps favorable : sans cela, ce temps aurait été passé dans les tavernes ou autres lieux publics.

(2) Lorsque le jardin est petit, il est avantageux aux manouvriers de louer d'un cultivateur du voisinage, une petite étendue de terre, pour y planter des pommes de terre destinées à sa provision d'hiver. Le manouvrier amende le sol, et le produit qu'il obtient, forme la compensation de la valeur de l'engrais qu'il a fourni, et qui profite ensuite au fermier. C'est un marché très-avantageux aux deux parties.

d'aliments qu'ils se procurent ainsi , contribue non-
seulement à l'agrément , mais aussi à la santé ; on
attribue , à juste titre , la diminution de certaines
maladies , et l'extirpation de quelques autres , à
l'introduction , plus générale , de l'usage de joindre
des jardins aux maisons des manouvriers. Lorsque
le jardin est d'une étendue suffisante , le manouvrier peut , avec son produit , non-seulement élever , mais engraisser un porc ; acquisition précieuse
pour tout manouvrier agricole , et sans l'engrais
duquel il ne pourrait pas cultiver son jardin avec
succès. Il peut aussi quelquefois , tirer quelques
profits des fruits de son jardin ; et , dans des situations favorables , il peut aussi , avec avantage,
avoir un petit rucher. On ne peut apprécier trop
haut , les effets moraux qui résultent de ce sys-
tême. Lorsque les jardins sont d'une étendue modérée , ils occupent seulement les heures de loisir
de la famille ; contribuant ainsi à y répandre de
l'agrément , et à introduire , dans la génération
naissante , des habitudes d'industrie , ainsi que le
goût et la connaissance de l'art du jardinage.

2° L'étendue du jardin doit être telle , qu'il n'emploie , dans le temps du manouvrier, que ce qui
peut se concilier avec l'exécution de ses engagements ordinaires. On a calculé qu'un manouvrier,
occupé à l'agriculture, ne peut employer sur son
propre terrain , outre ses occupations ordinaires,
que deux cent soixante-treize heures , ou vingt-
trois journées par année ; mais , comme ce temps

se compose de petites fractions , et que ses loisirs
les plus fréquents arrivent à une époque où on ne
peut guère labourer à la bêche , il se présente quelque difficulté , pour l'appliquer aux besoins d'un
jardin. Il est probable , cependant , que , dans quelques cas , les choses peuvent être arrangées de manière qu'un manouvrier, avec l'aide de sa famille,
puisse cultiver , depuis un quart d'acre , jusqu'à
un demi acre (de 10 à 20 ares) , sans nuire à
son travail régulier , pourvu qu'une partie de ce
terrain soit cultivé en fourrages artificiels , pour
la nourriture d'un porc. Mais , dans beaucoup de
circonstances , il ne peut , sans aide, tenter avec
avantage , de cultiver même la moitié de cette
quantité ; et il est bien connu qu'un petit terrain,
avec une bonne culture , produira une quantité
plus considérable de végétaux, qu'un autre d'une
étendue double , cultivé imparfaitement.

3° Un jardin de manouvrier doit être cultivé
sur un plan simple ; et, cependant , il est à désirer qu'il présente une certaine variété de productions qui fournisse , chaque semaine , et même
chaque jour, quelque chose à la table de la famille. Il importe beaucoup , pour cela , que le
manouvrier se procure de bonnes semences ; 5 sh.
dépensés , chaque année, à l'achat de graines bien
choisies et semées dans la saison convenable , dou-
bleraient la valeur des produits de son jardin.

Les objets les plus convenables pour la culture
d'un jardin de manouvrier, sont les choux d'été

et d'hiver, les pommes de terre (1), des carottes, des navets, des fèves, des poireaux et des
ognons (2). On recommande les fèves de France,
comme très-productives et profitables ; et le choux
impérial, comme hâtif, gros et d'un très-bon goût.
A *Witham*, près d'*Oxford*, les manouvriers cultivent, avec profit, des fraises dans leurs jardins.
Dans d'autres cantons, les jardins de manouvriers
contiennent des groseilliers et des framboisiers,
dont ils tirent quelques profits, en vendant leurs
fruits dans le voisinage. On ne doit pas négliger
de placer dans ces jardins, quelques plantes utiles,
comme de la menthe, de la camomille, du persil, etc.
En *Cumberland*, les manouvriers payent quelquefois leurs loyers, avec le produit de deux ou trois
pommiers. On peut aussi, avec avantage, planter
des arbres à fruits d'autres espèces ; mais, à moins
que le manouvrier ou sa famille n'ait un goût particulier pour la culture des jardins, il est plus convenable de restreindre son attention aux plantes
potagères communes.

Pour qu'un manouvrier puisse trouver du pro-

----

(1) Les manouvriers devraient cultiver des pommes de terre
de deux espèces ; des hâtives, comme le *champion*, *ou Bread-
fruit* ; et la *red-apple*, ou la *red-cheshire*, pour les consommer
pendant l'hiver.

(2) On a remarqué que les jardins des manouvriers sont
souvent mieux cultivés que ceux des fermiers, parce que les
premiers n'exploitent pas d'autres terres qui puissent détourner
leur attention de la culture de leurs jardins.

fit dans la culture de son jardin, il faut qu'il soit bien enclos (1); — il ne faut pas qu'il contienne d'arbres forestiers dans son étendue (2); — le sol doit être bien défoncé; car, s'il est peu profond, l'humidité n'y est pas retenue, et sa fertilité est bientôt épuisée. Dans quelques situations favorables, un rucher peut présenter du bénéfice à un manouvrier; cependant l'éducation des abeilles exige tant d'attention, d'habileté et de soins, que ceux-là seuls qui ont un goût décidé pour cette occupation, doivent s'y adonner.

Dans quelques parties de l'Angleterre, les jardins des manouvriers, ainsi que l'entrée de leurs maisons, sont ornés d'arbustes et de plantes d'agrément; quoique ces objets ne rapportent aucun profit, cependant ils indiquent plus d'attention et de propreté, et la jouissance d'une vie plus douce que celle des habitants des huttes misérables qu'on rencontre dans d'autres cantons (3). La vue des

---

(1) Une bonne clôture est nécessaire ici, parce que le manouvrier est forcé d'être absent de chez lui pendant une grande partie de la journée, et qu'il emmène souvent avec lui sa famille dans les champs.

(2) On rencontre des arbres forestiers, et, en particulier, des frênes, dans quelques jardins de manouvriers; ils ne devraient cependant jamais y être tolérés, surtout le frêne, qui y est très-nuisible. En Écosse, on rencontre souvent cette espèce d'arbres dans les jardins des manouvriers, en conséquence d'une ancienne loi écossaise, qui forçait celui qui construisait une maison, à planter un certain nombre de frênes.

(3) La situation des paysans d'Irlande est extrêmement

superfluités de cette espèce est une preuve satis-
faisante, que, selon l'expression de BURKE, le
nécessaire ne manque pas.

7° *Jardins dans les villages.* — Autour de beaucoup de villages et de petites villes, on rencontre
un grand nombre de jardins d'une étendue moyenne
et d'un grand produit. Il est fort heureux que les
manufacturiers et les artistes prennent du plaisir à
la culture des jardins, puisqu'elle leur procure l'occasion de prendre de l'exercice en plein air, ce
qui est très-favorable à leur santé, en même-temps
qu'un moyen d'occupation utile contribue essentiellement à prévenir toute disposition à l'immoralité.
Le jardin présente souvent au propriétaire une retraite pour les soirées de l'été, dans laquelle,
après avoir employé toute sa journée à un travail
d'un autre genre, il s'occupe agréablement à jouir
des progrès de ses récoltes, et du succès de ses soins.
On remarque que, dans les villages ou les petites
villes où il existe beaucoup de manufactures, on
rencontre peu d'exemples de dissipation, lorsque

---

différente de celle de la même classe, en Angleterre. Excepté
près des villes populeuses, les manouvriers Irlandais ne gagnent
que 8 pences (80 cent.) par jour en hiver, et dix pences
(1 franc) en été. Il est évident, en conséquence, qu'une
grande partie des hommes de cette classe doivent vivre dans
un état extrême de pauvreté: et que, loin de pouvoir porter
leur attention sur la propreté et les agréments des environs
de leurs habitations, il doit souvent leur être difficile de pourvoir à leur subsistance et à celle de leur famille.

les habitants possèdent des jardins , et qu'il s'établit entre eux une espéce d'émulation à les soigner (1). Dans les jardins de cette espéce , on cultive non-seulement des plantes aromatiques et médicinales, mais aussi des fleurs de plusieurs espèces , dont la vente offre un certain bénéfice. La société des fleuristes , qui existe à *Paisley* , en Écosse , est une preuve suffisante de l'avantage qu'on peut trouver à diriger l'attention des manufacturiers vers de si innocentes occupations. On a remarqué que l'habitude de cultiver de belles fleurs, avait beaucoup amélioré leur goût, dans les dessins dont ils ornent les mousselines de fantaisie qu'ils fabriquent ; les fleuristes de *Paisley* , se sont aussi, depuis long-temps , fait remarquer par leurs dispositions paisibles , ainsi que par leur sobriété.

---

(1) Un charpentier de *Steyning* , plante environ vingt rods de son jardin, en ognons, de l'espèce appelée *ounder groud onions* , et en pommes de terre hâtives, et vend tous les ans vingt bushels d'ognons à 10 shellings par bushel , et 30 bushels de pommes de terre, à 2 sh., ce qui fait en tout 13 l. (312 f.) Ce produit est très-considérable , puisque l'acre contient 100 rods. Il cultive aussi des radis et du céléri, sur le même terrain. Cette espèce d'ognons se sème en Mars , de même que les pommes de terre , et s'arrachent en même-temps qu'elles. Le principal avantage de leur culture tient à leur précocité, attendu qu'ils sont plus hâtifs que les ognons communs , à moins qu'on ne sème ces derniers en automne, pour les transplanter au printemps , comme on le fait souvent dans les environs de *Londres* , en les couvrant de cloches.

III. *Rente des jardins.*

L'observateur le plus superficiel doit demeurer convaincu que la valeur du sol a été beaucoup augmentée , par l'accroissement qu'à reçu l'étendue des jardins. La rente de cette espéce de propriété est plus élevée que celle que peuvent produire les terres arables ou les pâturages , à cause de leur haut état de fertilité , et de la valeur considérable de leurs produits. Cependant la dépense nécessaire à la culture des jardins est si cousidérable , que la rente est souvent peu élevée , en proportion de la valeur des produits.

Près de *Fulham* , *Turnham-Green*, *Brentford* et autres lieux du voisinage de *Londres*, la rente des jardins ordinaires est de 6 à 7 l. par acre (360 à 440 francs par hectare). Plus près de *Londres*, et lorsque le sol est riche, elle s'élève à 10 l. (600 francs par hectare); et, lorsqu'un jardin contient beaucoup de murs garnis d'arbres fruitiers d'un bon choix et en bon produit, la rente s'élève, selon la quantité et le bon état des murs et des arbres , de 15 à 20 l. par acre (de 900 à 1,200 francs par hectare). Dans tous ces cas, la rente ne comprend pas les serres ; et le locataire a aussi à payer les dîmes et taxes , qui égalent ordinairement la moitié ou les deux tiers de la rente (1).

----

(1) L'anecdote suivante présente un exemple de la néses-

La rente des meilleurs jardins près d'*Édinburgh*, était, en 1814, de 8 à 12 l. par acre (de 480 à 720 francs par hectare), pour la rente seule, les produits de la culture n'étant pas assujettis à la dime dans cette partie du Royaume. On a remarqué, au reste, que, à moins que le sol et l'exposition ne fussent particulièrement favorables, le locataire peut difficilement faire de bonnes affaires avec une rente aussi élevée ; et qu'il est dangereux que le sol ne soit épuisé par des récoltes excessives, si le locataire ne peut pas se procurer une quantité d'engrais suffisante.

Les jardins, à *Sandy*, en *Bedfordshire*, se louent de 2 l. 10 sh. à 3 l. par acre (de 126 francs à 180 francs par hectare) ; et le locataire est chargé de payer les dimes, taxes, etc. ; un terrain engraissé et nettoyé et dans un état propre à pro-

---

sité de prendre beaucoup de soins dans les informations qu'on reçoit. Un particulier, dans une conversation avec l'Auteur, lui avait parlé de quelques jardins situés près de *Brentford*, qui se louaient 80 l. par acre. Sur les nouveaux éclaircissements qui lui furent demandés sur ce fait, il répondit, dans une lettre datée du 13 Décembre 1815, » qu'il avait commis » *une petite erreur* au sujet de la rente, qui n'était que de 40 » l. au lieu de 80. » Il se trouva, en définitif, que la rente n'était que de 20 l. par acre. On dit qu'il y a, près de *Hoxton*, des terrains qui se louent à des habitants de *Londres*, qui veulent s'amuser de la culture d'un jardin, à raison de 5 l. pour une étendue de terre de 200 yards carrés ; c'est la plus haute rente qu'on connaisse, dans l'étendue du Royaume, pour des terrains destinés à la culture.

duire des ognons ou des pommes de terre , se loue,
pour une année seulement , de 5 à 6 l. par acre
(de 300 à 360 francs par hectare) (1). Tandis
que , dans le voisinage de plusieurs villes du troisième ou du quatrième ordre , en Écosse , on paye
souvent de 6 à 8 l. , et même 10 l. (360 , 480
et 600 francs par hectare), pour des terres propres
à produire des pommes de terre ou d'autres plantes
potagères. Dans le voisinage des ports de mer ,
la profession de jardinier est d'une utilité particulière , parce que rien ne contribue davantage à conserver la santé des marins , qu'un abondant approvisionnement de végétaux, non-seulement lorsqu'ils sont à terre , mais aussi à la mer.

4° Moyens d'améliorer la culture des jardins.

Afin d'exciter l'émulation , il est utile d'établir
des expositions annuelles de fruits ou de végétaux,
qui sont propres à attirer l'attention des jardiniers
sur les meilleures variétés des différentes espèces
de plantes. A *Manchester* , il y a une exposition
publique pour le céléri , et , dans d'autres parties
du *Lancashire* , pour les groseilles , etc. Mais l'é-
tablissement des sociétés d'*Horti-culture* , présente

---

(1) A *Sandy* , le sol est si favorable à la culture des plantes
potagè es , que les concombres et les ognons s'y sèment à la
volée, en plein champ. Une partie du produit s'envoie au marché de *Londres*.

des avantages encore bien plus importants. Il s'est établi à *Londres*, en 1805, une société de cette espèce, qui est dirigée avec beaucoup d'habileté et de succès ; en 1809, une autre s'est formée à *Édinburgh*, sous le titre de *Société Calédonienne d'Horti-culture* (1). Il s'en est formé encore dernièrement une semblable à *Dublin* ; et elle est dirigée avec beaucoup de zèle. Les institutions de ce genre doivent provoquer l'amélioration de la culture des jardins, en excitant l'émulation ; — en facilitant la communication des connaissances utiles qu'acquière souvent un jardinier-praticien, d'après le résultat de sa propre expérience ; — enfin, en répandant le goût de la culture des jardins dans toutes les classes de la société, depuis le grand propriétaire foncier, jusqu'au manouvrier des campagnes (2).

---

(1) Cette société a annoncé que le but de son institution est " de provoquer le perfectionnement de la culture des meil- " leures espèces de fruits ; — des plus belles fleurs ; — et des " végétaux culinaires les plus utiles. " Quelques-unes des expositions de fruits, de fleurs et de plantes potagères, qui ont lieu à ces réunions, ont été si brillantes, qu'elles ont arraché l'admiration des amateurs les plus expérimentés et des meilleurs praticiens. La société, depuis son institution, a distribué, en prix, plus de 150 médailles, et beaucoup de notices précieuses ont été publiées dans ses mémoires.

(2) On trouve le fait curieux suivant, mentionné dans les rapports sur les Iles Hébrides : Les choux d'un manouvrier étaient dévorés par les chenilles. Il entoura son petit jardin *de chanvre*, et il ne fut plus inquiété par ces insectes, que

Peut-être ne manque-t-il plus rien, pour compléter la science de la culture des jardins dans ce pays, que d'envoyer des personnes propres à ce genre de recherche, pour examiner l'état de cette culture sur le continent (1), et pour provoquer l'introduction des améliorations qu'elles pourraient découvrir là, ou dans d'autres pays (2), relativement à la culture des fruits, ou des plantes jardinières.

V. *Des Vergers.*

On a émis des opinions très-diverses, sur la question de savoir si l'emploi du sol, comme verger, est avantageux aux individus et au public ; et si un terrain ne peut pas être employé d'une manière plus utile. Dans quelques situations, comme

---

repousse l'odeur de cette plante. La même idée existe en France, comme le montre le paragraphe suivant : » Quelques personnes » ont cru reconnaître que, en semant du chanvre sur toutes » les bordures d'un terrain, les chenilles n'ont point dépassé » cette barrière, quoiqu'elles infestassent tout le voisinage. »

(1) A la recommandation de l'Auteur de cet ouvrage, ce plan a été adopté par la société d'*Horti-culture* d'Écosse, et son intelligent secrétaire, M. NEILL, est allé sur le continent, dans ce but, en Juillet 1817. On peut obtenir beaucoup d'utiles informations dans les Pays-Bas, dont on a dit qu'aucune espèce de fruits que le pays ait jamais possédé, ne s'y est éteinte.

(2) Il est probable aussi qu'on pourrait obtenir, en Chine, des connaissances très-utiles sur la culture des jardins et des arbres fruitiers.

sur les pentes rapides, où les arbres sont suffisamment abrités des vents violents, il n'y a pas de doute sur la supériorité du produit en argent d'un verger, comparé à toute autre espèce de produits, surtout pour un petit fermier, qui soigne personnellement toute son affaire, et qui a pour aides sa femme et ses enfants. Dans beaucoup de cas, le produit d'un verger peut aussi, dans les années favorables, payer la rente d'un manouvrier industrieux. Mais c'est une question différente, que celle de savoir si un verger est une dépendance profitable d'une grande ferme, et si le propriétaire et le fermier peuvent y trouver de l'avantage (1). On a objecté, contre la formation d'un verger, que le produit est peu considérable pendant les 20 premières années, et que 30 ans se passeront, avant que le propriétaire puisse augmenter sa rente, en

(1) Cela dépend beaucoup du plus ou moins d'appropriation, à la culture des pommiers, du terrain qu'on choisit, sous le rapport du sol et de la situation. M. WILLIAM SMITH, dans les recherches qu'exigea sa grande carte géologique de l'Angleterre, a découvert, entre beaucoup d'autres choses relatives aux produits végétaux, que les principaux cantons à cidre, et les vergers de pommiers les plus productifs, sont situés le long du gisement de marne rouge, qui traverse toute l'Isle, depuis le *Dorsetshire*, jusqu'au *Yorkshire*. Il paraît, par là, que le sol y est naturellement plus propre à la culture des vergers, que dans aucune autre partie de notre Isle. M. MIDDLETON observe, à ce sujet, que c'est seulement sur les sols calcaires, qu'on peut obtenir de bonnes qualités de fruits, de houblon et de graines.

raison de la plantation. Mais cela dépend beaucoup de la manière de s'y prendre. Avec les soins convenables, la terre peut être cultivée à la bêche pendant plusieurs années, avec avantage pour le propriétaire, et pour les arbres; d'autant plus que l'ameublissement du sol, et les engrais qu'on lui donne, favorisent beaucoup leur croissance; et lorsque les arbres sont assez grands pour ne pouvoir souffrir aucun dommage des bêtes à laine et des porcs, on peut en faire un bon pâturage.

Le profit qu'un fermier tire d'un verger, peut être obtenu, soit en vendant son cidre aussitôt qu'il est fait; — soit en le gardant pendant quelque temps; — soit en vendant les fruits; — soit en consommant le cidre chez lui, en place de bierre.

Dans une bonne année, un acre peut produire 800 gallons de cidre (80 hectolitres par hectare) qui, à 4 d. par gallon (10 centimes par litre), en sortant du moulin, forment 13 l. 6 sh. 8 d., sur quoi il faut déduire 20 sh. pour la dîme, 40 sh. pour la façon, et 10 sh. pour la cueillette; total 3 l. 10 sh.; ce qui laisse un profit de 9 l. 16 sh. 8 d. Mais il est rare qu'on obtienne une récolte semblable, une fois dans 3 ou 4 ans. A 400 gallons, qu'on peut considérer comme le terme moyen des récoltes, le produit brut serait de 6 l. 13 sh. 4 d. par acre, et les frais à déduire seraient moindres.

Cependant, si le fermier possède un capital suf-

fisant pour conserver le produit de la récolte de
son verger , et qu'il puisse disposer d'un emplâ-
cement convenable pour la loger , jusqu'à ce qu'une
année peu abondante lui présente l'occasion de le
mieux vendre ; le prix pourra s'élever de 8 d. à
1 sh. par gallon (de 20 à 30 centimes par litre);
et il pourra tirer ainsi de son verger un profit plus
considérable , que dans le premier cas que nous
avons supposé. Mais peu de fermiers ont des caves
suffisantes pour loger le produit de leur récolte;
et tous ceux qui n'en ont pas , sont forcés , ou
de le consommer , ou de le vendre de suite.

Lorsque les fermiers se trouvent à proximité d'un
canal ou d'une rivière navigable , le profit le plus
certain qu'ils puissent tirer de leurs fruits, consiste
à les vendre pour l'usage de la table (les espèces
les plus délicates, pour les desserts, et les plus
grossières pour cuire , soit au four , soit à l'étu-
vée), au lieu de les convertir en cidre. Car la
même quantité de fruits qui , entiers, se vendent
8 l. 16 sh. , ne produit , en la convertissant en
cidre , que 3 l. 15 sh.

On a objecté contre les vergers dans une grande
ferme , qu'ils peuvent détourner l'attention du fermier, des opérations plus importántes de l'agriculture ; qu'ils exigent l'emploi d'engrais qui devraient
être appliqués aux terres arables. L'usage du cidre
contribue aussi à introduire de l'inconduite parmi
les habitants des campagnes ; et il ne forme pas

une boisson aussi saine que la bierre (1).

Mais on répond que tel terrain en pâturage , qui vaut de 12 à 30 sh. par acre (de 36 à 90 francs par hectare), vaudra 3 l. (180 francs par hect.), en le convertissant en verger ; — que la Grande-Bretagne contient plusieurs milliers d'acres qui pourraient recevoir cette amélioration dans un court espace de temps et avec peu de dépenses ; — et enfin , que , en propageant les meilleures espéces de fruits , et en adoptant un bon système , les vergers , et la culture des arbres à fruits , pourraient devenir une source de richesse pour les cantons qui conviennent à cette culture , et de bénéfices pour la nation en général. Quant à la supposition que l'usage du cidre favorise les habitudes de fainéantise et de débauche , on a remarqué , avec justesse , dans le rapport de *Somerset* , *qu'il ne faut pas confondre l'abus d'une chose , avec sa valeur réelle.* On peut citer plusieurs exemples de petits fermiers que le produit de leurs vergers a mis en état de payer leurs rentes , lorsqu'on avait

---

(1) Les pâturages de qualité inférieure sont souvent améliorés par la plantation des arbres à fruits , parce que l'abri que procurent les arbres , et l'eau qui tombe des feuilles en automne , donnent une végétation plus vigoureuse à l'herbe. Au reste , les arbres ne doivent pas y être plantés trop serrés ; parce qu'ils ne pourraient prendre que peu d'accroissement, et deviendraient mousseux de bonne heure , tandis que l'herbe, trop ombragée , deviendrait acide et de mauvaise qualité; on perdrait ainsi des deux côtés.

pris les soins convenables pour faire un bon choix parmi les espèces d'arbres à fruits, et qu'ils les ont conduit convenablement.

Il est d'autant plus nécessaire de porter notre attention vers les vergers, que, d'après l'opinion d'un des plus savants naturalistes que ce pays ait produit, il n'y a aucun motif de supposer que la vigne puisse jamais réussir en Angleterre, ou que le raisin puisse jamais, sous ce climat, produire une liqueur égale en qualité au cidre, lorsque celle-ci aura été portée à toute la perfection dont elle est susceptible; à moins, toutefois, qu'il ne survienne un grand changement dans la température de notre climat. Au reste, cette privation est d'autant moins importante, qu'un acre de terrain planté en poiriers, pour en convertir les fruits en poiré, présente, chez nous, un produit égal à ce qu'on tire, en France, d'une semblable étendue de terrain, dans plusieurs bons vignobles.

Nous devons considérer ici plusieurs points, comme: 1° l'Espèce d'arbres à fruits qu'on doit cultiver dans les vergers; 2° la Distance à laquelle on doit les planter; 3° la Rente qu'on en paye; 4° le Produit; 5° les Récoltes qu'on peut obtenir sous les arbres; 6. le Bétail qu'on peut y nourrir; 7° enfin, quelques Particularités relatives à la manière de les gouverner.

1° *Espèces d'arbres.* — Outre le poirier et le pommier, on plante encore, dans les vergers, quelques autres espèces d'arbres. Parmi eux, les cerisiers sont les plus communs dans quelques cantous, comme en *Kent* et en *Hertfordshire*. Ils commencent à porter, environ dix ans après leur plantation ; et, depuis la 10e jusqu'à la 20e année, le produit annuel moyen d'un arbre est d'environ six douzaines de livres. Dans une bonne année , un arbre qui a pris toute sa croissance , produit 5o douzaines de livres. Le prix varie de 10 d. à 3 sh. (de 1 franc à 3 francs 6o c.) la douzaine de livres. A 2 sh. , un arbre produit 5 l. (120f) par année. La cueillette donne de l'occupation à beaucoup de pauvres gens. En *Kent* , on voit quelques vergers plantés de châtaigniers d'Espagne ; leur produit est extrêmement incertain , quoique très-considérable dans les bonnes années. On rencontre aussi des noyers ; et on a calculé que chaque arbre rapporte 5 l. 5 sh. (126f) par année. La haute valeur du bois de noyer , ainsi que le profit qu'on tire des fruits , semble devoir engager à les multiplier davantage. Les aveliniers , bien traités, sont très-profitables dans un verger ; mais on suppose qu'ils appauvrissent beaucoup le sol. On cultive quelquefois des pruniers , avec avantage , dans les localités où on peut bien vendre leurs fruits. Là où les pommiers réussissent bien , comme dans les Comtés de *Somerset* , de *Devon* et de *Cornwall*, on néglige trop, ordinairement , les autres espèces de fruits.

2o *Distance et Mode de plantation*. — En *Devonshire* , les arbres des vergers sont petits, et on les trouve rarement plantés à une distance de plus de 16 pieds l'un de l'autre. Dans quelques endroits, leurs branches sont tellement entrelacées, mêlées de tant de bois mort, et si couvertes de mousse, qu'à peine y aperçoit-on les fruits. Pour remédier à cette mauvaise méthode, on a recommandé de planter les arbres à la distance de 60 pieds l'un de l'autre, en tous sens; par ce moyen, ils deviennent très-productifs, et le pâturage où ils sont plantés, en reçoit peu de dommage. Le désir d'obtenir une grande quantité de fruits sur un terrain peu étendu, est le motif qui les fait planter trop serrés; mais, par cette méthode, on manque le but qu'on se propose.

Dans les pâturages du Comté de *Gloucester*, et dans les terres arables du Comté de *Hereford*, 20 yards (mètres) est la distance ordinaire; quelquefois même 25. Une chaîne, ou 32 yards, paraissent être une distance moyenne convenable. On ne doit pas planter de jeunes arbres, à la même place où on vient d'en arracher de vieux. Les racines d'un vieil arbre servent de retraite à une multitude d'insectes, qui causent beaucoup de dommage au jeune arbre qu'on plante à sa place.

3° *La Rente.* — Dans le Comté de *Somerset*, les vergers se louent de 3 à 6 l. par acre (de 180 à 360 francs par hect.) Dans celui de *Hereford*, la rente est d'environ 4 l. par acre (240 francs par hectare). Le sol est ordinairement en herbage, et on le fait pâturer par des bêtes à laine. A *Cold-stream*, en Écosse, un verger se loue, pour 21 ans , à raison de 6 l. par acre (360 francs par hectare) , pour les 17 premières années , et 7 l. (420 francs) pour les quatorze autres. Dans l'ouest de l'Écosse , la rente est encore plus élevée , variant de 6 à 12 l. (de 360 à 720 francs par hectare) , et s'élève quelquefois jusqu'à 16 l. (960 francs par hectare); mais le produit n'est pas converti en cidre ; il se vend, *comme fruit* , dans un canton manufacturier très-populeux et très-étendu.

4° *Produit.* — Dans les vergers, tout ce qu'on peut raisonnablement espérer , est une pleine récolte, une fois dans cinq ans , et une récolte moyenne, une fois dans trois ans.

Dans le Comté de *Devon* , le produit moyen d'un verger est évalué annuellement à 3 2/5 *hogshead* par acre (41 hectolitres 20 litres par hectare). Le prix moyen , au pressoir , est d'environ 50 sh. par *hogshead* (environ 12 francs par hectolitre). Le produit moyen d'un acre est donc, par année, d'environ 8 l. 10 sh. (environ 500 francs par hect.).

Dans le Comté de *Hereford* , il faut 24 à 30 bushels de pommes, pour faire 1 *hogshead* , ou 110 gallons de cidre (2 hectolitres 4 litres de pommes pour faire 1 hectolitre de cidre). On a obtenu 20 *hogsheads* de cidre par acre (242 hectolitres par hect.). A compter 40 arbres par acre (100 arbres par hectare), cela fait environ un demi *hogshead* (2 hectolitres 42 litres) par arbre. Le prix moyen du cidre , est de 25 sh. à 2 guinées par *hogshead*

(de 6 francs 20 c. à 10 francs par hectol.)

Le produit entier des quatre Comtés de *Glouces-ter* , *Montmouth* , *Hereford* et *Worcester* , peut s'évaluer à 3,000 *hogsheads* , récoltés sur 1,500 acres , à raison de 20 *hogsheads* par acre. A 2 l. par *hogshead* , cela ferait une somme totale de 60,000 l. , ou 40 l. par acre (2,400 francs par hectare). A 30 sh. par *hogshead* , le produit se-rait de 30 l. par acre (1 800 francs par hectare).

On n'est pas d'accord sur la préférence qu'on doit donner , dans les vergers , soit aux poires , soit aux pommes. Les poires produisent , en gé-néral, une boisson de qualité inférieure ; mais elles ont sur les pommes plusieurs avantages : L'arbre réussit dans une plus grande variété de sols ; — il est d'un plus bel aspect ; — ses fruits sont moins sujets à être volés , parce que les poires propres au poiré , ne sont pas bonnes à manger ni à cuire ; — Il est plus productif ; car les arbres qui ont atteint toute leur croissance , produisent , en gé-néral , chacun 20 gallons (88 litres) de boisson ; et , comme chaque acre peut contenir 30 poiriers de dimension moyenne , le produit ordinaire de l'acre peut être évalué à 600 gallons (66 hect. par hectare). D'un autre côté , quoiqu'un acre, planté en pommiers , ne produise guère qu'un tiers de cette quantité, les pommiers commencent plus jeunes à porter du fruit, et le cidre est toujours préféré au poiré.

Les pommes sont préférables aux cerises , parce

qu'on peut les conserver pendant quelque temps , soit pour l'usage , soit pour la vente ; mais les cerises tombent ou pourrissent , si on ne les cueille pas au moment de leur maturité ; et on ne trouve pas toujours à s'en défaire à cette époque : les cerises sont sujettes aussi à être dévorées par les oiseaux.

On a dit qu'on n'a pas fait assez d'attention, jusqu'ici, à l'importance des pommes, *comme aliment*. En *Cornwall*, les manouvriers les considèrent comme presqu'aussi nourrissantes que le pain, et plus que les pommes de terre. En 1801 , lorsque les grains étaient si chers et si rares , les pommes étaient vendues aux pauvres, au lieu d'être converties en cidre ; et les manouvriers assuraient que, en mangeant des pommes cuites au four , sans viande, ils étaient en état de supporter le travail ; tandis que , en mangeant des pommes de terre , ils étaient obligés d'y joindre de la viande ou du poisson.

5° *Récoltes sous les vergers.* — Elles sont de diverses sortes , selon l'âge du verger ; — selon la distance des arbres entre eux ; — la situation du verger ; — la qualité du sol , et d'autres circonstances moins importantes ; mais on peut les classer sous les titres suivants : Récoltes arables ; — Récoltes potagères ; — Gerbages ; — enfin , Articles divers.

Dans les jeunes vergers, lorsque le sol est plat, et qu'on veut le cultiver , il n'est pas rare de le soumettre à une rotation de grains et de récoltes

vertes ; comme , 1ᵉʳᵉ Avoine , 2ᵉ Pommes de terre
fumées ; 3ᵉ Avoine , avec Tréfle et Ray-grass ; 4ᵉ
Foin ; 5ᵉ Foin. Mais il est bien plus convenable
de cultiver la terre à la bêche qu'à la charrue. L'at-
tirail des chevaux et des instruments cause tant de
dommage aux arbres , qu'on ne pourrait plus compter sur eux pour la production du fruit. Leurs racines , l'eau qui tombe de leurs feuilles et leur ombrage , sont pernicieux non-seulement aux céréales ,
mais aussi au tréfle et aux turneps ; ils empêchent
la libre circulation de l'air , et gênent la marche
des attelages. Cependant, lorsque les arbres sont
jeunes , il est très-utile de cultiver fréquemment la
terre.

Dans le Comté de *Gloucester* , les vergers sont
tenus en herbage ; dans cet état, le progrès des
arbres est beaucoup plus lent , parce que la terre
ne reçoit pas de culture autour de leurs racines ;
d'ailleurs , ils sont endommagés par les bestiaux qu'on
y met en pâture , surtout les arbres qui sont bas ,
et dont les branches sont pendantes. Si on y met
des bêtes à cornes , dans la saison où les arbres sont
chargés de fruits, elles détruisent tout ce qu'elles
peuvent atteindre , et sont sujettes à périr , par
l'effet des fruits qui s'arrêtent dans leur gosier.
Malgré ces inconvénients, lorsque les arbres deviennent assez grands pour nuire aux récoltes arables , on doit mettre le sol en pâturage. L'herbe
qui croît dans les vergers , est très-hâtive au printemps, à une époque où elle est précieuse pour

un cultivateur. On ne doit jamais permettre qu'elle s'élève, et qu'elle devienne dure. Un verger, traité ainsi, entretient une quantité très-considérable de bétail.

Les jardiniers des environs de *Londres* ont ce qu'ils appèlent leur récolte supérieure, et leur récolte inférieure. La première consiste en poires, pommes, cerises, etc. La récolte inférieure consiste en groseilles, framboises, fraises et autres fruits, arbrisseaux, ou plantes, qu'on sait ne pas souffrir de l'ombrage des arbres qui croissent au-dessus d'eux, ni des gouttes d'eau qui en tombent. Près de *Glasgow*, on consomme beaucoup de fruits d'été, et on les cultive fréquemment dans les vergers. On a vu des exemples où on a obtenu 100 l. par acre (6,000 francs par hectare), de terrains plantés en groseilliers, près d'une ville manu-facturière.

Dans les jeunes vergers, l'intervalle entre les arbres est quelquefois planté en houblon. Si celui-ci est cultivé à la bêche, d'une manière judicieuse, il n'en résulte pas de dommage pour les racines des arbres ; tandis que l'ameublissement du sol à une grande profondeur, et la quantité d'engrais qu'on donne au houblon, favorisent évidemment leur crois-sance, et améliorent le sol de manière à assurer un riche pâturage, lorsque les arbres auront pris trop d'accroissement pour permettre de continuer la culture du houblon. Il est évident, au reste, que cette pratique ne peut être adoptée que dans les sols qui conviennent à cette plante. Dans d'autres cas, on plante d'aveliniers, l'intervalle entre les arbres. Ce dernier arbrisseau se voit aussi, mais moins généralement, dans les vergers qui ont pris toute leur croissance. Quelques vieux vergers sont en gazons permanents ; d'autres produisent des récoltes arables, ou des récoltes jardinières ; quelques-uns sont en sainfoin, d'autres en luzerne. Quelquefois, on utilise, comme pépinière, le terrain qui est entre les arbres ; mais cette méthode paraît mauvaise, parce qu'elle tend à épuiser le sol, et qu'elle empêche de le cultiver convenablement.

En *Devonshire*, on tient les arbres des vergers si bas, que le terrain est presque perdu sous eux. Quelquefois on y met, au commencement du printemps, des poulains ou des veaux ; mais on n'y laisse jamais entrer le gros bétail adulte, ni les bêtes à laine, non plus que les porcs, lorsque les fruits sont sur les arbres.

6° *Bétail* — Lorsque les vergers sont en pâturage, on y met souvent des vaches laitières. Quelquefois on attache leur tête à une jambe de devant, par le moyen d'une courroie, afin de les empêcher d'atteindre les fruits dont les arbres sont chargés. Dans les vergers de cerisiers d'*Essex*, on emploie le même moyen, pour empêcher les vaches d'élever la tête, et d'atteindre aux branches des arbres.

Les bêtes à laine sont nuisibles aux vergers, en rongeant l'écorce des arbres ; on peut prévenir cet inconvénient, en enduisant leurs tiges, jusqu'à la hauteur de trois ou quatre pieds, d'un lait de chaux mêlé de matière fécales. Cette précaution est particulièrement nécessaire dans les dix premières années qui suivent la plantation d'un verger.

Il est très-utile de mettre des porcs dans les vergers, en les y nourrissant de fèves, ou d'autres aliments. En remuant la terre, pour chercher des racines, ils lui donnent une espèce de culture qui est avantageuse aux arbres, et ils détruisent les mauvaises herbes, les limaces et les insectes. Il est nécessaire, au reste, de prendre quelques précautions, lorsqu'on permet à quelque bête que ce soit l'entrée des vergers, car les porcs sont très-friands des fruits; les bêtes à laine, et surtout les daims, les mangent aussi avec avidité.

Les principaux vergers d'Écosse, étant situés, soit sur des pentes trop rapides pour être accessibles au bétail, soit dans des sols argileux qui souffriraient du piétinement, sont rarement pâturés. Cependant des vergers tenus ainsi, doivent avoir un aspect désagréable, puisque les mauvaises herbes doivent y abonder. Il paraît qu'il vaut mieux faire pâturer le sol par des bêtes à cornes ou à laine, en employant un peu d'engrais pour les arbres, lorsque cela est nécessaire, que de l'abandonner aux porcs. En général, on y tient les arbres assez bas; en conséquence, on y fauche l'herbe, et on la donne aux vaches ou aux chevaux, qui s'en accommodent bien, quoique tout le monde ne soit pas d'accord sur l'avantage de cette pratique. Elle n'est pas approuvée en Angleterre, où on croit que, en fauchant l'herbe des vergers, on épuise le sol de manière à faire beaucoup de tort aux arbres. Quelques vergers, qui étaient très-productifs lorsqu'ils étaient paturés, n'ont plus rien produit après quelques années de fauchage. Il vaut beaucoup mieux faire consommer l'herbe des vergers par des bêtes attachées à la corde, que de la faucher, ou d'y lâcher le bétail. Peut-être, au reste, la diminution du produit qu'on a observée dans les vergers fauchés, était-elle due, en partie, à d'autres causes ; et il n'y a pas de doute qu'on ne puisse suppléer, par quelques engrais ou composts, aux excréments des animaux en pâture.

7° *Mode de traitement des vergers.* — La formation d'un verger est l'ouvrage du temps. Lorsqu'un abri est nécessaire, on doit placer, à 30 yards (30 mètres) des arbres à fruits, un massif de plantations de 50 pieds de largeur. Il est convenable de ne planter, d'abord, que 25 pieds de largeur du massif, pour planter le reste 12 ou 15 ans plus tard. De cette manière, on s'assure un bon abri pour une plus longue période de temps, que si tous les arbres eussent été plantés à la fois.

La culture la plus parfaite serait inutile, si le fond du terrain n'est pas sec et bien assaini ; il est donc nécessaire de le saigner parfaitement, lorsqu'on soupçonne de l'humidité. Lorsqu'on plante les jeunes arbres, on doit défoncer la terre à une pro-

fondeur suffisante pour faciliter le passage de l'eau,
afin qu'elle ne nuise pas aux racines. La surface
doit aussi être défoncée à la bêche, l'année qui
précéde la plantation, au moins à 2 pieds de profondeur ; et on doit y mettre des amendements
de longue durée, comme des cendres, des coquilles
calcaires, etc., en augmentant la quantité en proportion de la pauvreté du sol.

Dans les terrains où le sous-sol est de mauvaise
qualité, il est utile de placer sous chaque arbre,
des pierres plates en forme de pavés, afin d'empêcher le pivot de s'enfoncer dans le sol infertile
du dessous, qui fait souvent produire aux arbres
de mauvais fruits, ou même les empêche totalement de se mettre à fruits.

Quelquefois il est nécessaire aussi de former sous
les arbres, un sous-sol artificiel ; à cet effet, on
creuse une espèce de puits de 8 p. de profondeur,
qu'on remplit avec des débris de briques et de pierres;
et on place par-dessus, deux ou trois pierres plates
et larges, qui empêchent les principales racines de
descendre, en les forçant de s'étendre horizontalement (1).

____

(1) Dans tous les vieux vergers des couvents de l'Écosse,
on a suivi cette méthode. Cependant, il est nécessaire que
tout arbre enfonce quelques-unes de ses racines, à une profondeur proportionnée au volume de sa tête ; ainsi, lorsque
les racines ont atteint les bords des pierres plates qu'on place
sous elles, elles s'enfoncent bientôt ; dans le procédé que nous
venons de décrire, l'avantage qui en résulte pour les arbres,

On a recommandé comme une pratique utile dans les sols humides, ou lorsque le sous-sol ne convient pas à la végétation des poiriers ou des pommiers, de planter les jeunes arbres sur de petites éminences, par exemple d'un pied de hauteur dans le centre, au-dessus du niveau du terrain, et s'abaissant graduellement de ce point, jusqu'à 3 ou 4 pieds autour de la tige de l'arbre. Par ce moyen, les racines suivront naturellement la bonne terre de la surface, tandis que si on eut planté les arbres dans des trous, les racines auraient pénétré dans un sous-sol de mauvaise qualité ; ce qui occasionne ordinairement aux arbres, des chancres et d'autres maladies. Lorsque des arbres sont ainsi plantés sur de petites éminences, les saignées couvertes peuvent, avec plus d'avantage, passer entre les lignes d'arbres.

Pour défendre les tiges des arbres, des atteintes des bêtes à laine et des lièvres, on les enduit d'un lait de chaux mêlé de matière fécale, de consistance convenable pour être appliqué à la brosse. Souvent, au lieu d'enduire seulement la partie inférieure de la tige, on l'enduit dans toute sa hauteur.

D'autres personnes recommandent d'entourer le tronc des jeunes arbres, pendant les 18 premières années, de cordes de paille, qui protègent suffisam-

---

doit donc être d'avoir sous eux, un puits rempli de décombres, dans lequel, et autour duquel les racines sont plus à l'aise, que dans un sous-sol dure et de mauvaise qualité.

ment l'écorce contre les attaques des lièvres et des
lapins. On peut aussi les mettre à l'abri de tous
dangers, en les entourant d'un faisceau de branches
d'arbrisseaux épineux.

C'est une maxime, dans la culture des vergers
en Écosse, maxime très-utile, à cause du climat
très-variable de ce pays, de planter ensemble un
grand nombre d'espèces différentes, les unes hâtives, et les autres tardives ; en effet, les fleurs
d'une variété particulière peuvent être détruites
par la gelée, ou par des vents humides du Nord-
Est, pendant que celles d'autres espèces plus hâtives ou plus tardives, échappent à la destruction.

Lorsqu'on adopte la méthode du *Devonshire*,
qui consiste à couvrir entièrement le sol d'arbres,
on doit les planter en quinconce, en mettant au
moins 13 yards (13 mètres) entres les lignes, et
15 yards entre les arbres dans la ligne. Si on préfère
des distances plus considérables, on doit conserver
la même proportion, de 15 à 13. Par ce moyen,
chaque arbre se trouve placé au centre d'un cercle
qui est en contact avec les cercles qu'occupent les
arbres voisins.

Dans tous les cantons à vergers, les plaintes sont
générales sur la diminution du produit des arbres.
Lorsque cela a lieu, on doit essayer d'enlever l'é-
corce extérieure des arbres, comme nous l'avons
expliqué dans la section des jardins, et les abandonner à leur croissance naturelle, ou y greffer

de nouvelles variétés.

On a découvert un remède facile contre le chancre blanc (*white blight*) ou punaises d'Amérique *American bug*). Il ne faut que nettoyer les parties malades, et y appliquer avec une brosse, de l'huile de poisson ordinaire, comme on le fait aux ouvrages grossiers en bois, qui sont exposés à l'air; par ce moyen, on peut se débarrasser de la maladie, sans qu'elle fasse de tort aux plantes (1).

Les arbres en plein vent des vergers doivent être taillés et émondés, avec autant de soin que les espaliers, si on veut être sûr de les rendre productifs, au moins pendant leur jeunesse. Lorsque les tiges ont pris une grosseur convenable, que les têtes sont bien formées, et que l'arbre a trois

---

(1) L'huile de poisson est préférable à l'huile de lin, à cause de sa puanteur, qui est fatale aux insectes. L'huile d'olives les détruit aussi, et favorise la croissance des arbres. On dit qu'on peut atteindre le même but, en lavant la plaie avec une brosse trempée dans l'eau. Le liquide suivant est le plus efficace de tous. Prenez 2 onces de mercure, et autant de sel ordinaire. Ces deux substances doivent être fortement mêlées ensemble dans un mortier, avec un bâton de 5 ou 6 pouces de longueurs, afin d'éteindre le mercure. On doit avoir soin que la main ne touche pas le mélange. Lorsque les deux substances sont bien incorporées ensemble, ce qui a lieu ordinairement au bout de cinq minutes, on ajoute une roquille d'huile de navette, et deux cuillerées d'huile de thérébentine, et on mêle bien le tout. On applique ce liquide avec un pinceau, et on trouvera que c'est un moyen infaillible de détruire toute espèce d'insectes dans les maisons, les serres, les jardins et les vergers.

ou quatre branches principales vigoureuses, il n'est plus nécessaire que de couper les bourgeons qui se forment à la circonférence, et ceux qui prendraient une mauvaise direction.

On ne peut pas trop insister sur le conseil de ne pas permettre, pendant plusieurs années, que les jeunes arbres portent du fruit, ce qui nuirait considérablement à leurs produits futurs, et à leur durée.

QUATRIÈME PARTIE.

DES BOIS ET DES PLANTATIONS.

I. *Des Bois.*

L'EMPLOI du sol, soit en bois naturels, soit en plantations d'arbres, présente de nombreux avantages. Les arbres contribuent à l'ornement d'un pays, et à lui procurer des abris. Il n'est pas nécessaire de s'étendre sur l'importance des arbres, comme applicables à la marine ; à la construction et à la réparation des bâtiments ; — à la construction des machines ; — à l'agriculture ; — aux mines ; — aux besoins de diverses manufactures ; — à l'emploi comme combustible ; — et à divers autres objets, comme la nourriture du bétail, la construction des puits, la production de la poix et du goudron, etc (1).

---

(1) On fait peu d'attention dans ce pays, à l'utilité qu'on peut tirer des arbres, pour la nourriture des bestiaux ; tandis qu'ailleurs, comme en Italie et en Suède, on regarde les arbres comme une ressource importante. En Italie, on préfère les feuilles de l'orme, du peuplier et de l'érable, quoiqu'on emploie aussi celles du chêne et du frêne, surtout mêlées avec les autres. On les recueille vers la fin de Septembre, ou le commencement d'Octobre, et après les avoir étendues pendant

Malgré tous ces avantages, et quoique plusieurs propriétaires comptent leurs bois au nombre de leurs terrains les plus profitables ; cependant d'autres personnes soutiennent que les bois sont fort inférieurs aux produits des grains et des prairies, tant pour le propriétaire et le fermier, que pour les individus et le public. On a dit, et cette assertion a été appuyée sur des raisonnements très-solides, que les bois et les forêts disparaissent, à mesure que la culture fait des progrès dans le Royaume ; — que lorsqu'on les voit remplacés par les grains et la population, on doit considérer cette circonstance comme la preuve la plus convaincante de prospérité nationale ; — et que se plaindre de la diminution des bois, c'est préférer un produit dont on ne peut tirer annuellement que 20 sh. (24 francs) par acre, à un autre dont on peut obtenir au moins 4 l. (96 francs) annuellement.

En discutant ce sujet, nous considérerons, 1°

---

quelques heures pour les ressuier, on les entasse dans des tonneaux, ou dans des trous creusés dans terre et maçonnés ; et on les recouvre ensuite avec de la paille, sur laquelle on place un lit de terre ou d'argile. Le bétail à cornes et les bêtes à laine s'entretiennent bien mieux, par le moyen des feuilles bien conservées, qu'avec quelque fourrage que ce soit. En Suède, où les bêtes à laine sont tenues pendant 7 mois à la bergerie, on leur donne chaque jour un repas defeuilles de bouleau et de saule. Feu SIR CECIL WRAY, a trouvé qu'en donnant en hiver, aux moutons, pendant la neige, des rameaux de pin d'Écosse, ils s'entretiennent très-bien, ainsi que les daims.

quels sont les sols particulièrement appropriés à la production des arbres ; 2° quels sont les sols qui peuvent être employés, soit aux plantations, soit aux grains ou aux prairies ; 3° enfin, si sur les terrains qui sont particulièrement propres à la culture des grains ou des prairies artificielles, on ne peut pas entremêler quelques arbres parmi eux, sans leur faire de tort.

1° Il est à-peu-près certain que lorsque le terrain ne vaut pas plus de 2 ou 3 sh. par acre de rente (6 ou 9 francs par hectare), il est difficile de l'employer plus avantageusement qu'à des plantations d'arbres appropriées au sol, à la situation et au climat ; et il y a peu de terrains, quelque stériles et quelque mal situés qu'ils soient, sur lesquels on ne puisse cultiver avec succès, moyennant les soins convenables, des arbres de quelque espèce. D'un autre côté, les terrains les plus stériles sont souvent améliorés par les plantations ; la chute et la putréfaction des feuilles, rendent le sol plus profond, l'enrichissent successivement, et le rendent plus propre, soit à la végétation des arbres, soit à être converti en terre arable (1).

---

(1) En Flandre, on couvre généralement les terrains les plus stériles, de plantations de pins d'Écosse, principalement avec l'intention de les rendre, par la suite, propres à la culture. On a reconnu que dans l'espace de 35 ans, les feuilles qui tombent sur le sol, donnent une profondeur de terre arable, de 5 à 6 pouces. Si on coupe alors les arbres,

Lorsque le sol est en pente très-rapide, et surtout s'il est très-pierreux , les plantations présentent le meilleur moyen d'en tirer parti. On l'a re onnu par expérience , particulièrement dans quelques cantons des Comtés de *Perth* , de *Stirling* , de *Dumbarton* et d'*Argyle* , dans lesquels le produit annuel des bois taillis, peut être évalué à une l. par acre (60 francs par hectare) ; produit qui excède beaucoup celui qu'on pourrait espérer , par tout autre moyen, du sol sur lequel ils croissent. Dans une situation favorable, comme cela se rencontre dans le Comté de *Sommerset* , dont nous parlerons tout-à-l'heure, le profit est encore plus considérable.

2° Quant aux sols qui, par leur nature, sont propres à la culture comme aux plantations, on a dit que, dans beaucoup de circonstances, les propriétaires tireraient plus de profit de la vente du bois, qu'ils ne pourraient obtenir de la rente de la terre, si elle était en culture. Dans quelques parties de l'Angleterre, où les saules noirs sont très-abondants, un acre, à douze ans de crue, vaut 15 l. (900^f par hectare), et produit plus

---

et qu'on en plante de jeunes, qui produisent plus de feuilles que les vieux; on obtient ainsi un sol d'un pied de profondeur, qu'on peut cultiver ensuite en rotation perpétuelle, et sur lequel on peut obtenir les mêmes récoltes que dans le voisinage. C'est là , sans doute, un moyen d'amélioration lent et ennuyeux ; mais, dans l'intervalle, on a le profit des arbres, outre la perspective de l'amélioration future.

que les terres arables voisines. Là où on cultive le châtaignier d'Espagne, au lieu du saule noir, le profit est encore plus considérable. En *Kent*, Feu LORD BARHAM a coupé une plantation de châtaigniers, à l'âge de 9 ans, pour des perches de houblons, et en a tiré 104 l. par acre (6,240^f par hectare) (1). En onze ans, une plantation de mélèze, dans un loam léger, qui ne valait pas plus de 6 à 7 sh. par acre (18 à 21 francs par hectare), pour la culture, a produit des perches de houblon, pour une valeur de 91 l. par acre (5,403 francs par hectare); ce qui fait par an, en produit brut, 6 l. 8 sh. (384 francs par hectare).

Au reste, cela dépend beaucoup de la nature du sol et du sous-sol (2). La situation mérite

---

(1) Cela fait environ 10 l. par acre (600 francs par hectare), par année ; il faut en déduire les taxes et autres charges, mais il reste encore un profit considérable.

(2) Dans beaucoup de cas, le succès des plantations d'arbres dépend plus de la nature du sol inférieur, que de celle de la surface. Le sol supérieur ne sert aux arbres que dans les premières périodes de leur croissance ; tandis que leurs progrès ultérieurs dépendent entièrement de la nature du sous-sol, de sa profondeur, de son état de sécheresse ou d'humidité. En *Norfolk*, des sols pauvres et sablonneux, qui ne conviennent pas à la culture des grains, et qui ne produisent que des herbes de mauvaise qualité, portent cependant de beaux arbres, lorsque le sous - sol est loameux. Dans quelques parties de la France, au rapport d'*Arthur Young*, on voit des arbres d'une végétation vigoureuse, dans des terrains incapables de produire des récoltes de grains.

aussi d'être prise en considération , lorsqu'on veut décider si la production du bois est préférable à la mise en culture.

Les bois du Lord BAGOT , dans le Comté de *Stafford*, sont sur un loam reposant sur l'argile et la marne. C'est un sol d'une qualité si froide , qu'il ne vaudrait pas 10 sh. de rente par acre (30 f. par hectare), s'il était cultivé ; et il produit beaucoup d'avantage, en futaie et taillis.

Dans le Comté de *Sommerset* , l'ancienne forêt de *Selwood* contient environ 20,000 acres , dont 18,000 ont été convertis en terre arable , en pâturages ou en prairies ; le reste est encore en taillis. Une grande partie des terres qui ont été mises en culture , ne se louent pas plus de 10 à 12 sh. par acre (30 à 36 francs par hectare); tandis que quelques-uns des taillis qui sont situés à l'extrémité septentrionale de la forêt , produisent en arbres et taillis , une valeur annuelle de 15 à 30 sh. par acre (45 à 90 francs par hectare), quoique , en raison du sol et de l'exposition , ils ne puissent être coupés qu'à 18 ou 20 ans de recrue.

Dans une forêt étendue du même Comté , on assure que le produit du bois , lorsqu'il n'est pas trop mal aménagé , est du double de la rente des terres du voisinage , soit en culture , soit en pâturage (1).

____

(1) Mais lorsqu'on ne les coupe que tous les 20 ans , le produit annuel n'est plus que de la moitié du produit nominal,

Les qualités froides et acides du sol , dans certains bois qu'on met en culture, diminuent beaucoup leur valeur , de quelque manière qu'on veuille les employer. Si on les met en culture, il arrive souvent qu'il se passe plusieurs années avant qu'on puisse y obtenir des grains de bonne qualité. Dans une année favorable, un sol de cette espèce peut produire une assez bonne récolte d'avoine , mais il est entièrement impropre à l'orge ; et, à moins d'être fortement amendé , il est trop pauvre pour des fèves. La maturité du froment y est tardive, et il y exige beaucoup d'engrais. Si ce sol est en pâturage , la lenteur de la croissance de l'herbe diminue beaucoup sa valeur ; et il ne convient que médiocrement à la laiterie , quoique ce soit encore là son emploi le plus avantageux (1). Mais on peut poser comme règle générale, que tout sol propre à produire de beaux chênes , et qui n'est pas trop inégal , ou en pente trop rapide pour être soumis à la culture , peut être employé, avec avantage , aux divers usages de l'agriculture. Il paraît , d'après des recherches les plus soignées,

---

c'est-à-dire , qu'il tombe de 20 sh. à 10 sh. ; les taxes , et autres frais, diminuent d'environ un tiers , le produit nominal.

(1) M. PARSONS, de *West-Camel* , a beaucoup amélioré des sols argileux humides de cette espèce , en faisant brûler avec du bois , toute la terre et l'argile qu'il tirait des fossés ; il a réduit le tout en poudre, l'a mêlé avec tous les engrais qu'il pouvait se procurer , et l'a répandu avec beaucoup de succès, sur les terres arables et les pâturages.

que lorsque le sol est de bonne qualité , on en
tire plus de profit par la culture , qu'en le laissant en bois.

Cependant , dans la plupart des cas , le profit
dépend de la situation.

Dans le Comté de *Wilts* , quoique l'emploi général de la houille ait considérablement diminuée
la consommation du bois et du charbon , pour les
usages domestiques ; la demande du bois des taillis
est si considérable , que , non-seulement les terrains en bois produisent une rente suffisante , mais
que , s'ils sont bien situés et bien traités , on peut
en tirer encore , en futaie , la moitié de la même
rente , sans faire de tort au taillis.

En *Sommersetshire* , la croissance des taillis naturels , lorsqu'ils sont abrités des vents du Sud-Ouest,
est si rapide , qu'on en tire un profit plus certain
que celui de tout autre produit , et plus considérable que ne pourraient le croire les personnes
qui n'en ont pas l'expérience. D'après la rapidité
de leur croissance , il est plus profitable de les
couper tous les douze ans , que d'attendre plus long-
temps. Un acre produit 16 l. (960 francs) tous
les douze ans, déduction faite des dépenses de coupe,
charrois, etc. Cela fait à-peu-près 28 sh. par
année (84 francs par hectare), outre la valeur
accumulée des arbres qu'on laisse croître en futaie. Au reste , ce haut produit est dû principalement au voisinage des mines de houille , qui donne
une valeur élevée aux perches de frêne. Les 28 sh.

qu'on tire, dans ce cas, tous les 12 ans, équivalent à 20 sh. par année, soumis aux taxes, déductions, etc. Au reste, ces terrains ne pourraient pas se louer pour la culture, même à 10 sh. (30 francs par hectare).

Il nous est impossible de nous étendre sur tous les autres exemples, des profits qu'on peut retirer des bois. Nous nous contenterons de citer ceux-ci : 1° Les bois appartenants à Sir JOSEPH BANKS, à *Revesby*, en *Lincolnshire*, rapportent 45 l. 7 sh. par acre, en les coupant seulement tous les 23 ans ; ce qui fait annuellement une l. 19 sh. 5 d. (118 francs 25 cent. par hectare); mais s'ils étaient loués à 17 sh. par acre (51 francs par hectare), payables par demie année, et en ne calculant que l'intérêt simple, le produit serait le même (1). Au reste, le sol est de si médiocre qualité, que s'il était en culture, on ne pourrait pas en obtenir plus de 10 à 12 sh. par acre (30 à 36 francs par hectare). 2° Les taillis du Colonel BEAUMONT, en *Yorkshire*, sont coupés tous les 21 ans, et rapportent en moyenne 55 l. par acre (3,3000 francs par hectare), sans compter 18 l. (1,080 francs par hectare), pour la valeur des arbres qu'on laisse debout, pour les abattre à la coupe suivante. Ces terrains, si on les défrichait pour les mettre en culture, ce qu'on ne pourrait faire sans une dépense

---

(1) Si on calcule les intérêts composés, comme on doit le faire, la comparaison serait fortement en faveur de la culture.

énorme, ne pourraient pas se louer, en terme moyen, plus de 5 sh. par acre (15 francs par hect.).

Mais, d'un autre côté, lorsque la terre est en culture, on en tire un produit tous les ans ; tandis que, en bois, on n'obtient le produit qu'à des époques éloignées, et bien plus encore pour les futaies ; et on a fait plusieurs évaluations comparatives, pour prouver la supériorité de la culture, particuliérement dans les bons sols.

En *Derbyshire*, une coupe de bois de 25 ans de crue, varie de 40 à 100 l. par acre (de 2,400 à 6,000 francs par hectare), déduction faite des frais de clôture, desséchement et surveillance. Le terme moyen est d'environ 65 l. (3,900 francs); ce qui fait environ 27 sh. par acre (81 francs par hect.) par année ; ou 20 sh. par acre (60 francs par hectare), en déduisant les taxes, etc. Au reste, on doit calculer qu'il y a toujours, par acre, une valeur de 40 l. (2,400 francs par hect.), en arbres qui restent sur le sol ; c'est un capital mort dont il faut déduire les intérêts ; ce qui réduit la rente des bois à 12 sh. 8 d. 1/2 par année (38 francs 12 cent. par hect.) En calculant l'intérêt composé de ces 40 l., à 3 1/2 pour 0/0, cela réduirait la valeur de la coupe suivante, à 7 sh. 4 d. par acre (22 francs par hectare) ; et si on calculait l'intérêt composé à 4 pour 0/0, le capital mort s'élevrait à 66 l. 12 sh. 8 d. (3,998 francs par hectare), ce qui excéderait le produit de la coupe suivante.

Dans les forêts défrichées du Comté de *Sussex*, le système ordinaire d'agriculture est une jachère, deux récoltes de grains et une de trèfle, dont le produit est évalué, en terme moyen, à 3 l. 15 sh. 6 d. (226 francs 50 cent. par hectare) par année.

Dans le même Comté, le produit le plus considérable des bois, dans les meilleurs sols, est d'une l. 5 d. (61 francs 25 cent. par hect.) ; le produit brut des grains, excède donc celui des bois, de 2 l. 15 sh. 1 d. (165 francs 25 cent. par hect.) par année ; mais le premier exige plus de frais.

En outre, si on admet comme maxime générale, que la puissance d'une nation dépend plus du nombre des hommes que de celui des arbres, on en concluera qu'on ne doit pas sacrifier à l'espoir d'avoir du bois dans l'avenir, la production immédiate d'aliments végétaux ou animaux ; cependant, cette règle souffre des exceptions qui méritent d'être prises en considération (1).

Dans beaucoup de cantons où les bois ont été détruits, on ne peut plus se procurer de combustibles ; on a été forcé d'abandonner les manufactures et les mines ; et on ne peut se livrer à plusieurs

---

(1) Sur les hauteurs de *Cotswold*, dans le Comté de *Gloucester*, le manque de bois force les habitants à employer la paille comme combustible, et à sacrifier ainsi la fertilité de leurs terres arables. Dans beaucoup de cas, le manque de bois pourrait empêcher aussi d'exploiter les mines de houille, où un grand nombre d'étais sont nécessaires.

branches d'agriculture, en particulier à la culture du houblon ; et lorsqu'on nous dit : « Procurez- « vous du bois au dehors, » on ne fait pas attention aux frais qui rendent impraticable le transport d'une denrée aussi pesante. Les personnes seules qui ont vécu dans des pays où les bois sont très – rares, peuvent se former une idée de la situation du peuple, lorsqu'il ne peut se procurer un objet de consommation aussi essentiel (1).

Dans le voisinage des grandes villes, on ne doit pas encourager la plantation des bois, parce qu'ils servent de retraite aux malfaiteurs ; et que, dans une situation semblable, le sol peut évidemment être employé d'une manière plus profitable.

3° Quant aux terrains particulièrement appropriés à la culture des grains, on peut même là, par de judicieuses plantations sur les lisières des terres arables, ou dans les angles des pièces qui, souvent, restent incultes, se procurer un grand nombre d'arbres propres aux usages domestiques, ainsi qu'à ceux de la marine. En Flandre, on tire de grands profits des plantations faites sur les lisières des champs (2) ; et quoique le voisinage

----

(1) Par exemple, les habitants des Hébrides sont forcés d'entreprendre un dangereux voyage de 30 à 60 milles, avant de pouvoir construire une grange, faire une charrue, même la plus grossière, se procurer un fléau ou emmancher une bêche.

(2) En Angleterre, les propriétaires reçoivent en général la valeur du fond de leurs terres cultivées, dans l'espace de 25 ans par la rente annuelle ; mais on assure qu'en Flandre, les arbres

des arbres ne soit pas favorable à la production des grains, les abris qu'ils procurent améliorent le climat, diminuent l'évaporation, et favorisent beaucoup la végétation des prairies, par l'humidité qu'ils entretiennent.

Les points qui nous restent à examiner dans cette section, sont, 1° les différentes espèces de Bois naturels, et la manière de les gouverner ; 2° les diverses sortes de Plantations ; la manière de les traiter ; les dépenses qu'elles entraînent, etc.

I. *Des Bois naturels.*

Les bois naturels se divisent en quatre espèces : Les taillis ne contenant pas d'arbres ; — les bois mélangés, où le taillis est entremêlé d'arbres ; — les futaies qui ne contiennent que des arbres ; — enfin, les forêts, ou étendues considérables de pays, couvertes de grands arbres et de broussailles.

II. *Des Taillis.*

Ordinairement, on n'exploite pas les bois, seulement en taillis, parce qu'on trouve plus avantageux d'obtenir à la fois des brins de diverses forces, et adaptés à divers usages. De cette manière, le produit se vend plus avantageusement pour le pro-

---

qui sont plantés autour des champs, représentent, dans quarante anuées, la valeur du champ entier.

priétaire , et il s'accommode mieux aux divers besoins des voisins. Les menus brins s'emploient pour des lattes , des ouvrages de vannier , des pieux de haies , dans les mines de houille , etc ; ceux qui sont plus forts servent à la construction des instruments d'agriculture ; et les plus grands arbres, à celle des maisons et aux besoins de la marine. Cependant, dans quelques districts d'Angleterre , on ne réserve pas de baliveaux ; on y pose en maxime , « que les petits profits et les *promptes* « *rentrées* , enrichissent le vendeur , tandis qu'il se « ruine en laissant ses capitaux engagés pendant long- « temps. » On y a pour règle , en conséquence , de couper *tout le taillis* , aussitôt qu'il est vendable. La perte de l'intérêt de l'argent , et le dommage que les arbres causent au taillis , sont favorables à ce système.

Les principaux points sur lesquels on doit porter son attention dans le traitement des taillis , sont , 1° la Clôture ; 2° le Desséchement ; 3° les Abris ; 4° l'Age auquel on doit couper ; 5° la Saison de l'année dans laquelle cette opération doit être faite ; 6° enfin , l'Emploi du produit.

1° *Clôture.* — La clôture des taillis est la plus importante de toutes les circonstances qui se lient à la manière de les gouverner. Il vaudrait mieux qu'un propriétaire laissât entrer des bêtes à cornes dans ses champs de blé , que dans ses taillis. Dans le premier cas , elles ne feraient de tort qu'à la récolte d'une année ; tandis que dans l'autre , en broutant les pousses d'une année , elles retardent, de trois ans au moins, la croissance du taillis. La dent du bétail à cornes fait un tort particulier à la croissance des arbres, en déchirant et brisant la plante par une incision irrégulière. A l'âge de cinq et même de six ans, les taillis ne sont pas assez hauts pour être à l'abri des atteintes du bétail à cornes , qui les dévore avec avidité ; ni assez forts pour résister à leur poids, lorsque les bêtes se pressent contre les brins, pour atteindre les bourgeons succulents du sommet. Lorsqu'un taillis de chêne a été brouté par le bétail , il ne profite plus, jusqu'à ce qu'il soit récépé à fleur de terre ; et aussitôt que le dommage a eu lieu , on doit s'empresser de faire exécuter cette opération.

Beaucoup de beaux bois , en Angleterre , ont éprouvé de grands dommages de leur assujettissement à un droit de pâturage commun pour les bêtes à cornes , et , dans quelques circonstances, au droit de pâturage pour les daims ; droit qui avait été établi , dans la persuasion que les bêtes à cornes et les daims ne causaient que peu de dommage aux bois , lorsque ceux-ci avaient atteint sept ans d'âge. Mais on peut remarquer que si les propriétaires de ces bois appréciaient ce dommage à sa juste valeur , ils n'hésiteraient pas à offrir aux usagers , une indemnité considérable , pour les déterminer à renoncer à ces droits de pâturage.

Pendant que les bois sont soumis à ces droits , les jeunes plants , qui naissent de semences , sont si exposés à être endommagés , que peu d'entre eux peuvent jamais faire de beaux arbres.

M. DAVIS appelle *télards-souterrains*, les souches qui produisent les brins des taillis , et qui ont leur jeunesse , leur maturité et leur déclin. Pendant la première et la dernière de ces périodes , elles sont particulièrement exposées à souffrir des dommages qu'elles reçoivent ; et si on continue constamment de laisser brouter les pousses , les souches finissent par périr.

On regarde aussi les bêtes à laine comme destructives ; et elles font souvent beaucoup de tort aux arbres, en se frottant contre eux.

Les chevaux causent beaucoup moins de dommage dans les bois, que les bêtes à cornes , à moins qu'ils ne soient pressés par la faim ; mais les porcs sont , de toutes les espèces de bétail, celle qui y fait le moins de tort ; et lorsque les glands sont abondants , ce sont les bêtes qu'on peut y nourrir avec le plus de profit. Dans le temps de la conquête d'Angleterre , la valeur des bois était estimée , non pas d'après la quantité d'arbres qu'on pouvait y couper , mais d'après le nombre de porcs que leurs glands pouvaient nourrir.

2° *Desséchement*. — Les chênes réussissent beaucoup mieux dans les sols un peu frais , que dans ceux qui sont très-humides ; ainsi , lorsque le terrain est humide, on doit le dessécher par des saignées ouvertes , parce que les racines des arbres détruiraient ou engorgeraient bientôt les canaux couverts. Aujourd'hui, on pratique souvent cette opération dans les bois, et on trouve qu'elle y est aussi profitable que dans les terres arables. Lorsqu'on ne peut pas employer ce moyen, on doit multiplier les saules et les osiers. Dans les Comtés où il se trouve beaucoup de bois, en sols argileux et humides, il serait très-avantageux de donner des soins aux desséchemens ; on hâterait considérablement ainsi la croissance des chênes et des autres arbres précieux, en même-temps qu'on augmenterait la durée de leur vie.

3° *Abris.* — Dans l'art de gouverner les taillis, l'objet le plus essentiel est de chercher à accélérer leur croissance. Il y a une immense différence pour le profit, à pouvoir couper un taillis au bout de douze ans, au lieu de 20 ou 30 ans. La lenteur de la croissance est occasionnée, soit par l'abroutissement des bestiaux, soit par la froideur naturelle du sol ou du climat, qu'on peut améliorer par les desséchemens ; soit par l'exposition aux vents violents du sud-ouest. On peut, jusqu'à un certain point, apporter du remède à ce dernier inconvénient, en bordant les bois, selon la nature du sol, de pins de diverses espèces, ou d'autres arbres robustes; une quantité modérée de baliveaux peut aussi être utile, en protégeant le taillis contre la violence du vent.

4° *Période des Coupes.* — Relativement à l'âge auquel on doit couper les taillis, les coutumes varient de 9, à 27 et 30 ans. Cela doit dépendre beaucoup de la rapidité de la croissance, et de l'usage auquel on veut employer les produits. Dans les situations favorables, on considère 12 ans de recrue, comme suffisants ; mais, dans beaucoup de circonstances, les taillis ne peuvent, avec les plus grands soins, être portés à une valeur de plus de 8 l. par acre (480 francs par hectare), à 16 ans de recrue. Cependant, on peut couper en même-temps, par acre, 12 petits chênes (30 par hectare), valant 20 sh. (24 francs) chacuns ; ce qui porte le produit total à 20 l. par acre (1,200 francs par hectare), tous les 16 ans. Les grands propriétaires de bois, en Écosse, ne coupent généralement leurs taillis de chêne, qu'au bout de 20 ou 24 ans, et même au bout de 30 ans. Dans ce pays, on a surtout en vue l'écorce, qu'on suppose ne parvenir à sa perfection, qu'à l'âge de 20 à 30 ans. Au-dessous de cet âge, du moins sous le climat de l'Écosse, le tan qu'on en prépare est de faible qualité ; et au-dessus, l'écorce devient dure, et perd ses sucs.

5° *Saison des Coupes.* — Les opinions sont partagées sur la saison de l'année la plus convenable pour couper les taillis ; mais il y a une règle dont on ne devrait jamais s'écarter, dans l'intérêt du propriétaire : c'est que, plus un arbre est vieux, plus tard dans le printemps il doit être coupé. Lorsqu'un vieux taillis est coupé de bonne heure en hiver, et qu'il survient une saison rigoureuse, il en résulte beaucoup de dommage pour les souches et pour les balivaux. D'un autre côté, on croit qu'il est de l'intérêt de l'acheteur de couper le bois dans l'état de la sève, le plus stagnant qu'il est possible, parce qu'alors le bois est plus durable ; et, dans tous les cas où on a besoin de brins liants, pour des claies, des liens, et même des haies mortes, on ne peut pas couper le bois trop tôt dans l'hiver, parce que, lorsque la sève monte, le bois devient cassant, et n'est plus propre à ces emplois. Au reste, comme la valeur de l'écorce est considérable, il est, en général, plus profitable au propriétaire de couper au printemps.

6° *Application et Emploi.* — Il est bien connu que, dans un taillis de chêne, le principal profit se tire de l'écorce ; et quelquefois, lorsqu'à 16 ans de recrue, le bois ne vaut que 6 l. par acre (360 francs par hectare), pour faire du charbon, l'écorce produit 15 l. (900 francs par hect.). Le bois des taillis peut aussi être employé à divers autres usages. Autrefois, le charbon était un grand moyen de consommation ; mais, depuis qu'on a trouvé le moyen d'employer à la fabrication du fer, la houille carbonisée, cet objet est devenu moins important ; et, peu-à-peu, on a cessé d'employer le charbon de bois. Dans quelques districts, comme en *Sussex*, on emploie les menues branchages à à calciner la chaux. On a découvert aussi un nouveau mode d'emploi pour le menu bois de chêne, etc., qui consiste à en extraire, en quantité considérable, l'acide piroligneux, qui s'emploie dans les fabriques

de teinture , et à divers autres usages. Les bourgeons
qui terminent les branches de chêne , peuvent aussi
être employés à tanner les cuirs. Ces bourgeons
sont amassés par des femmes et des enfants, qui
les mettent en bottes , lorsqu'ils sont secs. Les tanneurs les emploient, après les avoir écrasés sous
la meule.

III. *Bois mêlés.*

Le traitement des bois, lorsqu'ils contiennent de
grands arbres épars dans le taillis, quoique présentant quelques difficultés , n'exige pas le même degré d'habileté, tant de travaux, et une attention aussi
constante que la culture des terres arables , ou le
gouvernement des bestiaux. Il est principalement
nécessaire que les bois soient bien clos ; — qu'ils
ne soient jamais endommagés par le bétail ; — qu'on
ne néglige pas le desséchement , et les autres moyens
pratiques d'amélioration ; — que le bois soit divisé en coupes régulières, de manière à fournir un
revenu annuel , avec autant de certitude qu'une
terre arable ; — et que, lorsqu'on vend ces coupes,
on prenne tous les soins possibles pour en obtenir
la valeur entière. Par ces moyens , et en réservant
comme futaie un nombre convenable d'arbres, le
propriétaire pourra disposer d'un revenu certain ,
et qui pourra s'augmenter par la suite.

En Écosse , on est dans l'usage de réserver à
chaque coupe , un certain nombre de brins de la

plus belle venue , pour former des arbres à la période suivante. A la coupe du taillis de l'âge de 24 ou 30 ans, on réserve généralement entre 3 et 400 arbres par acre (750 à 1,000 arbres par hectare). A la coupe suivante, on en diminue considérablement le nombre , ainsi qu'à la troisième coupe ; mais on en laisse souvent quelques - uns subsister encore plus long-temps, lorsqu'on veut avoir des arbres de dimensions considérables, pour l'usage des bâtiments et de la marine. Il est certain que la nourriture que soustrait un grand arbre à son profit , son ombrage , et l'eau qui coule de ses feuilles , font beaucoup de tort au taillis qui l'avoisine ; mais on doit peut-être supporter le dommage qui en résu te , parce qu'il est d'une grande importance pour l'intérêt national , de posséder de grands arbres (1).

Les arbres qui croissent le plus souvent dans les bois , sont le chêne , le hêtre et le bouleau.

1° Quelques - uns des plus beaux chênes d'Angleterre , croissent dans les forêts de *Sussex ;* et on est persuadé que le taillis leur est très-favorable , en protégeant la végétation des arbres qui y sont entremêlés , par l'abri qu'il leur donne. Dans ce Comté , les baliveaux produisent environ 5 sh.

---

(1) On peut remarquer à ce sujet, qu'il serait très-important , tant sous le rapport de la politique, que sous celui de la justice, que le gouvernement payât les arbres de fortes dimensions, à un prix plus élevé que le taux ordinaire.

par acre (15 francs par hectare); et le taillis,
tant qu'il n'est pas détruit par les arbres, à-peu-
près autant ; ce qui porte le produit total du bois,
à-peu-près au niveau de celui des terres arables
du voisinage, qui se louent 10 sh. par acre (30
francs par hect.) Mais les arbres, à mesure qu'ils
augmentent de volume, fout du tort au taillis ; et
lorsqu'on les laisse debout jusqu'à l'âge de cent ou
cent-vingt ans , le taillis est totalement détruit.
Lord SHEFFIELD a vendu 30 acres de bois, pour
14,000 livres, ou 46 l. 13 sh. par acre (2,799^f
par hectare) ; ce qui , divisé par 100 , âge des
arbres , fait environ 9 sh. par acre (27 francs par
hectare) par année ; outre le profit du taillis ,
pendant le temps qu'il est resté productif (1).
Quelques-uns des plus beaux bois du domaine de
Petworth , produisent un revenu considérable , qui
se monte à 20 sh. par acre (60 francs par hect.)
annuellement, avec un profit net d'environ 12 sh.
par acre (36 francs par hect.) Cependant, dans
d'autres endroits, le produit des bois s'est trouvé
beaucoup inférieur à celui des terres arables , ou
des pâturages de semblable qualité , quoique le prix
du bois se fût élevé , dans les 15 dernières années,
dans la proportion de 11 à 7 ; celui de l'écorce,

––––––––

(1) 9 sh. par acre (27 francs par hectare) annuellement ,
pendant 100 ans, payables à la fin de cette période, ne font
pas autant que 4 sh. par acre (12 francs par hectare),
payables chaque année.

27 *

dans la proportion de 15 , ou même plus , à 8 ; et les autres articles du produit de ces bois , à-peu-près dans la même proportion.

Dans le voisinage de nos arsénaux maritimes , le cas est aujourd'hui fort différent. Autrefois , lorsque l'Amirauté se prévalait du monopole qu'elle exerçait jusqu'à un certain point sur les arbres de fortes dimensions , pour tenir les prix bas , les propriétaires de bois avaient pour maxime , qu'il y avait plus de profit d'abattre un chêne , avant qu'il eût atteint la valeur de 40 sh. (48 francs), ou même de 20 sh. (24 francs), que d'attendre qu'il ait acquis une plus forte taille. Il y a 30 ou 40 ans, que le prix le plus élevé de ces arbres , n'excédait pas 5 guinées par *load ;* les bois semblables, ou même de qualité inférieure , se sont vendus récemment, à 15 l. (360 francs) par load. Aujourd'hui, qu'on peut obtenir des prix plus élevés , il y a plus d'espoir qu'on laissera les arbres atteindre un volume considérable ; et on encouragerait essentiellement les propriétaires à le faire , si on établissait encore une différence plus considérable entre les prix des arbres de fortes dimensions , et celui des bois d'un moindre volume. En adoptant un système convenable , il n'y a guère de doute que la Grande-Bretagne ne puisse facilement fournir toute la quantité de bois de chêne dont elle peut avoir besoin pour sa marine militaire èt sa marine marchande , sans nuire essentiellement aux autres branches de ses produits territoriaux (1).

2° Dans le Comté de *Buckinghamshire* , dans quelques cantons de l'*Oxfordshire* et du *Hampshire* , et généralement partout où le sol est calcaire , ou repose sur la pierre à chaux , le hêtre domine dans les bois. Dans le Comté de *Buckingham*, on les jardine en réservant annuellement les plus jeunes , et en coupant ceux qui sont âgés de 30 ou 40 ans, qu'on scie par billes d'environ 4 pieds de longueur , pour les employer comme combustible. Ce bois est amené par la Tamise , au marché de *Londres*. On assure que , avec cette méthode , les bons bois de hêtres rapportent environ 20 sh. par acre (60 francs par hectare) , tous frais payés. Il faut quelque habitude pour faire

---

(1) On dit qu'un vaisseau de guerre exige 3,000 loads de bois , qui sont le produit de 50 acres (20 hectares); en supposant les arbres à la distance de 33 pieds l'un de l'autre , à raison de 15 l. par *load* , cela ferait 900 l. par acre (54,000 francs par hectare). En supposant un *rod* de distance entre les arbres , il ne faudrait que 12 acres et demi (5 hectares). Dans les mémoires de l'Académie de *Bruxelles* , on trouve un mémoire de M. de *Limbourg* le jeune , sur les moyens d'améliorer les bois pour la marine , qui paraît mériter attention. On y dit qu'en écorçant les arbres sur pied , on rend tout le bois également dur et solide ; mais c'est un point sur lequel on n'est pas d'accord. On devrait vérifier ce fait par des expériences soignées (*). On recommande fortement le chêne blanc d'Amérique , comme supérieur à tout autre bois , pour la construction des roues des voitures.

(*) Il paraît que l'Auteur n'avait pas connaissance des belles expériences qui ont été faites en France, sur ce sujet. (*N. du Trad*)

le choix des arbres à abattre, de manière à empêcher que les gros arbres qu'on laisse, ne fassent
du tort aux plus jeunes, et pour prévenir le dommage que pourraient causer les rayons du soleil,
dans ceux qui sont exposés au midi, si on les lais-
sait trop dégarnis (1). M. FANE, du Comté
d'*Oxfordshire*, a porté beaucoup d'attention à dresser
ses jeunes hêtres, de manière qu'ils montent le
plus droit possible, afin que par la chute de l'eau
qui tombe de leurs feuilles, ils ne puissent faire
du tort aux jeunes arbres qui les entourent. L'Evêque
de *Durham* possède des bois de hêtre, qui sont
aménagés par le système du jardinage, opération
qu'on exécute tous les vingt ans, et qui produisent
à-peu-près autant que les terres arables voisines.
Les hêtres ont, sur tous les autres arbres des forêts,
l'avantage de produire des fruits dont les porcs
et les daims sont très-avides, et qui fournissent de
l'huile propre à plusieurs usages importants.

3° Dans plusieurs parties de l'Angleterre et de
l'Écosse, ou trouve de grandes étendues de terre
couvertes naturellement de bouleaux. Ces bois font
un très-bel effet dans les paysages, et forment un
très-bon combustible ; mais la valeur des arbres
est beaucoup inférieure à celle des chênes ; et quoiqu'on en emploie l'écorce au tannage des cuirs,

----

(1) La pente d'une montagne, située du côté du nord,
est plus favorable à la croissance des hêtres, que la pente du
midi ; ce qui prouve que cet arbre est très-robuste.

cependant, elle a bien moins de valeur que l'écorce du chêne. L'usage d'extraire du goudron des bouleaux, si utile en Allemagne et en Russie, n'a pas encore été introduit dans ce pays.

Les règles relatives à l'aménagement des bois en général, ne sont ni nombreuses ni d'une exécution difficile. Le propriétaire doit s'attacher, de préférence, aux espèces d'arbres dont il prévoit que la vente sera la plus avantageuse ; — il doit les examiner à des périodes fixes, afin de connaître quels sont les arbres qui augmentent en valeur, quels sont ceux qui sont stationnaires ou sur leur déclin ; — Il doit choisir parmi les jeunes arbres, pour les réserver, ceux qui sont les plus propres à fournir une succession régulière d'arbres, et la plus grande quantité de bois possible, sur une étendue de terrain donnée, et en nuisant le moins qu'on le peut à la croissance et à la valeur du taillis ; — enfin, il doit s'assurer avec soin quelle est la période de croissance à laquelle il doit les abattre, pour les rendre propres aux usages que doit en faire le consommateur. Par l'attention à ces règles, on peut rendre la propriété des bois beaucoup plus profitable qu'elle ne pourrait l'être sans cela.

III. *Futaies.*

Si on ne considère que le profit, les arbres de toute espèce doivent être abattus, dès l'instant que l'accroissement annuel de leur valeur, est moins considérable que l'intérêt annuel de la somme d'argent qu'on peut en tirer, en ajoutant à cet intérêt, la valeur annuelle du sol sur lequel ils croissent.

Mais le prix des arbres de grandes dimensions, et même de ceux de moyenne taille, est si peu proportionné à ce qu'il devrait être, que c'est déjà trop, pour l'intérêt du propriétaire, que d'attendre, pour couper le plus beau chêne, qu'il ait acquis une valeur de 4o sh. (48 francs), au lieu de le laisser sur pied jusqu'à ce qu'il soit propre aux usages de la marine. Il est très-heureux, pour la puissance navale de notre pays, que rien ne puisse orner davantage la résidence des propriétaires fonciers, que de grands arbres d'une végétation vigoureuse. Ce motif fait épargner un grand nombre d'arbres qui, sans cela, seraient abattus.

Mais des arbres placés à une distance convenable d'une maison d'habitation, ne sont pas seulement un objet d'ornement, mais aussi un objet d'utilité; s'ils en sont trop rapprochés, ils empêchent la libre circulation de l'air, et rendent l'habitation constamment humide. On doit donc éviter des plantations serrées, près d'une maison, surtout dans un pays plat. Mais, à une distance convenable, les arbres sont utiles, en formant un abri contre les vents froids et contre les rayons brûlants du soleil.

La valeur d'une futaie est souvent très-considérable. M. DAVIS présente, dans le rapport de *Wilts*, le résultat de l'évaluation soignée des arbres croissant sur un seul acre (40 ares) de terre, dans la futaie le *Longleat*, résidence du Marquis de BATH, en Avril 1810. La valeur totale, à cette époque, était de plus de 1,500 l. (36,000 f.); et il y avait plusieurs acres qui avaient une valeur égale (1).

IV. *Forêts.*

Dans plusieurs parties de l'Écosse, principalement dans les Comtés de *Perth*, *Aberdeen*, *Elgin* et *Inverness*, on rencontre de grandes étendues de terre qui produisent naturellement le pin d'Écosse (*pinus sylvestris*). Cet arbre prospère à une élévation de 1,400 pieds au-dessus du niveau de la mer; et on a remarqué que les arbres qui croissent sur les montagnes les plus élevées, sont les meilleurs, et sont supérieurs à tous les bois étrangers qu'on importe. Ces forêts donnent très-peu de profit, à cause de la distance où elles se trouvent des lieux de consommation, et des

---

(1) L'acre, qui a été mesuré sur les dimensions de 16 perches sur 10, a été trouvé contenir les quantités suivantes d'arbres :
Neuf chênes, donnant en pieds cubes . . . . 2,952 P. C.
Vingt châtaigniers, etc 3,182
Vingt-deux petits arbres de diverses espèces . . 280
                                                 6,414

rivières navigables. Il a été fait un marché pour la coupe d'une forêt de pins et de bouleaux, d'une étendue très-considérable, en *Glenmoriston* ; et la somme que devait recevoir le propriétaire, n'était que de 800 l. (19,200 francs) par année, pendant 7 ans. La grande forêt de *Glenmore* ne s'est vendue que 10,000 l. (240,000 francs) (1). Les forêts de *Rothiemurchus*, et de *Bremar*, n'ont pas produit non plus les sommes qu'on en attendait, quoique cette dernière contînt 100,000 pins de qualité supérieure (2), et dans un état de croissance complète, dont un grand nombre ont été calculés, en terme moyen, de 150 à 200 pieds cubes chacun. Cela est dû à la grande distance à laquelle ces forêts se trouvent de la mer, et aux frais de transport jusqu'aux lieux où on peut faire usage des bois.

V. *Des Plantations.*

Les plantations méritent une attention particu-

---

(1) On ne devait abattre que les arbres d'une circonférence déterminée ; depuis que cette opération a été faite, les jeunes arbres ont fait beaucoup de progrès.

(2) Dans les parties supérieures de l'*Aberdeenshire*, la croissance des pins est fort lente. On en a trouvé souvent de plus de cent ans d'âge, et quelquefois de 230, d'après le nombre des cercles concentriques de leurs troncs. On les regarde comme d'une qualité beaucoup supérieure aux meilleures espèces de bois qu'on ait jamais importé de *Riga*, de *Memel* ou d'aucune partie de la Prusse ou de la Norwège.

lière , sous plusieurs rapports. Outre qu'elles peuvent remplacer les forêts naturelles , pour tous les objets importants auxquels le bois est applicable , elles présentent peut-être le seul moyen d'amélioration dont soient susceptibles , dans beaucoup de cas , de vastes étendues de terrain. On peut aussi, par ce moyen, introduire chez nous quelques espèces d'arbres qui, quoiqu'ils ne soient pas indigènes , réussiraient dans notre pays , avec des soins convenables. Les plantations améliorent aussi le climat , par les abris qu'elles procurent ; et elles contribuent à la décoration du paysage , en couvrant de la verdure des bois , des rocs nus et des bruyères stériles.

C'est certainement une circonstance très-heureuse, que, à l'exception des montagnes très-élevées, il y ait à peine quelque portion de terrain , quelque pauvre , stérile , pierreuse ou improductive qu'elle soit, qui ne puisse recevoir ce genre d'amélioration, pourvu qu'on ait le soin de faire le choix d'espèces d'arbres appropriées à la nature du sol et au climat , et qu'on leur donne le genre de culture qu'ils exigent. Cependant , quelqu'avantages que présentent les plantations , on ne doit pas , si ce n'est dans les localités où le prix du bois est très-élevé , placer des arbres dans des terrains qu'on peut employer à l'agriculture, ou convertir en bons pâturages. En général , les grains et les prairies produisent un revenu plus prompt et plus considérable.

Avant de commencer une plantation, on doit prendre en considération les points suivants : 1° Le procédé par lequel on doit élever des jeunes plants ; — 2° les espèces d'arbres les mieux appropriées au sol et à la situation ; — 3° la méthode qu'on doit suivre pour la plantation ; — 4° la dépense de la plantation ; — 5° le mode de traitement ; 6° enfin, le profit probable.

1° Quelques personnes ont soutenu qu'il vaut mieux élever les jeunes plants dans une pépinière, que de semer dans le lieu même que doivent occuper les arbres. Feu M. DAVIS, qui avait certainement beaucoup d'habileté et d'expérience, prétendait que si un chêne était bien traité, il serait plus fort à l'âge de 7 ans, en le supposant élevé dans une pépinière, avec amputation du pivot, que ne pourrait l'être, à 10 ans, celui dont le pivot n'aurait pas été coupé. Cependant, on a présenté de fortes objections contre l'emploi des arbres élevés dans les pépinières, au moins dans les pépinières publiques, et surtout contre l'amputation du pivot.

Les jeunes arbres doivent toujours être élevés dans un bon terrain, afin qu'ils apportent de la pépinière, une santé forte et vigoureuse. De cette manière, ils sont munis d'un grand nombre de racines, par le moyen desquelles ils peuvent trouver de la nourriture, même dans un sol pauvre, ayant plus de bouches pour la recueillir. Cette doctrine, originairement professée par MILLER, le père de l'art du jardinage, en Angleterre, est aujourd'hui généralement admise.

Il est très-important que les racines puissent s'étendre sans obstacle ; c'est pour cela qu'on regarde comme une très-bonne pratique, dans les terres argileuses et dures, de défoncer profondément le sol, l'année qui précède la plantation, quoique cette opération soit fort coûteuse. Les terres légères n'exigent pas de défoncement (1).

2° La grande variété d'arbres qu'on peut se procurer dans les pépinières, met tous les planteurs en état de choisir les espèces qui conviennent le mieux à leur sol, à leur climat ou à la situation dans laquelle ils se trouvent, par rapport aux débouchés. On peut considérer les différentes espèces d'arbres comme adaptées, 1° aux Sols élevés ; — 2° aux Pentes rapides, non susceptibles de culture ; — 3° aux Terrains bas et humides ; — 4° aux Marais ; — 5° aux Côtes de la mer ; — 6° enfin, aux Terres de meilleure qualité.

1° *Plantations sur les terrains élevés.* — Lorsqu'elles sont exécutées judicieusement, ces planta-

---

(1) L'achat des jeunes plants, les frais pour creuser les trous, pour planter et protéger la plantation, peuvent être évalués à 10 l. par acre (600 francs par hectare), dont l'intérêt se monte à 10 sh. par année (30 francs par hectare). Dans cent ans, si la plantation réussit, on peut vendre des arbres et du taillis pour 130 l. Cela ne fait pas 26 sh. par année, comme on le suppose généralement ; car 1 sh. par acre, par année, en calculant l'intérêt composé, se porterait à 130 l. au bout de cent ans.

tions produisent les effets les plus avantageux. Par l'effet de la chaleur et de l'abri que les arbres procurent , la bruyère est détruite, et la croissance des meilleures herbages est favorisée. Les herbes qui sont produites ainsi , sont quelquefois de trois semaines plus hâtives au printemps , de meilleure qualité en été , et d'une durée qui se prolonge trois semaines plus tard en automne (1).

Les arbres qui réussissent le mieux dans les situations élevées, sont , le Mélèze; — le Pin d'Écosse; — le Frêne de montagne — et le Bouleau. A une élévation moyenne , on peut aussi cultiver le hêtre.

Le *Mélèze* (*pinus larix* , LINN.) (2) — L'introduction de cette espèce d'arbres dans les Iles Britanniques , est peut être l'acquisition la plus importante des temps modernes , sous le rapport des plantations d'arbres. Le mélèze s'accommode d'une grande variété de sols et d'expositions ; et le bois qu'il fournit est de la meilleure qualité , même lorsqu'il a cru dans des situations élevées , et dans un sol de qualité médiocre. Il prospère à une élévation de 1,200 pieds, et même plus , au-dessus du

---

(1) Lord de VESCI, trouve que si on ne peut pas faucher l'herbe des bois et des plantations , pour la faire consommer en vert à l'étable, la meilleure méthode est de la faire pâturer par des bestiaux attachés sur place.

(2) Il y a quatre variétés de mélèze ; mais le mélèze blanc commun (*larix pyramidalis*) est celui qui mérite le plus d'attention, partout où il peut prospérer.

niveau de la mer. Le bois est plus dense , et a moins de nœuds que celui du pin d'Écosse ; c'est aussi un plus bel arbre , dont la végétation est plus rapide , et qui réussit dans des situations où le pin d'Écosse ne pourrait être élevé avec avantage. Son bois résiste mieux aux alternatives de sécheresse et d'humidité, que celui de tout autre arbre , si ce n'est peut être l'orme , et , par cette raison , il convient parfaitement pour tous les travaux qui doivent être sous l'eau (1) ; la propriété qu'a ce bois de brûler difficilement , le rend propre à plusieurs usages importants en architecture ; son écorce est très-riche en principe tannant ; sa croissance est si rapide , que si le sol est passable , il devient , en 30 ans , propre à être employé dans les bâtiments , et à d'autres usages ; il convient bien à la construction des machines ; et, dans la marine , on peut l'employer en remplacement du chêne. On a dit aussi que le mélèze, par la chute de ses feuilles , convertit , dans quelques années , une bruyère stérile eu un bon pâturage, valant de 5 à 10 sh. par acre (de 15 à 30 francs par hectare).

Dans quelques circonstances , le mélèze est sujet à une maladie , et ses feuilles sont détruites par un insecte. Quelques personnes attribuent cette

---

(1) Le mélèze convient particulièrement à faire des poteaux de portes. On en a vu qui étaient plantés en terre depuis plus de 11 ans , et qui étaient aussi sains que si l'arbre venait d'être coupé. M. Hoblyn le croit plus durable que le chêne lui-même.

maladie au défaut d'une libre circulation dans l'air,
lorsque les arbres sont plantés trop serrés. Les arbres
isolés n'y sont pas sujets. D'autres attribuent cette
circonstance à la méthode actuelle d'élever les
plantes de semences recueillies sur des arbres qui
n'ont pas encore pris tout leur accroissement, ou
même de rejetons enracinés. Il n'est pas impro-
bable que le mélèze, originairement importé des
montagnes de la Carniole, finisse par dégénérer
chez nous, au moins sous le rapport de la faculté
de produire des semences saines. Il serait donc prudent d'importer annuellement, des régions alpines,
au moins une partie de la semence qu'on emploie
dans nos pépinières.

Le pin d'Écosse (*pinus sylvestris*, LINN.) —
Cet arbre convient bien à quelques situations particulières. Il réussit dans les sols les moins profonds
et les plus secs, et dans les lieux bas les plus
pauvres, pourvu qu'ils ne soient pas trop humides,
ou qu'ils ne soient pas infectés par le *lichen des
rennes* ; on peut le planter avec succès, partout
où une bruyère courte croît sur le gravier ou le
sable, dans les bruyères sablonneuses des côtes de
la mer, ainsi que dans les sols tourbeux de moins
de deux pieds de profondeur, pourvu que la tourbe
repose sur le gravier et non sur l'argile. Il lui est nécessaire d'avoir un sous‑sol perméable à l'eau ;
et, par conséquent, un fond d'argile lui est fa-
tal. Il prospère à une élévation de 1,000 à 1,200
pieds au-dessus du niveau de la mer, et son bois

est de qualité d'autant meilleure , qu'il a végété dans une situation plus élevée ; mais les vents violents sont très-funestes à cet arbre ; et une chute de neige considérable détruira , ou du moins endommagera considérablement , quelquefois , le tiers d'une plantation de pins.

On emploie le bois de cet arbre à différents usages , dans l'architecture et l'agriculture. Il produit une grande variété de substances utiles , comme la thérébentine , le goudron , la poix , le noir de fumée , etc. ; et quoiqu'il n'ait pas autant de valeur que le mélèze (1) , cependant il possède quelques avantages particuliers : il croit promptement , et la qualité de son bois suffit pour l'usage des exploitations rurales. Les cônes des pins, et le bois mort, fournissent du combustible aux pauvres. Les branches vertes de cet arbre entretiennent parfaitement bien les daims , pendant l'hiver ; et on épargne beaucoup de foin , en en donnant aux moutons pendant les neiges ; les branchages sont également d'une grande utilité , comme combustible , pour la construction des haies, etc. Il faut ajouter à cela , l'utilité de cet arbre pour les constructions maritimes. On a vu une très-belle frégate de 800 tonneaux , le *Glenmore* , construite entièrement en pin d'Écosse, excepté les mats.

______

(1) Le Duc d'ATHOLL a vendu un beau mélèze de 50 ans, pour 12 guinées (288 francs). Un pin, du même âge , ne vaut que 15 sh (18 francs).

Feu M. Davis, de *Longleat*, était très-partisan de cet arbre. Il remarque que non-seulement le pin croît plus promptement que les autres arbres des forêts, mais que quatre pins peuvent prospérer dans l'espace de terrain qu'exige un seul chêne ; et qu'il est bien préférable de voir une bruyère stérile, couverte de pins vigoureux, que de quelque autre espèce d'arbres que ce soit, languissants et rabougris.

Un des objets les plus importants, auxquels on emploie aujourd'hui cet arbre, consiste à le faire servir d'abri aux plantations d'arbres plus précieux. Dans ce cas, il est nécessaire d'abattre graduellement les pins, afin de laisser les arbres, qui doivent définitivement former la plantation, jouir des influences de l'air et du soleil.

Le Sorbier des oiseleurs (*Sorbus aucuparia*, Linn.) — Cet arbre croît à une élévation d'environ 2,000 pieds ; et comme il réussit bien dans les sols secs et parmi les rochers, il convient parfaitement pour les situations élevées et exposées, et peut, avec avantage, être employé comme abri. Depuis quelques temps, on le cultive fréquemment dans les plantations d'agrément, pour la beauté de son feuillage, de ses fleurs et de ses fruits Son bois est utile, partout où on a besoin d'un bois très-dur et compact ; et son écorce possède, en proportion considérable, le principe tannant ; on remarque même que les cuirs tannés par ce moyen, sont plus souples et plus pliants que ceux qui ont été tannés avec l'écorce de chêne (1).

Le Bouleau (*Betula alba*, LINN.) — Cet arbre est l'ornement naturel d'un climat septentrional. On l'a trouvé croissant naturellement à plus de 1,500 pieds au – dessus du niveau de la mer. Il réussit presque partout, mais de préférence, dans un sol sec et léger ; et il supporte mieux que tout autre arbre, la rigueur des climats du Nord. Son bois est utile aux tourneurs ; à la construction de diverses machines ; dans les travaux intérieurs des mines de houille. On prépare aussi, avec le suc qui en découle, une liqueur vineuse (2). Mais on a négligé jusqu'ici, dans ce pays, un usage très-important de cet arbre ; c'est avec l'écorce du bouleau, qu'on prépare cette huile ou cette gomme glutineuse, odoriférante et inflammable, que les Allemands et les Russes emploient dans le tannage des cuirs, et qui leur donne une odeur particulière, qui repousse si efficacement les insectes.

Le Hêtre (*Fagus sylvatica*, LINN.) — C'est un arbre robuste qui réussit dans les situations mo-

---

(1) Il y a lieu de croire que, dans le tannage des cuirs fins, on devrait préférer à l'écorce de chêne, celle du sorbier des oiseleurs, du bouleau et des saules. Les pêcheurs préfèrent de beaucoup, que leurs filets soient préparés d'abord avec ces matières, et ensuite avec l'écorce de chêne.

(2) On prépare le vin de bouleau, en *Derbyshire*, en y ajoutant du sucre brut et des raisins. Le meilleur moment pour recueillir la sève, est immédiatement avant le développement des feuilles.

dérément élevées , et particulièrement dans les sols calcaires , comme les collines et les dunes de cette nature , de même que dans les loams sablonneux et profonds. Il croît également sur les rochers calcaires , où on ne voit presque pas de terre. Son bois est utile pour les travaux de l'agriculture , et pour la construction de diverses machines. Il est particulièrement propre aux ouvrages hydrauliques de toutes sortes , et on l'emploie pour la quille des navires. On en emploie beaucoup aussi pour faire des chaises , des bois de lits et d'autres meubles. C'est de ce bois qu'on a fait récemment les pilotis et les madriers qu'on a employés dans la construction du pont de *Waterloo.* On a remarqué qu'il ne croît presque aucune espèce d'herbe sous les hêtres.

Quand on le plante dans des terrains élevés, on a remarqué qu'il était extrêmement important de le planter plus jeune qu'on ne le fait ordinairement.

2° *Plantations sur les pentes rapides.* — Les flancs des collines et les bords des rivières , si difficiles à cultiver , ne peuvent être employés plus avantageusement qu'à des plantations d'arbres. Sur les pentes des collines , le frêne et le sycomore , qui ont de gros boutons résineux , et qui poussent des jets forts et peu flexibles , qui ne peuvent se heurter et se nuire réciproquement au printemps, lorsqu'ils sont encore tendres , sont les arbres dont la réussite est la plus probable , principalement si la situation est exposée au vent du midi. Dans plusieurs parties du *Gloucestershire* et du *Wilt-shire*, on croirait à peine le profit qu'on tire en plantant des frênes et des saules, pour taillis, dans les sols forts et marécageux, situés sur les flancs des collines (1).

3° *Lieux bas et humides.* — Le bouleau, l'aune et le saule, conviennent bien à cette espèce de sol : Mais il est probable que le *pin à goudron d'Amérique*, serait supérieur à tout autre espèce d'arbres, dans cette situation. Les plus grands arbres de cette espèce, qui existent en Écosse, ont été plantés, *par hazard*, dans des sols humides abondants en sources. Il n'y a pas d'arbre plus profitable. Son bois est d'une texture plus douce, et plus exempt de nœuds que le pin d'Écosse. La quantité de résine qu'il contient, l'empêche d'être endommagé par l'humidité, ce qui le rend très-propre à la construction du tillac des navires, des dressoirs de cuisines, des métiers de tisserants et d'autres machines. Il résiste aussi à la pourriture sèche, employé dans la charpente des bâtiments, et il ne se fend jamais; il peut être d'une grande utilité pour l'architecture navale.

---

(1) M. DAVIS assure qu'on a obtenu annuellement 8 l. par acre (480 francs par hectare), de plantations de cette espèce, dans le voisinage de *Highworth*, sur des terres qui n'auraient pas valu 10 sh. par acre (30 francs par hectare), pour tout autre emploi. Quelque étonnant que paraisse ce fait, une autorité aussi respectable ne permet pas le moindre doute.

Le frêne peut aussi être cultivé avantageusement dans les sols de cette espèce, et il croît avec vigueur dans presque toute espèce de sol, même dans les lieux bas, tourbeux ou marécageux, de niveau avec l'eau ; on le voit même prospérer à côté des osiers et des arbres aquatiques. C'est une circonstance très-heureuse, et d'une grande importance, que le frêne prospère dans des situations semblables, et ce fait n'est pas aussi généralement connu qu'il mériterait de l'être.

4° *Marais*. — On doit donner la préférence, dans les terrains marécageux, aux arbres qui étendent leurs racines à la surface, comme le pin d'Écosse, le mélèze, le bouleau et les peupliers ; d'après de nouvelles expériences, on doit y joindre le frêne. Le chêne, et les autres arbres munis d'une racine pivotante, qui s'enfoncent profondément dans le sol, n'y réussiraient pas, parce que les racines d'aucun arbre ne peuvent vivre dans les couches inférieures d'un terrain marécageux, à cause de l'humidité qu'elles retiennent. On doit commencer par exposer le sol aux influences de l'atmosphère, et par y mélanger de la chaux, du gravier calcaire ou d'autres substances de même nature, afin de détruire le principe astringent qu'on rencontre généralement dans les terrains marécageux, et qui est si nuisible à la végétation. On doit aussi ne pas négliger les saignées.

Cette espèce de sol peut aussi devenir très-productive, si on la plante en saules ou en osiers.

Un acre contient environ 20,000 pieds, à 18 pouces
de distance l'un de l'autre, et chaque pied produit
environ 6 brins. Cela fait 120,000 brins, qui, à
10 sh. le mille, prix qu'ils valaient il y a quelques années, à *Deptford*, formerait une valeur
de 60 l. par acre (3,600 francs par hectare).
Dans le rapport d'*Ayrshire*, on assure que, lorsque les osiers croissent bien, les brins sont propres
à être vendus, à l'âge de trois ans, et qu'ils valent
fréquemment 24 l. par acre (1,440 f. par hect.)
En huit ans, un acre, planté en osiers, pour l'u-
sage des vanniers et des tonneliers, a produit un
profit net de 38 l. (2,280 f. par hectare), déduction faite de la rente et des autres frais. On tire
un très-grand profit des plantations d'osiers, dans
les îles de la Tamise, mais on ne peut en connaître avec certitude le montant réel.

5º *Plantations sur les côtes de la mer.* — Tout
le monde connaît les difficultés qu'on éprouve à
exécuter des plantations sur les bords de la mer.
Il serait possible que le sol qu'on voudrait y consacrer, pût être employé plus avantageusement
d'une autre manière ; mais, dans ces situations,
les abris que procurent les arbres, sont d'un si
grand avantage aux champs voisins, qu'il est de
la plus grande importance d'écarter les obstacles qui
se sont opposés, jusqu'ici, à la croissance des arbres,
dans des situations aussi exposées. L'expérience a
montré que certaines espèces d'arbres sont plus
propres que d'autres, à résister au soufle des vents
de mer.

On considère le *pin maritime*, comme particulièrement approprié aux plantations des bois ordinaires ; et la précieuse propriété qu'il possède, de résister aux vents de mer, a été confirmée par le Comte de GALLOWAY, qui en a planté, presque sur le rivage, quelques pieds qui sont devenus très-beaux. On a trouvé, dans la nouvelle Écosse, que le pin du Lord WEYMOUTH (*pinus strobus*), était plus propre à résister aux vents de mer, qu'aucune autre espèce d'arbres. Feu le Docteur ANDERSON, assurait que le *laburnum* résistait très-bien aux vents de mer, et était très-propre à servir d'abri aux autres arbres, mais il faut le garantir des lièvres, qui sont très-friands de son écorce.

Le saule de *Huntingdon*, avec le pin maritime, sont des arbres qui semblent convenir le mieux, pour résister à l'influence pernicieuse des vents d'Ouest des côtes de la mer. On peut le cultiver à peu de frais, et sa croissance est plus prompte que celle d'aucun autre arbre. Son bois et son écorce ont aussi beaucoup de valeur. On a vu cette espèce de saule, s'élever, en 28 ans, à une hauteur de 58 pieds, avec un tronc d'une grosseur considérable. On se procurerait un abri prompt et efficace, sur les bords de la mer, en formant une plantation de ces saules, opposée au vent du Sud-Ouest.

Il y a une espèce particulière de chêne, le chêne toujours vert (*quercus virens*), qui abonde principalement dans les parties méridionales de l'Amérique du nord, et qui réussirait probablement sur nos côtes, attendu qu'on assure que les brises de mer sont favorables, sinon nécessairess à son développement. On a mentionné comme un fait isolé, qu'un if avait cru sur un rocher situé dans la mer, près de l'île de *Bernera*, une des Hébrides, et que lorsqu'on l'a coupé et débité, on en avait chargé un gros bateau. Il est probable que la semence y avait été apportée par un oiseau. Si ce fait était confirmé, ce serait une découverte très-importante, que la possibilité de faire croître des ifs, dans une situation aussi exposée aux plus violentes tempêtes; car, au moyen de l'abri des ifs, on pourrait y faire croître d'autres arbres.

Le platane, ou sycomore, est aussi une excellente défense contre les vents de mer, auxquelles il résiste peut-être mieux qu'aucune autre espèce d'arbres. On a remarqué que le frêne et le sycomore communs, ont de gros boutons résineux, et que leurs pousses, quoique fortes, ne sont pas exposées à se heurter l'une l'autre, au printemps, lorsquelles sont encore tendres, ce qui les rend propres à végéter dans les situations exposées aux grands vents. Le frêne réussit bien près de la mer, parce que sa feuillaison est tardive. Cependant, le platane d'Orient, et celui d'Occident, sont très-délicats; et il y a quelques années qu'un grand nombre d'entre eux ont péri à l'ouest de *Londres*.

Le tamarisk (*Tamarix gallica*), croît avec

vigueur dans les situations les plus exposées aux vents de mer. Il forme de bonnes haies ; et on a vu de ces haies, croître de dix à douze pieds de hauteur en dix ou douze ans, et rester bien garnies jusqu'en bas. Il réussit très-bien vers le *Lizard,* en *Cornwall*, et il ne peut guère y avoir de situation plus exposée. Cependant il ne résiste pas très-bien à la gelée, et, sous ce rapport, le tamarix d'Allemagne (*tamarix germanica*), mérite la préférence dans les climats froids, parce que c'est un arbuste plus rustique.

A défaut d'autre espèce, on pourrait employer le sureau (*sambucus nigra*), qui est très-capable de résister aux influences de la mer. On peut l'employer, du moins, pour protéger, des vents de mer, d'autres arbres plus précieux. Ses boutures réussissent bien dans les sables des bords de la mer, principalement si le sol est humide.

Au reste, on a surmonté, par un expédient simple, les difficultés qu'on éprouve à élever, sur les bords de la mer, des arbres forestiers, et même des arbres à fruits. Il est probable que si le voisinage de la mer est nuisible à la croissance des arbres, cela est dû principalement à la violence et à la fréquence des vents qui nuisent aux arbres, surtout dans leur jeunesse ; car, toutes les fois qu'on a procuré aux plantations, un abri contre le vent, les arbres ont réussi dans le voisinage de la mer, tout aussi bien que dans l'intérieur des terres. Imbu de cette idée, le Rév. M. FORMBY, du *Lancashire*, a adopté la méthode de protéger contre les vents , les jeunes arbres qu'il plantait , au moyen de mottes de gazon qu'il élevait autour d'eux , en garantissant ainsi leurs pousses encore tendres , du soufle du vent , jusqu'à ce que leurs racines aient pris solidement possession du sol. Il a réussi , par ce moyen , à planter quelques acres en arbres forestiers , qui font aujourd'hui l'ornement du canton ; et il est parvenu à élever des plantations d'arbres fruitiers , si près de la mer , qu'on ne l'aurait pas cru possible avant qu'il l'eût exécuté.

6° *Plantation des terres de meilleure qualité.* — Dans les sols de cette espèce, le chêne, le frêne, le châtaignier (1) et l'orme, méritent la préférence.

Les qualités du chêne , relativement à son bois et à son écorce, sont trop bien connues, pour qu'il soit nécessaire d'en parler ici. On sait que le bois de chêne est le plus durable de tous ceux que produit ce pays, car, dans beaucoup d'anciens bâtiments , on l'a trouvé intact, après un laps de 6

---

(1) Cet arbre peut, jusqu'à un certain point , remplacer le chêne, et sa croissance est d'une promptitude remarquable, dans les loams et les sols argileux. Pour les usages de la marine, il est inférieur au chêne ; il lui est égal pour plusieurs autres emplois ; et pour la charpente et les ouvrages exposés à l'air, il lui est très-supérieur. Lorsque l'arbre devient vieux , son bois est sujet à être cassant. On doit donc le couper lorsqu'il est encore en pleine vigueur.

ou 7 siècles. On ne peut donc employer plus utilement, qu'à la production du chêne , les sols argileux ou loameux , lorsqu'ils sont trop froids pour
convenir à la culture des grains.

Sous le rapport de l'importance , le frêne (1)
semble mériter d'être placé immédiatement après le
chêne. En taille comme en beauté, un frêne, parvenu à toute sa croissance , est un de nos arbres
les plus remarquables. Son feuillage, quoique d'une
apparence tardive au printemps , circonstance favorable à sa réussite , dans le voisinage de la mer,
et tombant de bonne heure en automne , est d'une
élégance particulière. Malheureusement le frêne est
extrêmement nuisible aux terres cultivées , lorsqu'on le plante en bordure autour des pièces. Il
est tout aussi nuisible aux pâturages de vaches ,
parce que ses feuilles, tombant à l'automne , com-
muniquent au lait des vaches qui en mangent ,
et au beurre qu'on en prépare , un goût détestable. Il vaut mieux , en conséquence , élever les
frênes en massifs qu'en bordures (2).

---

(1) M. SAVILLE, de *Bocking* , en *Essex* , a planté en frêne,
il y a 14 ans , cinq acres de terrain marécageux , qui ont si
bien réussi qu'ils lui promettent la récolte la plus profitable
de toute sa ferme.

(2) On dit qu'un acre de très-mauvais sol d'argile rouge
stérile , a produit , dans l'espace de 23 ans , des frênes , pour
une valeur de 115 l. 10 sh.: ce qui fait plus de 5 l. par acre
(300 francs par hectare) par année.

L'orme est un arbre très - précieux. Il procure
un bon abri , son ombre fait peu de tort aux haies,
et ses feuilles ni ses racines ne nuisent aux prairies ou aux terres arables. Son bois convient à
divers emplois utiles , plusieurs personnes le considèrent même comme aussi profitable que le chêne ;
car quoique la même quantité de bois de chêne ou
d'orme, soit entre eux , sous le rapport de la valeur , comme deux est à trois, cependant la croissance du dernier est ordinairement à celle du premier , comme trois est à deux ; par conséquent ,
sous le rapport du profit , on doit les regarder
comme égaux.

Il y a encore quelques autres espèces d'arbres
qui, quoique d'une moindre importance , peuvent
présenter du profit dans les plantations ; par exemple,
le saule jaune (*salix cœrulea*), le peuplier du
Canada (*populus monilifera*), ainsi que le ceri-
sier sauvage, dont on devrait étendre la culture,
parce que son bois est propre à la construction de
tous les bâtiments, lorsque l'arbre atteint l'âge de
40 ou 50 ans (1).

3° Il y a plusieurs manières de planter les arbres,
dont chacune présente des avantages particuliers.

---

(1) On dit que le peuplier noir d'Italie, est le plus profitable de tous les peupliers, lorsqu'on le plante avec jugement,
comme abri, autour des maisons de ferme, ou des autres bâtiments d'exploitation.

1° Lorsque le climat est froid , et qu'il exige des abris , on doit les planter en grandes masses ; car quoique les parties extérieures puissent être arrêtées dans leur croissance , par la violence des vents , cependant elles protègent l'intérieur , qui forme la partie la plus considérable de la plantation. 2° Les plantations en bordures sont aussi fort utiles , elles brisent le courant du vent , et le rendent beaucoup moins violent. L'abri qu'elles procurent ainsi , améliore le sol et ses produits , dans les cantons froids et infertiles. Une erreur trop fréquente , dans la plantation de ces bordures , est de les faire trop étroites. Elles doivent avoir au moins une largeur de 5o à 6o *yards* (6o mètres), excepté dans les localités où le sol est d'une grande valeur , et dans les propriétés peu étendues. Lorsqu'elles sont étroites , on peut améliorer beaucoup l'abri , par le moyen de haies élevées. 3° Dans quelques districts , on distribue les plantations en petits massifs ; lorsque cette méthode est exécutée avec intelligence , elle contribue beaucoup à la décoration et à l'amélioration d'un pays dénué de bois. 4° Depuis quelques années , on a fortement recommandé de planter les angles des pièces de terre. Plusieurs motifs plaident fortement pour l'adoption de cette méthode ; l'espace destinée à la plantation se trouve déjà enclos en grande partie ; les labours à la charrue ne peuvent s'exécuter facilement dans ces angles ; le sol y est riche et en bon état ; enfin , ces plantations contribuent beaucoup à la beauté du paysage ; cependant, si on ne consacre à la plantation qu'un petit espace à chaque angle, cela exige beaucoup de dépense pour enclore ces plantations du côté de la pièce, et pour entretenir ces clôtures. 5° Dans quelques domaines, on plante des arbres forestiers dans les jardins des fermiers et des manouvriers, et cette méthode est avantageuse, sous le rapport de la beauté du paysage, mais elle est extrêmement nuisible aux productions des jardins, et on ne doit jamais l'adopter, là où les arbres fruitiers peuvent croître. 6° Les arbres plantés dans les haies, forment une magnifique décoration ; ils donnent de l'abri, et, avec le temps, ils fournissent du bois de service ; mais, à moins qu'on ne les gouverne avec beaucoup de soins, en les élaguant judicieusement et à une grande hauteur, ils ruinent la haie, nuisent aux terrains voisins, par leurs racines et leur ombre ; et lorsqu'ils sont plantés sur le bord des chemins, ils leur causent beaucoup de dommage, en y entretenant l'humidité (V. le 3e Chap.) 7° Quelques arbres isolés, plantés judicieusement dans les champs, sont très-utiles, en offrant de l'ombre aux troupeaux, dans les jours chauds de l'été. Le hêtre, le sycomore et le tilleul, conviennent bien à cet usage. 8° Les arbres en têtards, contribuent peu à l'ornement du paysage, et on n'en tire pas beaucoup d'avantages, excepté dans les cantons où le bois à brûler est très-cher. On ne peut pas recommander non plus, de couper la cime des arbres plantés dans les haies, comme on le fait quelquefois. Cela diminue l'agitation produite par les vents, et on prive ainsi l'arbre, d'une chose qu'on peut regarder comme un exercice salutaire pour lui ; et on l'empêche aussi, en retranchant ses branches, de recevoir la nourriture que lui auraient procuré les feuilles.

4° Les dépenses qu'entraîne une plantation, doivent varier, en raison de l'étendue et de la figure de la pièce qu'on veut planter, du genre de clôture dont on veut l'entourer, des travaux de desséchement qu'elle exige, enfin, du nombre, de l'espèce et de l'âge des arbres dont on veut composer la plantation. En *Galloway*, lorsqu'on fait planter à prix fait, on paye ordinairement 5 l. par acre (300 francs par hectare) (1). Mais en général, l'évaluation suivante n'est pas trop élevée, lorsqu'on veut bien faire les choses, et avoir de bonnes espèces d'arbres.

---

(1) Lorsqu'on a enclos quelques champs communs, près de *Poole*, en *Dorsetshire*, vers l'an 1805, plusieurs centaines d'acres de misérables terrains sablonneux, couverts de bruyères, ont été vendus à 5 guinées l'acre (300 francs l'hectare); et on a fait marché, moyennant 5 autres guinées par acre, pour les plantes de 2.500 arbres forestiers pour chaque acre (6,250 par hectare); ainsi que pour remplacer les plants qui viendraient à manquer, et entretenir et garder le tout pendant 7 années.

	par acre.	par hectare.
Desséchement .	. o l. 15 sh. o d.	— 45 francs
Prix du plant .	. 3 10 o	— 210
Plantation. . . .	. « 18 o	— 54
Total	5 l. 3 sh. o d.	— 3o9 francs

La dépense des clôtures varie de 10 sh. à 5 l.
par acre (de 3o à 3oo francs par hectare), selon l'étendue et la forme des pièces, et le genre
de clôture qu'on adopte.

Il est certain qu'on peut faire exécuter des plantations à plus bas prix , en les donnant à des en-
trepreneurs , à prix fait d'avance ; mais, alors,
elles sont toujours exécutées sans soins , et d'une
manière imparfaite ; on y emploie fréquemment des
plants mal venant et sans vigueur , de sorte que
ces plantations manquent presque toujours. En général, on ne doit pas compter sur le succès d'une
plantation , si on n'a pas fait , avec habileté et attention, toutes les dispositions qui peuvent en assurer la réussite. Le desséchement , en particulier,
est un objet très-essentiel , auquel un entrepreneur
fait peu d'attention. Il n'y a qu'un petit nombre
d'espèces d'arbres qui réussissent dans un sol humide , et on voit dépérir le plus grand nombre de
ceux dont on a garni une plantation , lorsque leurs
racines pénètrent dans un sol qui n'est pas bien
desséché. On doit donc apporter une attention particulière au creusement des saignées , et on doit
ensuite les entretenir avec soin , sans jamais per —

mettre qu'elles se remplissent. Si une plantation mérite les dépenses qu'on a dû faire pour l'exécuter et la clore, elle mérite certainement aussi la dépense accessoire du desséchement et de l'entretien des saignées, d'où dépend principalement son succès futur.

5° On fait souvent les plantations dans des terrains encombrés de pierres ou de rochers, auxquels on ne peut donner d'autres préparations, que de creuser à la pioche, les trous où on doit planter les arbres; il est fort utile de préparer ces trous 5 ou 6 mois avant la plantation, ce qui rend la terre bien plus propre à nourrir les jeunes arbres. C'est une préparation coûteuse, mais utile, toutes les fois qu'elle est praticable, de défoncer à la bêche ou à la charrue, le terrain dans lequel on doit planter les arbres; et quelques personnes recommandent de donner des cultures autour des racines des jeunes plants, pendant les deux ou trois premières années. Le nombre de plants varie de 2,000 à 4,000 par acre (de 5,000 à 10,000 par hectare), selon la richesse du sol et la situation plus ou moins froide. On a essayé, avec succès, en *Sussex*, de planter des champs de genêt. Après avoir produit, pendant quelques années, une récolte aussi épuisante que le genêt, le sol n'est pas propre à produire des récoltes de grain (1). En

____

(1) Il m'est impossible de comprendre ceci; il est certain que, au contraire, on cultive très-fréquemment le genêt, dans

conséquence , on plante les places vacantes , principalement en frêne , et on coupe les genêts à mesure que les arbres croissent. Comme on a trouvé
que le genêt est de peu de valeur pour l'usage
des fours à chaux , on le répand sur les terrains
destinés aux turneps , et on l'y fait brûler ; les
résultats sont très-satisfaisants ; et on obtient ainsi
d'excellentes récoltes de turneps , sans aucun autre
amendement.

On rencontre quelques préjugés contre le mélange de différentes espèces d'arbres dans la même
plantation ; mais il est certain que cette variété de
formes et de couleurs contribue beaucoup à l'ornement, et que la protection et l'abri que procurent
les arbres les plus robustes et de la végétation la
plus rapide, à ceux qui sont plus délicats et plus
lents à croître, est très - utile à ces derniers.

En disposant une plantation, le principal objet
qu'on doit avoir en vue, est de lui procurer ,
en proportions convenables, de l'abri et de l'air.
Dans beaucoup de cas, on a vu des plantations
qui avaient été faites avec beaucoup de soins et de
jugement, bien closes et bien desséchées., réussir
parfaitement pendant les 12 ou 15 premières années,
mais perdre un grand nombre de leurs arbres les

----

les parties les plus sablonneuses des Pays-Bas , avec l'intention principale d'améliorer le terrain , et de le rendre propre
à la culture des grains; effet qu'on obtient dans un petit nombre
d'années. (*Note du Trad.*)

plus précieux, pendant les 15 années suivantes,
parce qu'on avait laissé mal-adroitement, pendant
25 ou 30 ans, des pins d'Écosse et des mélèzes,
qu'on y avait placés, avec beaucoup de raison, pour
servir d'abri à la plantation, pendant ses premières
années. Les chênes et les frênes ont été en partie
détruits, et ce qui en reste est tellement élancé
et affaibli par défaut d'air, que, lorsqu'on finira par
abattre les arbres qui les dominent, ils ne pourront jamais se rétablir ; le peu d'entre eux qui ré-
sisteront à la transition subite à laquelle on les
expose, s'arrêteront immédiatement dans leur croissance, et seront bientôt couverts de mousse (1).

(1) Il arrive souvent aux plus grands amateurs de plantations, qu'une tendresse excessive pour l'objet de leurs jouissances, les fait tomber dans une erreur qui leur fait manquer entièrement le but que doit se proposer l'homme qui
se livre aux plantations et aux améliorations. Il est aussi important d'éclaircir les arbres avec jugement, que de les planter avec soin et méthode ; et cependant on voit trop souvent
des propriétaires qui ne peuvent se déterminer à abattre ces
arbres chéris, quoique leur jugement leur dise qu'ils font un
tort considérable à leurs plantations, et qu'ils finiront par arrêter leurs progrès. Certainement, personne ne peut nier qu'une
futaie ou une plantation consistant en arbres bien fournis de
branches et d'un riche feuillage, ne soit d'un plus bel aspect que les arbres qui se présentent avec des tiges nues et
des branches mortes en partie. On ne peut pas supposer non
plus, que des arbres accumulés ensemble, se dérobant réciproquement les aliments et l'influence fertilisante de l'air et
du soleil, pourront arriver à un degré de croissance qui rende
la plantation profitable. Il est plus absurde de s'obstiner à ne

On a essayé d'employer la greffe pour les arbres forestiers, avec autant de succès que sur les arbres à fruits, et ce procédé mérite certainement plus d'attention qu'on ne l'a cru jusqu'ici. Le feu Lord POLKEMMET a greffé l'orme d'Angleterre sur l'orme d'Écosse, et le cormier sur le sorbier des oiseleurs, et il a bien réussi; on a aussi greffé, avec succès, en Angleterre, des chênes étrangers sur les chênes du pays.

6° Le profit des plantations doit dépendre d'un grand nombre de circonstances locales. La dépense est immédiate, et on peut la fixer avec certitude; mais les rentrées sont éloignées, et les planteurs sont souvent disposés à se former, pour l'avenir, des espérances exagérées.

En *Somersetshire*, on a planté en pins d'Écosse, de mauvais pâturages qui ne valaient pas 3 sh. l'acre (9 francs l'hectare) de loyer ; à l'âge de 30 ans, les arbres valaient 30 l. par acre (1,800 francs par hectare). Des pins d'Écosse, plantés en *Galloway*, sur des terres de même valeur, ont été estimés valoir de 24 à 32 l. par acre (de 1,440 à 1,920 francs par hectare) (1).

---

pas couper de jeunes arbres, lorsque cela est nécessaire, qu'il n'est répréhensible de refuser d'en planter, lorsqu'on peut le faire avec avantage.

(1) Il faut remarquer que 10 sh. (12 francs) annuellement pendant 30 ans, forment, au bout de ce temps, une somme de 33 l. (792 francs).

En *Clydesdale*, des pins d'Écosse, plantés dans un sol pauvre, dans la partie basse du Comté de *Lanark*, se vendent à raison de 20 à 25 l. par acre (de 12 à 1,500 francs par hectare), à l'âge de 25 ans, et plus de 80 l. (4,800 francs par hectare), lorsqu'ils atteignent l'âge de 50 à 60 ans. Mais c'est dans le voisinage immédiat de *Glasgow*, près des forges de la *Clyde* et de plusieurs manufactures importantes.

Les chênes sont toujours précieux, à cause de la valeur de leur écorce ; mais, en général, les évaluations qu'on a données, du profit qu'on peut tirer des plantations, sont exagérées, si ce n'est dans le voisinage des grandes villes, des manufactures, ou des moyens de transport par eau. Il est certain, en même-temps, qu'il n'y a aucun moyen d'employer plus avantageusement les sols pauvres ou pierreux. Il est certain aussi que, dans les situations appropriées aux plantations, aucune spéculation ne peut être plus agréable et, dans quelques cas, plus lucrative. La seule objection qu'on puisse faire contre les plantations, c'est la longueur du temps qu'elles exigent, pour que le propriétaire soit en pleine jouissance. Mais cette considération n'est pas très-importante, puisque le profit doit s'accroître, soit pour le planteur, soit pour ses héritiers ; et, lorsqu'il a une nombreuse famille, il n'a pas de moyen plus certain de procurer de l'aisance aux plus jeunes de ses enfants. Au reste, s'il est profitable de planter de nouveaux bois, il l'est

bien plus encore de soigner les anciens, et de rétablir ceux qui sont en mauvais état.

Au sujet des plantations, il est nécessaire de remarquer combien il est important de faire la distinction entre les diverses espèces du même genre
d'arbres ; car il est arrivé souvent qu'on a mêlé mal-
à-propos, dans la même plantation, trois ou quatre
espèces d'arbres, qui auraient exigé différentes situations.

CONCLUSION DU CHAPITRE IV.

Telles sont les différentes manières d'employer le
sol dans un climat tempéré, comme celui de la
Grande-Bretagne. Il résulte de toutes ces recherches,
que, sous un climat semblable, il y a à peine
quelque coin de terre, excepté sur les sommets les
plus froids des montagnes, qui ne puisse être appliqué à quelque objet utile à l'homme. Lorsque
le sol peut être mis en culture, on peut en obtenir annuellement de précieuses récoltes de grains
ou d'herbages artificiels ; et les lieux même les plus
stériles peuvent produire, soit des pâturages profitables, soit quelque espèce utile d'arbres.

CHAPITRE CINQUIÈME.

DES MOYENS D'AMÉLIORER L'AGRICULTURE D'UN PAYS.

Observations préliminaires sur l'importance de l'agriculture (1).

Lᴀ prospérité d'une nation qui possède une étendue de territoire suffisante pour l'existence de ses habitants, dépend principalement, 1° de la quantité d'*excédant* dans les produïts du sol, après avoir payé les frais de la culture ; 2° de ce que cet excédant obtienne à la vente, un prix suffisant pour encourager la reproduction ; 3° enfin, de ce que les cultivateurs ayent à leur disposition, un capital suffisant pour les mettre en état de conduire leurs

(1) Un Écrivain moderne compare l'agriculture au langage. » L'Agriculture, dit-il, est un art qui peut exister sans tous les autres ; mais aucun autre ne peut exister sans lui. Cet art ressemble au langage, sans lequel la société des hommes ne pourrait subsister ; les autres peuvent être comparés aux figures et aux tropes, qui ne servent que d'ornement au discours. » Un autre auteur moderne appelle les productions du sol, » la source de la richesse et de l'indépendance nationale, » ainsi que de la fortune et de la prospérité des individus. »

exploitations avec énergie.

1° L'excédant des produits prend sa source dans l'inestimable propriété que possède le sol , de produire , en proportion de l'habileté avec laquelle on le cultive , des moyens de subsistance pour un plus grand nombre d'hommes qu'il n'est nécessaire d'en employer à sa culture. C'est de là que proviennent les profits des fermiers , — la rente qu'obtiennent les propriétaires ; — la subsistance des hommes qui s'occupent des manufactures et du commerce , — enfin , la plus grande partie du revenu de l'État. C'est donc à juste titre qu'on considère cet excédant, dont peuvent disposer les cultivateurs, comme la source principale , non - seulement de la puissance politique , mais aussi des jouissances personnelles. Lorsque cet excédant n'existe pas (si ce n'est dans des circonstances particulières) (1) , il ne peut y avoir ni villes florissantes , — ni force militaire navale, — ni arts libéraux , — ni manufactures , — ni sciences , — ni importation des pays étrangers , — ni cette société policée qui, non-

(1) **On** cite souvent la Hollande , comme un exemple contraire à cette doctrine ; mais même là , un excédant considérable de beurre , de fromage et d'autres productions de l'agriculture , est exporté à l'étranger ; d'ailleurs , la richesse et la puissance de cette nation ont eu pour causes principales, ses riches pêcheries , et sa situation à l'embouchure de plusieurs grands fleuves , ayant derrière elle une grande étendue de pays qu'elle fournissait de marchandises ; situation qui la rendait particulièrement propre à son commerce étendu.

seulement élève et ennoblit les individus, mais aussi étend son influence bienfaisante sur toute la masse de la nation. Quels efforts ne doit-on donc pas faire, et quels encouragements ne devrait-on pas distribuer, pour conserver ou accroître cette ressource fondamentale de notre prospérité nationale (1)!

Deux habiles fermiers ont publié les données suivantes, sur l'excédant disponible des produits de l'agriculture dans deux exploitations d'un sol de nature très-différente ; l'un cultive une terre argileuse , et l'autre , un loam léger propre aux turneps.

M. BROWN, de *Markle*, en *Lothian* oriental, occupe une ferme de 670 acres anglais. sur laquelle existe une population de 91 individus de tout âge, attendu qu'il n'emploie que des domestiques mariés. D'après une moyenne de plusieurs années, le produit de 80 acres est consommé dans la ferme ou donné, comme gages, aux domestiques, qui sont payés presque entièrement en grains, et qui ont des vaches nourries sur la ferme, été et

(1). Un homme d'État Américain , a présenté comme il suit, l'importance de l'agriculture : — " La faculté de cultiver la terre et d'élever des animaux, afin de se procurer un approvisionnement de subsistances plus considérable que celui qu'offre la nature, *appartient à l'homme seul.* — Aucun autre des êtres qui habitent le globe, n'a reçu une intelligence supérieure à l'instinct qui porte le castor et la fourmi à emmagasiner seulement, pour l'usage futur, les aliments que la nature leur fournit spontanément.

hiver. Environ 90 acres sont employés à produire le grain, le trèfle, les vesces et le foin nécessaires aux bêtes de travail, et 45 acres à fournir les grains de semences. 100 acres sont habituellement dans un état improductif, c'est-à-dire, en jachère, en herbage, pour les jeunes chevaux qui ne travaillent pas, ainsi qu'en chemins, clôture, cours de meules, ou destinés à des emplois dont on n'obtient pas un produit direct. 4 acres sont abandonnés aux domestiques, comme partie de leurs gages, pour y cultiver du lin. Tout cela forme 319 acres; il ne reste donc que 351 acres, pour produire l'*excédant disponible*. Dans cette quantité, 120 acres environ sont en pâturage pour les bêtes à laine et le gros bétail, en trèfle pour la nourriture à l'étable, et en turneps. Cela laisse 231 acres pour la culture du grain à vendre, dont le produit peut être évalué à 950 quarters, en terme moyen. Au total, il calcule l'excédant disponible de sa ferme, à 11 bushels un quart de grains, et 24 liv. 1/2 de viande de boucherie, pour chaque acre de son exploitation (9 hectol. 91 litres de grain, et 28 kilog. de viande par hectare) (1).

------

(1) Dans ce cas, l'excédant du produit peut s'évaluer comme il suit :

11 bushels 1/2 de grains de diverses
   espèces, à 8 sh . . . . 4 l 10 sh. 0 d.
   Viande de boucherie 0   7   0
                Total. 4 l. 17 sh. 0 d.

(Ce qui fait par hectare 291 francs).

M. WALKER de *Mellendean*, en *Roxburghshire*, cultive une étendue très-considérable de terre (2,866 acres anglais), avec une population de 250 individus, dépendant de sa culture, pour leur subsistance ; il envoie au marché, en excédant disponible, 3,551 quarters de grains, et 7,000 stones de 14 liv. de viande de boucherie ; ou dix bushels de grain et 35 liv de viande, pour chaque acre de son exploitation (8 hectol. 81 litres de grains, et 40 kilog. de viande par hectare) (1).

Il faut ajouter à cette évaluation du produit disponible, les peaux des animaux, la laine, le suif et un grand nombre d'autres articles, qui sont la base de manufactures importantes, et dont il est impossible d'établir la valeur avec exactitude, à cause de leur peu de fixité et des variations des prix.

Si la culture du sol produit des résultats aussi avantageux (et les faits que nous avons établis, sont à l'abri de toute contradiction), est-il possible de mettre en parallèle aucune autre branche d'industrie intérieure ou de commerce étranger, avec une mine de richesse si inépuisable, lorsqu'elle

---

(1) Dans ce cas, l'excédant du produit, par acre, est comme il suit :

10 bushels de grains de diverses espèces,
   à 8 sh . . . . 4 l. 0 sh. 0 d.
   Viande de boucherie 0   10   0

                  Total   4 l. 10 sh. 0 d.

(Par hectare 270 francs.)

s'étend sur toute la surface d'un vaste empire (1) ?

2° Mais la prospérité d'une nation, comme nous l'avons déjà observé, ne dépend pas seulement de ce qu'elle ait une quantité considérable de produits disponibles, mais aussi de ce que ce produit obtienne sur les marchés, un prix propre à encourager la reproduction. Cette circonstance se rencontrait pendant la dernière guerre ; et c'est ainsi que la nation a été en état de la soutenir pendant un si grand nombre d'années, et finalement, de la conduire à une conclusion heureuse. Au moyen d'une grande quantité de produits agricoles disponibles, qui se vendaient à des prix élevés, les fermiers et les propriétaires étaient en état de payer au Gouvernement de très-fortes taxes ; — d'entreprendre des améliorations de toute espèce ; — de fournir de l'occupation à un nombre considérable de manouvriers, pour lesquels le prix élevé du pain était de peu d'importance, tant qu'ils pouvaient se procurer du travail, avec des salaires proportionnés au prix des grains ; — enfin, de consommer une

____

(1) MONTESQUIEU remarque, « qu'il est nécessaire que l'agriculture, la plus étendue de toutes les manufactures, soit dans un état florissant, avant que ce que nous appelons communément les manufactures, puissent exister comme objets de commerce et d'échange ; que, lorsque la culture est parvenue à son plus haut point de perfection, on doit encourager d'abord les manufactures, qui emploient les matières premières, provenant du sol national ; et les dernières de toutes, celles qui emploient des matières premières venant de l'étranger.

immense quantité de marchaudises et d'objets manufacturés , ce qui soutenait ces deux brauches de l'industrie nationale , pendant qu'elles étaient privées , en grande partie , des débouchés étrangers. L'histoire ne fournit pas d'exemple d'une nation qui ait fait tant d'incroyables efforts *au - dehors* , tandis que , *à l'intérieur* , tant de millions d'hommes jouissaient de toutes les nécessités , de tous les agrémments , et un grand nombre d'entre eux de toutes les superfluités de la vie. Tout cela avait sa source dans une agriculture prospère , sans laquelle il nous anrait été impossible de soutenir notre industrie manufacturière , nos relations commerciales , ni nos opérations financières.

3° Il n'est pas encore suffisant que le cultivateur obtienne un prix propre à encourager la reproduction ; il faut aussi qu'il puisse disposer d'un capital suffisant pour le mettre en état d'imprimer une grande activité à ses travaux ; et , si ce capital est emprunté , il faut que l'intérêt n'en soit pas trop élevé. Il est certain que, lorsque le capital ou le crédit sont réunis à l'habileté en agriculture , c'est la base la plus solide de la prospérité générale. On ne peut disconvenir que cent personnes ne puissent être mises dans le plus grand embarras, si un seul individu, *placé à la tête de la chaîne de la circulation* , ne peut pas payer *cent livres*. Mettez-le en état de payer cette somme , et tous les autres seront progressivement tirés d'embarras. Mais c'est *le cultivateur* qui est le premier anneau dans la grande chaîne de la circulation nationale. Lorsqu'il ne manque pas d'argent, il peut payer sa rente régulièrement ; — le propriétaire est ainsi mis en état, non-seulement d'employer un grand nombre d'ouvriers, mais d'acheter des marchandises, tant des manufactures anglaises, que du produit des importations ; le négociant, trouvant ainsi à vendre les marchandises étrangères, peut alors exporter sur les marchés du dehors, les produits des manufactures du pays ; — par le moyen d'une circulation abondante, les revenus de l'État se perçoivent sans difficulté et avec régularité, ce qui fournit le moyen de payer les créanciers de l'État ; le crédit public se soutient, toutes les classes de la société sont dans un état de prospérité. Il est évident que tout cela tire sa source du cultivateur, le premier chaînon dans la grande chaîne de circulation, dont la base est la charrue (1).

L'importance supérieure de l'agriculture a été récemment prouvée d'une manière tellement incontestable, que la question doit être considérée aujourd'hui comme résolue. Il est bien connu que

____

(1) L'influence supérieure des cultivateurs, pour favoriser la circulation nationale, est une découverte aussi importante en politique, que l'a été, en astronomie, celle d'après laquelle Sir ISAAC NEWTON a déterminé les principes du mouvement des corps célestes. Elle est fondée sur le système des banques de province, qui doivent être encouragées, et placées sur les fondements les plus solides qu'il est possible. C'est seulement lorsque les gouvernements agiront d'après ce système, que les nations pourront jouir d'une prospérité parfaite et durable.

toutes les ressources du pays ont été mises à une rude épreuve, par le mode récemment adopté, de lever la taxe sur les revenus (1). On peut, au reste, assigner les bases réelles de notre richesse nationale, avec un degré d'exactitude qu'on ne pouvait atteindre auparavant, en analysant les produits de cette taxe dans toutes ses branches. Cette recherche présente le résultat suivant :

1° Taxes sur les propriétaires fonciers. l.st. 4,257,247 fr. 102,173,928.

2° *dito* sur les fermiers 2,176,228   52,229,472.

     Total payé par les classes agricoles.   6,433,475   154,403,400.

3° Taxes sur les propriétés commerciales. . 2,000,000.

4° *dito* sur les professions . 1,021,187.   3,021,187   72,508,488.

Différence en faveur des classes agricoles . . . . 3,412,288 (2) 81,894,912.

___

(2) Quelques personnes ont supposé que les commerçants et les manufacturiers ne payent pas une proportion aussi élevée sur leurs profits, que celle qui est levée sur les propriétés foncières. Mais cette assertion a toujours été niée par les parties elles-mêmes.

(2) Il peut être convenable de présenter ici le détail des sommes produites par la taxe sur les revenus, en 1814, der-

Il est donc évident que, durant cette période critique, pendant laquelle les ignorants et les hommes à préjugés supposaient que nous ne nous soutenions que par le commerce, et que nous ne devions être considérés que comme une nation de marchands, c'était principalement la richesse provenant des productions du sol, qui nous mettait en état de soutenir tant d'efforts ; c'est une agriculture prospère, qui nous a fourni les moyens de soutenir la lutte, et de l'amener enfin à une conclusion triomphante.

On ne doit pas traiter ce sujet uniquement comme une question de finance. On doit considérer que c'est le sol qui fournit les matières premières de la plus grande partie de nos manufactures ; que ce sont les propriétaires et les fermiers qui consomment la plus grande partie des objets offerts par les manufacturiers et les négociants ; que ce sont eux qui

---

nière année où elle a été assise sous ses divers titres.

1° Classes agricoles comme ci-dessus . . . . l.st. 6.433,475	fr. 154,403,400.
2° Classes commerciales	2.000.000	48 000.000.
3° Professions	1,021,187	24,508.476.
4° Taxe sur les maisons	1,625,939	39,002.536.
5° Taxe sur les fonds	3,004,861	72,116,663.
6° Offres provinciaux. 1. 1188 32.		
7° Établissements maritimes, militaires et civils . . . . . 1. 924,312.	1,113.244	26,717.856.
Total du produit brut . . .	15.108 706	364.708.944.

Le produit net a été de 14 545,279 l., dans lesquels le commerce étranger n'a probablement pas payé un demi million.

font gagner leur subsistance au plus grand nombre des hommes qui s'occupent d'autres professions. Les créanciers de l'État devraient être convaincus aussi, que c'est de la prospérité de l'agriculture, que dépend principalement le paiement régulier des sommes qui leur sont dues. *En effet, on doit remarquer que, comme la taxe sur les revenus a été imposée sur toutes les classes de la société, en proportion de leurs richesses ou de leurs revenus supposés, on peut conclure que tout ce qui est payé de toute autre manière, par chaque classe et par chaque individu de toutes les classes, qui dépense son revenu, est probablement à-peu-près dans la même proportion que la taxe sur les revenus.*

On ne peut pas douter, en même-temps, que les classes agricoles ne soient redevables aux manufacturiers et aux commerçants, qui consomment les produits du sol. Mais il reste toujours certain, que ce qui constitue la base réelle de notre prospérité nationale, c'est l'excédant des produits de l'agriculture, obtenus, sous la direction des propriétaires du sol, par l'habileté et l'industrie de ceux qui le cultivent; et les objets manufacturés qu'on exporte, ne doivent être considérés que comme une égale quantité de viande de bœuf, de mouton, d'orge, de froment, etc., présentée sous une autre forme plus favorable pour les débouchés. Lorsque les manufactures sont entretenues par les produits de l'industrie étrangère, et que les objets qui s'y fabriquent, exigent des matières premières tirées du dehors , comme des laines fines , etc. etc. , au lieu de produire un avantage , elles ont pour effet , de déprécier la valeur , et d'arrêter l'amélioration des produits de l'agriculture, en employant les capitaux du pays à mettre les produits étrangers en concurrence avec les productions de notre sol.

Il paraît aussi , par les renseignements suivants, que les fermiers forment un corps nombreux et bien précieux , et sont bien supérieurs aux autres classes de la société , tant sous le rapport du nombre que sous celui de la valeur des produits.

Nombre
de
Personnes.

1° Fermiers dont le revenu annuel est au-dessous de 5o l. (1,200^f), et qui, en conséquence , sont exempts de la taxe sur les revenus. 114,778.

2° Fermiers dont le revenu est évalué de 5o à 15o l. (de 1,200 à 3,6oo^f). 432,534.

3° Fermiers au-dessus de 15o l. (3,6oo^f) . . . .   42,o62 (1).

Total des fermiers , indépendamment des artisans et des autres classes qui sé lient à l'agriculture . 589,374.

—————

(1) C'est sur cette classe respectable de fermiers , qu'on doit le plus compter pour l'amélioration de l'agriculture.

Un ignorant peut cultiver une petite ferme ; mais on ne peut réussir dans une exploitation étendue, en payant annuel-

Lorsqu'on considère combien utilement est employée cette classe respectable d'individus industrieux ; lorsqu'on pense que , d'après le dernier recensement de la population de l'Angleterre , du pays de *Galles* et de l'Écosse , le nombre de familles occupées à l'agriculture , en y comprenant les artisans , se monte à 895,998 (1) ; — que, attendu le nombre des domestiques employés par les fermiers , chaque famille ne peut être estimée à moins de six individus , ce qui fait 5,400,000 âmes en tout ; — et que , indépendamment du nombre d'hommes qui dépendent *directement* de l'agriculture pour leur subsistance , plusieurs autres millions en dépendent *indirectement ;* on sentira alors , qu'on a donné jusqu'ici trop peu d'encouragement aux efforts qui ont l'agriculture pour objet , et que l'attention du public s'est trop rarement dirigée sur les améliorations du sol, et sur les intérêts de ceux qui le cultivent.

Le nombre des personnes employées dans le commerce et les professions soumises à la taxe sur les revenus , est établi comme il suit :

---

lement une rente considérable, sans réunir la théorie à la pratique.

(1) Les 585,374 , sont les fermiers seulement ; les 895,998 familles , comprenent les domestiques mariés , ainsi que les ouvriers employés à l'agriculture , et aussi les artisans , comme charrons , etc.

Nombre
de
Personnes.

1º Ceux dont le revenu annuel est au-dessous de 50 l. , et qui, en conséquence, sont exempts de la taxe,   100,760.

2º Revenu de 50 à 150 l. .....   117,306.

3º De   150 l. à 1,000 l. ....   31.928.

4º De 1,000 l. et au-dessus ....   3,692.

Total   253,686.

Il y avait donc 474,596 contribuables qui payaient la taxe sur les revenus , dans les classes agricoles , et seulement 152,926 dans le commerce et les autres professions ; les premiers surpassaient , par conséquent, toutes les autres classes prises ensemble , de 321,670.

Ces renseignements doivent convaincre toute personne impartiale, que la force et les ressources de ce pays dépendent principalement des productions du sol ; — que la terre est la base principale de notre richesse nationale (1), et que c'est de la valeur de ses produits que dépendent, en grande partie ,

---

(1) On croirait à peine combien peu l'importance supérieure de l'agriculture était connue des Ministres et des hommes d'État de ce pays, avant l'établissement du Bureau d'Agriculture. On trouvera, dans l'appendice, les preuves d'un fait aussi extraordinaire.

notre commerce, nos manufactures et le paiement des créanciers de l'État. C'est de la même source que doivent se tirer les revenus de l'Église, — la plus grande partie des taxes des pauvres, — enfin, plusieurs autres contributions publiques. On conçoit, d'après cela, qu'il n'y a rien de plus impolitique que de négliger l'adoption de tout moyen qui peut favoriser les intérêts de l'agriculture; et rien de plus dangereux que de prendre aucune mesure qui puisse contrarier sa prospérité ou réduire à la pauvreté ceux qui y trouvent leur subsistance.

Les moyens d'augmenter la prospérité de l'agriculture méritent donc, de notre part, une attention particulière (1).

Il y a long-temps qu'on considère la proposition suivante comme incontestable et comme approchant de la nature d'un axiome : « Celui qui fait croître

---

(1) M. Curwen remarque, avec raison, qu'on a beaucoup trop négligé, et estimé au-dessous de leur valeur réelle, nos ressources intérieures, tandis qu'on a toujours exagéré et favorisé outre mesure, les bénéfices du commerce étranger. Cela doit être attribué, en grande partie, à l'ignorance de leurs véritables intérêts, qui caractérisait un grand nombre des propriétaires fonciers appelés à nos assemblées législatives, ignorance qui se trouvait opposée à l'adresse et aux lumières qui dirigeaient les membres qui représentaient le commerce, toutes les fois qu'il était question d'un objet qui pouvait affecter leurs intérêts de près ou de loin. Il n'y a rien dans ce pays, dont la valeur intrinsèque ou relative ait été aussi peu étudiée par ceux qui la possèdent, ou dont les intérêts, apparents ou cachés, soient si peu connus et si négligés, que la surface du territoire de la Grande-Bretagne.

« deux épis de grain ou deux brins d'herbe là où
« il n'en croissait auparavant qu'un, rend à son pays
« un service plus essentiel, que tous les hommes qui
« s'occupent de politique. »

On ne peut cependant admettre la vérité de cette proposition ; car il n'y a aucun moyen qui puisse répandre plus de bienfaits sur l'agriculture, qu'une législation judicieuse. Dans le fait, la prospérité de l'agriculture dépend de la politique. L'agriculture d'un pays deviendra d'autant plus parfaite, que sa législation sera meilleure et plus équitable. On peut en conclure que les hommes d'État qui favorisent les progrès de cet art, en écartant les obstacles qui les arrêtent, et en lui fournissant des encouragements convenables, méritent plus de reconnaissance de la part du genre-humain, que les hommes qui ne jouent qu'un rôle secondaire, en se livrant à la pratique de l'art, pratique qui ne peut avoir de succès que sous la protection de lois sages, exécutées avec impartialité et vigueur, par une administration éclairée.

Ceci nous amène à la discussion la plus importante de toutes, peut-être, dans la classe des recherches politiques, et sur laquelle on rencontre malheureusement les préjugés les plus mal fondés; cette question consiste à déterminer *quels soins et quels encouragements un Gouvernement sage doit accorder à l'agriculture.*

Des hommes instruits, *raisonnant uniquement d'après les abus que peut entraîner le système des en-*

couragemens, ont été disposés a condamner cette politique, et à recommander de donner aux individus la plus grande liberté d'exercer leur industrie de la manière qui leur convient le mieux, et sans que la législation y intervienne jamais. Ils s'appuient beaucoup sur la réponse qui a été faite au célèbre COLBERT par les principaux négociants français auxquels il demandait *ce que le Gouvernement pouvait faire pour eux ?* et qui lui répondirent, « Laissez-nous faire. » D'un autre côté, les mêmes hommes réprouvent totalement ce qu'ils appellent *le systéme mercantile*, c'est-à-dire, la série de lois qui a été faite dans ce pays, pour l'encouragement du commerce, comme impolitique au plus haut degré ; quoique, sous ce même système, le commerce de la Grande-Bretagne se soit élevé à une hauteur dont on ne trouve pas d'exemple dans l'histoire. Mais, comme nos législateurs ont jugé, avec sagesse, qu'il était utile de protéger les manufactures et le commerce, qui, sous ce système, se sont élevés à un état si florissant ; on ne peut assigner de bonne raison pour que l'agriculture ne doive pas être encouragée de même dans la Grande - Bretagne, où elle produit un revenu si considérable ; — où, avec une dette nationale de près de mille millions sterlings, nous conservons encore plus de vingt millions d'acres de terre dans un état comparativement stérile et improductif ; — où la population s'accroit rapidement ; — et où on a été forcé, depuis quelques

années , d'imp..r cr un p..tie assez considérable de
notre subsistance (1).

Il vaut certainement mieux , pour l'agriculture,
laisser faire , que de la soumettre à des réglements
mal entendus. Mais, si un Gouvernement voulait
se livrer à des recherches qui le missent en état
de juger de ce qui peut être fait avec avantage
et sécurité , et qu'il voulût favoriser les progrès
de l'industrie agricole , non-seulement en écartant
les obstacles qu'elle rencontre , mais aussi *en lui
accordant des encouragements positifs* , l'agriculture
prospérerait avec une rapidité , et serait portée à
un degré de perfection, qu'on aurait peine à croire ;
au lieu que , par le système de *laisser faire* , des
siècles se passeront avant qu'on arrive au point
qu'on pourrait atteindre, en peu d'années , sous un
système judicieux d'encouragement.

---

(1) Mais si c'est une mauvaise politique par rapport à la
Grande-Bretagne , elle est encore plus mauvaise par rapport à
l'Irlande , où l'agriculture est la principale source de la richesse et des revenus du pays , et où la population subsiste
principalement par la culture et les produits du sol. Pendant
les dernières guerres , l'Irlande était un pays florissant ; les
fermiers y étaient encouragés à cultiver et à améliorer , et
leurs travaux étaient bien payés ; les revenus considérables dont
jouissaient les propriétaires fonciers , les mettaient en état de
contribuer largement aux besoins de l'État. Mais , dans l'état
présent de décadence de l'agriculture , plusieurs classes de la
société sont , ou ruinées , ou dans un état de mal aise ; et il
ne paraît pas qu'aucune classe ait profité de cet état de
choses.

Les principaux encouragements qu'un Gouvernement sage et libéral s'empresserait d'accorder à l'agriculture , peuvent être classés sous les titres suivants : 1° Écarter les obstacles qui s'opposent aux améliorations ; 2° Soulager l'agriculture des fardeaux qui pèsent particulièrement sur elle ; 3° Favoriser la propagation des connaissances utiles ; 4° Donner la préférence aux produits domestiques sur les marchés du pays ; 5° Encourager l'exportation de l'excédant des produits disponibles , après que les besoins de la consommation intérieure sont satisfaits ; 6° Étendre , par des moyens prudents , le défrichement des terres incultes , afin que le territoire productif du pays soit dans un état constant d'accroissement ; 7° Accorder la protection des lois aux entreprises utiles , comme la construction des chemins , des ponts , des canaux, d'où dépend si essentiellement la prosperité de l'agriculture, et, en général, celle du pays ; — enfin , Favoriser l'établissement des associations qui peuvent fournir les moyens d'exécuter les améliorations qui, par leur nature , sont au‑dessus des moyens pécuniaires des particuliers.

§ I.

ÉCARTER LES OBSTACLES QUI S'OPPOSENT AUX AMÉLIORATIONS.

Il n'y a pas de devoir plus impérieux pour le

Gouvernement d'un pays , et rien ne pourrait être plus avantageux , que de rechercher quels sont les obstacles aux améliorations , qui se rencontrent dans les vices des lois. En Angleterre , les propriétés qui sont possédées en commun , ne peuvent être partagées sans le consentement unanime de tous ceux qui y ont un intérêt ; et même la Couronne, les corporations et les tuteurs des mineurs ne peuvent donner leur consentement à ce partage , sans y être autorisés par un acte particulier de la Législature. Rien ne peut être plus impolitique que de mettre de tels obstacles à une amélioration aussi importante. Toutes ces incapacités pour consentir à la clôture d'un territoire, devraient être écartées par une loi générale , et le partage devrait être autorisé , lorsque le consentement est donné par la majorité , en *valeur*, des parties intéressées , qui devraient être chargées de nommer des commissaires pour l'exécuter. On a fait plusieurs tentatives, pour obtenir du Parlement, des réglements de cette espèce ; mais, jusqu'ici, l'influence des personnes qui sont intéressées à la conservation de l'ancien système et de ses abus, en a empêché l'adoption. Il est bien temps de laisser là la législation de détail, et d'agir selon les grands principes de politique générale (1).

---

(1) La seule objection plausible qu'on puisse faire contre un bill général de clôture , est qu'il pourrait avoir pour effet, de détourner , pour des spéculations hazardeuses sur des ter-

§ II.

DÉCHARGER L'AGRICULTURE DES FARDEAUX QUI PÈSENT PARTICULIÈREMENT SUR ELLE.

C'est un sujet que nous avons déjà discuté (Ch. I. § IX.). La perception des dîmes en nature et les taxes onéreuses des pauvres sont ressenties d'une manière très-fâcheuse par les cultivateurs de l'Angleterre ; et si ces impôts continuaient d'exister sur le même pied, ils finiraient par enlever aux propriétés foncières une grande partie de leur valeur, et s'opposeraient à toute espèce d'amélioration agricole dans cette partie du Royaume. Les intérêts de l'Église ne souffriraient pas , si on lui donnait une compensation raisonnable pour les dimes payables en grain, au lieu de persévérer dans un système qui est accompagné de tant de vexations particulières, et qui nuit si essentiellement aux intérêts du public.

Quant à la taxe des pauvres, on convient una-

---

rains stériles et incultes, les capitaux et l'industrie , qui auraient produit les effets les plus utiles , en les appliquant aux terrains déjà cultivé. Mais cet inconvénient n'est pas à craindre, par plusieurs motifs. Les terres de fertilité moyenne seraient mises en pâturage , état dans lequel leur qualité s'améliorerait; et les sols pauvres, traités convenablement, produiraient, dans cet intervalle , de bonnes récoltes.

nimement, aujourd'hui, qu'il est nécessaire d'aviser à quelque moyen, pour alléger un fardeau aussi onéreux, qui s'accroît d'année en année, et qui, dans beaucoup de cas, est déjà devenu plus oppressif que toutes les autres charges qui pèsent sur l'agriculture, réunies ensemble.

§ III.

ENCOURAGER LA RECHERCHE ET LA PROPAGATION DES CONNAISSANCES UTILES.

BACON a dit que *l'instruction est une puissance.* Des diverses espèces de puissances dont ce grand philosophe présente l'énumération, celle-ci semble être, de beaucoup, la plus importante. Quelle chose peut donner à un homme une supériorité réelle sur un autre, si ce n'est l'instruction qu'il possède ? N'est-ce pas l'acquisition et l'application judicieuse des connaissances dont manquent les autres hommes, qui peut mettre quelques individus en état de produire d'abondantes récoltes, d'obtenir des succès dans le commerce, d'établir des manufactures, d'exceller dans la mécanique, ou dans tout autre art utile ?

On ne peut guère mettre en doute que la puissance et la prospérité d'un pays dépendent, en grande partie, de ce qu'un plus ou moins grand nombre d'individus possèdent des connaissances utiles ; mais il n'y a probablement aucun art dans lequel une grande variété de connaissances soit d'une plus haute importance que dans l'agriculture. L'instruction nécessaire pour la porter à un certain degré de perfection, est beaucoup plus étendue qu'on ne le croit généralement : Conserver la fertilité du sol ; — le débarrasser de l'humidité superflue ; — le cultiver de la manière la plus avantageuse ; — obtenir ses productions avec le moins de dépense possible ; — se procurer les meilleurs instruments d'agriculture ; — faire le choix de l'espèce de bétail la plus profitable ; — l'entretenir de la manière la plus judicieuse, et chercher, pour ses produits, les débouchés les plus avantageux ; — choisir les plantes les mieux adaptées au sol et au climat, et qui doivent présenter le plus de profit ; — assurer la récolte, même dans les saisons les moins favorables ; — séparer le grain de la paille, de la manière la plus parfaite et la plus économique ; — enfin, exécuter, d'une manière judicieuse, les diverses autres opérations de l'agriculture ; tout cela exige une bien plus grande étendue et une plus grande variété de connaissances, qu'on ne serait tenté de le croire, au premier coup d'œil (1).

------

(1) Le Docteur COVENTRY remarque qu'il a fallu l'expérience accumulée de plusieurs siècles, pour perfectionner les connaissances sur telle branche particulière de l'agriculture. La difficulté d'acquérir des connaissances agricoles, est encore augmentée par l'immense variété des particularités qui s'y rap-

Mais , quoique les connaissances agricoles soient répandues dans un pays , l'expérience apprend que cet art ne peut recevoir d'utiles améliorations, que par la comparaison des pratiques qui sont en usage dans ses diverses parties. Dans tel canton , on a apporté une attention particulière à telle branche de l'agriculture, et on y a obtenu de grands succès, ou un heureux hazard y a fait faire quelques découvertes importantes ; tandis que , dans d'autres cantons , on excelle dans d'autres branches particulières de l'art agricole. Les uns et les autres peuvent tirer les plus grands avantages de la communication mutuelle de ces pratiques locales. On peut citer , comme exemples de cette vérité , le *limonage* des terres sur les rives de *l'Humber* ; — la culture des turneps et des pommes de terre en lignes , dans la partie septentrionale de l'île ; — enfin, l'emploi plus général de la machine à battre et de divers autres instruments d'agriculture.

On peut établir , en peu de mots , le résultat des recherches auxquelles s'est livré le Bureau d'Agriculture, pour ce qui regarde la culture des terres arables. On a donné connaissance des procédés au moyen desquels, dans les cantons fertiles, et dans les années où la saison n'est pas trop défavorable,

---

portent , par l'incertitude et même la contradiction des faits qu'on cite dans presque toutes les branches ; par l'obscurité des principes sur lesquels sont fondées plusieurs opérations de cet art.

le cultivateur peut compter, avec confiance, sur
une récolte de 32 à 40 bushels de froment (de
23 à 28 hectolitres par hectare); de 42 à 50
bushels d'orge (de 30 à 35 hectolitres par hectare); de 52 à 64 bushels d'avoine (de 37 à 45
hectolitres par hectare); enfin , de 28 à 32 bushels
de fèves (de 20 à 23 hectolitres par hectare);
le tout mesure de *Winchester*, et par acre anglais.
Quant aux récoltes vertes, on peut compter, par
acre, sur 30 tons de turneps (82,500 kilogrammes
par hectare), 3 tons de foin de trèfle (8,250 kil.
par hectare), et 8 à 10 tons de pommes de terre
(22,000 à 27,500 kilog. par hectare). Dans les
saisons favorables , les récoltes peuvent être encore
plus abondantes ; mais, en supposant seulement qu'on
obtiendrait ces *moyennes* dans une partie considérable du Royaume-Uni, il y aurait là de quoi produire plus de richesse solide que ne pourrait ja--
mais en fournir le commerce étranger le plus é-
tendu (1).

Les différents moyens de recueillir et de répandre
des connaissances utiles , sont, 1° de former des
Institutions destinées à ce but ; — 2° d'établir des
Fermes expérimentales ; — 3° d'établir des Chaires

---

(1) On ne peut évaluer trop haut les avantages d'un sys-
tême perfectionné d'agriculture. Là où il est établi , les pauvres
laborieux ne manquent jamais de travail : tandis qu'il y a très-
peu d'ouvrage , pour les manouvriers , dans les lieux où l'ancien système prévaut encore.

d'agriculture ; — 4° enfin , d'Améliorer l'art vétérinaire.

1° *Institutions destinées à recueillir et à répandre les connaissances agricoles.* — L'établissement d'un Bureau d'Agriculture dans la Grande-
Bretagne a produit les plus heureux effets , quelque
limités qu'aient été les moyens dont il a pu disposer (1); et on considérera probablement , à
l'avenir , cet établissement comme formant une é-
poque dans l'histoire de l'art. Malgré la modicité
des moyens mis à la disposition de cette institution, les parties les plus éloignées du Royaume ont
été bientôt mises à portée de connaître les bonnes
pratiques qui y étaient réciproquement en usage;
et la connaissance des inventions utiles , qui , dans

---

(1) On trouvera , dans l'appendice , des renseignements
fort importants sur les bills de clôture qui ont été passés dans
les 40 dernières années qui ont précédé 1814. Durant l'espace
des 20 premières années , qui ont précédé l'établissement du
Bureau d'Agriculture , le nombre de ces bills ne s'est porté
qu'à 749 , ou , en terme moyen , à 37 par année. Pendant la
seconde période de 20 années , qui a suivi l'établissement du
Bureau d'Agriculture , ce nombre s'est porté à 1883. en terme
moyen, 94 par année. La différence, en faveur de la seconde
période, est donc de 1,134 , et l'augmentation annuelle moyenne a été de 57. Les difficultés qu'on a souvent éprouvées
pour l'importation des grains étrangers , et le haut prix qu'ils
ont atteint, ont dû , sans doute , contribuer à ces améliorations; mais on en avait posé la base , en excitant un esprit
général d'amélioration , et en établissant un bureau public
pour la protection de l'agriculture.

l'état d'isolement des cultivateurs , aurait été **des**
siècles , pour se propager , a été promptement mise
à la portée de tous. La publication des rapports
des Comtés a été , en particulier, d'une très-haute
importance, par les discussions qu'elle a occasionnées;
— par l'esprit d'émulation qu'elle a excité ; — par
les vérités qu'elle a établies ; — par les erreurs
qu'elle a contribué à détruire (1). D'après l'exemple
du Bureau , il s'est établi bientôt un beaucoup plus
grand nombre de Sociétés d'Agriculture, qu'il n'en
avait jamais existé dans ce pays , ni dans aucun
autre. En effet, on rencontre à peine un canton
un peu étendu , dans tout le Royaume-Uni , où
il n'existe une, et quelquefois, plusieurs Sociétés
d'Agriculture, dont les réunions sont très-utiles ,
par le moyen qu'elles offrent de faire circuler les
connaissances, et par les améliorations qui résultent
de la disposition qu'elles donnent aux cultivateurs,
à comparer et à examiner. Ces réunions ont établi un
esprit général d'amélioration de l'agriculture ; et,
dans le cours des conversations auxquelles elles
donnent lieu , chacun recueille d'utiles observations,
des faits nouveaux ; et les connaissances pratiques,
acquises par l'expérience , se répandent généralement. Ces sociétés ont déjà produit beaucoup de

---

(1) On trouve dans ces rapports , d'après le témoignage
du docteur COVENTRY , plus d'utiles renseignements et de
faits positifs, sur les différentes branches de l'agriculture et
de l'économie rurale en général , qu'il n'en avait jamais été
publié auparavant.

bien ; mais elles en auraient produit encore bien
davantage , si le Bureau d'Agriculture avait été mis
en possession des moyens d'agir comme centre commun de toutes ces associations , et si , à cet effet,
on lui avait accordé le privilége d'une correspon-
dance franche de port. Le Bureau aurait pu ainsi,
beaucoup mieux que dans l'état présent , atteindre
ce but d'utilité publique , qu'avaient en vue les
personnes par les soins desquelles il a été formé (1).

   2° *Fermes expérimentales.* — L'art de l'agriculture ne pourra jamais être porté à son plus haut
degré de perfection , ni fondé sur des principes
certains, si ce n'est par le moyen d'expériences
faites avec soin, suivies avec persévérance , et
dont tous les détails seront exactement enregistrés.
Il y a assez long-temps que les hommes qui désirent acquérir des connaissances , sont forcés de
mettre leur confiance dans des opinions vagues , et
dans des assertions qui n'ont pas été justifiées par
une autorité suffisante ; il est bien temps qu'on songe
à porter cet art au plus haut degré de perfection
qu'il peut atteindre, en déterminant, avec exactitude, les principes d'après lesquels on peut s'y
livrer de la manière la plus profitable ; et le moyen
le plus certain d'y parvenir, est d'établir des fermes

———————

(1) Sur le Continent, et particulièrement en France, on
peut correspondre, sous le couvert du Ministre , pour les objets relatifs à l'agriculture, à la littérature, et autres sujets
d'utilité générale.

expérimentales, par les soins et aux frais du Gouvernement•, ou de mettre le Bureau d'Agriculture en état d'accorder aux auteurs des nouvelles découvertes, des récompenses proportionnées à leur importance.

On a dit que plusieurs hommes distingués se livrent à des expériences, pour leur propre instruction et leur amusement, et que, par ce moyen, tous les faits importants seront successivement connus et éclaircis (1), et qu'il n'est pas douteux que leur exemple est d'un grand avantage pour ceux qui peuvent examiner les progrès qui y ont lieu. Cependant ces exploitations peuvent s'appeler plus proprement des *fermes modèles*, pour l'avantage des cultivateurs de leur

---

(1) M. BLAIKIE, contre-maître de M. COKE, dans sa grande ferme de *Holkham*, a fait voir, avec beaucoup de talent, combien il est difficile d'obtenir des expériences exactes dans les exploitations de cette espèce. Nous extrairons de sa communication les passages suivants : « Ces expériences « sont satisfaisantes jusqu'à un certain point ; — mais cer« tainement elles ne sont pas concluantes, parce que les pro« duits n'ont été ni pesés ni mesurés. Je le regrette beau« coup ; mais il est à-peu-près impossible de suivre de telles « expériences, avec les soins qu'elles exigeraient, dans une « ferme de l'étendue de celle de M. COKE. En effet, à l'é« poque des travaux impérieux de la récolte, celui qui les « dirige doit porter son attention sur tant d'objets im« portants, qu'il lui devient impossible d'en détourner aucune « portion de son temps pour la surveillance des détails des « expériences : et s'il s'en rapporte, pour cela, à des ou« vriers, on ne doit pas s'attendre qu'ils y apporteront l'at« tention nécessaire. »

voisinage immédiat, que des *fermes expérimentales*, dans le sens rigoureux de cette expression; et il arrive trop souvent qu'elles offrent plutôt la relation partiale des expériences dans lesquelles on a réussi, que le journal fidèle des succès et des revers. Pour qu'une ferme expérimentale soit d'une utilité générale, il faut qu'elle soit ouverte à l'inspection du public; que le détail des expériences soit régulièrement publié; que toute nouvelle pratique qu'on juge propre à améliorer la culture d'une partie considérable du Royaume, soit examinée avec la plus grande précision, et que les essais qui doivent la confirmer, soient répétés, s'il est possible, par différentes personnes, dans différentes situations et dans différents sols.

On ne doit pas s'attendre que des personnes d'un haut rang, dont l'attention est détournée par d'autres objets, renonceront à leurs occupations ordinaires, pour diriger des expériences d'agriculture. Mais si on établissait, sur des bases convenables, une ou plusieurs fermes expérimentales, on ne tarderait pas de savoir, avec exactitude, quelles sont les pratiques qu'on doit adopter ou éviter. L'un est aussi important que l'autre; car on publie souvent des erreurs en agriculture, et on ne les reconnaît pas facilement, parce que, en général, les cultivateurs, lorsqu'ils n'ont pas obtenu de succès, éprouvent quelque honte à en convenir. Il arrive malheureusement aussi que, lorsqu'une expérience réussit, un cultivateur est quelquefois dis-

posé à en cacher les résultats, afin d'empêcher que
d'autres se prévalent de sa découverte. Mais le but
d'une ferme expérimentale doit être de constater
les faits *et de les publier* ; et le directeur intelligent d'une ferme expérimentale, se ferait autant
d'honneur par ses efforts à découvrir les erreurs,
que par des découvertes nouvelles.

Ce serait certainement une mesure extrèmement
utile, pour un pays qui possède un revenu aussi immense que le nôtre, de consacrer annuellement une
somme raisonnable, ne fût-ce que 5,000 l.(120,000^f)
pendant 10 ou 20 ans, pour constater des faits
d'une aussi haute importance, et qui pourraient
fournir les moyens d'augmenter considérablement
les richesses nationales.

3º *Chaires d'agriculture.* — Il y a quelques années
qu'il a été établi à *Edinburgh*, aux frais d'un particulier (feu SIR WILLIAM PULSENEY), une
chaire destinée à des leçons publiques de l'art de
l'agriculture. L'utilité d'une institution semblable
est si évidente, qu'on devrait étendre cette mesure à toutes les autres universités. Par ce moyen,
on dirigerait l'attention des jeunes gens vers la plus
utile de toutes les branches de connaissances, qui
est aujourd'hui un sujet général de conversation
dans toutes les sociétés où ils peuvent se trouver.
S'ils deviennent propriétaires de terres, l'agriculture est le sujet vers lequel leurs vues doivent
particulièrement se diriger : il n'y a guère de profession qui les empêche de passer à la campagne une

partie de leur temps ; et si , après avoir amassé
quelque fortune, ils acquièrent des propriétés foncières , les connaissances qu'ils auront acquises dans
leur jeunesse , deviendront pour eux une source
de satisfaction et peut-être de bénéfices. Pour former de tels établissements , il ne serait pas nécessaire de demander au Parlement de nouveaux fonds ;
il ne faudrait que supprimer quelques chaires qui
ne sont plus que des *sinécures* , ou qui sont aujourd'hui de très-peu d'utilité, et de les remplacer
par des chaires d'agriculture (1).

Amélioration de l'art vétérinaire. — On a en-
couragé , par l'allocation d'une somme annuelle, la
recherche et la propagation des connaissances vétérinaires , dont l'absence est si funeste aux inté-

---

(1) Des leçons publiques d'agriculture, faites avec sagesse
et intelligence , présenteraient incontestablement les avantages
suivants : Elles seraient propres à abréger le travail des hommes
qui désirent se livrer à des recherches dont elles dirigeraient
le cours de manière à les rendre plus faciles et plus fruc-
tueuses ; elles appelleraient leur attention , non-seulement sur
les objets qu'on étudie le plus généralement . et que tout le
monde considère comme de la plus haute importance , mais
aussi vers de nouvelles découvertes , de nouvelles améliorations ,
et d'autres particularités qui , quoiqu'on y ait fait peu d'attention jusqu'ici, sont cependant des objets essentiels pour
donner de l'activité à l'esprit, et apporter quelque diversion
à l'ennui de l'étude du cabinet , et pour fixer mieux dans la
mémoire les principes da l'agriculture , ou , plutôt, de l'éco-
comie rurale , aussi bien que les règles qui doivent diriger
dans la pratique de cet art.

rês du public. Il est probable que chaque livre du revenu public, qui a été dépensée de cette manière, a économisé peut-être mille livres sur les dépenses de l'État, seulement en achat de chevaux d'artillerie et de cavalerie. Il serait certes bien à désirer que des écoles vétérinaires fussent établies dans les principales villes du Royaume, et que la conservation de nos animaux les plus précieux ne fût plus confiée à l'ignorance et au charlatanisme, mais que le traitement de leurs maladies fût fondé sur les principes de la science.

§ V.

DONNER LA PRÉFÉRENCE AUX PRODUITS AGRICOLES DU PAYS , SUR LES MARCHÉS NATIONAUX.

Les mesures qui tendent à ce but, sont particulièrement nécessaires pour préserver le pays de la famine, et le rendre indépendant des nations étrangères, pour les objets de première nécessité. Permettre à l'industrie des nations étrangères d'entrer en concurrence avec l'industrie ou les productions du pays, est une chose qu'on évite avec soin, relativement aux produits des manufactures de toile et de coton ; on devrait la regarder comme bien plus importante encore, relativement aux grains.

Si deux nations, placées dans des circonstances égales, sous le rapport du climat, du sol, du prix de la main-d'œuvre et de la circulation, voulaient s'accorder une liberté réciproque de commerce, ce système, au total, serait également préjudiciable à toutes deux; mais ce serait le comble de l'imprudence, que de placer l'industrie d'une nation qui a une dette nationale considérable, qui est assujettie à des impôts onéreux, et où le prix du travail doit être, par conséquent, très-élevé, en concurrence avec celle de beaucoup d'autres nations qui jouissent de climats plus favorables, de sols plus fertiles, et qui ne sont pas chargées des mêmes fardeaux. En outre, toute nation qui a une étendue de sol suffisante pour pourvoir à la subsistance de ses habitants, agit avec bien peu de sagesse, lorsqu'elle se place dans la dépendance des autres, pour les objets de première nécessité.

C'est donc d'après un principe très-raisonnable, qu'on protége les productions du sol, en imposant sur les produits étrangers, des droits assez considérables pour élever leurs prix au moins au niveau de ceux auxquels on peut les obtenir, dans l'intérieur, dans une année de fertilité moyenne, et qu'on diminue graduellement ces droits, à mesure que les prix s'élèvent, mais toujours en donnant une préférence décidée aux productions du pays.

L'importation et l'exportation des grains et des autres produits de l'agriculture, sans aucuns droits, ou avec des droits peu élevés, ne pourrait équitablement avoir lieu qu'entre des nations chez lesquelles la valeur du numéraire serait la même, où l'industrie agricole serait assujettie aux mêmes taxes, qui seraient placées dans des situations semblables sous le rapport du sol et du climat , et qui seraient unies ensemble par les liens de l'amitié (1).

§ VI.

FAVORISER L'EXPORTATION DE L'EXCÉDANT DES PRODUITS.

Il est également très-prudent d'encourager l'exportation des produits domestiques , toutes les fois qu'il y a un excédant, après que les besoins de

---

(1) Au premier aperçu , il paraît dur de forcer une partie de la population d'acheter ses subsistances à un prix plus élevé qu'elle ne pourrait les obtenir par le moyen des importations de l'étranger. Mais nous devons prendre en considération les ruineuses conséquences de la liberté du commerce des grains ; car, lorsqu'on laisse à des individus la liberté de se livrer à un commerce lucratif, on doit s'attendre que l'intérêt général de la société aura peu d'influence sur leurs opérations. Des milliers d'hommes seront privés de travail, l'état de détresse de notre population s'augmentera d'une manière effrayante, et , pendant que le prix du pain diminuera , un très-grand nombre d'individus seront hors d'état de s'en procurer , par le manque de travail et de salaires. Prohiber l'importation des grains étrangers , peut produire un mal, je n'en doute pas ; cependant, en déplorant la nécessité de l'importation , je crois fermement qu'il serait contre l'intérêt des classes ouvrières, de permettre que les grains étrangers entrassent dans la Grande-Bretagne, à des prix inférieurs à ceux auxquels on peut les produire dans le pays.

la consommation intérieure sont satisfaits. Il n'est pas suffisant de permettre l'exportation ; mais il peut être nécessaire, pour encourager la culture du pays, et pour mettre ses produits en état de soutenir la concurrence sur les marchés étrangers, d'accorder ce qu'on appelle communément une prime d'exportation. Au reste, rien ne serait plus erroné que de considérer ceci comme une prime, tandis que, dans le fait, c'est un *Drawback* sous un autre nom (1). Les cultivateurs du pays sont assujettis à un grand nombre de taxes qui ne pèsent pas sur leurs rivaux du dehors. Pour les mettre en état de soutenir la concurrence sans désavantage, ils ont droit de prétendre, pour chaque *quarter* de grain exporté, à une indemnité égale à la somme qu'ils ont payée, sous diverses dénominations, pour produire ce grain. Il est bien juste que le Gouvernement restitue les taxes qu'il a reçues sur les denrées exportées, afin que les cultivateurs puissent soutenir la concurrence avec l'agriculture étrangère ; cela est d'autant plus nécessaire, que les droits auxquels sont assujettis les grains importés, ont été fixés, pour l'avantage des manufacturiers, à un taux tel, que, dans aucun cas, la culture des

---

(1) On appelle, en Angleterre, *Drawback*, une espèce de prime de sortie, qui n'est que la restitution d'un droit qui a été perçu, à l'entrée, sur une denrée importée et réexportée ensuite. Nous n'avons pas, dans notre langue, d'équivalant de ce mot. (*Note du Trad.*)

grains ne peut produire de grands bénéfices, attendu que l'augmentation des prix n'est jamais que le résultat de la diminution des produits.

§ VII.

ENCOURAGER LE DÉFRICHEMENT DES TERRES INCULTES.

Il est fort important, pour une nation dont la population va en croissant, de chercher à acccoître constamment l'étendue de son territoire productif. Il y a différents moyens par lesquels on peut atteindre ce but : 1° En facilitant le partage , le desséchement et les autres améliorations des terrains communs, des prairies et des autres terres qui forment des propriétés morcelées et entremêlées , au moins, dans tous les cas où les deux tiers ou les trois quarts des parties intéressées désirent cette mesure. On pourrait obtenir cet avantage, au moyen d'un acte de la Législature, qui autoriserait les propriétaires à s'adresser aux *Quarter-sessions* , en Angleterre, ou au *Sheriffs* , en Écosse, afin de demander qu'ils fassent faire une inspection , un rapport des dépenses, etc., et que, après avoir entendu les parties , ils décident sur la convenance de la mesure. S'ils l'approuvent, la direction et l'exécution de l'amélioration seraient confiées à des commissaires ; — 2° en exemptant du paiement des dimes et de la taxe des pauvres , les terrains friches mis en culture, pendant un espace de temps proportionné aux dépenses de l'amélioration ; 3° — enfin, en fixant le prix auquel les grains étrangers peuvent être importés sans payer de droits, à une somme telle, qu'elle mette les cultivateurs Anglais en état de payer les dépenses de défrichement et l'amélioration des terres incultes. Sans cela, il est impossible que les produits de nos *sols stériles*, cultivés avec de grandes dépenses, puissent soutenir la concurrence avec ceux des terrains fertiles des autres nations, où les dépenses de culture doivent, comparativement parlant, être peu considérables.

Au nombre de nos *terrains improductifs*, on doit comprendre une très grande partie de ceux qui sont annuellement laissés *en jachère*. En Écosse, on ne peut pas aujourd'hui diminuer beaucoup l'étendue des jachères, à cause de la qualité argileuse tenace du sol, et de l'humidité du climat ; cela ne pourra avoir lieu que lorsque le sol sera rendu plus meuble , ce qui arrivera probablement par l'effet de la culture améliorée à laquelle ces terres sont soumises. Mais en Angleterre, il existe une étendue immense de terres qui pourraient produire très-avantageusement des turneps ou d'autres récoltes vertes, en place de la jachère stérile à laquelle on les soumet. Ce moyen suffirait pour produire une plus grande masse de subsistances , que nous sommes forcés de tirer aujourd'hui de l'étranger.

§ VIII·

ENCOURAGER LES AMÉLIORATIONS FON-DAMENTALES ET PERMANENTES.

La richesse et la prospérité agricole d'un pays dépendent, à un haut degré, des améliorations de ce genre, comme, 1° les Routes et les Ponts; — 2° les Canaux; — 3° les Chemins de fer ; — 4° les Ports; — 5° les Digues; et, lorsque le Gouvernement ne peut contribuer lui-même à ces entreprises, l'Établissement de Compagnies autorisées par l'administration publique, est un des moyens les plus avantageux d'effectuer ces améliorations.

1° *Routes et Ponts.* — Les routes et les ponts doivent être considérés comme le premier moyen d'introduire des améliorations dans l'industrie agricole d'un pays. Lorsque la population est peu nombreuse, et le pays pauvre, il n'y a pas de possibilité d'obtenir ces communications, sans l'aide du Gouvernement. On a adopté, à cet effet, deux méthodes différentes, pour exécuter les routes. La première consiste à employer les soldats aux travaux publics de cette espèce ; par l'autre, le Gouvernement a consenti à payer la moitié des frais de construction des routes, dans les parties reculées du pays, en les faisant exécuter, sous la direction de commissaires nommés spécialement à cet effet, sous la condition que les propriétaires se chargeraient de l'autre moitié. Un très-grand nombre de communications ont été ouvertes, par l'effet d'un encouragement semblable, et le public ne tardera pas d'être amplement indemnisé des sommes qu'il a dépensées ainsi, par l'accroissement du revenu qu'il tirera de cantons qui, jusque là, avaient été improductifs.

En temps de paix, les soldats ne peuvent être employés plus utilement qu'à exécuter des travaux publics de cette espèce, comme des routes, des canaux, etc. Cette occupation est très-utile aux soldats eux-mêmes ; elle fortifie leur corps et occupe leur esprit. Les restes des routes qui ont été construites par les armées romaines, prouvent complètement que cette nation intelligente regardait les travaux de cette espèce comme le meilleur moyen de préparer les soldats, en temps de paix, aux fatigues de la guerre.

2° *Canaux.* — Il n'est pas nécessaire d'insister sur les avantages que l'agriculture tire des canaux. Ils facilitent le transport au marché, des produits volumineux du sol, et ils permettent aux cultivateurs de faire venir, avec peu de dépense, non-seulement du charbon, mais aussi de la chaux et d'autres amendements. On peut aussi, avec des dispositions convenables, utiliser l'eau surabondante, en l'employant aux irrigations. Sous tous ces rapports, la construction des canaux doit être encouragée par le Gouvernement. Il n'est pas convenable, excepté dans un très-petit nombre de cas, que ces travaux soient exécutés par le Gouvernement lui-même; mais il peut faciliter beaucoup des entreprises aussi utiles, en prêtant une certaine somme, avec un intérêt modéré, aux propriétaires de ces canaux, pour les mettre en état de compléter quelqu'entreprise de cette sorte. Cela a été fait pour la navigation du *Forth* et de la *Clyde*, et la compagnie a déjà rendu ce qu'on lui avait avancé. Le même système peut être adopté, avec succès, dans d'autres circonstances; et le principe vient d'être sanctionné par le Parlement, dans un acte récent, dont les effets ne peuvent manquer d'être très-avantageux (1).

---

(1) En Juin 1817, il a été passé un acte, pour autoriser l'Échiquier à faire des avances d'argent, jusqu'à une somme limitée (1,500,000 l.. ou 36,000 000 de francs), pour les pêcheries et autres travaux publics, dans le Royaume-Uni. Si cette somme est convenablement distribuée, il en doit certainement résulter les plus heureux effets. *

* Le lecteur trouvera ici un sujet de méditation et de rapprochement bien instructif : En Angleterre, le Gouvernement, qui sait bien qu'il ne pourrait exécuter les travaux de cette espèce avec autant d'activité et d'économie que peuvent le faire des particuliers, en abandonne l'exécution à des compagnies qui travaillent pour leur propre compte : mais il leur fait, moyennant des garanties suffisantes, l'avance des fonds dont elles peuvent avoir besoin. En France, nous voyons, au contraire, le Gouvernement appeler les particuliers à fournir les capitaux qui doivent être employés à la construction des canaux, et se charger lui-même de l'exécution, c'est-à-dire, de la partie de la tâche qui lui convenait le moins. Quelqu'un, sans doute, gagnera à cet arrangement ; mais ce ne sera ni le Gouverne-

3° *Chemins de fer*. — L'utilité de ce nouveau moyen de transport peut acquérir autant d'extension que celle des canaux ; et les travaux de cette espèce méritent bien que le Gouvernement les encourage par des avances d'argent à un intérêt modéré. Le Gouvernement de ce pays peut toujours emprunter des fonds à des conditions plus avantageuses que les particuliers, à cause des spéculations dont les effets publics sont l'objet, et de la facilité avec laquelle les capitalistes peuvent faire rentrer les sommes qu'ils ont placées dans les fonds publics, facilité qu'ils préfèrent à toute autre sécurité. L'établissement des chemins de fer est particulièrement convenable dans les localités où les canaux sont impraticables ; et même l'avantage que présentent les premiers, de faciliter les com-

---

ment, ni le public, ni même les compagnies. Il en résultera, entre autres inconvénients, que tel canal, dont le commerce aurait pu jouir dans trois ans, ne sera pas encore terminé dans dix, et que s'il eût pu être exécuté pour cinq ou six millions sous la direction des parties intéressées, il coûtera au moins dix millions : les frais de la navigation se trouveront augmentés à proportion, ce qui réduira d'autant l'utilité du canal. Il ne serait pas difficile d'assigner les causes, quoique assez compliquées, d'un renversement aussi bizarre des notions les plus simples de l'économie administrative ; mais ce n'est pas ici le lieu. Les connaissances, sur ces matières, commencent à être trop répandues en France, pour qu'il soit possible qu'elles tardent beaucoup à être aperçues par les hommes qui sont placés de manière à pouvoir en faire usage. (*Note du Trad.*)

munications en toutes saisons, peut souvent leur faire donner la préférence, là où il serait possible d'établir des canaux. On doit en provoquer la construction, parce que, plus il y a de communications ouvertes entre les diverses parties d'un pays, plus il prospère, et plus étroitement les diverses parties de sa population sont réunies en une grande société, pour former une notion puissante.

On peut encore considérer sous un autre point de vue l'extension des canaux et des chemins de fer ; je veux parler de la diminution du nombre des chevaux, dont l'entretien est une des principales causes pour lesquelles nos productions agricoles sont insuffisantes à la subsistance de nos habitants. Qu'on emploie donc les pauvres qui manquent de travail, à ces utiles travaux publics, et nous serons bientôt en état de suffire à notre propre subsistance, par l'application à des produits destinés à la nourriture de l'homme, des terres qui doivent aujourd'hui alimenter les chevaux de travail.

4° *Ports*. — Quoique les ports soient plus nécessaires encore, sous le point de vue commercial, que sous le point de vue agricole, cependant ils sont aussi d'une grande importance pour l'agriculture d'un pays, par la facilité qu'ils donnent, d'exporter des produits d'un transport difficile, et d'importer du charbon de terre et de la chaux, objets de consommation nécessaires aux cultivateurs. La même méthode de secours fournis gar le Gouvernement, soit pour la totalité, soit pour partie des dépenses qu'entraînent la construction ou la réparation des ports, sera tout aussi utile que pour les canaux et les chemins de fer ; et l'expérience l'a démontré. On a accordé, pour la réparation des ports des côtes nord-est de l'Écosse, certaines sommes provenant des domaines confisqués du même Royaume, et qui étaient à la disposition du Parlement. Les sommes qu'on accordait ainsi, étaient, en général, très-peu considérables, ordinairement de 1,000 à 2,000 l. (de 24 à 48,000 francs), et toujours les habitants des villes ou du canton pour lesquels ce secours était destiné, devaient fournir la moitié de la dépense totale, excepté dans un seul cas, où une somme a été accordée à la société d'amélioration des côtes du Royaume, pour la formation d'un établissement de pêcherie. Les résultats de ce système ont été extrêmement avantageux. Le bien qu'il produit ne vient pas tant de la somme réellement donnée, que du zèle qu'il excite ; et lorsqu'une fois ce zèle a pris naissance, il ne se borne pas à un seul objet, mais il s'étend à beaucoup d'autres. De petites causes produisent ainsi de grands effets ; et la dépense modique de quelques mille livres peut être la base de la formation d'une pêcherie importante, ou d'un grand établissement commercial, et favoriser en même-temps les progrès de l'agriculture dans un canton étendu.

5° *Digues.* — Lorsqu'on considère les difficultés et les risques qu'entraîne l'établissement de digues destinées à garantir une grande étendue de pays contre les envahissements de la mer, ou les débordements des rivières, on ne peut s'empêcher de juger qu'il n'y a pas d'entreprise qui mérite mieux les encouragements d'un Gouvernement sage. On peut conquérir par ce moyen, avec un grand avantage pour le public, des étendues considérables d'un territoire fertile. Le sol qu'on obtient ainsi, est ordinairement d'une nature très-riche et bien adaptée aux travaux de l'agriculture. Il serait cependant dangereux de former, aux frais du Gouvernement, des entreprises de cette espèce ; mais lorsque le rapport d'hommes de l'art instruits en démontre l'utilité, et le profit qui doit définitivement en résulter, il peut être convenable, en temps de paix, que le Parlement autorise l'avance, à un intérêt modéré, d'un tiers de la somme nécessaire pour l'entreprise, ou de toute autre proportion, selon les circonstances.

On doit accorder le même encouragement, dans le cas où des desséchements étendus deviennent nécessaires.

6° *Former des Associations pour l'exécution des travaux d'amélioration.* — On peut provoquer, avec succès, l'exécution de beaucoup d'améliorations, en établissant des associations pour l'exécution de certains travaux dont la dépense est trop considérable pour qu'ils puissent être effectués aux frais des particuliers. Cela a lieu fréquemment pour les canaux, et on devrait l'étendre à d'autres objets utiles. La formation d'associations de cette espèce est d'autant plus convenable aujourd'hui , que c'est un moyen de procurer un emploi avantageux à un grand nombre de capitaux qui, sans cela, . seraient, en grande partie, placés à l'étranger. On pourrait donc faire beaucoup de bien, en établissant, sous la sanction de l'autorité publique, des Compagnies, pour des objets déterminés d'amélioration ; — pour employer les pauvres à l'agriculture; — ou pour avancer des fonds aux propriétaires fonciers qui ont de grandes améliorations à exécuter. On ne pourrait jamais exiger le remboursement des sommes avancées ; mais les actions seraient transmissibles comme les autres effets publics , ce qui remplirait le but des capitalistes qui désireraient reutrer dans les fonds qu'ils ont déboursés. Des domaines grévés de substitutions , et qui , sans cela , seraient négligés , pourraient , par ce moyen , recevoir de grandes améliorations. Les capitaux excédants du pays pourraient ainsi être employés à l'intérieur, et , pour ainsi dire, incorporés à notre territoire.

C'est en provoquant des améliorations de cette espèce , que le plus grand homme d'État de son siècle, Frédéric-le-Grand , qui a mérité ce titre, bien plus par les soins qu'il a donnés à la prospérité intérieure de ses États , que par ses conquêtes et ses talents militaires , est parvenu , malgré les désavantages de situation , de sol et de climat, que présentait son Royaume , à le portei à ce degré de prospérité et de puissance qu'il a atteint durant son règne (1). Son usage était d'employer, chaque année, 500,000 liv. sterling (7,200,000 fr.) pour encourager les améliorations d'agriculture ; et il considérait cette somme comme *de l'engrais qu'il répandait sur le sol*, pour assurer d'abondantes récoltes ; et, dans le fait, au lieu de s'appauvrir par ces libéralités, elles lui ont fourni le moyen d'augmenter ses revenus au point de pouvoir laisser, après lui, un trésor de plus de 12,000,000 liv. sterling (268 millions de francs) (2). D'un autre côté, nous avons vu notre propre pays forcé, en partie par des saisons défavorables, en partie par sa population croissante, et, en grande partie aussi, parce que ses intérêts agricoles n'étaient pas suffisamment ménagés (3), d'avoir recours à la fatale

---

(1) CROMWELL a suivi le même système, pour favoriser les améliorations agricoles ; il donnait, annuellement, 100 l. (2,400 francs), somme considérable pour ce temps là, à un fermier du *Hertfordshire*, nommé HOWE, pour l'encourager à introduire dans ce Comté, le trefle et les turneps.

(2) On trouve dans les ouvrages du célèbre Comte de HERTZBERG, un détail particulier des mesures prises par FRÉDÉRIC-LE-GRAND, pour assurer la prospérité agricole de ses États, et, particulièrement, des sommes immenses qu'i a employées dans ce but. Ce détail est consigné dans les *Miscellaneous Essays*, par SIR JOHN SINCLAIR, imprimés en 180 .

(3) Si l'agriculture avait été suffisamment encouragée, on aurait mis en culture, une étendue de terrains frichs, suffisante pour rendre l'importation inutile ; et nos propres cul-

ressource de payer aux nations étrangères plus de
57,000,000 sterling (1 milliard 368 millions de
francs) ; dans l'espace de 20 années, et jusqu'à
12 millions (288 millions de francs), *dans une
seule année*, pour alimenter ses habitants !

Le célèbre WATSON, évêque de *Llandoff*, a ex-
primé avec beaucoup d'énergie, ainsi qu'il suit,
les avantages que peut tirer l'agriculture, des encouragements publics de cette espèce : « Les a-
« méliorations agricoles qui ont eu lieu jusqu'ici par-
« mi nous, ont été exécutées aux frais des particu-
« liers ; mais notre pays ne sera porté au degré
« de perfection agricole qu'il peut atteindre, que
« lorsque les efforts individuels seront aidés *par
« la sagesse et la munificence publiques*. Je ne
« veux point faire parade d'un degré particulier
« de patriotisme ; mais je paierais bien volontiers
« ma part de 20 ou 3o millions sterling (480 à
« 720 millions de francs), que l'État emploierait
« à l'amélioration de l'agriculture, dans la Grande-
« Bretagne et l'Irlande. Il me semble que c'est un
« objet qui intéresse bien plus essentiellement notre
« indépendance, comme nation (1), que quel-

____

tivateurs auraient trouvé, dans l'élévation des prix, la compensation qu'exigeait la non-réussite de leurs récoltes.

(1) Un Gouvernement, quelle que soit sa forme, n'a jamais qu'une existence précaire, lorsque son agriculture cesse
de fournir à ses habitants des moyens de subsistance suffisants ; et il est reconnu que les Souverains ont été bien plus
souvent forcés à conclure la paix, par la crainte de la famine,
que par des invasions ou des défaites.

« qu'extension de commerce , ou quelqu'acquisi-
« tion de territoire éloigné , que ce puisse être.
« Lorsque le temps sera venu où il ne se rencontrera
« plus un seul acre de terre improductive dans
« nos *îles fortunées* , nous pourrons alors nourrir,
« du produit de notre propre sol , au moins 30
« millions d'habitants ; et , avec une population
« semblable , quelle Puissance , en Europe , ou
« quelle coalition de Puissances oserait tenter de
« nous subjuguer ? »

Puissent ces considérations être écoutées par les
hommes qui prennent une part active à la direction
du Gouvernement de ce pays ! et puissent-ils , soit
par les moyens que j'ai suggérés , soit par tous
autres qu'ils jugeront plus utiles , parvenir , non-
seulement à prévenir ce qu'on regarde , avec raison , comme la plus grande de toutes les calamités
possibles , la disette et la famine , mais aussi à
assurer un état de bien-être et de bonheur permanent à toute la population !

APPENDICE.

N° Ier — DES BAUX.

Nous avons déjà parlé (Ier Chap. , VIII §)
de la nature des relations qui doivent exister entre
le propriétaire et son fermier. Nous allons considérer ici , 1° la Manière de former le contrat
entre les deux parties ; 2° le Terme d'entrée en
bail , et les arrangements qui s'y rapportent ; —
3° la Durée des baux ; — 4° les Clauses qui
doivent y être insérées ; — 5° enfin , la Forme des
baux.

1° *Manière de passer un bail.* — Lorsqu'on a
l'intention de passer un bail, le premier principe
vers lequel on doit porter son attention , est que
les conventions doivent être faites , s'il est possible,
deux ou trois ans avant l'expiration de l'ancien
bail. Cette précaution est également convenable ,
soit que la ferme doive être relaissée à l'ancien
fermier, soit qu'un nouveau doive y entrer. Un
autre principe est , qu'à conditions égales , l'ancien
fermier doit avoir la préférence , à moins que le
propriétaire n'ait à se plaindre gravement de sa
conduite. Son exploitation marchera plus régulièrement, et le propriétaire et le fermier trouveront

également leur intérêt à prévenir toute tentative de détériorer le sol par des récoltes épuisantes, pendant les dernières années qui précèdent l'expiration du bail. Si le propriétaire ne peut s'arranger avec l'ancien fermier, la marche la plus convenable qu'il puisse adopter, est de faire faire une estimation de la ferme, vers la fin du bail, non pas peut-être par un homme entièrement étranger au pays, mais par une des personnes les plus intelligentes et les plus expérimentées du voisinage; et il ne doit pas demander un prix plus élevé que le montant de cette évaluation. Il offrira la ferme pour un terme de vingt années, ou toute autre période, d'abord au fermier actuel; et, s'il ne peut tomber d'accord avec lui, il donnera la préférence *à celui qui sera disposé à faire le plus d'efforts pour l'amélioration du domaine, et qui consentira aux stipulations propres à laisser les terres dans le meilleur état possible, à la fin du bail.* De cette manière, les intérêts du fermier, ceux du propriétaire et de sa famille, ainsi que ceux du public, seront tous également ménagés.

2° *Époque de l'entrée en bail, et arrangements qui y sont relatifs.* — Ce sont des points qui méritent une grande attention; et, au lieu des usages discordants et compliqués qui existent aujourd'hui (1), et que les rapports des Comtés ont

---

(1) Par exemple, dans le Comté de *Gloucester*, les baux commencent à la Purification, et, dans ce cas, le fermier sor-

divulgués pour la première fois , il serait convenable d'adopter généralement une méthode uniforme,
par laquelle serait réglée l'époque d'entrée en bail
dans les fermes de différentes natures , soit en pâturages, soit en culture , et en prenant en considération la situation du district , relativement au
combustible (1) , et autres circonstances.

Il est de l'intérêt du propriétaire comme du public , que l'époque d'entrée soit avantageuse au *fermier entrant* (2); autrement celui-ci peut être

---

tant conserve une partie des prairies jusqu'au premier de Mai,
et, comme la récolte de froment lui appartient, il conserve
l'usage des granges, jusqu'à la St Jean de l'année suivante.
Cet usage présente de grands inconvénients surtout lorsque
l'ancien et le nouveau fermier ne sont pas en bonne intelligence, ce qui arrive souvent. L'un et l'autre ont beaucoup
d'occasions de se mettre réciproquement dans l'embarras , sous
plusieurs rapports.

(1 Lorsque le combustible est la tourbe , l'époque de l'entrée est à la Pentecôte , afin que le fermier entrant puisse en
faire sa provision pendant l'été, seule saison convenable pour
ce genre de travail. On a remarqué que, même dans ce cas,
on pourrait fixer l'entrée à la St Michel ou à la St Martin ,
en obligeant le fermier sortant à faire une provision de tourbe,
dont la valeur lui serait payée par son successeur.

(2) Il n'y a pas de doute que cela devrait être ainsi : mais,
dans le Comté de *Bedford* , et dans plusieurs autres , la négligence des propriétaires et de leurs agents , et les envahissements des fermiers sortants, ont introduit, depuis long-temps,
un usage contraire ; comme les fermiers exigent, en général,
de sortir comme ils sont entrés , il n'y a pas d'autre moyen
d'introduire des améliorations sur ce point essentiel, que d'exiger, en passant un bail, que le fermier consente qu'il soit

placé dans une situation très-embarrassante, pendant les 12 et même les 18 premiers mois qui suivent son entrée; ses intérêts doivent en souffrir essentiellement; et cette circonstance peut contribuer à le décourager.

Nous devons considérer, sur ce sujet, quelle est l'époque qui doit être fixée pour l'entrée, 1° dans les fermes de pâturages de montagnes; 2° dans les fermes de pâturages de plaines; 3° dans les fermes arables; 4°, enfin, les arrangements généraux.

1° Dans les fermes de pâturages de montagnes, le fermier entrant désire entrer en jouissance, à une époque où il puisse acheter, aux conditions les plus avantageuses, le bétail dont il a besoin, c'est-à-dire, immédiatement avant l'ouverture des pâturages. C'est pour cela qu'on considère *la Pentecôte* comme l'époque la plus convenable, dans ce cas, dans l'Écosse et dans le nord de l'Angleterre.

2° Dans les parties méridionales de l'Angleterre, l'époque ordinaire de la sortie des fermiers, dans les fermes de pâturages, est le 29 de Septembre, époque de la clôture des pâturages, et de la tenue des grandes foires de bestiaux. Il semble que c'est

---

réglé une nouvelle époque de sortie, pour la fin du bail; à moins que le propriétaire ou le fermier entrant, ne puissent déterminer, au moyen d'une indemnité réglée de gré à gré, le fermier sortant à consentir à prendre une nouvelle époque. Si la règle était générale, le fermier sortant qui prendrait une autre ferme, y trouverait la compensation de la perte qu'il éprouverait sur celle qu'il quitte.

là , en effet , l'époque la plus convenable , dans ce cas. C'est le commencement de la saison pluvieuse, et la seule époque à laquelle on puisse empêcher le fermier sortant de causer beaucoup de dommage aux terres , par le piétinement du gros bétail. C'est aussi la saison la plus convenable pour le nouveau fermier , non-seulement pour acheter des bestiaux, mais aussi pour exécuter divers travaux pour la préparation des pâturages pour l'été suivant. Un fermier ne peut même tirer un parti avantageux des pâturages , pendant l'été , s'il n'en a pas joui pendant l'hiver précédent. Par les mêmes motifs , la St Michel est l'époque d'entrée la plus avantageuse pour les fermes de prairies à foin situées en *Middlesex.*

3º Dans les fermes arables , *la St. Michel* , dans les districts méridionaux , et *la St. Martin* , dans les parties septentrionales , sont les époques les plus avantageuses aux deux parties. Le fermier sortant reste jusqu'à ce que ses récoltes sont moissonnées et mises en sureté , pendant que le fermier entrant arrive à l'époque où sa présence et ses attelages sont nécessaires pour semer son froment et ses vesces en automne , comme pour préparer ses terres pour les semailles de printemps , et où il peut , en général , acheter , à des prix raisonnables , les objets dont il a besoin. Quelqu'époque qu'on choisisse , on ne peut empêcher qu'il se rencontre quelques inconvénients pour le fermier entrant et pour le fermier sortant ; mais , tout considéré , la Saint

Michel et la St Martin sont peut-être , pour les
fermes arables , les époques qui en présentent le
moins , pourvu que les travaux des jachères et des
terres en turneps soient exécutés par le fermier
sortant , moyennant une indemnité raisonnable , que
doit lui payer le fermier entrant.

Il serait bien à désirer qu'on apportât une grande
attention à cet objet , et que les grands propriétaires fonciers des différents Comtés établissent une
règle générale , pour le commencement et la ter-
minaison des baux , en raison du climat , du mode
de culture , et de diverses autres circonstances locales. Si cela avait lieu , cela serait bientôt considéré comme la *coutume du pays* , ce qui donnerait à cet usage une force légale ; il en résulterait
de grands avantages , à la fois , pour les propriétaires et pour les fermiers.

4.° Quant aux arrangements généraux qui se rapportent à l'entrée en bail , on doit poser en principe , *que la jouissance d'une ferme doit être entière , et non partielle.* Il en résulte de grandes
pertes , lorsqu'on adopte un système contraire ;
parce que cela donne lieu , entre le fermier entrant
et le fermier sortant , à une infinité de discussions
qui compromettent également les intérêts de l'un
et de l'autre. Toute portion de récolte , dont le
nouveau fermier a besoin , doit être évaluée par
des experts , et il doit en payer le prix au fermier
sortant. Le fermier sortant doit également recevoir
le paiement des labours qu'il a exécutés , et des

terres qui se trouvent, à la fin du bail, couvertes
de turneps, et proprement cultivées ; ainsi que des
semences de trèfle, ou d'autres plantes à fourrages
qu'il a ensemencées, et qui doivent être récoltées
l'année d'ensuite. Mais on ne doit permettre, dans
aucuns cas, qu'il enlève aucune portion des pailles,
fourrages et engrais provenant des terres qu'il a
cultivées ; si cette règle était générale, il n'en résulterait aucun inconvénient pour le fermier qui
passe à une autre ferme.

3° *Durée des Baux.* — Ce sujet est d'une très-
grande importance ; car, tant qu'un fermier n'a pas
la certitude de jouir des terres qu'il occupe, pour
une période déterminée, rien ne peut l'engager à
y faire des améliorations (1). Un fermier *à volonté* est, par la nature même des choses, à-peu-
près dans l'impossibilité de faire aucune amélioration ; tandis qu'il est en son pouvoir de ruiner la
terre qu'il occupe. Il existe une telle différence entre
un bail précaire et un bail d'une durée certaine,
qu'on estime qu'un sol qui ne vaudrait que 20 sh.
par acre, par bail à volonté, en vaut 40, avec

----

(1) Dans quelques cas, les fermiers *à volonté* placent une
confiance si entière dans l'honneur d'une grande famille, dis-
tinguée par d'immenses richesses et par des vertus héréditaires
(par exemple dans les domaines de *Devonshire*), qu'ils ne
craignent pas de placer sur une seule ferme, un capital de
quelques milliers de livres sterling. Mais ces cas sont rares,
et plusieurs fermiers ont été dupes, pour avoir mal placé leur
confiance.

un bail de 21 ans (1). On a remarqué, avec justesse, qu'il est fort peu important qu'un fermier possède un capital, si , par défaut de sécurité, il craint de l'employer sur sa ferme : et , s'il n'a pas de capital, ce défaut de sécurité ne lui laisse aucune ressource, dans son crédit, pour entreprendre des améliorations.

Les périodes les plus ordinaires des baux sont : — Les baux à courts termes, pour trois , cinq ou sept ans ; — les baux d'une période moyenne, comme de quatorze , dix-neuf ou 21 ans ; — les baux longs , pour vingt-cinq , trente-un ou cinquante-sept ans ; — les baux pour une vie ; — enfin , les baux pour trois vies.

1° Il vaut mieux faire un bail à court terme, que de laisser la ferme pour une période indéterminée, pourvu que la durée du bail soit au moins du nombre d'années que comprend la rotation que doit suivre le fermier ; et un bail à court terme a moins d'inconvénients , lorsqu'une ferme est en bon état, et bien cultivée ; mais avec des baux de cette espèce, l'agriculture ne peut jamais parvenir à un haut degré de perfection (2). Un

---

(1) En *Norfolk* , on évalue à 20 pour c/o, l'augmentation qui doit résulter d'un bail déterminé.

(2) MARSHALL recommande des baux de six ans, avec la condition que si l'une des deux parties ne signifie pas le congé , avant l'expiration de la troisième année , le bail est prolongé, de droit, pour trois autres années , et , ainsi de suite, de trois ans en trois ans. Cela vaut certainement mieux qu'un bail indéter-

fermier à court terme ne peut chercher à faire
des essais ; et, en conséquence, l'agriculture restera toujours stationnaire dans sa ferme. Un homme
qui possède un capital considérable, et qui veut
l'employer sur une ferme étendue, a droit de prétendre aux commodités et aux agréments de la vie,
pour lui et sa famille, *avec quelque degré de certitude et d'indépendance ;* et s'il ne peut espérer
d'en jouir avec sécurité, dans la carrière de l'a-
griculture, au moyen de baux convenables, il re-
noncera certainement à une profession aussi peu
flatteuse, et il emploiera d'une autre manière,
son capital et ses facultés personnelles. Des baux
d'une durée considérable sont donc une des conditions les plus essentielles, pour l'intérêt de l'a-
griculture, dans tous les cas.

2° Les baux d'environ vingt ans (1) sont beaucoup
préférables aux baux à court terme, pour toutes
les parties intéressées. Avec la sécurité d'un pa-
reil bail, le fermier peut payer une rente plus
forte, et faire des dépenses en améliorations, avec
la certitude d'en recueillir le bénéfice ; l'accroissement des produits augmentera ses profits en proportion des sommes qu'il aura dépensées ; dans tout

---

miné ; mais cette combinaison n'encourage pas encore assez
le fermier à faire des dépenses en améliorations.

(1) Le nombre exact d'années doit dépendre, jusqu'à un
certain point, de la rotation qu'on suit, attendu que le fermier doit jouir au moins de trois rotations complètes.

cela , les intérêts du propriétaire , du fermier et du public , sont d'accord. En général, à moins que la ferme n'exige de grandes améliorations, un bail de vingt ans est suffisant pour la sécurité du fermier ; et il est très-avantageux, pour lui et pour le propriétaire , que, à la fin de cette période , l'état de la ferme soit examiné , qu'on constate les améliorations qui ont été exécutées , et qu'on indique celles qui restent à faire. Des baux solides sont ainsi très-favorables à l'élévation successive de la rente des terres , et , par conséquent , au développement de l'industrie des fermiers. Lorsqu'une ferme est exploitée sans bail , il n'y a aucun motif pour que la rente s'élève, ni à une époque , ni à une autre.

3º Si une ferme est encore presque dans l'état où la nature a mis le sol, qu'elle exige des clôtures , de la chaux comme amendement, des desséchements et d'autres améliorations coûteuses, un bail de 25 ans peut être suffisant ; mais, s'il est nécessaire de dépenser une somme considérable, pour la construction ou les réparations de la maison de ferme ou de ses dépendances , un bail de 3o ans au moins , est nécessaire , pour assurer au fermier qui exécute les améliorations , ou à sa famille , une juste indemnité de ses déboursés. Si on considère les risques , l'embarras et les dépenses qu'entraînent les améliorations de ce genre , on jugera que l'homme entreprenant et industrieux , qui se charge de leur exécution, a droit de prétendre à quelque chose de plus qu'au simple remboursement, ou à un médiocre profit. On a vu, dans quelques cas, des propriétaires accorder des baux de 5o à 6o ans pour des terres incultes qui devaient être défrichés, et ce moyen a provoqué des améliorations importantes ; les baux de cette espèce peuvent être particulièrement avantageux au propriétaire et à sa famille, en stipulant des accroissements périodiques de rente, chaque 1o ou 12 ans. La sécurité d'un long bail donne lieu au fermier d'exécuter des améliorations de plusieurs espèces, et l'augmentation modérée de la rente est un stimulant pour son industrie.

4° Les baux pour une vie ne sont pas favorables aux améliorations, quoiqu'il y ait quelque chose de philantropique dans l'idée que le fermier ne pourra être expulsé de sa ferme pendant le cours de sa vie. Lorsqu'un bail est fait pour une période déterminée, le fermier fait ses arrangements en conséquence, et il emploie son capital, le plus tôt qu'il le peut, dans l'espoir d'en tirer plus de bénéfice, avant la fin du bail, que s'il retardait ses travaux ; mais lorsque le terme du bail dépend de sa propre vie, il craint toujours de dépenser une somme d'argent considérable, de peur que le profit n'en soit perdu pour lui et pour sa famille, à cause de l'incertitude de l'existence humaine. Il ne débourse de capital que dans l'espoir d'une rentrée immédiate ; et, à mesure qu'il avance en âge, il devient plus négligent, et moins disposé à en-

33 *

treprendre des améliorations. S'il arrive que la santé du fermier devienne chancelante, il ne pense plus à aucune amélioration, et il est naturellement tenté de tirer du sol le plus qu'il le peut, pendant que cela est en son pouvoir.

5º On blâme, avec raison, les baux pour trois vies, à moins qu'on n'ait stipulé une élévation de rente à la fin de chaque vie. Le fermier devient indolent, néglige la culture de sa ferme, et nuit ainsi à la société, de même qu'aux intérêts de son successeur. On a remarqué que, dans les fermes laissées à vie, les chemins ne sont pas si bien entretenus, et les terres sont en plus mauvais état que dans celles mêmes qui sont laissées sans bail. Autrefois, on accordait des baux à vie, afin d'engager les fermiers à prendre les fermes, lorsqu'il existait peu d'ardeur pour les entreprises agricoles ; mais ils ne sont plus nécessaires sous ce rapport.

On a prétendu que, dans les fermes de pâturages, les baux à long terme ne sont pas aussi nécessaires, parce qu'elles n'exigent pas autant de travaux et de dépenses que les fermes arables ; mais, même dans ce cas, il vaut mieux accorder un terme de 10, 15 ou 21 ans, avec une augmentation de rente à certaine période, ce qui dispense les fermiers de la nécessité de changer souvent de ferme, et peut-être aussi de bestiaux, changements qui nuisent essentiellement à leurs intérêts.

Dans les fermes arables qui sont déjà très-améliorées et dans un bon état de culture, on a prétendu aussi qu'il n'était pas nécessaire d'accorder de longs baux, parce qu'elles exigent moins de travaux et de dépenses pour leur exploitation ; et on a supposé que, dans le cours de 10 ou 12 ans, le fermier pouvait tirer un profit raisonnable du capital qu'il y avait employé. Cependant, comme on doit s'attendre que le fermier n'achetera ni chaux, ni autre amendement permanent, pendant les trois dernières années de son bail, ces baux à court terme présentent beaucoup d'inconvénients. Il est évident qu'une ferme semblable, passant tous les 10 ou 12 ans en nouvelles mains, se détériorera progressivement, au lieu de s'améliorer, et qu'elle ne pourra jamais, ni produire la rente à laquelle elle aurait pu être portée, ni atteindre au degré de fertilité dont elle serait susceptible, tant qu'elle continuera à être exploitée par des baux aussi courts.

En général, l'expérience a pleinement démontré que les baux à court terme, ainsi que ceux dont la durée est incertaine, sont un obstacle invincible à toute amélioration, et que, dans un pays où la culture est perfectionnée, une période d'environ 20 années est un terme avantageux à toutes les parties, assurant au propriétaire l'amélioration progressive de son sol, et l'augmentation périodique de son revenu ; en même-temps qu'il sert de stimulant à l'industrie du fermier, par la certitude qu'il lui donne de recueillir le profit de ses travaux, de son habileté, et du capital qu'il place dans l'exploitation d'un domaine dont la possession lui est assurée. Les succès qu'a obtenus M. COKE, de *Norfolk*, ont mis cette question hors de toute espèce de doute, puisque le revenu de ses terres s'est accru, de mémoire d'homme, principalement par l'effet du système d'accorder à ses fermiers des baux bien calculés, de la somme de 5,000 liv. à celle de 40,000 liv. par année (de 120,000 fr. à 960,000 francs). Si les préjugés qui existent contre l'usage d'accorder des baux aux fermiers, ne sont pas détruits par le bon sens des propriétaires, ils feront à l'agriculture du Royaume un tort incalculable. La différence d'exploiter avec un bail ou sans bail, d'exploiter avec un bail court ou un bail long, affecte presque toutes les opérations qui s'exécutent sur une ferme. Là où il n'existe pas un bon système pour les baux, non-seulement toutes les améliorations sont négligées, mais il en résulte souvent une détérioration graduelle des propriétés.

On ne doit pas croire, au reste, qu'on doive passer des baux dans tous les cas et sans réflexion. On ne doit certainement en accorder que lorsqu'une ferme est d'une étendue convenable ; qu'elle est divisée de manière à pouvoir être cultivée avec profit ; et qu'on rencontre des fermiers qui sont en état d'en entreprendre l'exploitation, par leur zèle, leur habileté, et par le capital qu'ils possèdent. L'amélioration d'un domaine peut être retardée, au lieu d'être avancée, si on accorde des baux pour des exploitations mal arrondies ou mal divisées,

ou à des fermiers ignorants, négligents, ou man-
quant de moyens pécuniaires, qui, par ces motifs, ne méritent pas la confiance des propriétaires.
On ne doit pas non plus passer de bail, sans des
stipulations convenables, pour empêcher la détérioration de la propriété.

Stipulations. — Lorsqu'on accorde un bail, il
est essentiellement nécessaire, pour les intérêts du
propriétaire, qui doit se considérer comme le dé-
positaire des intérêts de sa famille et du public,
que ce soit sous des stipulations propres à prévenir
la détérioration du domaine pendant la durée du
bail, et principalement vers la fin de cette période,
époque où le fermier n'a plus d'intérêt, ni à continuer ses améliorations, ni même à conserver la
fertilité du sol. D'innombrables exemples prouvent
la nécessité de ces stipulations pour prévenir les
abus. Sans cela, les terres sont chargées de récoltes
jusqu'à ce qu'elles ne puissent plus en porter; la
ferme est réduite à moitié de sa valeur, et ne peut
plus être rétablie que par des moyens coûteux, soit
par le propriétaire lui-même, qui en reprend l'exploitation pendant quelques années, soit en la re-
laissant à une rente moindre qu'elle n'eût pu produire, si elle eût été mieux soignée. Cependant les
stipulations qu'on insère dans les baux, sont, en
général, trop nombreuses et trop compliquées. Les
restrictions qui ne sont pas nécessaires, sont un
grand obstacle aux améliorations, parce qu'elles
arrêtent cet esprit d'entreprise, et cette disposition

à se livrer à des expériences, qui sont certainement la principale source des nouvelles découvertes et de la prospérité de l'agriculture. En même-temps, on peut être à-peu-près certain que la ferme sera laissée dans un état misérable, comme cela est arrivé trop souvent à des propriétaires négligents, s'il n'y a pas de stipulation qui force le fermier à laisser le domaine en bon état à sa sortie, principalement sous le rapport de l'étendue des prairies ; — de l'étendue et de la culture des terres en jachères ; — des engrais qu'il doit laisser au fermier entrant ; — enfin, de l'état de réparation dans lequel il doit laisser les bâtiments et les clôtures. En surchargeant de récoltes les terres, vers la fin du bail, les fermiers appellent cela quelquefois *préparer les terres pour le propriétaire*. On a remarqué, avec justese, que lorsqu'un fermier détériore le domaine qui lui a été confié, il prive le propriétaire et sa famille d'une portion de leur capital. C'est pour cela que, selon la remarque du Lord KAMES, on doit traiter les fermiers *comme les Rois*, c'est-à-dire, les lier de manière à leur laisser toute liberté pour les améliorations, mais aucune liberté pour nuire.

Si les hommes étaient tous instruits et probes, les stipulations ne seraient pas nécessaires ; mais il est impossible qu'un propriétaire prudent place une confiance illimitée dans un homme qui a un intérêt direct à lui faire un tort considérable ; puisque, plus il épuise le domaine, plus il s'enrichit lui-même. On voit souvent même des fermiers tra-

vailler ainsi à l'épuisement du sol, dans des cas où
il leur est nuisible à eux-mêmes, ainsi qu'au propriétaire. Il est donc convenable qu'un propriétaire cherche à obtenir des suretés pour la conservation, et, dans quelques cas, pour l'amélioration
de son domaine, quand même, pour obtenir ces
suretés, il serait forcé de se contenter d'une rente
moindre qu'il n'aurait pu l'obtenir autrement. Les
stipulations de cette espèce sont elles-mêmes,
dans le fait, une espèce de rente ; et, quoiqu'elles
diminuent le revenu annuel pendant un certain
temps, cependant, si elles ont été judicieusement
calculées, et clairement exprimées, elles empêchent
la détérioration d'un domaine, et ajoutent, de cette
manière, à sa valeur permanente. La véritable nature d'un bail, avec des stipulations convenables,
est une convention par laquelle le propriétaire ac-
cepte une rente raisonnable, inférieure même à
celle qu'il pourrait obtenir de sa terre, mais qui
fournit au fermier des motifs suffisants pour l'encourager à accroître la valeur de la ferme qu'il
occupe, ce qui le mettra en état de payer une
rente plus élevée pour le bail suivant. On peut
ainsi former, au lieu d'un contrat mercenaire, une
convention réciproquement avantageuse aux deux
parties, et qui sera probablement continuée, si le
fermier remplit les obligations qu'il a contractées.
En un mot, le grand point, pour l'intérêt public,
aussi bien que pour celui du propriétaire et de sa
famille, *l'état progressif d'amélioration d'un do-*

maine ne doit jamais être sacrifié, dans le dangereux espoir d'obtenir un avantage momentané, au
risque de trouver par la suite un dommage considérable.

5° *Forme d'un bail.* — Il arrive trop souvent
que les baux sont rédigés par des hommes ignorants
en agriculture, qui les remplissent de stipulations
surannées qui entravent inutilement le fermier,
qui nuisent au propriétaire, et qui causent à la
société un dommage incalculable (1).

Les stipulations d'un bail doivent nécessairement
varier selon les circonstances. Il est à désirer, toutefois, qu'on adopte une forme générale, simple et
claire, au lieu des formes compliquées et confuses
qui sont en usage. A cet effet, après le préam-
bule nécessaire, indiquant les parties contractantes,
— la situation de la propriété laissée, — et l'é-
poque de l'entrée, on doit désigner, 1° les droits
réservés au propriétaire ; 2° les obligations contractées par le fermier ; 3° enfin, les stipula-

---

(1) Sous ce rapport, nous sommes encore bien moins a-
vancés que les Anglais. Au reste, c'est encore bien moins à
l'ignorance des hommes qui sont chargés de la rédaction des
baux, qu'on doit imputer l'inconvenance d'un grand nombre
des stipulations qu'on y insère communément, qu'à l'ignorance
des propriétaires eux-mêmes, dont les quatre-vingt-dix-neuf
centièmes tiennent obstinément à des stipulations qui mettent
le fermier dans l'impossibilité d'adopter un meilleur système
de culture. C'est certainement sous ce point de vue, qu'il y aurait le plus d'avantage à répandre de l'instruction agricole
dans les classes élevées de la société. (*Note du Trad.*)

tions obligatoires pour tous deux. Les baux, rédigés ainsi, ne peuvent guère donner lieu à des discussions ; cependant, s'il arrivait que les parties ne fussent pas d'accord sur l'exécution des stipulations, il est convenable qu'elles s'engagent, par le bail même, à faire terminer le différent par des arbitres. Lorsque les deux parties sont d'accord sur les stipulations d'un bail, il doit être rédigé, d'après ces principes, par un homme de loi instruit.

N° II. DE LA COMPTABILITÉ AGRICOLE.

La tenue d'une comptabilité régulière est certainement aussi avantageuse dans une exploitation agricole que dans toute autre espèce de spéculation; et on a publié des formules propres à tenir des comptes d'agriculture avec autant d'exactitude que les comptes de commerce. Cependant on ne peut attendre une attention aussi minutieuse de la généralité des fermiers. C'est par ce motif que nous allons présenter une forme moins compliquée de comptes d'agriculture, que toute personne d'une intelligence commune pourra remplir sans difficulté. Nous y joindrons des tableaux propres à la tenue de la comptabilité des fermes arables, des fermes de pâturages et des bois, ainsi que pour la tenue du compte des récoltes, de la laiterie , de l'accroissement et du décroissement du bétail (1).

(1) J'ai cru devoir conserver, dans ces tableaux , la forme de l'expression anglaise dans le titre des colonnes , parce que cette forme est souvent plus précise que celle qui est en usage en France. Le seul changement que j'aye fait à ces tableaux, est de remplacer les colonnes des monnaies et mesures anglaises, par des colonnes divisées pour les monnaies et mesures françaises (*Note du Trad.*)

I. JOURNAL de la semaine du   à

	État de l'atm.			
	BAROM.	THERMOM.	VENT.	PLUIE.
LUNDI.				
MARDI.				
MERCREDI.				
JEUDI.				
VENDREDI.				
SAMEDI.				
DIMANCHE.				

II. TRAVAIL de la semaine du   à

Noms des hommes et des chevaux.		LUNDI.	MARDI.	MERCR.	JEUDI.	VENDR.	SAMEDI.	Nombr. de jours.	A combien par jour.	TOTAL.	
										fr.	cent.
Journaliers											
Domestiq.											
Chev.											
Trav. à la tâche.											
Trav. des artisan											

III. Compte de Caisse.

<table>
<tr><td colspan="4">DOIT.   LA CAISSE A REÇU</td><td colspan="4">LA CAISSE A PAYÉ.   AVOIR.</td></tr>
<tr><td>Quand reçu.</td><td>De qui reçu.</td><td>Pour quoi reçu.</td><td>Montant.</td><td>Quand payé.</td><td>A qui payé.</td><td>Pour quoi payé.</td><td>Montant.</td></tr>
<tr><td></td><td></td><td></td><td>francs. cent.</td><td></td><td></td><td></td><td>fr. c</td></tr>
<tr><td></td><td></td><td></td><td></td><td colspan="4">Articles consommés provenant de la ferme.</td></tr>
<tr><td></td><td></td><td></td><td></td><td>Quand.</td><td>Par qui.</td><td>Quel article. Montant.</td><td></td></tr>
<tr><td></td><td></td><td></td><td></td><td></td><td></td><td>f c</td><td></td></tr>
<tr><td></td><td></td><td>Total reçu.</td><td></td><td></td><td></td><td>Total payé.</td><td></td></tr>
</table>

IV. Travaux des terres arables.

Année de la rotation.	Quelle année.	Quelle récolte.	Étendue.	Quand commencé.	RÉPARATION.												
					Labouré, hersé et roulé.					Engrais.					Semailles.		
					Nombre d'hommes.	Journées.	A combien par jour.	MONTANT.		Espèce.	Quantité.	Prix.	MONTANT.		Espèce	Quantité.	Prix.	MONTANT.
								fr.	c.				fr.	c.				

V COMPTE d'un pâturage.

Quelle année.	Combien de bestiaux en pâture.							Produit en foin, etc.							Porté
	Bœufs.	Chevaux.	Bêtes à laine.	Vaches.	A combien par tête.	MONTANT.		Quand commencé	Nombre d'ouvriers.	SOMME PAYÉE.		Combien de voitures, et à combien la voiture.	MONTANT.		au folio.
						fr.	c.			fr.	c.		fr.	c.	

VI. COMPTÉ d'un bois.

Quelle année.	Nombre d'hommes.	À combien par jour.	QUANTITÉ D'ÉCORCE.					TAILLIS.				ARBRES VENDUS.					
			MONTANT.		Quantité.	Prix.	MONTANT.	FRAIS DE COUPE.	Quantité vendues.	MONTANT.		Espèces.	Quantité.	Prix.	MONTANT.	Porté à l'écorce et aux arbres	Taillis.
			fr.	c.			fr.	c.			fr.	c.				fr.	c.		

VII. Compte des récoltes.

ESPÈCE.	BATTU.			ACHETÉ.			VENDU.			SEMÉ.			CON-SOMMÉ.			PAR QUI CONSOMMÉ.						OÙ SEMÉ.			MOULU.		
	lit.	f.	c.	lit.	f.	c	lit.	f	c.	lit.	f.	c.	lit.	f.	c.	es-pèce	par qui.	lit.	f.	c	Nº du cha.	lit.	f.	c.	lit.	f.	c.
Froment																											
Orge.																											
Avoine.																											
Foin.																											
Pommes de terre																											

VIII. COMPTE de la laiterie.

		LUNDI.	MARDI.	MERCR.	JEUDI.	VENDR.	SAMEDI.	DIMAN.	PRIX.		MONTANT.	
									fr.	c.	f.	c.
LAIT.	TRAIT. CONVERTI EN BEURRE ET FROMAGE. CONSOMMÉS.	litres.	litres.	litres.	litres.	litres.	litres.	litres.				
BEURRE.	FAIT...... VENDU..... CONSOMMÉ...	livres.	livres.	livres.	livres.	livres.	livres.	livres.				
FROMAGE.	FAIT...... VENDU..... CONSOMMÉ...											

IX COMPTE du bétail.

ACCROISSEMENT ET DÉCROISSEMENT DU BÉTAIL.									Quelle partie de la ferme a été occupée par le bétail.	
DESCRIPTION.			Accroissem.t par		Décroiss.t par		total	Date de l'entrée.	Date de la sortie.	
		Nomb	Achat.	nais-sance	vente	mort				
Béliers. Brebis. Moutons Agn. m. Agn. fe.	Espa-gnoles. dto dto									
Bœufs à l'engrais										
Vaches										
Bœufs de travail.										
Génisses										
Veaux mâles										
Veaux femelles.										
Verrats										
Truies										
Bêtes châtrées										
Cochons de lait										
Hongres										
Juments										
Poulains										
Poules d'Inde.										
Poules										
Coqs.										
Poulets.										
Oies										
Oisons.										
Canards										
Cannetous										
D...										

Left-margin category labels (read from top to bottom): Bêtes à laine — Bêtes à corn — Porcs — Chev — Volailles et OEufs.

Nº III. De la Construction des Abreuvoirs, selon la méthode de Robert Gardener, de Kilham, en Yorkshire.

On a adopté diverses méthodes pour la construction des abreuvoirs, avec l'intention de simplifier le procédé et de diminuer la dépense ; mais la méthode perfectionnée que nous allons décrire, et qui a été inventée par Robert Gardener, réussit dans presque toutes les situations, partout où on peut se procurer les matériaux nécessaires.

On trace sur le terrain un cercle de 60 pieds de diamètre, plus ou moins, selon qu'on le désire, et selon l'étendue du pâturage auquel l'abreuvoir doit servir, et, pour un cercle de ce diamètre, on creuse la surface, dans la forme d'un bassin concave ou d'une soucoupe, à la profondeur de sept pieds dans le centre. Lorsque le fond du bassin a été bien uni avec des rateaux, on le bat de manière à rendre la surface aussi uniforme et aussi ferme que la nature du sol peut le permettre. On étend également sur cette surface une couche de chaux éteinte et tamisée, jusqu'à l'épaisseur de deux ou trois pouces ; plus le sol est poreux et perméable, plus la couche de chaux doit être épaisse. On humecte ensuite légèrement la chaux, de manière à la faire adhérer fortement au fond ; on doit prendre grand soin que la couche soit bien égale partout, parce que c'est de la chaux, plus que de toute autre chose, que dépend le succès de l'ou-

vrage. Sur cette chaux , on place une couche d'argile , de l'épaisseur d'environ six pouces , qu'on
humecte suffisamment pour la rendre ductile, et qu'on
bat avec des maillets ou des battoirs , de manière à
en faire un corps solide, capable de résister au
poids des bestiaux. On doit avoir grand soin que
cette couche d'argile soit d'une épaisseur bien uniforme, et qu'elle soit battue bien fortement ; à cet
effet, on n'en répand, à la fois , sur la chaux ,
que ce qu'on peut battre de suite , pendant qu'elle
conserve le degré de consistance convenable. Après
que le tout est fini , les batteurs repassent toute
la surface plusieurs fois , en l'arrosant d'eau à chaque
fois , afin d'empêcher qu'il s'y forme aucune cré-
vasse , ce qui empêcherait que l'eau fût retenue.

Il n'est pas nécessaire d'y employer de l'argile
à briques proprement dite , mais toute terre tenace
qui , par le battage , forme un corps compact et
solide, peut servir à cet usage. Aussitôt que cette
opération a été bien exécutée , on couvre toute
la surface de l'argile , jusqu'à un pied d'épaisseur,
de débris de pierres ou de graviers , afin d'empêcher
que les bestiaux endommagent le fond avec leurs
pieds. Il est nécessaire de remarquer qu'on doit
éviter d'y employer de grosses pierres, parce qu'elles
sont sujettes à se laisser déplacer par le piétinement
du bétail. Il arriverait souvent aussi qu'elles s'en-
fonceraient dans l'argile , ou qu'elles rouleraient au
fond du bassin ; et, dans tous ces cas, les couches
d'argile et de chaux pourraient être endommagées,

et, par conséquent, le bassin ne retiendrait plus l'eau. Quelquefois on recouvre l'argile avec des gazons, le côté de l'herbe tourné en bas, pour servir de support aux graviers ; par ce moyen, on peut diminuer la quantité de ces derniers ; ou bien on place une épaisseur de quelques pouces de terre commune sur les gazons, ou immédiatement sur l'argile, avant d'y mettre le gravier, dans les localités où ce dernier est rare.

Lorsque l'argile a été bien battue, on la fait quelquefois piétiner par des moutons ou des cochons, après en avoir arrosé la surface ; on a trouvé que le piétinement de ces animaux est utile, en rendant la couche d'argile plus compacte.

Quelques personnes, au lieu d'employer la chaux éteinte, préparent, avec soin, un bon mortier de chaux et de sable, et en couvrent la surface du sol, à l'épaisseur d'environ un pouce. Lorsque cela est fait avec soin, on regarde ce moyen comme le plus efficace, pour empêcher l'infiltration de l'eau; mais le mortier est sujet à se fendiller avant d'être recouvert par l'argile, ce qu'on doit éviter avec soin. On a construit aussi des réservoirs dans lesquels la couche d'argile était recouverte par une couche de mortier, outre celle du dessous, et cette méthode est certainement la plus parfaite ; mais là où la chaux est chère, la dépense est considérablement augmentée.

On regarde l'automne comme la saison la plus convenable pour la construction de ces réservoirs, parce qu'alors, ils ne tardent pas à se remplir d'eau, et qu'ils sont ainsi moins sujets à se crévasser avant d'être pleins.

On place ordinairement ces réservoirs au bas d'un terrain en pente, afin que, dans les fortes pluies, on puisse y diriger un peu d'eau venant, soit d'un chemin, soit d'un terrain peu perméable ; mais souvent on les place aussi dans des lieux où ils ne reçoivent que la pluie qui tombe sur leur surface; et l'expérience a prouvé que cela suffit ordinairement pour y entretenir de l'eau, lorsqu'une fois ils ont été remplis. Comme on doit désirer qu'ils se remplissent le plus tôt possible, après qu'ils sont terminés, on amasse souvent de la neige, qu'on amoncelle en grande quantité dans le réservoir, le premier hiver qui suit leur construction.

Les réservoirs de cette espèce sont ordinairement construits par des gens qui en font leur état, et qui en entreprennent la construction à forfait. Dans la plupart des situations, un réservoir de 60 pieds de diamètre, et d'une profondeur de 6 pieds, peut être exécuté pour environ 15 l. (360 francs); un réservoir de 45 pieds sur 5 pieds de profondeur, pour 10 ou 12 l. (240 à 288 francs); mais il faut prendre en considération les différents prix de la chaux, ou la distance à laquelle on doit la conduire, ainsi que l'argile et les autres matériaux. Un réservoir de 60 pieds de diamètre sur 6 pieds de profondeur, contient plus de 700 *hogsheads* (près de 2,000 hectol) d'eau; celui de 45 pieds sur 5, contient près de 400 *hogsheads* (plus de 1,000 hectol.) d'eau ; c'est un approvisionnement précieux qu'on peut obtenir à peu de frais.

L'expérience d'un grand nombre d'années, et l'usage général qu'on fait de ces réservoirs, dans la partie septentrionale du Comté d'*York*, partout où le besoin s'en fait sentir, ont prouvé que, lorsqu'ils sont construits avec soin, ils sont si efficaces pour retenir l'eau, pour la conserver d'une bonne qualité, lorsqu'ils ne deviennent pas fangeux par le piétinement du bétail, et qu'ils sont applicables à tant de cas, qu'on ne peut trop en recommander l'usage dans les situations élevées, où on est exposé à manquer d'eau, ou dans les autres situations dans lesquelles on ne peut se procurer que de l'eau de mauvaise qualité.

N° IV. DU SYSTÊME PERFECTIONNÉ DES JACHÈRES D'ÉTÉ, TEL QU'IL EST MIS EN PRATIQUE DANS LES LOTHIANS, ET DES AVANTAGES DE L'EXTIRPATEUR ;

Par M. ROBERT HOPE, *Cultivateur expérimenté du Lothian oriental.*

Malgré les objections qu'on a faites contre l'usage de soumettre de temps à autre les terres à une jachère d'été, cependant on connaît généralement aujourd'hui les avantages de cette pratique, *pour les sols argileux*, et les plus habiles cultivateurs d'Écosse la regardent comme absolument nécessaire pour tirer le parti le plus profitable des terres fortes et humides ; il est donc de la plus grande importance de connaître le moyen le plus économique et le plus efficace d'exécuter cette opération, d'autant plus essentielle, qu'il est bien connu que le succès de toutes les récoltes de la rotation dépend, en grande partie, des soins et de l'intelligence avec lesquels elle a été exécutée.

Dans les parties de l'Écosse où les opérations de la jachère sont exécutées avec soin, on laboure le sol qu'on y destine, le plus tôt possible en hiver ; alors on *endosse* toujours les billons, au moyen de quoi les raies restent complètement ouvertes, et lorsque les raies d'écoulement qu'on ouvre en travers, ont été nettoyées à la pelle, le champ demeure mieux desséché pendant tout l'hiver, qu'il ne pourrait l'être par tout autre mode de labourage. Aussitôt que les semailles de printemps sont terminées, en supposant que le sol soit bien desséché, on lui donne un second labour, en *fendant* les billons. Le troisième labour se donne très-profondément, et en travers de la direction des deux premiers, ce qui divise assez la terre, pour que la herse puisse y agir efficacement. On commence alors à travailler vigoureusement la terre avec la herse et le rouleau, en répétant successivement cette opération, jusqu'à ce que la surface soit assez meuble pour que toutes les racines de mauvaises herbes puissent être tirées à la main. C'est alors qu'on fait usage, avec le plus grand avantage, de l'extirpateur, comme suppléant à la charrue, pour faciliter le nettoyement complet du sol; car, en le faisant passer une, deux ou même trois fois, sur toute la surface du champ, selon que les mauvaises herbes sont plus ou moins abondantes, en ayant soin, en même-temps, de donner, à chaque fois, un léger hersage, et d'enlever toutes les racines de mauvaises herbes qui paraissent, la terre se trouve complètement nettoyée de toutes mauvaises herbes, à la profondeur de 4 à 6 pouces. On donne alors un quatrième labour à la charrue, en *endossant* les billons, après quoi, on recommence le travail des herses et du rouleau, s'il est nécessaire, jusqu'à ce que le sol soit suffisamment ameubli pour laisser sortir facilement les racines de mauvaises herbes. Lorsqu'on les a enlevées avec soin, on fait encore passer l'extirpateur comme auparavant, et le sol se trouve bientôt nettoyé complètement de toutes les mauvaises herbes qui pouvaient l'infester. C'est alors qu'on peut appliquer, avec avantage, le fumier, la chaux ou le compost, si cela est nécessaire. Quant à la dépense qu'entraîne cette opération, elle doit varier selon diverses circonstances, telles que la nature du sol plus ou moins tenace, l'état d'épuisement de la terre, ou l'état plus ou moins pluvieux ou sec de l'atmosphère; toutes ces circonstances causent une grande différence dans les frais. Il est donc impossible de présenter des données qui puissent s'appliquer à tous les cas particuliers. Nous présentons l'évaluation suivante, comme applicable à un sol modérément tenace, dans un état moyen de fertilité et de culture, et en supposant que les circonstances atmosphériques ne présentent rien d'extraordinaire ; il est entendu que, dans d'autres circonstances, les dépenses doivent varier en proportion.

Dépense approximative d'une jachère d'été, sur un acre (40 ares) de forte terre argileuse.

	Liv.	Sh.	D.		fr.	cent
Les trois premiers labours chacun à 10 sh	1	10	0	—	36	00
Deux doubles hersages . .	0	3	4	—	4	00
Roulage	0	2	0	—	2	40
Deux doubles hersages . .	0	2	6	—	3	00
Arrachage des racines à la main	0	1	6	—	1	80
Passer l'extirpateur . . .	0	3	6	—	4	20
Un double hersage . . .	0	1	3	—	1	50
Arracher les racines à la main.	0	1	0	—	1	20
Quatrième labour	0	8	0	—	9	60
Un double hersage . . .	0	1	3	—	1	50
Roulage	0	1	8	—	2	00
Un double hersage . . .	0	1	3	—	1	50
Arracher les mauvaises herbes à la main.	0	0	9	—	0	90
Passer l'extirpateur . . .	0	3	0	—	3	60
Total.	3	1	0	—	73	20

		Liv	Sh.	D.		fr.	cent
REPORT.		3	1	0	—	73	20
Un double hersage . . .		0	1	3	—	1	50
Arracher les racines à la main.		0	0	9	—	0	90
Cinquième et dernier labour		0	8	0	—	9	60
Total de la dépense		3	11	0	—	85	20

On voit que la jachère d'été d'un acre de terre, occasionne, en terme moyen, une dépense de 3 l. 11 sh. ; et, si on n'eût pas employé l'ex irpateur, il eût été nécessaire de donner un ou deux labours de plus, ce qui aurait à peine aussi bien nettoyé la terre, et aurait augmenté la dépense, de au moins 9 sh. 6 d. par acre (28 fr. 50 c. par hectare). Quelque considérable que soit cette différence, ce n'est pas le seul avantage qu'on tire de cet instrument dans le procédé de la jachère; car il est bien connu que la promptitude est de la plus grande importance dans la conduite des opérations rurales ; et, comme un homme, avec quatre chevaux attelés à l'extirpateur, cultive la même étendue de terre dans un jour, que six hommes et douze chevaux pourraient le faire avec la charrue, on voit de quelle importance est cet instrument, considéré sous ce seul point de vue. Dans les cas où il n'existe dans le sol qu'une petite quantité de racines de mauvaises herbes, comme de l'avoine à chapelet, l'économie de travail est encore plus considérable, attendu qu'il arrive souvent qu'une seule culture à l'extirpateur, qui ramène ces ra-

cines à la surface, est aussi efficace qu'un labour
à la charrue

L'extirpateur est fort utile aussi pour d'autres
opérations de culture. Cet instrument est reconnu
comme également efficace pour la préparation du
sol pour des turneps ; le seul cas où on ne puisse
l'employer avec avantage, est celui où le sol est
extrêmement mou, comme cela arrive quelquefois
sur les côtes de la mer, et que, en même-temps,
il est extraordinairement rempli de racines de mauvaises herbes ; dans ces circonstances, l'extirpateur
est très-sujet à s'embarrasser ; mais, presque dans
toutes les situations où on cultive les turneps, cet
inconvénient ne se présente pas.

Lorsqu'on a répandu de la chaux ou du compost,
l'efficacité de cet instrument, pour les enterrer,
est d'une très-grande importance ; car, en passant
une fois en long, et une fois en travers des billons,
la chaux ou le compost sont complètement mêlés
avec la terre, sans être enterrés trop profondément, comme cela arrive souvent, lorsqu'on fait
cette opération avec la charrue. Au reste, après avoir
employé l'extirpateur dans ce cas, on doit toujours
donner un labour à la charrue, afin de donner aux
billons la forme convenable pour faciliter la descente des eaux de pluie dans les raies.

Un autre usage important de l'extirpateur, est
qu'on peut l'employer, avec grand avantage, sur
toutes les terres labourées en automne ou de bonne
heure en hiver, et qu'on doit ensemencer au prin-

temps ; en passant l'instrument une seule fois, le sol est remué et ameubli à la profondeur de 5 à 6 pouces, sans enterrer la surface ameublie du sol, et ramener au-dessus une terre nouvelle qui forme des mottes dures, et qu'il est très-difficile ensuite de briser, comme cela arrive presque toujours, lorsqu'on met alors la charrue dans un sol humide ou argileux. L'avoine et l'orge peuvent être semées de cette manière, avec beaucoup moins de dépense, et, par conséquent, avec plus de profit.

On fait aujourd'hui usage, dans les *Lothians*, d'extirpateurs perfectionnés, construits entièrement en fer fondu, et dont le prix est modéré. On ne peut trop fortement recommander l'usage de cet instrument.

Les principaux buts de la jachère, le nettoyement du sol, des mauvaises herbes qui s'y trouvent, et sa pulvérisation, peuvent aussi être beaucoup facilités par l'emploi d'un instrument appelé *Binot*, en Flandre, et dont on trouvera ici la figure.

Il ressemble, en quelque façon, à une charrue à double versoir ; mais, sur le *Continent*, il n'a pas de coutre. Cet instrument n'est pas cher ; car, le Bureau d'Agriculture en ayant acheté un dans les Pays-Bas, pour le faire venir en Angleterre, il n'a coûté que 60 francs, ou 2 l. 13 sh. 4 d. ; mais il était très-grossièrement fait. On trouve des cultivateurs qui ont trois binots pour huit charrues de différentes espèces ; quelques-uns ont deux binots pour cinq charrues, et d'autres, deux binots pour quatre charrues. On n'y emploie que deux chevaux et un homme. On peut le disposer pour labourer à différentes profondeurs , mais , en général , le sillon n'est que de 5 à 6 pouces. Cet instrument est d'une telle importance , que plusieurs des cultivateurs les plus intelligents du Brabant ont déclaré que , sans lui , il leur serait impossible de cultiver leurs terres avec le même degré de perfection.

Dans le pays Wallon, le premier labour se donne, dans presque tous les cas , avec le binot, soit en automne , soit en hiver, soit au printemps. Lorsque le sol est très-sale , on emploie le même instrument deux ou trois fois, afin de le nettoyer complètement. Cet instrument ne retourne pas la terre, comme la charrue , et il n'enterre pas les mauvaises herbes ; mais il élève le sol en petits billons , au moyen de quoi le chiendent et les autres racines de mauvaises herbes sont coupés et exposés aux gelées d'hiver et aux sécheresses du printemps; et, lorsque la terre est desséchée , ce qui arrive promptement lorsqu'elle est ainsi élevée , ces racines sont amassées à la herse, ou avec une fourche à trois pointes , ou avec un rateau , ou enfin à la main ; car, dans les Pays-Bas, on n'épargne aucune dépense pour nettoyer la terre de mauvaises herbes. Les racines qui ont été ainsi amassées pendant la sécheresse du printemps, sont, ou brûlées , ou mises en tas avec de la chaux , pour en former un compost. Après le binot , on emploie toujours la charrue pour le lade semaille.

Outre cet important avantage, la terre, même la plus argileuse, est rendue meuble et friable par ces opérations, et perd cette tenacité que les sols argileux sont disposés à prendre, lorsqu'on leur demande une longue suite de récoltes, sans les pulvériser complètement de temps en temps.

Un autre avantage du binot, est que son emploi est moins coûteux que celui de la charrue. Non-seulement une seule culture, avec cet instrument, équivaut à deux labours, mais le binot cultive une plus grande étendue de terre dans un temps donné, avec le même attelage. L'épargne d'un seul labour est d'une grande importance; mais, dans beaucoup de cas, on peut épargner deux labours par une seule culture au binot.

On a trouvé aussi le même instrument très-utile pour rompre une terre inculte, lorsqu'elle n'est pas embarrassée de pierres.

Le détail ci-dessus des avantages que présente le binot, a été communiqué à quelques cultivateurs habiles du Brabant, qui l'ont entièrement approuvé. La construction de cet instrument a été beaucoup perfectionnée par un habile artiste de ce pays (1),

---

(1) On peut se procurer le binot perfectionné et beaucoup d'autres instruments utiles, au magasin d'instruments d'agriculture, *Winsley-Street*, vis-à-vis le Panthéon, à Londres, ainsi qu'à la manufacture de M. WEIR, 66, *Wels-Street*. Le prix du binot est de 5 guinées (120 francs.)

et il n'y a pas de doute qu'il ne forme une addition précieuse à nos instruments d'agriculture.

N° V. — Preuves de diverses erreurs des Hommes d'État de l'Empire Britannique, relativement a la possibilité que le pays suffise a sa propre consommation de grains ; ainsi que de l'ignorance ou ils étaient de l'importance de l'Agri - culture , avant la formation de l'É - tablissement national destiné a favo - riser les améliorations de cet art.

Dans l'année 1790 , le comité du Conseil privé, ayant été chargé de faire une enquête sur tous les sujets relatifs au commerce , soumit à son examen les lois relatives à l'exportation et à l'importation des grains , et il présenta , sur ce sujet , à Sa Majesté , un rapport rédigé avec beaucoup de talent , mais avec si peu de connaissance *des ressources agricoles du pays* , qu'on nous dit que nous devons dépendre , pour une partie de notre consommation, non pas des progrès de l'agriculture du pays , ni même des productions des autres États de l'Europe, mais des récoltes de l'Amérique. Cependant , dans l'année 1808 , nous avons exporté , selon les registres des douanes , des grains pour une valeur de 470,431 l. (11,290,344 francs) , et nous en avons importé seulement pour la somme de 336,460 l. (8,075,040 francs) ; la Grande-Bretagne est donc redevenue un pays d'exportation, et, pour cette année-là du moins, elle a été, avec l'aide de l'Irlande, indépendante des nations étrangères, pour sa consommation de grains.

En 1791, M. PITT, dans un discours sur l'état de la nation, entra dans le détail des circonstances qui lui paraissaient être les causes de l'accroissement de prospérité à laquelle la nation était parvenue à cette époque. Ce discours a été commenté, avec beaucoup de talent, par M. ARTHUR YOUNG, dans ses Annales d'Agriculture. M. YOUNG témoigne la plus grande surprise de voir que l'homme d'État a dédaigneusement passé sous silence, dans ce discours, le plus important et le plus cher de tous les intérêts du Royaume, l'agriculture, comme ne méritant d'être prise en aucune considération dans la grande échelle de la prospérité nationale. « Un fi-
« nancier, dit-il, qui passe en revue toutes les res-
« sources nationales, et qui s'étend, avec orgueil,
« sur le montant du revenu public, ne juge pas que
« l'agriculture, qui contribue pour 12 millions ster-
« ling (288,000,000 de francs) par année, au
« paiement des charges publiques, soit digne
« qu'on prononce même son nom, parmi les sources
« de la prospérité du pays ! »

M. YOUNG remarque aussi « que les intérêts de
« l'agriculture du Royaume ne se sont peut-être
« jamais trouvés placés dans une position si mé-
« prisable que dans ce discours du Ministre, qui,
« cherchant à faire parade de toutes les circonstances

« qui pouvaient figurer dans le catalogue des prospé-
« rités de la nation, a passé complètement sous si-
« lence tout ce qui se rapporte au sol national. »
M. YOUNG ne s'attendait guère à être nommé,
quelques mois plus tard, Secrétaire d'un Bureau
d'Agriculture, établi avec le concours du même
Ministre qui avait prononcé ce discours.

On a entendu encore, en 1796, un autre homme
d'État, distingué par ses connaissances politiques
(Lord AUCKLAND), prononcer, à la Chambre
des Pairs, un discours qui a été ensuite publié, et
dont le passage suivant est extrait :

« A quoi devons-nous attribuer, indépendamment
« de la faveur de la divine Providence, le déve-
« loppement d'une telle prospérité ? — A notre
« supériorité navale, et aux succès qu'elle nous a
« procurés ; à nos conquêtes dans les Indes Orien-
« tales et Occidentales ; à l'acquisition de nouveaux
« débouchés ; à l'esprit entreprenant de nos com-
« merçants ; au perfectionnement de nos manufac-
« tures ; à l'énergie qu'ont développée nos com-
« patriotes, dans les arts et dans la profession des
« armes ; à l'union de la liberté avec le règne des
« lois ; au caractère national, parfaitement appro-
« prié à notre excellente constitution ; cette cons-
« titution que nos ennemis avaient le projet d'a-
« néantir par des moyens qui ont eu pour résultat
« leur propre destruction ; cette constitution, dont
« la conservation a été le grand but de tous nos ef-
« forts, dans cette guerre aussi juste que nécessaire. »

Pas un seul mot de l'agriculture, dans tout ce paragraphe, dans lequel le Ministre présente l'énumération des causes auxquelles ou devrait attribuer la prospérité de la nation. Il est certain qu'on nous a trop considérés jusqu'aujourd'hui comme une nation purement commerçante ; tandis que, dans tout pays qui possède un territoire étendu et fertile, on doit considérer la culture du territoire national comme le fondement le plus certain de sa prospérité, et comme ayant plus de titres, qu'aucune autre des sources de cette prospérité, à l'attention particulière d'un Gouvernement éclairé. Un Gouvernement semblable se montrera en tout temps disposé à écarter tous les obstacles qui s'opposent aux améliorations de l'agriculture, et même à provoquer, par des encouragements publics, ces efforts sans relâche, qui peuvent, seuls, faire du territoire d'un vaste pays, ce qu'il devrait toujours être, c'est-à-dire, une scène non interrompue, d'industrie et de bonne culture.

Nº VI. — État des Bills de Cloture, passés dans le cours de 40 années, divisées
en deux Périodes de 20 années chacune,
la première, de 1774 a 1793, avant l'é-
tablissement du Bureau d'Agriculture,
et la seconde, de 1794 a 1813, depuis la
Formation de cet Établissement.

1774	59.	1794	73.
1775	38.	1795	76.
1776	55.	1796	70.
1777	88.	1797	86.
1778	61.	1798	52.
1779	66.	1799	65.
1780	35.	1800	82.
1781	22.	1801	49.
1782	17.	1802	158.
1783	13.	1803	92.
1784	12.	1804	52.
1785	22.	1805	68.
1786	25.	1806	76.
1787	21.	1807	91.
1788	34.	1808	92.
1789	31.	1809	122.
1790	23.	1810	107.
1791	34.	1811	133.
1792	35.	1812	156.
1793	55.	1813	183.
	749.		1,883.
Terme moyen par année	37.	Terme moyen par année	94.

Ce tableau met dans la plus grande évidence, les avantages qui ont été le résultat de l'établissement d'un Bureau d'Agriculture ; on ne peut donner une meilleure preuve de l'esprit général d'amélioration que cette institution a excité. Le nombre des bills de clôture s'est porté, pendant ces vingt dernières années, à 1,883 ; et, comme chaque bill, en terme moyen, est destiné à l'amélioration de au moins 2,000 acres de terre (800 hectares), il en résulte que, dans l'Angleterre seule, une étendue de 3,766,000 acres (1,506,400 hectares) a été ainsi améliorée, c'est-à-dire, presque 3 fois autant que l'étendue qui avait reçu cette amélioration, pendant les 20 années qui ont précédé l'établissement du Bureau d'Agriculture.

N° VII. — DESCRIPTION DU PROCÉDÉ USITÉ EN MIDDLESEX, POUR FAIRE LE FOIN DES PRAIRIES NATURELLES.

Par JOHN MIDDLETON, *Esq.*

Cette branche de l'art agricole a été portée, par les cultivateurs du Comté de *Middlesex*, à un degré de perfection qui n'est encore égalé nulle part ailleurs, dans l'étendue du Royaume. On peut dire, avec raison, que la belle agriculture et l'habileté supérieure qu'on admire chez les fermiers *en terres arables* des cantons les mieux cultivés, distinguent également, dans un degré éminent, les *fermiers de prairies*, en *Middlesex* ; ils ont certainement le mérite d'avoir réduit à un système régulier , l'art de faire de bon foin ; et une longue pratique prouve que leur méthode produit les résultats les plus avantageux. Dans les saisons même les plus défavorables , e foin qui a été fait par le procédé de *Middlesex* , est supérieur à celui qu'on peut faire par toute autre méthode , dans des circonstances semblables. On doit regretter que cette excellente méthode soit restée , jusqu'ici , confinée , à un petit nombre d'exceptions près , dans les limites de ce Comté. Comme elle mérite d'être imitée par les cultivateurs des autres districts , je vais tâcher de décrire , avec les détails les plus minutieux , le procédé que suivent les cultivateurs de *Middlesex*, pour faire leur foin.

Afin de me rendre plus intelligible , je détaillerai les opérations de chaque jour, pendant toute la durée du procédé , depuis le moment où les faucheurs commencent leur tâche , jusqu'à celui où le foin est mis en sureté , soit dans les greniers, soit en meules.

Lorsque l'herbe est prête à être fauchée , le cultivateur de *Middlesex* s'efforce de choisir les meilleurs faucheurs , en nombre proportionné à l'étendue de ses prairies , et à la durée qu'il est convenable de donner à la récolte ; il traite avec eux, soit par acre , soit en masse (1).

____

(1) Chaque homme peut faucher , par jour , depuis un acre et demi , jusqu'à un acre 3/4 (de 60 à 75 ares) ; il y en a

Il se procure en même — temps cinq faneurs ou faneuses, pour chaque faucheur, en y comprenant les ouvriers qui chargent les voitures, qui font les meules , etc. Ceux-ci sont payés à la journée ; les hommes travaillent depuis 6 heures du matin jusqu'à 6 heures du soir, et les femmes , seulement depuis 8 heures du matin jusqu'à 6. Lorsque des circonstances pressantes exigent qu'on prolonge le travail une heure ou deux dans la soirée, les ouvriers reçoivent une augmentation de salaire proportionnée.

Les faucheurs commencent ordinairement leur travail à 3 , 4 ou 5 heures du matin, et restent à l'ouvrage jusqu'à 7 ou 8 heures du soir , en prenant une ou deux heures de repos au milieu du jour.

Chaque faneur doit apporter une fourche et un rateau ; cependant, lorsque les travaux pressent , et que les ouvriers sont rares , les cultivateurs sont souvent forcés de leur en fournir , mais , ordinairement , seulement des rateaux.

Toutes les parties de l'opération s'exécutent avec la fourche , on n'emploie le rateau que pour nettoyer le sol , lorsque le foin est amassé ; le chargement des voitures se fait à bras.

Après ces observations préliminaires , j'arrive à la description du procédé lui-même.

---

même qui fauchent deux acres par jour (8o ares) pendant toute la saison.

Premier jour. — Toute l'herbe fauchée *avant* 9 heures du matin, est étendue, en prenant grand soin de la répandre également sur la terre, et de bien diviser les plus petites masses (1). Bientôt après, on le retourne avec les mêmes soins, et, si on en a le temps, on retourne encore une fois la totalité avant diner ; si on ne peut pas retourner le tout, on en retourne du moins le plus qu'on le peut, jusqu'à midi ou une heure, que les ouvriers vont diner. La première chose qu'on fait après diner, est de réunir le foin en petits *rôles* (2), chaque rôle étant fait par un seul ouvrier, qui

---

(1) Les observations suivantes, sur la méthode de *Middlesex*, pour faire le foin, nous ont été communiquées obligeamment par M. Thomas Skip Dyot Bucknall, Esq.

" Par cette méthode régulière d'étendre l'herbe destinée à être convertie en foin, on obtient un foin d'une meilleure qualité, qui s'échauffe plus également dans la meule, et qui est moins sujet à s'altérer ou à prendre feu, et on en obtient aussi une plus grande quantité ; car, lorsqu'on laisse les andins subsister un jour ou deux avant de les étendre, la surface de l'andin est entièrement desséchée par le soleil et le vent, tandis que la partie inférieure n'est qu'amortie, ce qui fait perdre beaucoup au foin, tant en qualité qu'en quantité ; circonstance très-importante, lorsque le prix du foin est très-élevé, comme aujourd'hui. "

(2) J'emploie ici le mot technique local *rôle*, pour traduire l'expression anglaise *row*, qui exprime la disposition qu'on donne au foin, lorsque les ouvriers, marchant toujours dans la même direction, amassent le foin à leur droite ou à leur gauche, ce qui le dispose en tas alongés dans toute l'étendue de la pièce, qu'on pourrait presque désigner, en les appelant *arrêtes*. (*Note du Trad.*)

marche en enlevant le foin sur une largeur de trois ou quatre pieds ; la dernière opération de la journée, est de mettre le foin en petits tas.

Second jour. — On commence l'opération de la seconde journée, en étendant tout le foin qui a été fauché la veille, *après* 9 heures du matin, ainsi que l'herbe qui est fauchée le second jour, *avant* 9 heures. Ensuite, on éparpille, avec soin, les petits tas faits la veille, sur une espace de 5 à 6 yards (mètres) autour de chacun. Si la récolte est claire, en sorte qu'il reste beaucoup de terrain entre ces espaces, on les *ratèle* proprement, et le foin ratelé se met avec l'autre, de manière que le tout prenne une couleur uniforme dans la dessication. Aussitôt que cette opération est finie, on retourne le dernier foin qu'on vient d'étendre, et ensuite l'herbe des andins qui a été étendue le matin, et on recommence à les retourner une ou deux fois, de même que le premier jour. Tout cela doit être fini avant midi ou une heure, afin que le foin sèche pendant que les ouvriers sont à diner.

Après le diner, la première opération est d'amasser en doubles rôles, avec le rateau, le foin qui a passé la nuit en petits tas (1) ; ensuite on amasse

---

(1) Pour cela, deux personnes tirent le foin en sens opposé, ou l'une contre l'autre, ce qui forme entre elles, un rôle d'un volume double de celui d'un rôle simple. Ces doubles rôles se trouvent placés entre eux, à la distance de 6 ou 8 pieds.

en simples rôles, l'herbe étendue le matin ; on met en moyens tas, le foin qui est en doubles rôles ; et, enfin, en petits tas, l'herbe des simples rôles. Cela complète l'ouvrage du second jour.

Troisième jour. — On commence par étendre, le matin, l'herbe fauchée de la veille, et qui était restée en andins, ainsi que celle qui a été fauchée dans la matinée ; ensuite on éparpille, comme la veille, lès petits tas, ainsi que les moyens tas, mais ces derniers, sur des espaces moins étendus. Quoique le foin des moyens tas ait été le dernier répandu, c'est le premier qu'on retourne, et ensuite celui qui était en petits tas ; on les retourne encore une ou deux fois avant midi ou une heure, après quoi les ouvriers vont diner. Si le temps a été beau et desséchant, le foin qui a passé la dernière nuit en moyens tas, sera bon à charger dans l'après-midi : mais si, au contraire, le temps a été froid et couvert, il n'y en aura probablement pas d'assez sec. Dans ce cas, la première opération, après le diner, est d'amasser en doubles rôles, le foin qui a passé la dernière nuit en petits tas ; ensuite, en simples rôles, les andins qui ont été étendus le matin. Ensuite, on met en gros tas, le foin qui a passé la nuit en moyens tas, et on a soin de rateler parfaitement le terrain, et de porter au sommet du tas, le foin qu'on obtient du ratelage. Après cela, on met les doubles rôles en moyens tas, et les simples rôles en petits tas, comme la veille.

Quatrième jour. — Ordinairement, les gros tas dont nous venons de parler, sont rentrés ce jour-là, avant le diner. Les autres opérations de la journée sont les mêmes, et se succèdent dans le même ordre que nous venons de le décrire, et on continue ainsi tous les jours, jusqu'à ce que la fenaison soit terminée.

Dans tout le cours de la dessication du foin, on doit avoir le plus grand soin de le garantir de la pluie et de la rosée, tant pendant le jour que pendant la nuit, en le mettant en tas. On doit avoir soin aussi de proportionner le nombre des faneurs à celui des faucheurs, de manière qu'il ne se trouve jamais plus de foin sur le terrain, qu'on ne peut en manœuvrer convenablement selon les procédés que nous venons de décrire. Cette proportion est d'environ vingt faneurs, dans le nombre desquels sont douze femmes, pour quatre faucheurs : on appelle quelquefois ces derniers, pendant une demi-journée, pour aider les faneurs. Au reste, lorsque le temps est très-sec et très-chaud, il faut un plus grand nombre de faneurs que lorsqu'il est humide et froid.

On doit bien se garder, en particulier, d'étendre plus de foin qu'il ne serait possible d'en remettre en tas dans la soirée, ou avant la pluie, avec le nombre d'ouvriers dont on peut disposer. Par un temps pluvieux ou incertain, on doit quelquefois laisser le foin en andins pendant trois, quatre ou même cinq jours. Mais on doit avoir grand soin de retourner les andins, avec le manche du rateau, avant que le dessus de l'andin jaunisse. En cet état, deux jours de travail suffiront pour le sécher assez, si le temps est beau, pour qu'il puisse être chargé. On peut, par ce moyen, faire sécher du foin avec très-peu de dépense ; mais alors les brins de l'herbe se tiennent en paquets, et ne sont pas assez entremêlés.

Les meules de foin le mieux construites et le mieux garanties contre les injures de l'air, sont celles qu'on fait en *Middlesex*. Pendant qu'on construit la meule, les ouvriers emploient tous leurs moments de loisir à tirer le foin à la main dans tout son contour, afin de lui donner la forme covenable ; et, environ une semaine après qu'elle est terminée, toute la surface supérieure est recouverte d'une toiture de paille, proprement construite, qu'on assure contre les coups de vent, au moyen de cordes de paille qui l'enveloppent entièrement près de la goutière, au sommet et vers le milieu de la pente. On coupe ensuite, avec régularité, la paille du toit, en la laissant dépasser la meule, suffisamment pour que l'eau qui coule du toit, ne tombe pas sur le foin. Lorsqu'il arrive que la meule se trouve placée dans un endroit où on craint l'humidité pour l'hiver, on creuse tout autour, et près du pied de la meule, un petit fossé de 6 à 8 pouces de profondeur, qui sert à l'écoulement des eaux, en sorte que la meule est bien au sec.

Il est d'une grande importance pour un cultivateur, de surveiller personnellement, et sans cesse, toutes les parties de la besogne, pendant toute la durée de la fenaison. L'homme qui veut recueillir son foin dans le meilleur état possible, et avec une dépense modérée, doit non-seulement presser constamment le travail des faneurs, des ouvriers qui chargent les voitures et de ceux qui dressent les meules, mais aussi il doit veiller sans cesse à ce que chacun exécute le travail dont il est chargé, de la manière la plus convenable; sans cela, il arrivera souvent qu'une moitié des gens qui sont dans ses prairies, lui seront à-péu-près inutiles; et s'il est absent pendant une heure, ou davantage, il peut être assuré que, pendant ce temps, il n'y aura rien de fait, ou, du moins, bien peu de chose. Les fermiers de *Middlesex* emploient un très-grand nombre d'ouvriers pendant la fenaison : il en est quelques-uns qui en ont deux ou trois cents ; alors le maître est constamment à cheval, pour surveiller le travail de tous ses gens. Un homme actif ne perd pas une heure, et met son foin en sûreté pendant que le soleil luit, tandis qu'un fermier d'un caractère différent, laisse le temps s'écouler, et son foin se trouve surpris par la pluie, ce qui lui fait perdre souvent moitié de sa valeur. Si ce dernier a le bonheur de jouir d'une continuité de temps sec, son foin restera sur le pré huit jours de plus que celui de son voisin, et ses sucs s'évaporeront par l'effet du soleil.

On calcule que 400 livres d'herbe se réduisent à 100 livres, lorsqu'elles sont converties en foin,

au moment où on le met en meule ; au bout d'environ un mois, la chaleur produite par la fermentation le fait diminuer en poids jusqu'à environ 95 ;
et je présume que, pendant le cours de l'hiver,
il se réduit à-peu-près à 90. Depuis le milieu de
Mars jusqu'en Septembre, les opérations du bot-
telage, du chargement sur les voitures et du transport au marché, exposent encore le foin à l'action
du soleil et du vent, de manière qu'il ne pesera
probablement plus que 80, au moment où il sera
livré à l'acheteur. Pendant l'hiver suivant, la diminution, dans la meule, se réduira à peu de chose,
ou même à rien ; de sorte qu'il est clair que la
même quantité de foin pourra être vendue pour
80 livres en été, ou pour 90 en hiver. Cette différence, ainsi que le rapport des prix, dans les diverses saisons de l'année, pourront déterminer le
cultivateur sur l'époque où il lui est le plus avantageux de vendre. Je connais un particulier qui a
eu en provision le foin de cinq récoltes ; le prix
s'éleva alors, et il vendit avec beaucoup d'avantage.
Je connais plusieurs fermiers de ce Comté qui ont
aujourd'hui de 1,000 à 2,000 tons de foin (de
2,000 à 4,000 milliers).

Dans le voisinage de *Harrow*, *Hendon* et *Finchley*,
il y a beaucoup de granges à foin qui peuvent contenir de 30 à 50 et jusqu'à 100 voitures de foin.
On les trouve très-utiles, dans le cas où le temps
est peu favorable pendant la fenaison, comme un
moyen de mettre promptement le foin à couvert,

aussitôt qu'il est sec. Lorsqu'il y a apparence de pluie , et que le foin est en état d'être rentré , tous les moyens sont mis en œuvre , avec activité, pour charger tous les chariots dont on peut disposer , et pour les conduire dans la grange. Le reste du foin est mis en gros tas sur le pré. Ces granges sont aussi d'une très-grande utilité pour mettre à couvert, tous les soirs , les chariots chargés , ce qui donne de l'occupation aux ouvriers, pour les décharger , le lendemain avant le déjeûner. On peut faire cette opération dans une grange, en toute sureté , dans les matinées froides et humides , où cela ne serait pas praticable , en mettant le foin en meules. Je me rappelle d'une matinée de cette espèce , qui menaçait fortement de pluie , et pendant laquelle mes voisins n'osèrent pas découvrir leurs meules , tandis que je fis décharger douze chariots dans ma grange , avant le déjeûner de mes gens ; le temps devint ensuite beau, et tout mon monde fut prêt à aller aux prés , où on chargea de nouveau les mêmes chariots , qui furent encore mis à couvert dans la grange , avant la nuit.

En hiver, et dans tous les temps pluvieux , une grange est aussi très-commode pour botteler , peser et hacher le foin , opérations qui ne pourraient se faire à découvert. Les cultivateurs que j'ai consultés sur ce sujet , s'accordent à dire qu'on peut rentrer le foin un jour plus tôt dans une grange , qu'on ne pourrait le faire avec sureté dans une meule.

En général, la dépense de construction d'une grange à foin, qui peut être évaluée à 100 l. (2,400^f), se trouve remboursée, dans l'espace de trois années, par l'épargne de la paille nécessaire pour couvrir les meules, et par les autres avantages qu'elle procure. J'ai même fait construire une grange de cette espèce, sur des poteaux de chêne, et de la construction la plus soignée, dont le prix s'est trouvé remboursé en deux années ; mais le haut prix de la paille y a contribué.

Dans les saisons les plus sèches, les granges présentent une économie de 6 sh. (7 fr. 20 cent.) au moins par acre ; mais, dans les saisons humides, la facilité qu'elles offrent de mettre le foin promptement en sûreté, a produit quelquefois une différence de valeur de 20 sh. par voiture.

Les granges fermées empêchent les courants d'air, qui sont probablement la cause immédiate de l'inflammation de la vapeur chaude qui s'échappe d'une masse de foin en fermentation. Dans une grange, cette vapeur se trouve confinée dans l'espace vide qui se rencontre entre le foin et la toiture, jusqu'à ce qu'elle ait perdu assez de sa chaleur pour ne pouvoir plus s'enflammer, au moment où elle arrive en contact avec l'air extérieur.

N° VIII. Système d'exploitation de M. Hunter, de Tynefield.

Le système d'exploitation agricole adopté dans

les districts les mieux cultivés de l'Écosse , ayant reçu , à juste titre, de grands éloges , il m'a paru convenable de présenter ici, avec quelque détail , le système suivi par M. HUNTER, de *Tynefield*, près *Dunbar* , qu'on regarde , avec raison , comme un des cultivateurs les plus intelligents du *Lothian* oriental. Il a pour principe, de convertir en fumier, presque toute la paille de son exploitation.

La ferme de M. HUNTER consiste en 350 acres écossais , ou 437 acres anglais (174 hect.) Il entretient 16 chevaux de travail, ce qui fait un cheval pour 27 acres (près de 11 hectares) (1). Le nombre des autres bestiaux varie annuellement, selon la quantité de fourrage qu'on a récoltée. On doit seulement remarquer que l'engraissement de dix moutons pesant de 12 à 14 livres par quartier , exige de 30 à 32 tons (de 30,000 à 32,000 kil.) de turneps, ce qui forme un peu plus que le produit moyen d'un acre anglais (40 ares) (2).

---

(1) Cette proportion se trouve , à très-peu de chose près , la même que celle qui est établie dans la ferme de *Roville*. J'engage le lecteur à la comparer à la proportion des bêtes de trait, dans presque toutes les exploitations rurales de France. On verra quelle immense économie il est possible de faire sur les frais de culture ; car, dans toute exploitation, l'entretien des attelages forme certainement l'article le plus coûteux , de beaucoup, de tous ces frais. L'adoption d'une bonne charrue forme la principale base de cette économie. (*Note du Trad.*)

(2) Sur ce pied, un acre de turneps engraisse 450 à 500 livres de mouton , ou à-peu-près autant de bœuf, ce qui fait 16 à 17 livres de viande pour chaque ton de turneps.

M. HUNTER achète aussi quelques bêtes à cornes en Octobre ou Novembre , pour les entretenir à l'étable pendant l'hiver , et les revendre en Mars. Les moutons sont quelquefois gras avant cette époque ; mais la quantité de turneps que nous avons indiquée, suffit pour les entretenir jusque là. Les bêtes à cornes se trouvent grasses un peu plus tôt ou un peu plus tard , selon l'état où elles étaient, lorsqu'on a commencé l'engraissement , et on les vend aussitôt qu'elles sont grasses , lorsque le prix du marché est avantageux (1).

M. HUNTER cultive quatre ou cinq fois autant de turneps que de rutabagas. Ces derniers exigent un tiers d'engrais de plus que les premiers, pour produire une pleine récolte.

Voici le terme moyen du produit des turneps et des rutabagas chez M. HUNTER :

---

(1) On calcule qu'un acre d'une bonne récolte de turneps peut engraisser deux bœufs et-demi, du poids chacun de 3o *stones* d'*Amsterdam*, le stone à 16 livres, et la livre à 17 1/2 onces ; mais on ne doit compter , en terme moyen, que sur deux bœufs. Dans ce cas, la récolte produit 44o livres de viande, poids d'*Amsterdam*, pourvu que les turneps soient consommés dans l'étable.

I. *Turneps.*

	Ton par acre écoss.	Ton par acre angl.	1,000 kilog. par hect.
Plus fortes récoltes, 38 tons de racines, 6 tons de feuilles	44	35	87
Plus faibles récoltes .	32	22	55
Terme moyen . . .	38	30	75

II. *Rutabagas.*

	Ton par acre écoss.	Ton par acre angl.	1,000 kilog. par hect.
Plus fortes récoltes .	33	26	65
Plus faibles récoltes .	23	14	35
Terme moyen . . .	27 1/2	20	50

M. HUNTER avait l'habitude de mettre les lignes à la distance de 27 à 30 pouces. Il a trouvé, depuis, que les récoltes étaient augmentées de 3 à 4 tons par acre, en réduisant la distance à 24 ou 26 pouces (1).

M. HUNTER commence à semer son froment l'hiver, après les turneps, en Janvier, lorsque le temps le permet; il continue la semaille, tant que la

----

(1) Cela ne doit se faire, cependant, que lorsque la terre est en très-bon état. Si elle n'est pas bien préparée, ou si on ne peut pas disposer d'une grande abondance d'engrais, la distance de 28 à 30 pouces est préférable.

terre n'est pas trop humide , jusque vers le 12 de Mars. Les terres qui ont porté des turneps , et qui n'ont pu être semées pour cette époque , sont ensemencées en froment de printemps , de l'espèce recommandée par Sir JOSEPH BANKS. Il y a déjà plusieurs années , qu'il a tiré cette espèce du *Lincolnshire ;* il l'a semée , à diverses époques , pendant les mois du printemps ; mais il a reconnu, aujourd'hui , que l'époque la plus convenable pour cette semaille , dans son canton , est la dernière quinzaine d'Avril.

Le poids du foin de tréfle et de ray-grass , qu'il récolte , est , en moyenne , de 150 stones de 22 livres chacun , par acre anglais (4,125 kil. par hect.) C'est là le poids du fourrage , en supposant qu'on le pèse au printemps ; mais si on le pesait au moment où on le rentre , **il y en aurait** bien davantage , quoiqu'il soit produit par un sol léger , reposant sur le gravier , et qui , par conséquent , n'est pas très-propre à produire du fourrage. Là où le sol est de meilleure qualité , il a obtenu 200 stones.

M. HUNTER sème le froment , après le tréfle , vers le milieu de Janvier , si le temps le permet, sinon , aussitôt qu'il le peut , après cette époque. Il rompt ses tréfles au commencement de Décembre, afin que les limaces et les autres insectes qui se trouvent parmi le tréfle , soient détruits avant la semaille. Autrefois , il labourait et semait en Novembre ; mais les insectes, n'étant pas encore engourdis alors , redescendaient dans la terre , et faisaient beaucoup de tort à la récolte , au printemps.

Le produit de son froment , après le trèfle , est de 27 bushels par acre anglais (23 hectolitres 80 litres par hectare) ; celui de l'avoine est de 52 bushels (45 hectolitres 80 litres par hectare).

M. HUNTER fait très-peu pâturer ses bêtes à cornes ou ses chevaux. Il a même le projet d'abandonner entièrement cette méthode , si ce n'est dans les sols très-pauvres et qui ne peuvent être cultivés avec avantage ; et il compte convertir en foin , pour l'usage de ses chevaux, en hiver et au printemps , tout le trèfle qui ne lui sera pas nécessaire pour la nourriture en vert à l'étable , pendant l'été. En donnant à ses chevaux , des rutabagas , avec 14 livres d'avoine par jour et par tête , il économise ainsi un tiers de la ration ordinaire d'avoine qu'il leur donnerait , s'ils n'avaient ni foin ni rutabagas. Avec cette ration , les chevaux de M. HUNTER travaillent habituellement 9 heures par jour , toutes les fois que le temps le permet.

Jusqu'ici M. HUNTER n'a pas donné à ses turneps , une aussi grande quantité d'engrais qu'il l'aurait désiré ; comme sa ferme devient plus riche en fumier , il compte augmenter cette quantité ; il est convaincu qu'on ne peut appliquer aux turneps , une trop grande quantité d'engrais.

La profondeur du premier labour préparatoire ,

pour les turneps, est de 9 à 12 pouces, lorsque
la terre est suffisamment profonde ; le labour suivant se donne à 6 à 8 de profondeur. Après que les
turneps ont été consommés , le labour qu'on donne
pour le froment , ne doit pas être approfondi à
plus de trois pouces, afin de ne pas ramener à la
surface , des graines de mauvaises herbes. Après le
tréfle , la profondeur de labour la plus convenable
pour le froment ou pour l'avoine , est de 4 à 5
pouces.

Le bétail entretenu à l'étable , avec des turneps
ou du tréfle , a toujours à boire à discrétion ; c'est
un point très-essentiel en été.

Lorsqu'on doit enlever , dans une pièce de terre,
la moitié des turneps , on arrache 4 lignes , et on
laisse les 4 suivantes , et ainsi de suite ; lorsqu'on
ne doit enlever qu'un tiers , on en arrache trois ,
et on en laisse six. Aussitôt que les turneps ou les
rutabagas commencent à pousser au printemps , on
les arrache , on coupe les feuilles et les racines ,
et on les empile dans un lieu abrité du soleil et
du trop grand air ; en les couvrant d'un peu de
paille , et les tenant au frais , ils se conservent aussi
long-temps qu'on peut en avoir besoin. Les rutabagas sont encore en très-bon état au commencement de Juin.

M. Hunter ne sème de l'orge qu'autant qu'il
en a besoin pour donner à ses domestiques, qui
reçoivent une partie de leurs gages en grains; l'expérience lui a appris que le froment qui succède

à du tréfle semé avec de l'orge, manque souvent dans son terrain, ce dont il ne se doutait pas, lorsqu'il a commencé à cultiver.

Lorsque les circonstances le permettent, M. Hunter applique de la chaux à ses terres, tous les 14 ans, dans la proportion de 60 bolls par acre. Il pense que, dans un assolement de 4 ans, où les récoltes vertes succèdent aux céréales, on doit appliquer de la chaux à toutes les terres.

Le poids du produit d'un acre en pommes de terre, avec une bonne culture et un sol convenable, est de huit à dix tons (25 à 30,000 kil. par hect.) Avant que M. Hunter eût reconnu que ses chevaux s'accommodaient bien des rutabagas, il leur donnait quelquefois des pommes de terre, quoi qu'il s'aperçût bien qu'elles ne leur convenaient pas aussi bien qu'il l'aurait désiré, même en les faisant cuire à la vapeur. Maintenant qu'il s'est assuré que les rutabagas sont bien supérieurs pour les chevaux, il ne donne plus de pommes de terre qu'à ses cochons.

Nous allons exposer ici, le système qu'a adopté M. Hunter, pour la culture des sols légers. Les bases de ce système sont : 1° Alterner les récoltes vertes et les céréales ; 2° convertir en fumier presque toutes les pailles produites par la ferme ; 3° donner, de temps en temps, des labours profonds; 4° enfin, nourrir le bétail à l'étable, l'été comme l'hiver.

1° L'assolement qu'il cite, est, 1ere Turneps ; 2e Froment ; 3e Tréfle ; 4e Froment ou Avoine ;

la moitié des tréfles est pâturée par des bêtes à laine, et l'autre moitié, employée à la nourriture des chevaux de travail, à l'étable. Les deux tiers environ des tréfles rompus sont employés à la semaille des froments. Depuis qu'il suit cet assolement, le produit moyen des récoltes a augmenté considérablement.

2° M. HUNTER s'attache invariablement à *convertir en engrais, presque toute la paille de sa ferme ;* car, en donnant au bétail une grande abondance de nourriture fraîche, il ne mange qu'une très-petite quantité de paille, soit en été, soit en hiver. Il est vrai qu'il est nécessaire de donner toujours aux chevaux un peu de paille avec les rutabagas, surtout en Novembre et dans les premiers mois de l'hiver, époque où ces racines n'ont pas encore atteint toute leur croissance ; alors on diminue un peu la ration des rutabagas, et on augmente celle de paille ou de foin. Si on peut faire sécher une quantité un peu considérable de tréfle, on peut se passer entièrement de paille pour nourriture, et l'employer en totalité en litière.

3° Lorsque M. HUNTER a commencé à suivre son système, il craignait que ses récoltes, et spécialement les turneps, ne diminuassent graduellement de produit ; il a trouvé, heureusement, un remède à cet inconvénient ; et ce remède consiste à donner une grande profondeur au premier labour préparatoire pour les turneps. Il emploie ce moyen quelle que soit la profondeur du sol, et il attèle quelquefois trois ou quatre chevaux à la charrue. Depuis qu'il a adopté cette pratique, toutes sés récoltes sont moins casuelles, et manquent extrêmement rarement ; lorsque cela arrive, cela est dû uniquement à l'inclémence des saisons, et nullement au retour trop fréquent des mêmes récoltes.

4° M. HUNTER a pour principe, d'entretenir constamment ses bestiaux à l'étable, l'été comme l'hiver ; il réserve, en hiver, la quantité de paille qui lui est nécessaire pour la litière de ses chevaux, de ses bêtes à cornes et de ses cochons, pendant tout l'été ; il les nourrit, pendant cette saison, d'une grande abondance de fourrage vert, et principalement de tréfle. Il a trouvé que les bestiaux, nourris en été dans un parc fixe, avec du tréfle fauché, n'exigent pas autant de litière que lorsqu'ils sont nourris en hiver avec des turneps. Il n'a pas constaté, avec exactitude, la proportion ; mais il pense qu'il suffit de la moitié de la quantité qui est nécessaire en hiver.

Les bestiaux sont nourris de la manière suivante : Ils reçoivent toujours une grande abondance de nourriture verte ou de racines. La moitié, ou quelquefois le tiers de tous les turneps produits sur la ferme, est charriée au parc garni de litière, pour les moutons, le bétail à cornes et les cochons (1).

____

(1) Je dois faire remarquer ici, que, lorsqu'il est question de *nourriture à l'étable*, en Angleterre, on doit toujours l'entendre de parcs enclos, ou cours attenant aux bâtiments d'ex-

Les cochons sont toujours nourris au trèfle pendant
l'été, et, en hiver, on leur donne des rutabagas;
ceux qu'on veut engraisser, reçoivent des pommes
de terre. Les chevaux de travail reçoivent, pendant tout l'hiver et le printemps, un demi bushel
(18 litres) de rutabagas par tête et par jour;
de sorte que tout le bétail est nourri à l'etable,
avec des aliments frais, excepté les vaches laitières,
auxquelles on donne toute la menue paille, et les
autres déchets du moulin à battre, et les bêtes à
laine, lorsqu'on les envoie pâturer les trèfles, afin
de consolider le sol. Depuis quelques années, M.
HUNTER, au lieu de nourrir ses cochons uniquement avec des pommes de terre crues ou cuites,
y mêle la moitié de navets de Suède. Il a une chaudière couverte, qu'on remplit de rutabagas coupés
en tranches, avec un tuyau qui conduit la vapeur dans le tonneau qui contient les pommes de
terre; par ce moyen, les deux espèces de racines
sont cuites en même-temps. On met ensuite les unes
et les autres dans un cuvier où on les triture ensemble, avec l'eau dans laquelle ont cuit les rutabagas; il en résulte un mélange beaucoup supérieur en qualité à l'une ou l'autre de ces racines

---

ploitation, dont on couvre le sol de litière, et qui sont souvent entourés de hangards où les bêtes sont libres de se retirer. On ne rencontre presque jamais, dans ce pays, des é-
tables ou écuries fermées, comme en France, si ce n'est pour
les chevaux. (*Note du Trad.*)

donnée séparément. Les bêtes le mangent avec avidité, et prospèrent à merveille. On a reconnu que l'eau dans laquelle ont cuit les rutabagas, est très-nourrissante.

M. HUNTER est convaincu que toute espèce de sol propre à la culture des turneps, et assez riche pour produire, par acre, 24 bushels de froment (21 hectolitres par hectare), ou 44 bushels d'avoine (39 hectolitres par hectare), ne peut être exploitée d'une manière plus profitable, ou être portée à un plus haut produit, que par le système qu'il a adopté. Les fréquents labours qu'on donne pour les turneps, nettoyent parfaitement le sol. M. HUNTER pense, d'après son expérience, que les turneps sont la seule récolte pour laquelle le sol ne peut pas recevoir trop de labours. Dans son opinion, les labours nombreux que la terre a reçue pour les turneps, seraient nuisibles aux récoltes suivantes, si on ne faisait pas consommer sur place, par des moutons, la moitié au moins des turneps, afin de donner à la terre la consistance convenable pour la récolte de blé, et les autres qui suivent. Lorsque le sol a produit un trop grand nombre de récoltes, (on pourrait plutôt dire, lorsqu'il a reçu trop de labours), les cultivateurs trouvent qu'il est nécessaire de convertir en pâturage, pendant deux ou trois ans, afin de le consolider ; mais, quant à lui, il est tellement partisan de la nourriture à l'étable, qu'il préfère faucher le tréfle la seconde année, plutôt que de le faire pâturer, quand

même la seconde récolte devrait diminuer beaucoup
en produit; il est toujours assuré, d'après sa méthode, d'avoir, après un tréfle fauché, une récolte
d'avoine, et les autres qui suivent dans la rotation,
d'un produit tout aussi considérable, qu'après le
pâturage.

La préférence qu'il donne à la méthode de faucher le tréfle la seconde année, au lieu de le pâturer, est fondée sur l'opinion, dans laquelle il
est, que le même nombre de bestiaux exigerait le
double d'étendue de terre, par le pâturage, que
par la nourriture à l'étable.

N° IX. Des Semailles en lignes, en Écosse;

Par un Fermier Écossais.

Il est question, en général, de savoir quelle est
la méthode à laquelle on doit donner la préférence,
soit de la semaille à la volée, par laquelle toute
la surface du sol est couverte de plantes plus ou
moins régulièrement, soit de la semaille en lignes,
avec des intervalles entre elles, pour faciliter les
binages et l'admission de l'air.

On a dit que la semaille en lignes est préférable,
parce que la semence est mieux couverte, et placée
à une profondeur plus égale; il est certain cependant que, en faisant usage de herses convenablement
construites, plus pesantes ou plus légères, à dents
plus longues ou plus courtes, selon la nature du
terrain, la semence peut être suffisamment recou-

verte ; et, quant à la convenance de placer le grain *à une profondeur donnée*, on doit admettre quelque latitude sous ce rapport.

La semaille en lignes à l'aide du semoir n'est pas praticable dans un terrain gazonné, comme dans une prairie ou un pâturage de trois ans ou plus, à moins d'une préparation très-coûteuse, comme l'écobuage, un labour à tranches, ou plusieurs labours réitérés.

Cette méthode n'est pas applicable non plus aux terrains embarrassés de pierres, ou situés en pente rapide.

Elle ne convient pas aux argiles tenaces, ni aux sols humides, qui doivent être cultivés en billons très-relevés, formant un segment de cercles; du moins c'est l'opinion des cultivateurs les plus intelligents de l'Écosse, sans rien préjuger de ce qu'il est possible de faire sous le climat plus favorable de l'Angleterre. Il faudrait des travaux additionnels très-considérables, pour amener une argile tenace au degré d'ameublissement convenable ; cela serait impraticable, lorsque la saison est très-pluvieuse; et, dans le cours de ce travail, ou lorsqu'il serait sur le point d'être terminé, quelques heures de pluie suffiraient pour en faire perdre tout le fruit, en rendant à la surface du sol toute son adhérence. Ajoutez à cela, que les beaux jours sont trop rares en Écosse, pour permettre d'exécuter le travail lent du semoir, en Octobre ou Novembre, sur de vastes étendues de terre où des fèves viennent d'être récoltées. Dans cette saison, ce n'est pas une affaire de choix, mais bien de nécessité, d'exécuter les semailles de froment dans le plus court délai possible.

D'après tous ces motifs, il y a lieu de croire qu'on n'obtiendrait pas plus de froment, par les semailles en lignes, dans les sols bien préparés des *Lothians* et du *Bervickshire*, qu'avec la méthode actuelle de la semaille à la volée ; ou, du moins, que l'augmentation des récoltes ne serait pas suffisante pour compenser le travail additionnel que cette méthode exigerait, et les risques qu'on courrait par l'effet des mauvaises saisons.

Les semailles en lignes ne peuvent non plus produire de grands avantages pour le froment qui suit des turneps bien cultivés et consommés sur place par les moutons, parce que, dans ce cas, le labour de semaille ne devant pas être donné à plus de profondeur que les labours précédents, il ne pousse pas de mauvaises herbes annuelles qui rendraient les binages nécessaires ; de sorte que la semaille en lignes, qui serait plus coûteuse, ne serait pas plus productive. Les mauvaises herbes annuelles ne poussent pas non plus fréquemment sur un terrain qui a été pâturé pendant quelques années, ni après un tréfle épais qui a été fauché. Mais la semaille en lignes paraît être convenable dans les cas suivants:

1º Lorsqu'on sème le froment, en *automne* ou *en hiver*, après des turneps, et qu'on doit semer dessus, au printemps, une prairie artificielle. Il est avantageux, dans ce cas, de pouvoir donner un binage, au printemps, pour couvrir la semence de la prairie artificielle, quand même il n'y aurait pas de mauvaises herbes. Le hersage ne produit pas toujours un aussi bon effet ; et, d'ailleurs, il est des cas où il ne conviendrait pas au froment.

2° On peut adopter la méthode du semoir, avec avantage, pour la céréale qui succède à des fèves (lorsque le sol n'est pas trop argileux ou trop humide), à des pommes de terre, à des turneps chariés, à des pois, ou à une mauvaise récolte de trèfle, et, généralement, dans tous les cas où le sol est infesté de plantes annuelles ou vivaces ; car, quoique les binages ne détruisent pas ces dernières, ils arrêtent leur croissance, et diminuent le dommage qu'elles feraient aux récoltes.

3° Lorsqu'on applique du fumier aux céréales semées au printemps, à moins qu'il ne soit complètement pourri ; le fumier frais n'étant jamais entièrement exempt de semences de mauvaises herbes.

4° Enfin, lorsque le sol est tellement compact, qu'il exige, *de temps en temps*, une jachère d'été, on peut admettre, avec avantage, la semaille en lignes sur la jachère, lorsque la saison le permet, surtout lorsqu'on fume, comme c'est l'ordinaire, et qu'on doit semer, au printemps, une prairie artificielle. Si le fumier n'est pas pourri, le motif est le même que dans le cas précédent : les binages, au printemps, détruiront les mauvaises herbes de graines et quelques-unes de celles qui se multiplien

par leurs racines. Quant à la prairie artificielle ,
il est indubitable qu'elle aura bien plus de succès
sur un sol ameubli par le binage.

Les principaux avantages de la semaille en lignes
consistent donc dans la facilité qu'elle donne de détruire les mauvaises herbes par les binages, et de pulvériser le sol battu par les pluies d'hiver , et durci
par les vents du printemps. Mais ces avantages
sont extrêmement considérables : Au moyen d'un
traitement judicieux , on peut ainsi éloigner beaucoup davantage le retour de la jachère nue , même
sur les sols les plus tenaces, et la supprimer entièrement sur une grande quantité de terrains qui,
jusqu'ici , ont été soumis , avec beaucoup de dépenses , aux procédés de la jachère , tous les cinq
ou six ans. Il n'y a pas de doute, d'ailleurs, que
les récoltes de grains qui suivent les pommes de
terre ou les pois , ne puissent être beaucoup améliorées par la méthode de la semaille en lignes. Les
terrains de cette espèce ne sont jamais aussi bien
nettoyés qu'ils devraient l'être , comme on peut
s'en convaincre, en examinant les récoltes de pommes
de terre dans les environs d'Édinburgh. Les fumiers
d'étables ou les boues de villes, qu'on emploie ordinairement , dans un état frais, pour cette culture , produisent trop de mauvaises herbes de diverses espèces , pour que la récolte de céréale qui
vient après, soit tenue dans un état de propreté
suffisant , si elle n'est pas binée.

Quant aux autres avantages qu'on a attribués à

la semaille en lignes , on peut douter que la circulation de l'air entre les lignes de plantes , soit aussi
utile aux céréales qu'elle l'est aux turneps et aux
pommes de terre , ainsi qu'aux fèves et aux pois ,
qui portent leurs semences depuis le pied de la
plante jusqu'au sommet. Les épis des grains , au
contraire , sont placés de manière qu'ils sont toujours accessibles aux influences de l'air.

Il semble aussi très-douteux que les récoltes de
grains semées en lignes soient moins sujettes à se verser que celles qui sont semées à la volée ; il paraît bien
démontré qu'elles sont plus exposées à l'action du
vent, qui s'introduit plus facilement entre les intervalles des lignes.

Le but le plus important qu'on doit se proposer
d'atteindre par la culture en lignes , est de maintenir le sol propre , et dans un état d'ameublissement convenable à la culture des prairies artificielles. Il n'y a nul doute que l'action du semoir
et les binages ne remplissent ces deux objets ; on
doit donc adopter cette méthode partout où cela
est praticable sans s'assujettir à de trop fortes dépenses. Dans tous les sols meubles , où on court
quelque danger des mauvaises herbes , et même
dans les sols argileux , lorsqu'on doit semer une
prairie artificielle dans le froment d'automne , on
doit essayer la culture en lignes , sous une forme
ou sous l'autre. Mais il ne faut pas présenter, comme
une règle qu'on doit imiter partout , la pratique
de M. COKE ou de tout autre cultivateur , quelle

que soit leur habileté, ni censurer ceux qui, avec un sol et un climat différent, refusent d'adopter leur système.

N° X. RÉCOLTES VERTES ENTERRÉES COMME FNGRAIS.

Par *Edward Burroughs*, Esq., de *Water-castle*, en Irlande.

J'ai essayé plusieurs fois d'enterrer à la charrue, des récoltes vertes, comme engrais, et j'ai trouvé constamment que cette pratique augmentait beaucoup la fertilité du sol. Les vesces et le tréfle conviennent particulièrement pour cet objet, parce que ce sont des plantes très-succulentes, et qui croissent facilement dans un sol argileux humide, même dans un médiocre état de fertilité, et que, par l'ombre dont elles couvrent la terre, ainsi que par la chute de leurs feuilles inférieures, elles produisent beaucoup de matière végétale sur sa surface. Dans une expérience que j'ai faite sur du tréfle destiné à servir d'engrais pour du froment, j'ai laissé croître la seconde coupe du tréfle, de 7 à 8 pouces de hauteur, dans la plus grande partie de la pièce de terre, avant de l'enterrer ; dans le reste de la pièce, le tréfle a été pâturé ras, et les deux parties ont été labourées et semées de la même manière. La récolte du froment a été beaucoup supérieure, tant en qualité qu'en quantité, dans la partie où le tréfle

'avait été enterré. Dans un champ de quatre acres ,
'ai semé deux acres en vesces de printemps , et les
deux autres ont été mis en jachère. Les vesces
ont été fauchées en vert , et la terre a été labourée
en Août , et ensemencée en froment en Octobre.
La jachère voisine a été ensemencée en même-
temps. Le froment a été meilleur, sous tous les rapports , dans la partie qui avait produit des vesces.

J'ai préparé pour du froment , de la manière suivante , un champ de six acres de terre très-argi-
leuse : deux acres ont été plantés en pommes de
terre ; deux acres ont été mis en jachère , et les
deux autres en vesces d'hiver , semées sur les éteules
de blé , au mois d'Octobre précédent. Les pommes
de terre ont été bien fumées , la jachère bien cultivée , la première coupe des vesces a été fauchée
en vert , et la seconde enterrée à la charrue , lorsqu'elle était en fleurs. Tout le champ a été ensemencé en froment-lamma-rouge , en Octobre ,
et le résultat a été comme il suit : La partie des
pommes de terre a été la meilleure ; celle des
vesces en a approché de très-près , et la jachère a
donné le moindre produit, tant en qualité qu'en
quantité.

J'ai semé fréquemment des graines de prairies
dans des vesces, et j'ai observé que la prairie conserve plus long-temps sa fertilité , que lorsqu'elle
a été semée dans de l'orge ou de l'avoine. J'ai
vu plusieurs cas où les graines de prés, semées
dans l'avoine, ont manqué , tandis qu'elles ont réussi

avec des vesces, les autres circonstances étant égales.
D'après ces expériences, et quelques autres, je
regarde comme certain, que la méthode d'enterrer
des récoltes en vert, comme engrais, présente un
moyen économique et efficace, de fertiliser les sols
légers ou épuisés. Quant à la théorie que quelques cultivateurs ont établie, savoir, qu'en enterrant une récolte verte, on ne rend à la terre
que la quantité de matière végétale qui avait été
nécessaire pour sa production, elle est entièrement
dépourvue de fondement. Il est bien connu, en
effet, que les plantes, principalement celles de la
famille des légumineuses, se nourrissent de substances qu'elles tirent de l'atmosphère, plus que
des principes qu'elles puisent dans le sol; et on a
vu souvent qu'un terrain se trouve dans un plus
haut état de fertilité, après avoir produit une abondante récolte de pommes de terre, qu'après avoir
été laissé en jachère. La navette forme une excellente récolte à enterrer comme engrais, parce qu'on
peut facilement la faire croître sur des sols médiocres, et parce que ses racines charnues produisent une grande quantité de matière végétale.
L'intéressante expérience suivante a été faite par
un cultivateur industrieux du Comté de *Kylkenny* :
il a labouré, dans le mois de Mars, une prairie
artificielle, pour l'ensemencer en avoine ; comme
il avait, dans le voisinage, une pièce de turneps,
il en fit couper les tiges avant de les arracher ; il
les fit répandre sur le gazon, avant le labour, sur

un espace d'environ vingt perches. La pièce entière
fut ensemencée en avoine ; mais la partie où on
avait enterré les tiges de turneps, produisit une récolte beaucoup plus considérable que le reste.

N° XI. — DE LA CULTURE DES GRAINS , AU MOYEN DU SEMOIR A BROUETTE.

Les méthodes généralement employées aujourd'hui
pour déposer les semences dans le sol , sont : 1°
La semaille à la volée sur la surface du terrain ;
2° la semaille sous raies ; 3° la semaille au semoir. Nous
avons déjà exposé (4ᵉ Chap. 11ᵉ Sect.) les avantages
et les inconvénients de chacune de ces méthodes. Nous
allons présenter ici quelques détails sur un procédé
récemment adopté , qui s'exécute au moyen du semoir à brouette , dont on trouve la figure dans
les planches de cet ouvrage. Depuis un grand nombre
d'années, on est dans l'usage de semer les fèves,
avec une machine de ce genre , dans le *Lothian*
oriental ; et on a fait, avec succès, plusieurs expériences, pour semer le froment, l'orge et l'avoine,
avec le semoir à fèves , en y adaptant un plus petit cilindre approprié à ces diverses espèces de grains.
Mais un artiste ingénieux , M. ALEXANDRE SMALL
(fils du célèbre inventeur de la charrue sans avant-
train perfectionnée, d'Écosse), a récemment construit , pour la semaille des grains , des semoirs à
brouettes tellement parfaits , qu'on ne peut plus
guère présenter d'objection à leur emploi.

La première idée avait été de fixer la boîte à la charrue, de manière que la semaille s'exécutait en même-temps que le labour. Cette méthode a certainement été pratiquée, avec succès, dans quelques cas, on pourrait encore l'adopter aujourd'hui; mais on a trouvé, en général, plus convenable de séparer la boîte à semer, de la charrue, par les motifs suivants : 1º De cette manière, lorsqu'il est nécessaire de remettre de la semence dans la boîte, il n'y a qu'un jeune garçon d'arrêté, tandis que, dans l'autre cas, le travail de deux chevaux et d'un homme se trouve suspendu. 2º La roue ajoutée sur le côté, gène le maniement da la charrue. 3º L'addition de la boîte empêche de conserver aussi facilement une profondeur régulière dans le sillon.

Voici les détails du procédé modifié ainsi :

1º Aussitôt que la charrue commence son travail, un jeune garçon suit immédiatement avec le semoir, et répand, dans la raie ouverte, la semence, qui doit être couverte par la terre du sillon suivant. Cette opération s'exécute facilement, même par de grands vents qui dérangeraient beaucoup la semaille à la volée.

2º La profondeur du sillon doit être de deux à trois pouces dans les terres fortes, et de trois à quatre dans les sols légers.

3º La récolte doit être sarclée à la main, lorsqu'on n'emploie pas la houe-à-cheval.

On peut espacer les lignes, de 10 à 14 pouces; mais le plus grand nombre des cultivateurs regardent

10 pouces comme une distance suffisante , surtout lorsqu'on doit biner à la main. Il est facile de faire, avec la charrue , un sillon de 10 pouces de largeur; mais , lorsqu'on veut espacer les lignes , de 14 pouces , il est nécessaire de faire travailler ensemble deux charrues étroites , qui prennent chacune une raie de 7 pouces. M. DICKSON , de *Bangholm* , près *Leith* , a essayé diverses distances entre les lignes , comme neuf , dix , douze et quatorze pouces ; mais, tout considéré , il préfère la distance de dix pouces dans les sols légers , parce que le froment n'y talle pas beaucoup , et la même distance lui paraît la plus convenable pour l'orge et l'avoine ; cependant il préférerait quatorze pouces pour la semaille du froment dans la terre forte , parce qu'il y talle ordinairement davantage. Les récoltes qu'il a obtenues par cette méthode , ne le cèdent en rien , soit en grain, soit en paille , à celles qu'on peut obtenir par quelqu'autre procédé que ce soit.

Si cette méthode obtient tout le succès qu'on en attend, la culture des grains pourra être portée à un degré de perfection qu'on n'a pu atteindre jusqu'ici. Toute l'opération est si simple , qu'on ne peut éprouver de difficultés dans son exécution. Elle n'exige pas de machines coûteuses ou compliquées; au contraire , le même semoir simple peut servir pour toutes les espèces de récoltes , en serrant plus ou moins la brosse , ou en changeant seulement le cilindre ; outre les avantages que nous avons exposés jusqu'ici , les récoltes , étant semées en lignes, se coupent plus facilement à la faucille, et produisent plus de paille que lorsqu'elles sont semées à la volée ; et, comme elles sont complètement exemptes de mauvaises herbes, le produit a plus de valeur.

Nous ajouterons que, lorsqu'on eut expliqué la méthode de culture, au moyen du semoir à brouette, à un respectable cultivateur, auquel son pays doit l'introduction de la culture des turneps au semoir, feu WILLIAM DAWSON, il l'approuva complètement, et déclara qu'il était parfaitement convaincu « que c'était le moyen de porter la culture des « grains à sa plus grande perfection, attendu que « les plantes, étant semées à une profondeur uniforme, « recevraient une égale quantité de nourriture, pour « les amener en maturité. »

M. DICKSON remarque, dans une lettre datée du 16 Août 1817, que, dans la saison si défavorable de l'année 1816, ses froments semés par cette méthode, ont beaucoup moins souffert que ceux qui avaient été semés à la volée, et que les épis ont été plus longs et mieux remplis. Son voisin, M. OLIVER, de *Lochend*, a trouvé le même avantage dans ce procédé.

Mais l'objet le plus important est que, par ce système, on peut faire produire d'abondantes récoltes, même aux sols pauvres, et avec une quantité peu considérable d'engrais. A cet effet, on doit procéder comme il suit : Lorsque le terrain est préparé pour le labour de semaille, on y répand du fumier bien pourri, et, ensuite, on distribue la

semence dans le sillon ouvert , et on tire le fumier par-dessus avec des rateaux , ou bien on tire
d'abord le fumier dans les lignes , et on répand
la semence par-dessus. La semence est recouverte
par la terre du sillon suivant. Il est évidemment
très-avantageux que la semence soit recouverte par
du fumier consommé dans un état humide , principalement pour l'orge , dans les printemps secs ;
ce procédé assurerait des récoltes d'orge , dans les
terres et dans les saisons les plus sèches , partout
où on sème sous raies.

Ce serait aussi une méthode excellente pour la semaille des turneps en lignes à plat ; car il est certain que,
lorsque la semence se trouve sur du fumier consommé et humide , elle végète assez rapidement
pour ne pas craindre les ravages du puceron.

N° XII. Quelques nouvelles Idées sur la Semaille en lignes, et la Plantation des Grains.

Depuis que la section où j'ai traité de la semaille en lignes des céréales , a été écrite , j'ai reçu quelques communications intéressantes sur ce
sujet.

M. WILKIE , de *Wimpole* , atteste qu'on peut
semer en lignes , sans difficulté , même dans les sols
pierreux , pourvu qu'on emploie un semoir convenable , qu'on désigne sous le nom de *semoir à le-
vier*. On charge les leviers à volonté , et , par ce

moyen, la machine peut fonctionner dans toutes les espèces de terrain, même les plus pierreux, parce que le fond de cette espèce de sol est ordinairement meuble, et convient même mieux pour l'emploi du semoir, que les terrains argileux, qui restent en grosses mottes, parce que la semence y est mieux couverte.

M. WILKIE remarque aussi que les plantes du froment semé en lignes, se protégent réciproquement pendant l'hiver; au moyen de quoi, un champ, situé ainsi, se trouve plus avancé au printemps, et plus tôt mur, qu'un champ semé à la volée.

Parmi les avantages de la semaille en lignes, on doit remarquer que la récolte étant exempte de mauvaises herbes, peut être rentrée plus tôt et avec plus de sécurité, soit dans la grange, soit dans la meule, qu'une récolte semée à la volée, dans laquelle il se trouve toujours plus de mauvaises herbes.

Tous les cultivateurs sont d'accord sur ce point, que le froment réussit mieux *sur un fond ferme et compact*, qui empêche les racines de trop s'allonger. C'est pourquoi il vaut mieux que les racines se pelotonnent ensemble, pourvu qu'elles trouvent, dans le sol, assez de substance pour la nourriture des plantes.

M. CHECKETT, cultivateur très-distingué, à *Belgrave-Hall*, près *Leicester*, déclare qu'il a obtenu, au moyen du semoir, des récoltes de 50 bushels par acre; mais qu'il n'a jamais pu dépasser

4o bushels , par les semailles à la volée. Il ajoute :
« La semaille en lignes , a , sur la méthode de se-
« maille à la volée , des avantages nombreux et dé-
« cisifs : — 1° Elle permet au cultivateur d'obtenir des
« récoltes de grains exemptes de mauvaises herbes ;
« — 2° la récolte peut être plus tôt charriée , après
« le faucillage ou le fauchage; — 3° le grain est plus
« propre et d'une grosseur plus uniforme , ce qui
« lui fait obtenir un prix plus élevé à la vente ;
« — 4° elle laisse le sol en meilleur état pour la ré-
« colte suivante; — 5° enfin , elle augmente la quan-
« tité de nourriture pour l'homme. »

La *plantation* des céréales est fréquemment pratiquée en *Northumberland*. Elle réussit pour toutes
les espèces de grains , mais non dans tous les sols.
Les terres argileuses tenaces ne peuvent pas être
assez bien ameublies pour ce procédé ; et on ne
peut pas l'exécuter sur un trèfle rompu , à moins
qu'il n'ait été labouré deux fois et bien hersé.
Dans ce canton , on regarde la plantation des grains
comme préférable à l'emploi du semoir , parce que
ce procédé donne autant de facilité pour les binages , et que la semence est mieux espacée. On
y est convaincu aussi que , plus les racines du froment sont grosses , nourries et courtes , plus la récolte a de chances pour échapper à la rouille.

N° XIII. — De la Culture des Turneps, et du meilleur Moyen d'éviter les ravages du Puceron,

Par Sir John Sinclair.

Il n'y a peut être aucune plante, dont l'introduction ait procuré de plus grands avantages à l'agriculture du Royaume-Uni, que le turneps. Non-seulement la culture de cette plante remplace la jachère, en détruisant les mauvaises herbes annuelles, et en arrêtant la végétation des mauvaises herbes vivaces, mais elle présente une récolte abondante et profitable, très – propre à l'entretien et à l'engraissement du bétail. C'est aussi une circonstance très – favorable à la culture des turneps, savoir que, dans les dernières périodes de sa végétation, elle puise une grande partie de sa nourriture dans l'atmosphère, ce qui fait qu'elle épuise beaucoup moins le sol, que les plantes céréales. L'ombre épaisse que les feuilles des turneps produisent sur le terrain, fait entrer en putréfaction les substances qu'il contient, et la quantité d'engrais qu'il procure par la nourriture du bétail, surpasse celle qu'on peut obtenir d'une même étendue de terrain, par le moyen de quelqu'autre récolte que ce soit. La culture perfectionnée des turneps a introduit, dans nos champs, des procédés plus parfaits, et qui s'approchent beaucoup de ceux de la culture des jardins ; lorsque les turneps sont consommés sur place par des bêtes à laine, l'engrais qu'on leur a appliqué, suffit pour produire successivement plusieurs récoltes abondantes. Au total, il n'y a aucune récolte dont la culture ait été portée à un plus haut degré de perfection, ou qui contribue d'avantage à accroître la valeur des terres, et la quantité de leurs produits ; cependant il existe encore plusieurs districts qui possèdent des terres légères ou de consistance moyenne, parfaitement bien appropriées à la culture de cette plante précieuse, et où les cultivateurs la connaissent à peine.

Il est très-fâcheux qu'une plante aussi utile soit sujette à être dévorée, et quelquefois entièrement détruite, par un petit insecte qui attaque les turneps au moment où ils sortent de terre ; à cette première période de leur croissance, la moindre piqûre suffit, lorsque la saison est sèche, pour tuer la plante. On a recommandé, pour prévenir les ravages de cet insecte, plusieurs méthodes, qu'on peut classer sous les titres suivants : 1º Détruire les pucerons ; — 2º Les éloigner des jeunes plantes ; 3º — Accélérer la croissance des plantes ; 4º — En perfectionner la culture.

1º On a conseillé, pour détruire les pucerons, de passer un rouleau pesant sur la terre, à *minuit*, pendant qu'elle est couverte de rosée, ce qui enterre ces insectes dans le sol humide. On a aussi distribué, dans les champs, des plantes enduites de goudron, où les pucerons restent attachés ; —

On a inventé uu piége, au moyen duquel on en prend un très-grand nombre ; — On a enduit la semence, d'huile de baleine ou de souffre (1). On a souvent conseillé aussi la chaux vive ; on a essayé la chaux saturée d'ammoniaque, qu'on obtient dans la préparation du gaz ; mais tous ces moyens ont eu peu de succès.

2° Afin d'éloigner les pucerons des jeunes plantes, on a employé la chaux vive, répandue pendant que les plantes étaient couvertes de rosée. On a frotté le sol avec des branches de sureau, après en avoir un peu écrasé les feuilles, et leur avoir fait recevoir une fumigation de tabac mêlé d'un peu d'assa-fœtida. On a aussi répandu de la semence dans les intervalles des lignes, afin d'y attirer les insectes ; on a quelquefois mêlé dans la semence, un peu de graine de radis, dont les pucerons sont particulièrement friands.

3° On accélère la croissance des plantes, par l'application d'une quantité convenable de bon engrais (2) et en le plaçant immédiatement au-des-

---

(1) En Amérique, on saupoudre les graines, de cendres ou de plâtre pulvérisé, après les avoir enduites d'huile, et on assure que le succès est infaillible. Pendant trois années de suite, on a réussi à prévenir les ravages du puceron, chez Lord Orford, en *Norfolk* : la semence de turneps, après avoir été enduite d'huile de baleine, était laissée pendant douze heures dans de la saumure.

(2) Lorsque cela est praticable, surtout dans les terres et les saisons sèches, on doit employer l'engrais dans un état un peu humide, plutôt que desséché.

sous les plantes semées en lignes.

4° On a beaucoup amélioré la culture de cette plante, par la précaution d'employer une grande quantité de semence ; on en met ordinairement trois livres par acre (7 liv. par hect.); ainsi que par le soin de détruire complètement les mauvaises herbes, et de remuer fréquemment la surface du sol.

Il est bien reconnu que, lorsqu'on donne l'attention convenable aux moyens d'accélérer la croissance des plantes, et aux soins de la culture, les ravages du puceron sont bien moins à craindre. La méthode de culture des turneps, en plaçant chaque ligne sur le sommet d'un billon relevé, qui a été originairement pratiquée par M. DAWSON, de *Frogden*, en *Roxburghshire*, et qui est maintenant établie, avec tant de succès, à *Holkham*, préviendra certainement, en grande partie, les dégats de cet insecte destructeur. Mais c'est une erreur de croire que cette méthode n'est convenable qu'aux sols et aux climats semblables à ceux de *Holkham;* car il y avait déjà long-temps qu'elle était adoptée avec succès, non-seulement en *Roxburghshire*, mais aussi en *Berwickshire*, dans les *Lothians*, le *Northumberland*, et dans d'autres districts de l'Écosse et de l'Angleterre. Il est même certain que c'est dans les sols les moins favorables, lorsqu'on veut y cultiver les turneps, qu'il est le plus important de prendre les moyens les plus énergiques, pour prévenir les ravages du puceron.

En revoyant mes notes, je m'aperçois qu'on a encore eu recours à d'autres méthodes que celles que j'ai indiquées ; pour sauver les récoltes de turneps.

Quelques personnes ont conseillé de mêler de la semence de l'année avec autant de celle de l'année précédente , de détourner la moitié de ce mélange, et de faire tremper l'autre moitié dans de l'eau , pendant vingt-quatre heures : on mêle ensuite le tout ensemble , et on le sème. Comme la semence la plus récente lève toujours la première , au moyen de ce procédé, la levée se fait à quatre époques différentes , et , les pucerons abandonnant toujours les plantes les plus âgées , pour se jeter , de préférence , sur les plus jeunes , il échappe à leurs ravages , une quantité de plantes suffisante pour fournir une bonne récolte , surtout si on a employé 3 livres de graine par acre (7 1/2 livres par hect.).

M. WIGFULL l'aîné , de *Sheffield* , recommande de faire détremper , pendant quelques jours , dans de l'urine en putréfaction , 24 bushels de touraillons d'avoine mêlés d'une égale quantité de sciure de bois ou de toute autre substance capable d'absorber une grande quantité d'humidité , comme de la terre très-sèche , réduite en poudre fine , d'y mêler ensuite 8 bushels de suie ou de cendre de bois, et de répandre ce mélange sur les jeunes turneps , aussitôt qu'ils sortent de terre : il est convaincu que ce moyen est un préservatif efficace contre les ravages du puceron.

Un habile cultivateur des environs d'*Edinburgh*, M. JOHNSTONE, de *Hill-House*, ne manque jamais d'éclaircir ses turneps, *aussitôt qu'ils sortent de terre ;* le lendemain de cette opération, on est assuré de les voir pousser leur troisième feuille, ce qui les place hors de danger. Cette observation prouve l'efficacité d'un léger binage.

Une très-grande amélioration dans la culture des turneps, dans les sols secs, sans mélange d'argile, consiste à employer un rouleau pesant, après la semaille faite en lignes, au lieu du rouleau léger dont on fait ordinairement usage. Les raisons en sont palpables : le sol étant ainsi comprimé, l'humidité y est mieux retenue, ainsi que les substances gazeuses qui s'échappent du fumier en décomposition, et qui servent de nourriture aux jeunes plantes, ce qui favorise et accélère leur croissance. La surface du sol étant d'ailleurs plus unie, les petits insectes ne trouvent pas de cavités qui leur servent d'abris.

M. CHURCH, de *Hitchill*, cultivateur distingué du Comté de *Dumfries*, s'est assuré que le meilleur moyen de procurer aux turneps une végétation active et régulière, est de répandre la semence *sur le fumier humide*, aussitôt que celui-ci est placé dans le sillon qui doit former la ligne de turneps, et de couvrir ensuite le fumier à la charrue, mais par un labour peu profond. Cette méthode est excellente dans les terres et les saisons sèches, et on ne doit jamais la négliger, lorsqu'on a lieu de craindre de perdre la récolte par défaut d'humidité. Dans les saisons sèches , pendant que les turneps ronds , et les rutabagas, cultivés à la manière ordinaire , étaient un mois sans lever, et finissaient par ne donner qu'une récolte très-médiocre , les turneps semés par cette méthode, ont acquis un volume très-considérable (15 à 18 liv, l'un dans l'autre , y compris les feuilles), et plusieurs d'entre eux n'ont pu prendre ce volume, parce qu'ils se touchaient dans les lignes. Cette méthode convient particuliérement pour la semaille des turneps en lignes , à plat. On répand le fumier pourri sur la surface du sol ; lorsqu'un sillon est ouvert, on y tire le fumier avec un rateau, on répand la semence par-dessus , avec un semoir à brouette, et on recouvre légèrement par la bande de terre du sillou suivant , qu'on approfondit peu. De cette manière, les turneps courent peu de danger de la part des pucerons ou de la sécheresse.

Mais la méthode suivante est la plus efficace qu'on ait découverte jusqu'ici , pour assurer la destruction du puceron.

Aussitôt que le sol est complètement préparé pour la semaille , on couvre sa surface , de chaume , de paille , de bruyère , de fougère, de mauvaises herbes sèches, de copeaux de bois ou de toutes autres substances faciles à enflammer ; on y met le feu, on active la combustion de temps en temps, et on la dirige , s'il est possible , de manière que la fumée se répande sur tout le champ. Cette opération est facile dans les saisons sèches, les seules pendant lesquelles le puceron soit à craindre. La flamme et la fumée font périr les insectes, ou les forcent de se réfugier dans les crevasses qu'ils peuvent trouver dans le sol, où ils restent jusqu'à ce que les turneps soient hors de danger. La chaleur appliquée ainsi, ainsi que les cendres produites par la combustion, sont encore utiles à la récolte. Cette opération n'exige pas beaucoup de combustible; quoi qu'on n'en ait pas déterminé positivement la quantité, il est probable que un à deux tons de chaume ou de paille, suffiraient pour un acre (2,500 à 5,000 kilog. pour un hectare), lorsque la combustion n'a pour but que de détruire les pucerons. Ce serait sans doute un léger sacrifice, pour s'assurer une récolte de turneps; et, si on emploie le chaume, la dépense n'est presque rien.

Il y a déjà long-temps que la méthode de brûler de la paille et de la fougère, sur la surface du sol, comme amendement pour la culture des turneps, est en usage dans le Comté de *Lincoln*. Mais, dans le Comté de *Dorset*, on l'a employé *avec l'intention spéciale de détruire le puceron, et avec le plus grand succès* (1). Les substances qu'on em-

---

(1) Lorsqu'on se sert de la paille *comme engrais pour les turneps*, on en emploie de quatre à cinq tons par acre, (dix à douze mille kilog. par hectare); mais il en faut beaucoup moins, lorsqu'on n'a pour but que de détruire le puceron, par le moyen de la flamme et de la fumée.

ploie , sont brûlées de la manière que nous avons décrite ; et un de mes amis , fermier intelligent de ce Comté , m'a assuré que cette méthode a eu un succès complet dans une expérience qu'on en a faite *sur des billons alternatifs :* la récolte a été sauvée sur les billons où l'opération avait été pratiquée , tandis qu'elle a été détruite sur ceux qu'on avait laissés , à dessein , comme point de comparaison.

N° XIV. Comparaison entre les Chevaux et les Bœufs , comme Bêtes de trait ;

Par *Sir John Sinclair.*

Il n'y a pas d'objet qui ait été plus vivement discuté , soit parmi les agronomes, soit parmi les cultivateurs praticiens , que la question relative à la préférence que méritent les bœufs ou les chevaux , dans les opérations de l'agriculture. De part et d'autre, on a mis en avant des assertions positives et un grand nombre de raisonnements , sans que cette question soit encore décidée. Nous allons tâcher de présenter les arguments sur lesquels les deux parties s'appuient, ainsi que les conséquences qu'on peut tirer des renseignements que nous avons recueillis.

Les partisans des bœufs pour le trait, disent que le prix d'achat de ces animaux n'est que la moitié ou le tiers de celui des chevaux ; — qu'ils sont sujets à moins de maladies ; — que, tandis que les chevaux sont assujettis à un grand nombre d'accidents et de maladies subites, qui en font perdre annuellement un grand nombre, il est rare que les bœufs en soient atteints de manière à empêcher qu'on puisse les engraisser ou en disposer avec avantage ; — qu'un bœuf augmente annuellement en valeur, d'environ 3 l. (72 francs), pendant qu'il est employé à la charrue, au lieu qu'un cheval, lorsqu'il a atteint l'âge de sept ou huit ans, perd tous les ans de sa valeur, plus que la même somme; — que le bœuf, tirant plus uniformément que le cheval, convient particulièrement aux labours, dans les sols argileux, tenaces ou très-pierreux, ainsi que dans les défrichements de vieux pâturages (1); — que, quoiqu'il soit préférable de n'exiger des bœufs que les deux tiers environ du travail des chevaux, cependant, en les nourrissant bien, on peut en obtenir à-peu-près autant d'ouvrage, dans le même espace de temps (2) ; — que, tandis que les chevaux exigent du grain en proportion du travail qu'ils exécutent, de la paille d'avoine et des turneps suffisent aux bœufs ; — que, dans un pays

---

(1) Lorsqu'on laboure un sol couvert d'un vieux gazon, le pas des bœufs étant plus uniforme que celui des chevaux, la bande de terre est moins rompue, ce qui est avantageux pour le procédé de *plantation* des semeuces.

(2) Il ne serait pas raisonnable, au reste, d'exiger, de bœufs nourris de paille et de turneps, autant de travail, que de chevaux nourris de foin et d'avoine.

qui possède une marine puissante, il est important que les équipages des bâtiments soient approvisionnés de bœuf salé *de bonne qualité*, ce qui ne peut s'obtenir que des bêtes un peu âgées, et qui ont été employées au travail (1); — que, tandis que le cheval ne laisse, à sa mort, d'autre valeur que sa peau, le bœuf, après avoir rendu des services pendant trois ou quatre ans, se vend de 5 à 10 l. (de 120 à 240 francs), selon l'état où il se trouve, plus cher qu'il n'a été acheté, lorsqu'on l'a mis au joug (2).

Nous allons maintenant examiner, en détail, les objections qu'on présente contre l'usage des bœufs.

1° Les adversaires des bœufs prétendent qu'ils sont plus difficiles à dresser, et que, en tout, ils sont moins faciles à conduire que les chevaux. Cependant cette assertion est fortement contredite par les partisans de l'usage des bœufs, qui soutiennent qu'il n'y a pas plus de difficulté à les dresser, que pour les chevaux ; — que, lorsqu'ils sont bien gouvernés, il suffit généralement de quelques jours, pour les dresser de manière que le laboureur conduise seul sa charrue, sans avoir besoin d'un aide ; — que, dans tous les pays où le bœuf est employé généralement comme bête de trait, sa docilité a

---

(1) La viande des jeunes bêtes qui n'ont pas encore atteint toute leur croissance, ne prend pas bien le sel.

(2) M. WALKER de *Mellendean*, est convaincu, d'après une expérience de trente-cinq ans, que tous ces arguments en faveur des bœufs s'appliquent très-bien aux fermes en sols légers, ou sols à turneps.

passé en proverbe ; — que lorsqu'on n'a pu réussir à dresser des bœufs , cela a été dû uniquement au défaut d'expérience , ou à l'entêtement des valets, qui n'ont pas voulu s'en donner la peine ; — enfin, que lorsqu'on a observé des traces d'indocilité dans ces animaux , cela venait de ce qu'on ne les employait au travail qu'irrégulièrement , et à de longs intervalles , ensorte que , l'habitude de la docilité s'étant perdue , il fallait la former de nouveau.

2° On a objecté aussi contre l'emploi des bœufs, « qu'ils ne supportent pas la chaleur aussi bien que « les chevaux. » On a répondu à cela, que l'objection est mal fondée en fait ; — que le tempérament de ces animaux les rend tout aussi propres que les chevaux , à supporter tous les climats. Non-seulement dans la Grèce et l'Italie , mais aussi dans toute l'Asie , l'histoire des temps les plus reculés associe toujours les bœufs et la charrue. Aujourd'hui , dans les parties les plus chaudes des Indes et de la Chine , ce ne sont pas des chevaux , mais des bœufs , qu'on emploie comme bêtes de trait. Dans l'Inde , en particulier , les bœufs figurent toujours , même dans les équipages des armées ; et ce sont eux qui conduisent , sur les ports de mer, les marchandises les plus pesantes.

3° On dit aussi que le pas des bœufs étant plus lent , ils font moins d'ouvrage, dans une journée, que les chevaux. On doit reconnaître que , en général, cela est vrai ; mais la différence est moins considérable qu'on ne le croit communément. Lorsque les bœufs sont bien choisis relativement à leurs formes;

lorsqu'on ne les fait travailler que jusqu'à l'âge de huit ans , époque à laquelle ils sont le plus propres à être engraissés ; enfin , lorsqu'ils sont bien appariés , on peut leur faire prendre un pas aussi accéléré qu'à la plupart des chevaux , et plus accéléré que celui de beaucoup de chevaux vieux ou mal nourris.

En Angleterre , deux chevaux labourent communément 1 acre (40 ares) de terrain par jour, pour un premier labour , après une récolte de grains ; — les bœufs font environ les trois quarts de cette étendue. D'après des expériences variées, c'est là le terme moyen du travail exécuté par ces deux espèces d'animaux. Mais, dans beaucoup de cas , les bœufs ont fait davantage ; et si on veut les habituer à un pas plus accéléré , on doit commencer par leur faire labourer des sols légers.

4° On a encore objecté que les bœufs , étant plus faibles de derrière que les chevaux , ne sont pas aussi propres à traîner de pesants fardeaux. Mais on a répondu que ce qui leur manque en vigueur dans les parties postérieures , est bien compensé par la grande force qu'ils possèdent dans le cou. Il en résulte qu'ils doivent être attelés de manière que le tirage s'exécute par les parties antérieures , dans lesquelles réside leur principale force.

5° On a dit aussi que les bœufs ne peuvent supporter un travail extraordinaire. C'est là une objection grave, attendu qu'il est souvent très-important, pour un cultivateur, d'exécuter ses travaux

avec célérité. Dans une circonstance extraordinaire, lorsque le travail presse extrêmement, on
peut augmenter la tâche d'un cheval, en augmentant sa nourriture. Mais si on veut exiger d'un
bœuf plus de travail qu'à l'ordinaire, il se fatigue extrêmement, et il est souvent mis hors de
service pour long-temps (1).

Cependant Lord SOMERVILLE prétend que les
bœufs sont capables, non-seulement d'un travail
constant, mais aussi de supporter les travaux extraordinaires. D'un autre côté, s'il arrive qu'un
bœuf se repose pendant huit ou dix jours, sa
valeur augmente par l'accroissement de poids qu'il
prend : cette circonstance est très-favorable à l'u-
sage des bœufs.

On a également objecté que les bœufs ne sont
pas convenables pour tous les travaux d'une ferme.
Mais on doit faire une distinction entre les grandes
et les petites exploitations. Les fermiers qui cultivent de grandes étendues de terre, et qui payent
de gros fermages, sont généralement d'opinion que
l'emploi exclusif des bœufs ne leur conviendrait pas;
aussi, il est très-rare qu'on ait fait la tentative
de réformer entièrement les chevaux, dans les exploitations de cette classe (2). On regarde les

---

(1) M. WALKER assure que, en nourrissant les bœufs
avec de l'avoine moulue, il est parvenu à leur faire supporter
les travaux extraordinaires, aussi bien qu'aux chevaux.

(1) S. M. GEORGE III, a apporté beaucoup de soin à la
culture d'une étendue de terre considérable, près de *Windsor*,

bœufs comme entièrement impropres à des trans-
ports exécutés à de grandes distances, et à de
longues journées de voyage, parce qu'ils leur faut
un repos assez prolongé, pour qu'ils puissent ruminer. Quelques personnes prétendent cependant
que'en nourrissant les bœufs avec de la farine d'a-
voine, on les rend à-peu-près aussi propres à ce
service que les chevaux; mais, malgré cela, la ru-
mination est toujours nécessaire. Les bœufs ne
peuvent pas être employés, non plus, pendant le
temps des gelées, ou sur des chemins rudes et
pierreux, à moins qu'ils ne soient ferrés.

D'un autre côté, par rapport aux petites fermes,
de gros chevaux sont très-dispendieux pour l'achat
et pour l'entretien; et, quoiqu'il soit convenable
d'avoir un cheval pour aller au marché, cependant,
pour tous les travaux ordinaires de la ferme, ou
ne peut trop recommander l'emploi des bœufs.

On a fait aussi l'objection, qu'il y a à perdre

Il y a employé des chevaux, pendant assez long-temps, pour
s'assurer de la forte dépense qu'ils entraînaient, et il les a
remplacés *complètement* par des bœufs. Il paraît qu'il faut 107
bœufs pour exécuter les travaux de cette ferme. Ils étaient
nourris de foin et de paille, pendant 26 semaines de l'année,
et de fourrages verts pendant le reste du temps. L'économie
occasionnée par les bœufs a été de 513 liv. (12,312 francs)
par an, sans compter la valeur des bœufs mis hors de service par accident, la diminution des chances de pertes et
des frais, pour soigner les animaux. Cependant il n'est pas
très-certain que les chevaux aient été entretenus et employés,
dans cette exploitation, aussi économiquement qu'il eût été
possible.

sur les gages des valets, lorsqu'on emploie des bœufs; et un cultivateur très-distingué a évalué cette perte, au quart ou au tiers de leur gage, à cause de la quantité moindre d'ouvrage que les bœufs exécutent, en les comparant aux chevaux.

Enfin, la dernière objection qu'on a présentée contre l'usage des bœufs, est puisée dans la grande étendue de terre de bonne qualité qu'ils exigent pour les élever et les entretenir ; attendu qu'on doit préférer l'espèce de bétail qui fournit la plus grande quantité de travail, avec les produits de la plus petite étendue possible de terre fertile, .en calculant la consommation des animaux depuis le moment de leur naissance.

On a présenté, sur ce point, des calculs très-détaillés, qui, définitivement, sont à l'avantage des chevaux, attendu qu'une paire de chevaux est propre au travail, pendant autant de temps que trois paires de bœufs, employées successivement.

Outre que la même quantité d'ouvrage est exécutée, dans un espace de temps moindre, avec des chevaux qu'avec des bœufs, les premiers ont encore l'avantage sur les autres, sous plusieurs rapports : 1° Ils conviennent mieux pour les hersages, parce qu'un pas accéléré pulvérise mieux le sol ; 2° Pour la rentrée des récoltes, opération pour laquelle la célérité est si importante, ils sont infiniment préférables ; 3° les bœufs ne restent pas en la possession du cultivateur pendant un long espace de temps ; il est rare qu'ils soient employés au travail pendant plus de trois ou quatre ans ; il faut, en

conséquence, souvent acheter et vendre, ce qui en—
traîne beaucoup d'embarras et de frais ; tandis que
les chevaux font un service beaucoup plus long, souvent de dix à douze ans ; et, lorsqu'ils ne sont plus
propres à des travaux pénibles, on peut toujours les
revendre à de pauvres voituriers, qui recherchent
les chevaux d'un bas prix ; 4° l'emploi des chevaux,
en agriculture, forme une pépinière pour ceux qui
servent aux usages du roulage des voitures publiques
et du luxe ; et beaucoup de cultivateurs font exécuter leurs hersages fort économiquement par de
jeunes chevaux auxquels ils ne donnent qu'un léger
travail , jusqu'au moment où ils sont propres à la
vente.

CONCLUSIONS.

Nous allons maintenant présenter les résultats de
ces recherches.

Le but principal d'un cultivateur doit être de se
procurer l'espèce de bétail de trait qui convient le
mieux pour exécuter tous les travaux journaliers
que peuvent exiger le sol, la situation et les autres
circonstances du domaine qu'il exploite.

Autrefois, les bœufs étaient employés, presque
exclusivement, aux travaux de l'agriculture ; mais
leur emploi a diminué graduellement ; et, comme
cet usage ne s'est pas rétabli dans notre pays, non-
obstant une taxe onéreuse sur les chevaux (1),

____

(1) Les juments poulinières devraient certainement être

et dont les bœufs sont exempts, il serait absurde de supposer que la préférence qu'on accorde aux chevaux, n'est pas fondée sur des motifs solides (2).

Il ne paraît pas que les chevaux soient supérieurs aux bœufs, sous le rapport de la docilité, ni qu'ils soient plus propres qu'eux à certains ouvrages; ils ne sont pas, aussi, plus robustes, mais leur conformation, leur agilité et la solidité de leurs pieds les rendent propres à exécuter une plus grande variété de travaux. Il en est résulté que, dans tous les cantons où l'agriculture s'est perfectionnée, où les travaux, au lieu d'être, comme autrefois, irréguliers et intermittents, sont devenus constants et uniformes, et principalement dans les fermes qui payent une rente élevée, où les opérations de l'agriculture sont conduites avec activité et avec une industrie sans relâche, on a donné la préférence aux chevaux, et on les considère comme la principale ressource sur laquelle les cultivateurs puissent compter.

Il y a cependant certaines situations où on peut trouver un profit considérable à remplacer les che-

---

exemptes de la taxe imposée sur les chevaux employés à l'agriculture.

(1) Feu Lord SOMERVILLE était un grand partisan des bœufs. Il a calculé qu'il existe, en Angleterre, 600,000 chevaux de charrues et de chariots, dont la moitié environ est inutile; tandis que la partie du sol qui est employée à les nourrir, pourrait être appliquée à la production des aliments pour l'homme. Il est certain que l'étendue de terre nécessaire pour nourrir un cheval, pourrait alimenter sept ou huit hommes.

vaux par des bœufs, *pour une partie* des travaux de l'agriculture. Ce profit est dû à trois causes : 1° La plus grande quantité de fumier que font les bœufs ; — 2° l'économie de nourriture ; — 3° enfin, l'augmentation de valeur qu'éprouvent les bœufs depuis le moment où on les met à l'ouvrage, jusqu'à l'epoque où on les vend : les bœufs sont aussi moins exposés que les chevaux, aux morts subites, aux maladies et aux accidents.

Il nous reste à examiner, 1° dans quelles espèces de fermes les bœufs peuvent être employés avantageusement, et, 2° quel nombre de bœufs on doit admettre dans ce cas.

§ I. *Fermes où il convient de remplacar une partie des chevaux par des bœufs.*

Là où on doit nourrir les bœufs avec du foin ou du grain, cette nourriture devient si coûteuse, qu'il ne convient pas d'employer ces animaux au travail (1).

---

(1) Cet arrêt me paraît fort sévère. Il m'est impossible de discuter à fond, dans l'étendue d'une note, la question qui se rapporte à la dépense relative de l'entretien des bœufs et celui des chevaux. J'ai présenté quelques données à cet égard, dans la première livraison des *Annales agricoles* de ROVILLE. Je me contenterai de dire ici, que je suis convaincu, d'après mon expérience, que des bœufs nourris avec du foin et des racines, peuvent encore présenter beaucoup d'économie, relativement aux chevaux, dans le travail qu'ils exécutent. Des

De même, dans le voisinage des villes, où la paille, et toute espèce de nourriture verte, comme les turneps et les herbages, sont à un prix élevé, l'emploi des bœufs de trait doit être moins avantageux que dans d'autres circonstances. Au contraire, les situations qui conviennent le mieux aux bœufs, sont celles des fermes éloignées des villes de marchés, où on ne peut acheter du fumier, et où on peut cultiver des turneps en grande quantité, parce que cette espèce de nourriture est fort économique, et convient parfaitement à l'entretien et à l'engraissement de ces animaux. Dans les fermes composées de terres à turneps, on peut employer les bœufs, non-seulement aux labours, mais aussi au binage des turneps, au transport de l'herbe verte, pour la nourriture à l'étable, et à d'autres travaux de la ferme.

L'emploi des bœufs convient parfaitement aussi dans les fermes qui possèdent une grande abondance d'herbages grossiers, adaptés à la nourriture du

---

bœufs bien nourris, peuvent être assujettis, aussi régulièrement et aussi constamment que les chevaux, au travail du labourage ; ils exécutent seulement environ un cinquième d'ouvrage de moins, à cause de la lenteur de leur marche ; cette diminution est plus que compensée par celle de l'intérêt du prix d'achat, par la moindre diminution annuelle de valeur, et par l'économie de nourriture, lorsqu'on donne du grain aux chevaux. Du reste, je pense, comme l'Auteur, que, dans la plupart des cas, il est convenable, dans une ferme, d'entretenir quelques chevaux pour certains travaux auxquels ils sont plus propres que les bœufs. (*Note du Trad.*)

bétail à cornes ; et où de grandes étendues de terres sont soumises à la charrue , de manière à présenter une succession régulière de labours pendant toute l'année , excepté pendant les gelées. Dans une ferme de cette espèce, on peut se livrer , avec succès, à l'éducation et à l'emploi des bœufs.

Proportion des bœufs sur une ferme.

C'est un point sur lequel on rencontre peu de diversités d'opinions , parmi les cultivateurs qui approuvent l'emploi partiel des bœufs. Sur une ferme qui exige le travail de vingt chevaux , on en entretient 16 , avec 8 bœufs. Dans une ferme plus étendue , un fermier entretient 22 charrues attelées de chevaux , et 8 attelées de bœufs ; et le fermier fait la remarque qu'il entretiendrait une plus grande proportion de bœufs , si les chevaux ne lui étaient pas nécessaires pour la conduite des grains aux marché , à une grande distance. Mais les exemples les plus importants , sur des fermes très-étendues , sont ceux qui sont donnés par M. WALKER de *Wooden* , et M. WALKER de *Mellendean* , tous deux grands partisans de l'emploi partiel des bœufs. Ces Messieurs entretiennent sur leurs fermes , 60 chevaux et 28 bœufs de trait ; ils calculent que l'économie se porte à 22 l. 15 sh. (546 francs) par année , pour chaque charrue attelée de bœufs , sans compter l'augmentation de valeur des animaux (1).

Dans toutes les fermes situées sous un climat incertain, et où, par ce motif, il est convenable d'avoir à sa disposition, quelques bêtes de travail de plus que le nombre rigoureusement nécessaire, on peut aussi entretenir des bœufs, parce qu'ils coûtent moins que les chevaux, et qu'on peut certainement les employer, avec avantage, aux labours, au travail du rouleau, aux charois du fumier ou des turneps, à faire mouvoir la machine à battre, etc. (2)

Il est convenable d'ajouter ici quelques observations générales sur l'emploi des bœufs.

1° Il convient de commencer à atteler les bœufs dès l'âge de deux ou trois ans, mais en les faisant travailler avec beaucoup de modération, afin de ne pas arrêter leur croissance. Il est bien plus facile alors, qu'à un âge plus avancé, de les dresser et de corriger les mauvaises habitudes qu'ils contractent souvent.

2° On doit toujours les atteler avec des colliers renversés, c'est-à-dire, dont la partie la plus

---

(1) SIR THOMAS CARMICHAEL, de *Skirling*, estime que la dépense qu'entraîne une paire de bœufs, monte annuellement à 27 l. 11 sh. (661 fr. 20 c.) de moins que celle d'une paire de chevaux.

(2) Dans la ferme de *Roville*, j'entretiens 9 bœufs de travail, et 5 à 6 chevaux. Quinze mois d'expérience ne m'ont fourni aucuns motifs de changer cette proportion. (*Note du Trad.*)

large est placée en haut.

3° On doit éviter les bœufs de petite taille , ou d'une structure trop faible , parce qu'ils n'ont pas assez de force pour se rendre maîtres du travail , et qu'ils ne peuvent, en conséquence , que marcher avec beaucoup de lenteur , à la charrue. On ne doit pas non plus les choisir d'une trop forte taille , parce que , dans ce cas, leur force s'épuise à mouvoir leur propre corps. On doit préférer des bœufs d'une taille moyenne, dont les formes indiquent l'agilité et la vigueur. On a remarqué que les bœufs qui sont bas sur jambes, sont les meilleurs pour le labour (1).

4° Il est très-avantageux de faire toujours travailler les bœufs , excepté dans les jours les plus courts de l'hiver , en deux attelées par jour, afin qu'ils ayent le temps de ruminer dans l'intervalle. A cet effet , on doit les atteler, dès le matin, aussitôt qu'il est possible.

5° C'est une excellente méthode , d'entretenir trois bœufs pour chaque charrue , pour n'en atteler que deux , alternativement. Chaque bœuf n'est attelé ainsi que quatre jours par semaine.

-----

(1) M. KNIGHT remarque que , plus la poitrine d'un bœuf est large , plus il est bas et court, relativement à son poids, plus il est disposé à s'entretenir et à s'engraisser avec une petite quantité de nourriture , et plus il est susceptible d'exécuter un bon travail. M. MARSCHALL remarque aussi que le meilleur bœuf de trait qu'il ait jamais vu , était très-bas sur jambes.

6°. On obtiendrait, dans une ferme, une bien plus grande quantité de travail des bœufs, s'ils étaient ferrés. Lorsque ces animaux marchent sur des routes pierreuses, ou sur la terre gelée, ils souffrent tellement, que l'économie exigerait qu'ils fussent ferrés, aussi bien que les chevaux (1). Jusqu'ici, on ne connaît pas, en Europe, une ferrure qui puisse mettre les bœufs en état de marcher, avec facilité et sureté, sur les routes pier-reuses, ou sur la terre gelée. La grande difficulté, dans la ferrure de ces animaux, consiste dans la nécessité de diviser le fer en deux parties, parce que, sans cela, le sable qui peut s'introduire entre le fer et le sabot, occasionnerait des blessures aux pieds.

7° Une des principales raisons pour lesquelles les bœufs ne sont pas plus fréquemment employés, est la difficulté de trouver à en acheter de tout dressés. Si on pouvait s'en procurer sur les marchés, prêts à être employés, de même que des chevaux, on en acheterait beaucoup. Il serait fort important, pour les cantons qui possèdent une bonne race de bœufs, et qui abondent en pâturages, d'adopter cette spé-culation, et de fournir des bœufs tout dressés, aux cultivateurs, au lieu d'élever des bêtes pour les engraisseurs. Cette méthode serait également avan-

---

(1) On assure qu'on a inventé, dans les États-Unis d'A-mérique, une manière perfectionnée de ferrer les bœufs; il serait bien à désirer qu'elle fût connue en Europe.

tageuse aux deux parties.

Tels sont les résultats des informations prises avec le plus grand soin, et dans un grand nombre de cantons, sur un sujet qui a donné lieu à beaucoup de discussions. Si le lecteur n'était pas satisfait de l'opinion énoncée ici , il y trouverait du moins les éléments de celle qu'il croirait devoir adopter.

Nº XV. Du Sulfate de cuivre , ou Couperose bleue , considéré comme moyen infaillible de prévenir la carie du froment , et comme fortifiant la plante , de manière a la rendre moins sujette a d'autres maladies.

Par Sir John Sinclair.

Dans le cours des recherches très-étendues que j'ai faites sur le Continent Européen , pour découvrir s'il y existait des pratiques agricoles qui ne fussent pas en usage en Angleterre , je me suis attaché , d'une manière particulière , à connaître les moyens qui y sont employés , pour prévenir les maladies du froment. Il m'a paru fort remarquable que , quoique la Flandre et l'Angleterre fussent si rapprochées l'une de l'autre , cependant les prix du froment y fussent si différents , dans la même période de temps , comme cela est évident , par la table suivante :

Années.	Prix du quarter de froment en Flandre.	Prix du quarter de froment en Angleterre.	Différence.
1805 . .	95 f 10 . .	104 f 60 . .	11 f 40
1811 . .	93 50 . .	110 90 . .	17 40
1812 . .	78 70 . .	147 20 . .	68 50

On ne peut guère imaginer de motif d'une semblable différence, à moins de supposer que le froment n'est pas sujet, en Flandre, aux mêmes maladies destructives qu'en Angleterre.

Dans le cours de mes recherches, j'ai été assez heureux pour avoir connaissance, non − seulement de la préparation employée dans le pays de *Waes*, le canton le mieux cultivé de la Flandre, mais aussi, un autre moyen découvert par le célèbre chimiste et naturaliste M. BENÉDICT PRÉVOT, de *Genève*, et qui est considéré, sur le Continent, non-seulement comme efficace, mais comme *infaillible*.

Comme j'ai fréquemment recommandé l'emploi de ce préservatif contre la carie, depuis mon retour du Continent, je me persuadais que l'efficacité en serait bientôt éprouvée par un grand nombre de cultivateurs zélés et expérimentés. Mais, en agriculture, comme en beaucoup d'autres choses, « *ce « qui est la besogne de tout le monde, n'est la « besogne de personne.* » Chacun cherche à se débarrasser du fardeau, et espère que son voisin se chargera de l'embarras et des risques de l'expérience. Cet avis important serait donc resté sans résultat, s'il n'avait pas heureusement attiré l'attention de quelques agriculteurs zélés de la ville et du voisinage de *Birmingham*. Les habitants de ce canton manufacturier , étant plus familiarisés que le commun des cultivateurs , avec l'usage des substances employées dans la chimie ou dans les procédés des fabriques, ne se sont pas laissé effrayer par l'emploi du *sulfate de cuivre*.

M. RICHARD HIPKYS, de *Paradise - Street* , *Birmingham*, a été le premier , du moins dans ce canton , qui a essayé l'application du moyen proposé. Il dit que, dans l'automne de 1817, il a lu un petit ouvrage écrit par le Président du Bureau d'Agriculture , dans lequel l'emploi du sulfate de cuivre était recommandé comme préservatif contre la carie ; qu'il y avait peu de confiance , d'après le peu de succès qu'il avait obtenu de tous les moyens en usage , et qui ne l'avaient pas empêché d'avoir , dans les quatre années précédentes , de grandes récoltes de froment entièrement perdues par l'effet de cette maladie destructive. Cependant , pour répondre au désir d'un de ses amis , il résolut d'en faire l'expérience , l'année même. Le résultat de cette expérience fut , que le froment fut exempt de la maladie, exactement dans la proportion du sulfate employé. S'étant bien assuré que le hazard n'avait pas de part à cette différence , il fit préparer, de la manière qui va être décrite, tout le froment, qu'il sema dans l'automne de 1818 , et aussi un peu de froment de *Talavera* , qu'il sema au printemps de 1819, et il eut, pour résultat, une très-belle récolte, entièrement exempte de carie, *ainsi que de toute autre maladie.*

A l'automne de 1819, il sema 33 acres de froment, et, au printemps de 1820, 9 acres de froment de *Talavera* et du *Cap*, avec une semblable préparation ; et la récolte fut de même, *entièrement exempte de maladies.*

A l'époque des semailles de 1819, M. HIPKYS engagea un ami, qui cultivait une ferme dont le sol est la situation étaient entièrement différents de la sienne, à faire un essai de l'emploi du sulfate, et cet essai fut suivi des résultats les plus satisfaisants. M. HIPKYS a publié les détails de cette expérience, dans le *Farmer's Journal*, d'après le désir de ce cultivateur. Les lettres signées par ce dernier, m'ont été communiquées, et, quoiqu'il ait désiré que son nom ne fût pas publié, on peut avoir une entière confiance dans les faits qu'il annonce.

Le succès de ce procédé étant ainsi placé hors de doute, il est convenable d'établir, 1° la Nature de la carie ; — 2° le Procédé perfectionné, pour s'en préserver ; 3° enfin, les Avantages de cette méthode.

1° La Nature de la carie est maintenant bien connue : c'est une plante microscopique qui serait bientôt détruite par les variations de l'atmosphère, si le grain du froment ne lui offrait un asile où elle peut se multiplier. Pendant qu'elle n'est qu'attachée extérieurement au grain, et avant que ses semences, ou germes, ayent pénétré dans l'intérieur de la plante, on peut en prévenir efficacement la germination, par toute opération qui nettoie le grain de la poussière de la carie, ainsi que par l'application des substances acres, corrosives ou vénéneuses. Si on ne prend pas ces moyens, la carie pénètre dans l'intérieur des plantes de froment, pendant qu'elles sont encore très-jeunes. Elle produit là, des globules, qui prennent de l'accroissement en même-temps que l'épi, et qui deviennent des semences parfaites, à l'époque où le grain approche de sa maturité. Lorsque, au contraire, le grain du froment est fortifié par l'application d'une solution de sulfate de cuivre, non-seulement celle-ci détruit toute la poussière de carie qui est attachée au grain, mais le froment ne peut plus être attaquée par les plantes parasites qui peuvent se rencontrer dans le sol, et se trouve ainsi exempt des maladies auxquelles il est sujet.

2° Le cultivateur dont il vient d'être question, a adopté la méthode suivante, pour l'emploi du vitriol bleu, ou sulfate de cuivre : Il fait dissoudre une livre de sulfate dans 8 *quarts* (32 litres) d'eau bouillante, et, pendant qu'elle est bien chaude, il mêle trois bushels (1 hectolitre) de froment, avec 5 quarts (20 litres) du liquide; au bout de trois heures, il ajoute le reste du liquide, et il y laisse encore séjourner le froment pendant trois autres heures, On agite le grain trois ou quatre fois dans cet intervalle , et on peut enlever les grains légers qui surnagent. On ajoute ensuite une quantité suffisante de chaux pour dessécher parfaitement le grain , et on le laisse en tas pendant six heures ; on peut alors le semer le lendemain, mais pas avant. Quoiqu'on ait recommandé de l'étendre six heures après qu'il a été mis en monceau avec la chaux , cependant il n'y a aucun risque qu'il s'échauffe , et on peut le conserver plusieurs jours sans danger.

M. HIPKYS prépare son grain différemment : après avoir fait dissoudre cinq livres de sulfate dans l'eau bouillante, il ajoute ensuite autant d'eau froide qu'il en faut pour couvrir 3 bushels (1 hect.) de froment ; il agite le grain à plusieurs reprises, afin d'enlever les grains légers , et il le laisse ensuite dans le liquide pendant cinq ou six heures, mais il est arrivé , une ou deux fois , qu'il y est resté de 12 à 24 heures, sans qu'on en ait éprouvé aucun mauvais effet. On le tire alors hors du cuvier , et on le met sur le plancher. Si on doit le semer à la volée , on le dessèche avec de la chaux en poudre ; mais s'il doit être semé au semoir, on remue le tas plusieurs fois , jusqu'à ce qu'il soit parfaitement sec , ce qui a lieu généralement dans cinq ou six heures, lorsque le temps est favorable; mais si l'atmosphère est humide , il faut quelquefois le double de temps. Le grain peut être ensuite semé au semoir, avec autant de facilité que s'il n'avait pas subi l'opération.

Après qu'on a passé dans le liquide , deux ou trois sacs de grain , de trois bushels chacun , on ajoute une livre de sulfate pour chaque sac suivant , jusqu'à ce qu'on ait passé 10 ou 12 sacs ; on prépare alors un nouveau liquide , si le premier est trop trouble.

On peut employer l'un ou l'autre de ces deux procédés , avec certitude de succès.

3° Cette méthode est certainement préférable , au moins sous le rapport de la propreté , à certains procédés dégoûtants , qu'on emploie souvent dans la même intention ; et elle présente les avantages suivants : 1° La dépense est insignifiante , car le prix du vitriol bleu n'est pas , en général, de plus de 6 à 9 pences (60 à 90°) la livre ; et, après qu'on s'en est servi , on peut faire évaporer le liquide , et faire cristalliser le sulfate de nouveau. — 2° Avec cette préparation , on peut se passer de chaux , ce qui est d'un grand avantage, attendu qu'on ne peut pas toujours s'en procurer, surtout de la fraîche , et aussi parce qu'elle détériore promptement les brosses des semoirs. — 3° On sait que , lorsque le froment a été mis à tremper dans quelque lessive d'un autre genre , il ne peut se conserver sans beaucoup de danger qu'il se détériore ; tandis que , lorsqu'il a été préparé avec le sulfate, on peut le conserver pendant long-temps, sans inconvénient (1). — 4° Enfin, cette pré-

____

(1) On a conservé du froment sulfaté, en petite quantité,

paration fortifie tellement la plante, qu'elle court beaucoup moins de risque de se verser; et , quoiqu'on ne
soit pas sûr qu'elle peut garantir le froment de la rouille,
il est certain que , pour la carie , c'est un préservatif infaillible.

Le grain doit être parfaitement sec , lorsqu'on
lui applique la dissolution de cuivre. De cette manière, on préviendra efficacement la germination des
semences de carie , sans nuire à la puissance végétative du froment (1).

---

depuis le deux Novembre jusqu'au 24 Décembre, sans qu'il ait
souffert.

(1) Je suis surpris que l'Auteur ne croie pas devoir , ici,
mettre en garde les cultivateurs , contre les dangers qu'ils
courent, dans l'emploi du sulfate de cuivre. Cette substance
est un poison très-violent, et il n'en faut qu'une très-petite
quantité , pour donner la mort à un homme. Pour quiconque
connaît la négligence qu'apportent ordinairement les habitants
de la campagne , dans toutes leurs opérations , ce ne sera pas
sans de graves inquiétudes , qu'on les verra manier une substance semblable. Pour écarter tout danger , il ne suffit pas qu'on
soit bien assuré qu'aucune partie du grain préparé par le moyen
du sulfate de cuivre , ne pourra être mêlée avec ceux qui sont
destinés à la nourriture de l'homme ou des animaux ; mais il
faut aussi que les vases dans lesquels on a opéré la dissolution , les cuviers dans lesquels on a mis le grain à tremper,
les pelles avec lesquels on l'a agité, le plancher sur lequel
on l'a déposé pour s'égoutter, les sacs dans lesquels on l'a
transporté dans les champs , soient l'objet des soins les plus
minutieux , pour qu'ils ne puissent pas communiquer à d'autres
substances , des propriétés malfaisantes. Un simple lavage ne
suffit pas pour les ustensiles de bois ou de fer , parce qu'ils se
sont imprégués de liquide , et que le sel vénéneux reviendra

QUELQUES IDÉES NOUVELLES SUR LA ROUILLE OU MIÉLÉE DU FROMENT.

On supposait autrefois que c'était une mauvaise méthode, de rapprocher l'un de l'autre les pieds du froment, en le semant en lignes, parce qu'on croyoit que, les racines s'entrelaçant entre elles, les plantes devaient être moins productives que lorsqu'elles étaient répandues plus uniformément sur le sol, de manière que chaque plante occupât plus d'espace autour d'elle ; mais les expériences suivantes prouvent que cette opinion était erronée.

1° Dans un terrain bien amendé, on a fait, avec un plantoir ordinaire, quinze trous, à la distance d'un pied l'un de l'autre ; dans le premier de ces trous, on a mis un seul grain de froment, et on

---

à la surface, après la dessication. Il faut que les semeurs qui ont manié le grain, apportent les plus grands soins à se laver les mains, avant de prendre leurs aliments. Il faut que le sulfate de cuivre qui est destiné à l'opération, ou celui qu'on a de reste, soit toujours tenu sous clef par le maître de la maison lui-même. Il faut que le liquide qui a été employé au lavage, soit jeté dans un lieu qui ne puisse présenter aucun danger, etc. Il est bien fâcheux que l'emploi de cette substance soit assujetti à un aussi grand inconvénient ; quant à moi, je déclare que je n'ai pas osé, jusqu'ici, l'employer, malgré la certitude que j'avais de son efficacité ; et j'ai souvent frémi, en entendant des cultivateurs parler du vitriol bleu qu'ils employaient pour leurs semailles, sans se douter même que ce fût un poison.

en a augmenté le nombre progressivement, dans les autres trous, jusqu'à quinze grains. Depuis le premier trou jusqu'au huitième inclusivement, chaque plante a produit, en terme moyen, de sept à huit tiges, les épis étaient parfaits, et à peine pouvait-on y rencontrer un grain léger ou mal nourri ; mais, depuis le neuvième trou jusqu'au quinzième, il y avait une diminution graduelle : le dernier produisit le moins de tous.

2° On a fait une expérience semblable dans un sol non amendé ; du premier trou au troisième, on a obtenu trois épis parfaits sur chaque plante. Le produit des trous suivants a été graduellement moindre, jusqu'au quinzième; quelques plantes étaient mal venues, et même quelques-unes cariées.

Le résultat de ces expériences est que les semailles épaisses, lorsque ce principe n'est pas poussé à l'extrême, ne sont pas incompatibles avec de grands produits. Quoique les tiges soient très-rapprochées en sortant de terre, elles s'écartent beaucoup en montant, et savent bien trouver de la place pour faire mûrir leurs épis.

Nous allons maintenant examiner d'après quels principes les semailles épaisses peuvent prévenir la rouille.

On sait que les sols très-meubles, comme les terres à turneps, sont les plus exposés à cette maladie ; et la cause en est, que les racines y deviennent très-grosses, très-longues, et s'enfoncent beaucoup, pour rechercher l'humidité. Les tiges prennent alors une

végétation très-vigoureuse , et deviennent grosses
et poreuses. La longueur des racines les fait souvent pénétrer dans une couche de terre de mauvaise qualité , ou qui ne contient pas de sucs nutritifs. Lorsque cela arrive, la végétation, qui était
très-vigoureuse , se trouve arrêtée tout-à-coup ,
car ce n'est que par leur extrémité que les racines
absorbent les sucs nourriciers ; et cette interruption brusque de la végétation dispose les plantes
à contracter la maladie. Si le mois de Juillet est
chaud et humide, les plantes de froment affaiblies
ainsi , seront attaquées par ces espèces de *fungus*,
dont le développement est si fortement favorisé par
cette température , surtout dans les localités qui
manquent d'une libre circulation de l'air.

A l'appui de cette doctrine , on a remarqué qu'on
prévient efficacement la rouille, dans les sols meubles,
en comprimant fortement la terre , après la semaille.
On empêche ainsi les racines de s'allonger , et de
pénétrer dans une couche de terre où elles ne trouvent
pas de nourriture. Il est essentiel de comprimer
le sol le plus fortement possible, parce que cette
opération détruit les insectes, en même-temps qu'elle
prévient la rouille. Quelques cultivateurs font ,
dans ce but , parcourir le champ par un troupeau
de moutons, d'autres par des cochons ; on a même
employé très-avantageusement le piétinement du
bétail à cornes et des chevaux.

D'après ce qui vient d'être dit , le lecteur con-
cevra facilement l'avantage des semailles épaisses.

Les racines, au lieu de s'allonger, restent courtes, et le nombre s'en augmente ; elles demeurent dans la couche de terre qui a été préparée pour elles, au lieu de pénétrer dans la terre pauvre du dessous. D'après le nombre des racines et des tiges, elles ne trouvent qu'une nourriture suffisante, dans la masse d'aliments qui aurait produit une végétation surabondante dans un plus petit nombre de plantes ; car la même quantité de fumier qui aurait donné à vingt tiges une disposition à la maladie, ne sera plus que suffisante, si elle est distribuée entre quarante tiges. On peut obtenir, de la semaille épaisse, les mêmes avantages que du piétinement, *sous le rapport de la rouille*.

D'après ces principes, je suis porté à croire que les semailles épaisses en lignes, seront un moyen efficace de prévenir les ravages de la rouille ; et j'espère qu'un grand nombre de cultivateurs industrieux entreprendront des expériences sur ce point, de manière à décider la question. On peut s'assurer de ce fait, en semant, tant à la volée qu'en lignes, différentes quantités de semence, depuis 2 jusqu'à 4 bushels par acre (de 1 hectol. 76 litres à 3 hectol. 52 lit. par hectare) ; et on pourrait même essayer, dans quelques cas, 5 à 6 bushels par acre ; il sera important que les personnes qui feront ces expériences, en publient les résultats, par la voie des journaux d'agriculture, tant sous le rapport des produits, que sous celui des effets de la rouille, et qu'elles donnent une description

particulière des racines des plantes, dans les différentes récoltes semées clair ou épais, attaquées ou
non de la maladie.

Si ce sujet de recherches est poursuivi, avec l'activité que mérite son importance, par les cultivateurs industrieux de notre pays, je ne doute pas
qu'on ne parvienne à découvrir quelque moyen de
prévenir les ravages d'une maladie qui est, non-
seulement si nuisible à l'intérêt des cultivateurs,
mais aussi si désastreuse, comme calamité nationale.

Nº XVI. Des Usages du sel en agricul-ture.

Par *Sir John Sinclair*.

Le Parlement ayant décidé qu'il serait fait une
réduction des droits sur le sel, afin qu'on puisse
déterminer, par des expériences décisives, l'utilité de cette substance pour l'usage de l'agriculture, je vais indiquer brièvement les divers usages
auxquels on l'a reconnu utile jusqu'ici. Cette notice servira à diriger les cultivateurs dans les expériences qu'ils entreprendront, et si les résultats
en sont satisfaisants, si l'importance du sel, en
agriculture, se trouve confirmée de manière à ne
pouvoir plus laisser aucun doute, ce sera probablement un motif qui déterminera le Parlement
à réduire encore davantage cet impôt, ou même

à le supprimer totalement, afin de ne pas laisser tarir cette source des richesses nationales.

Il est d'autant plus nécessaire de traiter ce sujet à fond, qu'il n'y a aucune substance qui puisse être rendue utile à l'agriculture, sous tant de rapports différents, que le sel.

1° Il opère comme amendement sur les terres arables ; — 2° il peut être utile pour exciter la fertilité des terres incultes ; 3° il présente un remède efficace contre la carie ; — 4° mêlé avec les semences, il les préserve des attaques des insectes ; — 5° il favorise la végétation des graines huileuses ; — 6° il augmente le produit des pâturages et des prairies ; — 7° il améliore la qualité du foin ; — 8° il rend les fourrages grossiers plus nourrissants, et les aliments humides moins nuisibles aux bêtes à cornes et aux chevaux ; — 9° il préserve les bestiaux des maladies, et contribue à leur santé ; — 10° il peut prévenir la rouille ou miellée du froment.

1° *Du sel employé comme amendement sur les terres arables.* — Le sel, employé en grande quantité dans son état naturel, nuit à la végétation ; mais il opère avantageusement, de différentes manières, lorsqu'on l'applique avec jugement aux terres arables. En quantité considérable, il tend, de même que les autres stimulants énergiques, à désorganiser et détruire les végétaux avec lesquels il se trouve en contact ; mais, en quantité modérée, il favorise la végétation des plantes, en les mettant en état de s'approprier une plus grande quantité de nourriture, dans un espace de temps donné, et en donnant plus d'activité aux fonctions de la circulation et des sécrétions.

On a employé, avec succès, les méthodes suivantes, pour l'amélioration des terres arables.

1° Dans la préparation des terres, par le procédé de la jachère, on recommande de semer 30 à 40 bushels par acre (26 à 35 hectol. par hectare) de sel, afin de détruire les racines de plantes nuisibles, et les insectes qui se trouvent dans le sol, et de provoquer la pulvérisation des mottes qui sont si gênantes dans les travaux de culture. Cette opération doit être faite en automne, quelque temps avant de labourer la terre. Le sel, étant complètement incorporé avec le sol, pendant le printemps et l'été suivant, n'aura plus assez de force, à l'époque des semailles, pour nuire à la récolte; mais, au contraire, il favorisera puissamment la végétation des plantes; et on assure qu'on obtient, par ce moyen, des récoltes supérieures à celles qui pourraient être produites par quelque mode de culture que ce soit, et que l'amélioration qui en résulte dans le sol, dure pendant plusieurs années.

Il serait extrêmement important de comparer la dépense et le produit d'une jachère traitée ainsi, avec ceux d'une jachère amendée par la chaux.

2° On a aussi employé avantageusement le sel après la semaille. M. R. LEGRAND l'a essayé deux fois, en semant le sel, à raison de 16 bushels par acre (14 hectol. par hectare), sur la terre où il venait d'enterrer, à la herse, une semaille d'orge. Pendant le printemps, cette récolte présenta la plus belle couleur verte qu'il eût jamais vue ; et après la maturité, la paille et les épis étaient d'une blancheur extraordinaire. M. HOLLINSHEAD recommande aussi de semer 16 bushels de sel par acre (14 hectol. par hectare), sur une récolte de pommes de terre, aussitôt qu'elles sont plantées, et il assure que, par l'adoption de cette méthode, on peut obtenir alternativement, et pendant un temps indéfini, des récoltes de froment et de pommes de terre, sur le même terrain. Au reste, il serait bon de constater l'utilité de ces modes d'applications, par des expériences nombreuses, avant d'y mettre une entière confiance.

3° Il a été prouvé, par PRINGLE et MACBRIDE, que, quoique le sel employé en grande quantité, arrête les progrès de la putréfaction, il la hâte, au contraire, lorsqu'il n'est employé qu'en petite quantité. C'est pour cela qu'il est avantageux de le mêler, en quantité modérée, avec les fumiers d'étables et avec les autres substances végétales.

On a fait, en *Cheshire*, l'expérience de mélanger les racines de mauvaises herbes amassées derrière la herse, avec du sel ; on les a ensuite incorporées avec d'autres engrais, et on assure que les effets de ce compost, sur une semaille d'orge, avec des graines de prairies artificielles, ont surpassées les espérances qu'on avait pu s'en former.

4° On assure que le sel, employé dans les composts, a produit de meilleurs effets même que la chaux. Un cultivateur a mélangé des résidus de sel de pêcherie, avec de la terre tirée de ses fossés, et une autre portion de la même terre, avec de la chaux. La partie du terrain qui a été amendé avec le compost de sel, a présenté une récolte infiniment plus vigoureuse que l'autre.

5° Dans les parties du Comté de *Cornwall* où il existe beaucoup de pêcheries, on peut se procurer de grandes quantités de résidus de sel, qui, à la vérité, contient quelques parties huileuses, et quelques débris de poissons ; on l'emploie fréquemment comme amendement, en en formant des composts avec de la terre, de la boue des routes, des poissons de mauvaise qualité, du sable de mer et du fumier d'étable. La quantité de sel employée ainsi en compost, qu'on distribue sur un acre de terre, est d'environ un *ton* (2,500 kilogr. pour 1 hectare), et coûte 10 shellings (12 francs). Les débris de poissons sont considérés comme la substance la plus précieuse, et on regarde le sel comme favorable à la végétation, lorsqu'il est employé ainsi, de manière que son action soit modérée par le mélange d'autres substances.

6° C'est dans les provinces méridionales de France, qu'on rencontre la circonstance la plus extraordinaire, relativement aux effets du sel sur la végétation. La surface du sol des côtes de la mer, con-

tient une certaine quantité de particules salines.
Les cultivateurs de ces cantons trouvent nécessaire
de semer, en même-temps que le froment, une
plante nommée Salicor (*Salsola soda*), qui produit la soude. S'il tombe beaucoup de pluie, depuis le mois d'Avril jusqu'à celui de Juin, le blé
réussit, parce que l'eau entraîne une partie du sel,
et n'en laisse qu'une proportion suffisante pour favoriser la végétation du grain. Mais si le temps est
sec, à cette époque, et que le sel reste en trop
grande quantité à la surface, le salicor prospère,
parce qu'il demande une grande quantité de sel pour
sa végétation. Ainsi, lorsque le froment prospère,
le salicor périt, et ce dernier se trouve détruit,
lorsque le froment réussit (1).

2° *Du sel, considéré comme favorisant la fertilité des terres incultes.* — Ayant écrit, d'après le
désir du Bureau d'Agriculture, à M. GILLET, de
Bruxelles, correspondant instruit, pour savoir si
les cultivateurs de ce pays ont reconnu quelques
avantages à l'emploi du sel dans la culture des
terres, j'ai reçu de lui les renseignements suivants,
qui prouvent que le sel, judicieusement employé
en compost, peut favoriser l'amélioration des terres
incultes :

---

(1) Traité sur la culture des grains, Tom. I. p. 268. Il
serait important de savoir si la récolte de froment, lorsqu'elle
réussit, est sujette à la rouille, dans un sol aussi imprégné
de particules salines.

L'Abbé de St Pierre, à Gand, fit défricher, avant la Révolution, environ 150 acres anglais de terrains marécageux, près d'*Oudenarde* ; et, afin de se procurer de l'engrais, il fit amasser et réunir en tas, les gazons de bruyères que le terrain produisit, en les entremêlant de couches de sel. Pendant trois années successives, on retourna ces tas une fois chaque année, et, ensuite, on les répandit sur le terrain, qui, au moyen de cet engrais, produisit de bonnes récoltes pendant deux années ; ce terrain ayant été ensuite abandonné à des fermiers, ils cessèrent d'employer le sel, et le sol devint improductif, de sorte qu'on fut forcé de le convertir en bois taillis, par des plantations. On s'est assuré ainsi, que le sel a la propriété de dissoudre la bruyère, et de la convertir en engrais.

Il serait fort important de faire des expériences semblables sur la tourbe, en la stratifiant avec des couches de sel ; si cela réussissait, ce procédé contribuerait essentiellement à l'amélioration des terrains incultes. Il est probable que le sel agirait plus promptement sur la tourbe que sur la bruyère, et qu'on obtiendrait ainsi, un engrais propre à être appliqué immédiatement à une récolte de turneps, qui est si convenable pour amener, à un état de fertilité, les sols de cette espèce.

3º *Le sel est un remède efficace contre la carie.* — Il est bien connu qu'on préserve les récoltes de froment de la carie, en plongeant le grain dans une saumure assez forte pour qu'un œuf y surnage, et en l'agitant fréquemment, de manière à pouvoir enlever les mauvais grains qui viennent nager à la surface, pourvu qu'on ait le soin de mêler au grain, lorsqu'il est tiré de la saumure et répandu sur le plancher, une quantité de chaux récemment éteinte, suffisante pour dessécher le tout.

4° *Le sel, mêlé aux semences, les garantit des attaques des insectes.* — Dans quelques parties de l'Écosse, lorsque les récoltes d'avoine étaient fréquemment détruites par des vers, on a été long-temps dans l'usage de mêler du sel à la semence, dans la proportion d'un trente-deuxième, et quelquefois d'un seizième. Cette méthode a toujours eu un succès complet. Le sel fait périr les insectes, en agissant comme purgatif, ces animaux ne pouvant pas supporter des évacuations aussi abondantes ; de cette manière, les insectes qui auraient détruit les récoltes, forment un engrais qui en favorise la végétation.

5° *Il favorise la végétation des semences huileuses.* — Cette circonstance a été reconnue en Amérique, dans la culture du lin, et elle a été confirmée depuis, par les expériences de M. LEE, d'*Oldford*, près *Bow*, en *Middlesex*. La quantité de sel doit être égale à la quantité de semence, c'est-à-dire, environ 3 bushels par acre (2 hectol. 64 lit. par hect.) On le répand sur la surface du sol, aussitôt après la semaille ; Il augmente beaucoup la quantité et la qualité du lin, ainsi que de la récolte en graine. Quoique cette expérience n'ait été faite que sur le lin, il est probable qu'elle réussirait également sur les autres semences de nature huileuse. Il est présumable, en effet, que le sel produit, en général, de bons effets, lorsqu'il est mélangé à des substances huileuses, avec lesquels il forme une espèce de savon qui favorise la végétation.

6° *Il augmente les produits des prairies et des pâturages*. — Il a été prouvé par l'expérience, en *Cheshire*, qu'après avoir desséché un terrain marécageux acide, si on répand du sel sur sa surface, au mois d'Octobre, la récolte suivante sera fortement améliorée. Dans un cas où on avait répandu 8 bushels par acre (7 hect. par hectare), il a paru, au mois de Mai suivant, une belle végétation d'herbes d'excellente qualité. Mais, lorsqu'on a appliqué 16 bushels, la récolte a été encore bien plus considérable.

Il a été reconnu aussi, par les personnes les plus dignes de foi, que le sel, répandu à la main, détruit la mousse qui détériore si souvent les prairies et les pâturages.

Dans les Pays-Bas, on emploie, avec le plus grand succès, la cendre de tourbe, qui est fortement imprégnée de particules salines, sur la seconde coupe des trèfles, aussi bien que sur la première; et M. HOLLINDSHEAD recommande fortement de répandre 6 bushels de sel par acre (5 hectolitres 28 litres par hectare), sur les prairies, après la récolte du foin, principalement dans les étés

chauds et secs , et sur les sols sablonneux et calcaires. L'humidité que le sel attire et retient , aide
puissamment la végétation , et produit une récolte
beaucoup supérieure à celle qu'on pourrait obtenir
par le moyen du fumier.

On a trouvé qu'il était avantageux , pour amender les prairies , de mêler 16 bushels de sel avec
vingt voitures de terre , de retourner le tas deux
ou trois fois , et de répandre le tout sur l'étendue d'un acre , soit au printemps soit en été.

7° *Il améliore la qualité du foin.* — L'usage de
saler le foin , au moment où on le met en meules ,
a été pratiqué en *Derbyshire* , et dans la partie
septentrionale du *Yorkshire.* Le sel , principalement lorsqu'il est appliqué à une seconde coupe
de tréfle , ou lorsque la récolte a reçu beaucoup
de pluies , arrête la fermentation , et prévient la
moisissure. Si on méle de la paille avec le foin ,
on empêche encore plus efficacement l'échauffement
de la masse , parce que la paille absorbe l'humidité. Le bétail à cornes mange , non-seulement le
foin salé ainsi , mais encore la paille qui y est mêlée , avec plus d'avidité que le meilleur foin sans
sel , et profite mieux avec cette nourriture.

Lord SOMERVILLE pensait qu'on ne peut pas
administrer le sel aux bestiaux , d'une manière plus
profitable qu'en le répandant ainsi sur le foin , en
poudre , et au moyen d'un tamis , dans la proportion d'environ vingt-cinq livres de sel pour un ton
(1,000 kil.) de foin , au moment où on le met

en masse , parce que toutes les particules de sel ainsi employées , se trouvent dissoutes dans l'acte de la fermentation , sans qu'il soit possible qu'il y en ait de perdues. Le foin salé ainsi est très-convenable aux moutons , lorsqu'on les met aux turneps , de bonne heure dans la saison , parce que , les feuilles étant alors grandes et succulentes , beaucoup de moutons périssent de la météorisation, par l'effet de la fermentation de cette nourriture dans l'estomac. Les moutons mangent alors , avec avidité, le sel ou le foin salé, ce qui indique combien cette substance leur est salutaire. Au moyen du foin salé , Lord SOMERVILLE n'a pas perdu un seul mouton dans l'automne de 1801 , quoique la saison fût très-pluvieuse , et très-peu favorable.

Le Docteur PARIS recommande fortement aussi d'améliorer le foin de mauvaise qualité , en y mêlant du sel, dans la proportion d'un quintal de sel impur , provenant des pêcheries , pour trois *tons* (3,000 kilogr.) de foin. Mais si on emploie du sel pur , un tiers de cette quantité est suffisant. Il conseille d'en saupoudrer les couches de foin , lorsqu'on l'entasse.

8° *Le sel rend les fourrages secs plus nourrissants , et les aliments humides , moins nuisibles aux bêtes à cornes et aux chevaux.* — Les anciens avaient l'habitude de préparer la paille , pour la nourriture du bétail , en la conservant long-temps , après l'avoir arrosée de saumure ; on la faisait sécher alors ; on la liait en bottes , et on la donnait aux bœufs, en place de foin.

M. Curwen a remarqué que lorsqu'on mêle du sel avec de la menue paille ou d'autres aliments de qualité inférieure, les vaches les mangent avec plus d'avidité; et que, en leur donnant du sel avec des turneps, on augmente la quantité du lait, et on corrige, jusqu'à un certain point, le mauvais goût que le lait contracte souvent dans cette circonstance. En *Cheshire*, on donne un peu de sel aux vaches, lorsque leur lait diminue.

En Flandre, on a trouvé qu'une petite quantité de sel, réduit en poudre, est très-avantageuse aux chevaux, lorsqu'ils mangent de l'avoine nouvelle, ou qui est encore humide; et il n'y a pas de doute que le sel ne puisse diminuer les inconvénients qu'il y a à donner aux chevaux, des aliments humides, par exemple, des pommes de terre crues.

M. Curwen s'est convaincu, par expérience, que la paille, ainsi que la menue paille, pourraient être employées à la nourriture du bétail, dans une beaucoup plus grande proportion qu'on ne le fait ordinairement, au moyen de l'emploi du sel.

7° *Il entretient la santé des bestiaux, et les préserve des maladies.* — Dans plusieurs parties de l'Amérique, des Indes Orientales, en Flandre, en Suède et en Espagne, on a reconnu que le sel, donné aux animaux domestiques, leur est avantageux sous plusieurs rapports. Nous allons, en conséquence, considérer cette question par rapport aux diverses espèces de bestiaux.

Les Chevaux. — M. BIRKBECK, dans ses notes sur un voyage en Amérique récemment publié , parle des chevaux qu'il a vus dans l'intérieur de ce pays , comme étant d'une excellente race , et se maintenant toujours en bon état , même en faisant de longs voyages , à raison de 40 milles par jour. Ils sont bien nourris , recevant de 4 à 5 gallons (de 16 à 20 litres) d'avoine par jour, outre le foin , et, deux fois par semaine , du sel.

Il paraît , d'après une expérience faite dans les salines de *Droitwich* , que le sel est très-utile aux chevaux. La quantité qu'on leur en administrait , mêlée avec de la menue paille , était d'environ 4 onces, trois fois par semaine. On ne leur donnait pas toute cette dose en une fois , mais on leur en distribuait plusieurs fois dans la journée , une cuillerée à chaque fois. On a trouvé que les animaux nourris ainsi , mangeaient mieux , et travaillaient avec plus d'ardeur.

M. CURWEN donne aux chevaux employés dans sa ferme, quatre onces de sel par jour, en deux fois , avec des pommes de terre cuites à la vapeur. Ils mangent avec plus d'appétit, et se maintiennent en meilleur état.

Le bétail à cornes. — Nous avons déjà dit que l'usage du sel , donné aux vaches , augmente la quantité et améliore la qualité de leur lait ; il prévient aussi la météorisation, lorsque les bêtes sont nourries de tréfle vert , ou de turneps , dont les feuilles produisent le même offet que le tréfle , lorsque les bêtes à cornes ou les moutons en mangent une quantité un peu considérable.

Les expériences de M. CURWEN, sur ce sujet, sont extrêmement importantes : Depuis le 19 Novembre 1817 , jusqu'au 3 Février 1818 , il a donné du sel à ses bêtes à cornes , au nombre de 142 têtes , dans les proportions suivantes , par jour :

Vaches, et Genisses pleines . . . . . . 4 onces.
Bœufs à l'engrais . . . . 3 onces.
Bœufs de travail . . . . 4 onces.
Jeunes bêtes . . . . 2 onces.
Veaux . . . . 1 once.

Toutes ces bêtes se sont maintenues dans le meilleur état de santé , et n'ont été sujettes ni aux obstructions ni aux inflammations , comme elles l'étaient auparavant; pas une seule n'a été malade.

Dans quelques parties de l'Amérique, on donne du sel aux vaches, dans la proportion d'environ 2 bushels par année.

Dans les Indes-Orientales, on donne du sel aux bœufs, en général , tous les jours , à la proportion de 2 ou 3 onces, qu'on mêle avec leurs aliments. Les habitants de ce pays considèrent une certaine proportion de sel comme presque aussi nécessaire à ces animaux , que les aliments eux-mêmes.

Bêtes à laine. — Le sel est très-avantageux aux troupeaux de bêtes à laine. Il améliore beaucoup leur laine, comme on l'a éprouvé en Espagne et dans les îles *Shetland*, où les pâturages sont fortement imprégnés de sel marin. Il prévient aussi la pourriture, et détruit les différentes espèces de vers qui se rencontrent dans le corps des moutons, en particulier, les douves du foie (*Fascio hepatica*). On dit aussi qu'il les garantit de la galle.

En Espagne, on donne 128 liv. de sel, pour 1,000 moutons, dans l'espace de 5 mois ; mais Lord SOMERVILLE pense que, sous un climat aussi humide que celui de la Grande – Bretagne, un ton (1,000 kilogr.) ne serait pas trop pour 1,000 bêtes. On doit le leur donner le matin, afin de corriger les mauvais effets de la rosée. Dans les temps secs, on peut en mettre une petite poignée sur une tuile ou sur une pierre platte ; et 10 ou 15 de ces tuiles, placées à quelque distance l'une de l'autre, sont assez pour 100 moutons. Les bêtes lécheront le sel avec avidité, si elles en éprouvent le besoin ; mais si elles ne paraissent pas le désirer, on peut l'ôter et le réserver pour une autre fois. On peut faire cette distribution, deux ou trois fois par semaine.

Porcs. — Depuis quelque temps, on donne habituellement du sel aux porcs, en Irlande ; et on trouve, non-seulement que cette pratique les maintient en bonne santé, mais qu'elle hâte l'engraissement. On doit mêler le sel à leur nourriture (pommes de terre, etc.), à la dose d'une bonne cuillerée dans vingt-quatre heures, ou même plus, si on trouve qu'ils le mangent avec avidité, et qu'ils ne les purge pas trop. Quelques-uns des porcs les plus gras qu'on ait tués en Irlande, avaient été engraissés de cette manière, et n'avaient exigé que la moitié du temps nécessaire, lorsqu'on ne fait pas usage de sel.

La Volaille. — On peut aussi donner, avec avantage, du sel à la volaille ; il les préserve de quelques-unes des maladies auxquelles ces animaux sont sujets : tout le monde connaît l'avidité des pigeons pour le sel.

De l'emploi du sel pour les bestiaux en général. — L'expérience montre que cette substance est utile aux animaux, en donnant du ton à leur estomac, lorsqu'il est affaibli par quelques excès, soit d'aliments, soit de travail. — Il améliore la qualité du fumier, sur lequel il devient inutile de répandre du sel. — Il rend les bestiaux plus dociles et plus apprivoisés. M. CURWEN a remarqué que les moutons se pressent autour du berger, et qu'ils attendent à peine qu'il l'ait déposé sur les tuiles. L'habitude de recevoir cette substance détruit toute leur crainte et leur timidité naturelle ; quant au bétail à cornes, les animaux les plus sauvages viennent volontiers prendre le sel dans la main. En Amérique, les vaches sont si avides de sel, que, lorsqu'on a à craindre qu'elles s'égarent dans les immenses pâturages où elles sont abandonnées, on s'assure qu'elles reviendront à la maison, en les habituant à des distributions de sel. Mais la plus importante de toutes les

considérations, c'est que le sel maintient les animaux en bonne santé. M. MOSSELMANN, cultivateur instruit des Pays-Bas, qui entretient environ
100 bêtes à cornes, 23 chevaux et 250 moutons,
a employé le sel pendant cinq ans, pendant lesquels
les bestiaux ont été entièrement exempts de maladies.

Manière de donner le sel aux bestiaux. — Quelques
personnes distribuent le sel en poudre, sur des
tuiles, des pierres plates ou des étoffes grossières.
D'autres placent, dans les mangeoires de leurs étables,
de grosses pierres de sel, ou les suspendent de
manière que les bêtes à cornes ou les moutons
puissent venir les lécher. En Suède, on mêle le
sel avec du bois vermoulu, et des baies de genièvre ;
et on le donne, soit en poudre grossière, ou en eu
formant, avec du goudron, une pâte épaisse, qu'on
met dans une pièce de bois creusée, qu'on place
au milieu de la bergerie, en mettant, en travers,
quelques branches d'arbres, pour empêcher que les
bêtes se salissent en se frottant contre cette pâte.
Quelques personnes y mêlent du soufre, ce qui
doit être très-bon pour les troupeaux qui sont sujets aux maladies cutannés. On y mêle quelquefois
aussi de la tanaisie, des baies de laurier et de l'ail,
comme préservatifs contre les vers et la cachéxie.

10° *Il paraît que le sel préserve le froment de
la rouille.* — M. SICKLET, fermier du Comté de
Cornwall, dans le cours d'expériences très-étendues sur les causes de la rouille du froment, et
sur les moyens de l'en préserver, a remarqué qu'il

en était toujours exempt, dans les terres qui avaient été amendées, pour la récolte de turneps précédente, avec des résidus de sel des pêcheries ; quoique tous les froments du voisinage fûssent rouillés.

Cette importante circonstance se trouve confirmée par les observations de M. ROBERT HOBLYN, qui cultive une ferme en *Cornwall*, dont les récoltes de froment se sont augmentées de 20, à 40 et 50 acres par année. Il emploie un ton de vieux sel, avec un ton de débris de poissons, le tout mêlé avec de la terre, et 20 à 30 tons de sable de mer; il assure que ses récoltes sont toujours bonnes, et ne sont jamais attaquées de la rouille.

Il est probable que, dans ce compost, le sel est la seule substance qui puisse agir efficacement pour prévenir la rouille, en arrêtant la putréfaction qui est le résultat de l'emploi trop fréquent des engrais putrescents ; et si ce fait est démontré par des expériences décisives, on a droit d'attendre, du Gouvernement, une réduction plus considérable encore, de l'impôt sur le sel, afin d'assurer nos récoltes de froment, contre le plus redoutable des fléaux auxquels elles soient assujetties.

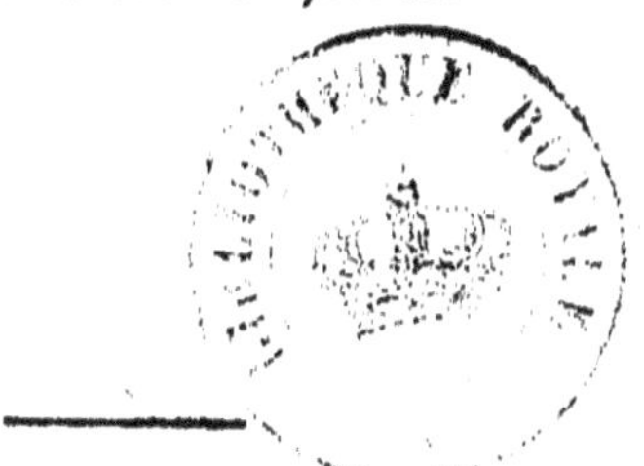

TABLE

DES MATIÈRES

DU SECOND VOLUME.

FIN DE LA TABLE.

EXPLICATION

DES

PLANCHES. (*)

───•◦◉•◉◦•───

PLANCHE I.

Plan de Fermes et de Maisons de Fermes.

Le but de cette Planche est de donner une idée de la distribution la plus commode, connue jusqu'à présent, d'une ferme et de ses bâtiments, et de l'assolement le plus avantageux, soit dans une terre forte, soit dans une terre légère ou à turneps.

N° 1. Plan d'une ferme de 300 acres de terres fortes ou argileuses, divisée en 6 soles de 50 acres chacune, avec l'assolement le plus productif dans de pareilles terres, savoir : 1° Jachères, ou Récoltes-jachères ; 2° Blé ou Orge ; 3° Trèfle ; 4°

───────────────────

(*) Le pied anglais sur lequel sont dressées les échelles des planches, est égal à 11 pouces 3 lignes environ du pied français.

I

Avoine ; 5° Fèves ; 6° Blé.

N° 2. Plan d'une ferme de 400 acres de terre légère, divisée en 8 soles de 40 acres chacune, et en 4 sous-divisions de 20 acres, avec un assolement de 4 ans ; 1° Turneps, ou autre récolte verte ; 2° Blé ou Orge ; 3° Tréfle ; et 4° Avoine ; mais, généralement, il est utile, après le tréfle, de laisser la terre en pâturage pendant une année ou deux, pour assurer une récolte abondante d'avoine : ce sera donc un assolement de 4, 5 ou 6 ans, comme on voudra.

On suppose que la maison et les bâtiments sont situés dans le centre de la ferme, ce qui offre de très-grands avantages. Le jardin sera placé devant ou derrière la maison, suivant les localités. Tous les angles seront arrondis pour que les chariots ne puissent pas les accrocher: Le bâtiment de la machine à battre, et son manége, toucheront la cour où sont les meules. Les chemins dont cette cour sera coupée, permettront de charger, en tout temps, celle des meules que l'on voudra, et de la conduire aisément à la machine à battre. Les mares et le puits seront placés convenablement. Les maisons de domestiques, et leurs jardins, seront à une petite distance de la maison principale. Les encoignures des champs seront plantées, et les baies seront tenues basses, pour que l'air puisse circuler. Un fermier industrieux pourra donner une rente d'un quart, et même d'un tiers en plus ; pour

une ferme distribuée selon ces principes , plutôt
que pour une autre ferme , sur un plan irrégulier
et incommode , comme elles le sont généralement
toutes.

PLANCHE II.

DESCRIPTION DE LA CHARRUE SIMPLE PERFECTIONNÉE , ET DE L'EXTIRPATEUR.

N° 1. représente le côté gauche , ou le côté de
la terre non labourée , de la charrue simple perfectionnée , quand elle est toute montée. A B ,
l'âge ; H K C , le manche de gauche qui est le
plus fort; D E , le coutre; D F G , le soc; I K G H ,
est une plaque en fonte , clouée sur la gauche de
la charrue , qui empêche le bois de toute cette
partie de s'user; K H , extrémité du versoir ; S,
gendarme; M N , régulateur, dont les deux branches
sont traversées par un boulon fixé à l'extrémité
de l'âge en A, autour duquel elles peuvent tourner librement , afin de donner au soc plus ou moins
d'entrure dans la terre. N O , les croix aux extrémités des deux branches du régulateur, percées de
plusieurs trous , dans un desquels on met un second boulon , qui passe par un second trou tra-
versant l'âge. Ce boulon maintient solidement le régulateur à la hauteur que l'on a trouvée , pour
faire entrer le soc à la profondeur que l'on désire. P R , volée, qui, par sa chaîne de tirage , est

accrochée en **M**, au régulateur.

N° 2. *Plan, à vue d'oiseau, de la même Charrue.* — **A B**, l'âge; **B C**, le manche principal de gauche; et **D**, le petit manche de droite, tenant à l'autre par les chevilles **L M**, qui fixent les deux manches à la distance que l'on désire. **G D**, le côté d'en bas, et **I H**, le côté d'en haut du versoir; **F G**, le soc; **N P**, le régulateur, dont le centre des deux branches est traversé par un boulon qui traverse également l'extrémité de l'âge en **O**, où il est fixé. **R S**, volée accrochée par sa chaîne, en **N**, à l'avant du régulateur, qui a horizontalement plusieurs trous. On accroche la chaîne de la volée à un de ces trous, plus à droite ou plus à gauche, suivant que l'on veut donner plus ou moins de largeur à la bande de terre que l'on prend avec la charrue. **T U V**, les deux palonniers attachés par leurs chaînes à la volée, en **R** et **S**. C'est à ces palonniers que l'on attèle les animaux.

N° 3. montre l'angle que forment les tranches de terre labourées avec cette charrue.

N° 4. *Plan, à vue d'oiseau, d'un Extirpateur à onze socs.* — **A B C D**, cadre solide, en bois, dans lequel sont fixés les bras ou montants des socs, qui ont, à leurs extrémités supérieures, des vis et écroux qui permettent de les ôter aisément quand ils ont besoin de réparation, et d'en augmenter ou diminuer le nombre, si on le juge à propos.

E G contient cinq, et H, six de ces socs (c'est
à tort que dans la gravure il y a sept socs en H).
Ils sont placés à une distance égale l'un de l'autre ;
ceux en H, labourant les intervalles laissés entre
eux, par ceux en G, de sorte qu'aucune herbe n'est
passée sans être coupée. Ils ameublissent la terre
à quelques pouces de profondeur. N O et P R,
sont deux roues qui tournent sur les bouts d'es-
sieux en fer, 2 et 3, fixés par des boulons aux
extrémités K et M, de l'essieu en bois. Le timon
régulateur U V, est maintenu sur le cadre en bois,
par deux boulons Q et V, est attaché en U, par
une bride en fer, à la cheville perpendiculaire P
K, du N° 2. K V et M Y, sont deux chaînes
attachées au brancard en K et M ; les autres extrémités de ces chaînes ont chacune un boulon qui
traverse le côté A C du cadre, aux points W
et Y, et qui sont arrêtés intérieurement par un
écrou. Ces chaînes, qui tirent le cadre carrément,
lui permettent cependant de s'incliner à droite ou
à gauche, selon que l'exige l'inégalité du terrain.
S et T, sont deux cylindres ou petites roues
larges, dont les pivots tournent dans les deux
branches d'un bras en fer, qui peut monter et
descendre dans la traverse B D, pour régler la
profondeur à laquelle les socs doivent pénétrer
dans la terre.

N° 5. *Profil du même instrument.* — A B, cadre
en bois, auquel sont fixés au-dessus, par des écroux
les bras en fer C D, aux extrémités inférieures

desquels sont soudés les socs E F, qui pénètrent
la terre à une petite profondeur, et coupent les
herbes dans leur marche. G L, les brancards attachés à l'essieu par des brides en fer. H, pièce
de bois fixée sur l'essieu en bois. Deux longs boulons en fer, L P, et L K, l'un dessus la pièce H,
et l'autre dessous l'essieu, ont à leur extrémité un
œil qui reçoit une cheville de fer perpendiculaire
P K, qui traverse en H, la bride du bout du
timon O B. Par ce moyen, le timon peut monter et descendre le long de la cheville, et être
fixé à la hauteur où l'on veut, ce qui force les
socs de devant E, d'entrer plus ou moins dans la
terre. M S, une des roues qui tourne sur l'essieu
en fer, qui porte le bout du brancard. N, un des
cylindres ou roues, dont l'axe tourne dans le bras
en fer T. Ces cylindres tiennent le derrière du
cadre A B, à une égale distance de la surface de
la terre, et, par conséquent, règlent la profondeur
où doivent pénétrer les socs F. B P, un des
manches avec lesquels on dirige l'instrument quand
il travaille.

PLANCHE III.

DESCRIPTION D'UNE MEULE SUR PILIERS DE FONTE.

Dans la cour des Meules de Shaw-park, dans
le *Clakmannanshire*, il y a 28 meules placées sur

des piliers en fonte de trois pieds de hauteur.
Chacune de ces meules contient 1584 gerbes , qui,
en tout, produiraient 726 bolls d'Écosse , ou 539
quarters Anglais , d'orge ou d'avoine ; mais ces
meules pourraient contenir une plus grande quantité de grains , s'il était nécessaire.

Le poid de chaque pilier ne devrait pas passer
un demi-cent , ce qui , à 16^s 4^d par cent , ferait
8^s 2^d pour chaque pilier ; mais on peut les
faire plus légers , et il serait aisé de ne les faire
revenir qu'à 7^s la pièce : ainsi ,

Sept piliers à 7^s chaque , font. L 2 9 0
Bois et main-d'œuvre , environ 2 11 0

Total de la dépense (120 francs).L 5 0 0

D'après une expérience faite avec soin de deux
quantités égales de blé , dont l'une mise sur la terre ,
et l'autre élevée sur des piliers de fonte ; le profit
fait par cette dernière méthode a été , la première
année , de 1. 2 12^s 6^d par meule , de sorte que
toute la dépense serait couverte la seconde année.

Si les piliers étaient plus hauts , par exemple
de trois pieds et-demi , ou de quatre pieds , le
grain pourrait être rentré plus tôt ; mais avec la
hauteur ci-dessus de trois pieds , le blé a été mis
en meule cinq jours après avoir été coupé ; les
fèves , huit jours ; l'orge et l'avoine , dix jours ,
et quelquefois plus tôt. Les rats et les souris ne
peuvent pas se fourrer dans les meules , et dévorer
le grain , enfin , la paille est mieux conservée.

Les triangles, ou la cheminée qui est au centre, entretiennent la circulation de l'air, préviennent l'échauffement, ou toute autre avarie que le grain pourrait éprouver. *Voyez le Rapport général sur l'Écosse*, vol. 4.

Quand aux triangles, ou à la cheminée, il faut clouer autour quelques morceaux de sapin, ou de tout autre bois commun, pour empêcher les gerbes de tomber dans les ouvertures. Si l'on n'a pas de bois, une corde de paille fera le même effet.

PLANCHE IV.

DESSIN D'UNE BARATTE A BERCEAU.

N° 1. Cadre en bois, dont les deux grands côtés ont intérieurement une rainure.

N° 2. Vue en perspective de la baratte.

N° 3. Coupe par le centre.

N° 4. Le couvercle.

N° 5. Grillage placé dans le centre, ou deux de ces grilles à dix pouces de distance l'une de de l'autre. Elles glissent dans une rainure.

N° 6. Un des montants : dans leur extrémité supérieure est fixé le manche.

Il ne faut pas remplir cette baratte à plus de moitié. On la met alors dans son cadre, ou berceau, et on lui imprime un mouvement d'oscillation bien régulier, et qui ne doit pas être plus accéléré que celui du balancier d'une horloge.

PLANCHE V.

DESCRIPTION D'UNE ROUE A ÉLEVER L'EAU.

Dans l'explication de la manière de rendre les marais tourbeux à l'agriculture, en en faisant flotter la tourbe, on vante beaucoup la construction d'une roue qui élève l'eau qui sert à entraîner la tourbe. Cette roue est de l'invention de GEORGE MEIKLE, et de son père, le célèbre inventeur de la machine à battre. Cette roue est si simple, elle fonctionne d'une manière si aisée, si naturelle et si uniforme, qu'un observateur ordinaire pourrait ne pas l'apprécier à toute sa valeur ; mais celui qui est versé en mécanique, envisagera cette roue sous un point de vue bien différent, car, pour lui, la simplicité d'une machine en sera le premier mérite.

Pour mieux faire comprendre cette machine, on en a donné deux dessins, et c'est au premier que les lettres suivantes ont rapport.

Le second dessin porte avec lui son explication.

A, vanne qui donne passage à l'eau qui fait mouvoir la roue.

B B, deux petites vannes de côté, par lesquelles passe l'eau qui est élevée par la roue.

C C, partie d'un des deux conduits en bois, et de l'ouverture dans la muraille par laquelle l'eau qui vient des vannes B, est conduite dans les augets intérieurs de la roue. L'autre conduit en bois est caché par les deux murailles qui supportent la roue.

D D D, Augets fixés aux deux côtés des bras de la roue. Il y en a 80 de chaque côté, ce qui fait en tout 160.

E E, récipient, ou réservoir en bois, dans lequel tombe l'eau élevée par les augets.

F F F, gros tuyau en bois, fait en forme de baril, par lequel l'eau venant du récipient, descend et coule sous terre, pour ne pas obstruer la grande route de *Stirling*, et les différents chemins qui conduisent à la maison.

Le second dessin est le plan du récipient. Le dessin qui est en-dessous, montre la manière dont l'eau venant par les conduits C C, remplit les augets.

Le diamètre de la roue est de 28 pieds, d'une extrémité des ailes à l'autre. La longueur des ailes ou aubes, est de 10 pieds. La roue fait presque quatre révolutions par minute, et, dans ce temps, elle verse dans le récipient, 40 pipes d'eau. Mais ce n'est pas toute l'eau que la roue pourrait élever ; car, d'après différents essais faits avec soin, et séparément, par MM. WHITWORTH et MEIKLE, ils ont trouvé tous les deux un semblable résultat : que la roue pouvait élever 60 pipes d'eau par minute, mais que le conduit F, est d'un diamètre trop petit pour laisser écouler cette quantité d'eau, et qu'il ne peut donner passage qu'à 40 pipes.

La ressemblance de cette roue, avec la roue per-

sanne, frappera, du premier abord, toute personne
un peu versée en mécanique, et il est très-probable que c'est la roue persanne qui en a donné
la première idée. Mais supposant que cela fût, cependant la supériorité de cette roue, sous presque
tous les rapports, est si évidente, qu'elle mérite
presque autant d'éloges que la première invention.
Car, 1°, dans la roue persanne, les augets, étant
tous mobiles, doivent se détraquer continuellement :
ici, au contraire, ils sont immobiles, et, par conséquent, ils ne peuvent pas se déranger. 2° Dans
la roue persanne, l'eau élevée est prise au bas de
la chute, mais, ici, l'eau élevée est prise au niveau du canal supérieur, qui est 4 à 5 pieds
plus haut que le bas de la chute ; c'est donc toute
cette hauteur de gagnée. 3° Dans quelque situation que soit la rivière, la quantité d'eau que l'on
donne à élever à la roue, en ouvrant plus ou
moins les vannes B B, est tellement ajustée à la
force du courant réglé par la vanne A, que la
roue conserve toujours un mouvement égal et uniforme. Enfin, ce qu'un régulateur est à une montre,
ces vannes le sont à cette roue, dont le mouvement,
sans elles, serait très-variable ; de sorte que, quelquefois, elle porterait l'eau de l'autre côté du récipient, quand elle tournerait trop vite ; quelquefois, elle la répandrait avant d'y arriver, mais rarement verserait-elle dans le récipient, toute l'eau
élevée dans les augets.

Il est pourtant juste d'observer que cette roue

a un léger défaut , qui n'a pas échappé à la pé-
nétration de M. WHITWORTH : c'est que l'eau étant
élevée, dans les augets, trois pieds et-demi environ ,
plus haut que le récipient dans lequel elle prend
définitivement son niveau, cela occasionne une petite perte de force. Il proposa bien un moyen d'y
remédier ; mais il avoua , avec candeur, que cela
rendrait la roue plus compliquée , augmenterait le
frottement , et qu'il vallait encore mieux la laisser
telle qu'elle était. Il observa aussi, en même-temps,
avec justesse , que le courant d'eau qui la faisait
mouvoir , étant toujours abondant et puissant , la
petite perte de force mentionnée plus haut , était
de peu , ou même de nulle conséquence.

Ce courant d'eau est pris de la rivière *Teith* ,
dans l'endroit où elle s'approche le plus de la tourbière , qui est de 15 pieds plus élevée que la rivière ; par conséquent , le récipient est placé à 17
pieds au-dessus du courant, afin de laisser à l'eau
assez d'inclinaison pour arriver facilement sur la
tourbière. Conséquemment cette roue élève l'eau
de 17 pieds.

Les corps ou conduits par lesquels l'eau s'écoule
du récipient , sont faits comme des barils, sont cer-
clés en fer , ont 4 pieds de longueur , et ont intérieurement 18 pouces d'ouverture.

L'eau, ayant été conduite dans ces tuyaux, dessous
terre , pendant un espace de 354 yards , s'élève
alors en reprenant le niveau du récipient , et se
déverse dans un aqueduc ouvert. Cet aqueduc, fait

sur le plan de M. Whitworth, est entièrement
en terre, et est élevé, pendant près des deux tiers
de sa longueur, de 8 à 10 pieds au-dessus du sol,
afin de maintenir l'eau de niveau avec la surface
de la tourbière. La base de l'aqueduc a 40 pieds
de largeur, son sommet en a 18, et le canal par
où l'eau s'écoule, à 10 pieds d'ouverture. L'aqueduc commence à l'extrémité des tuyaux en bois,
et, après avoir parcouru un espace de 1400 yards,
délivre l'eau dans un canal formé sur la surface
de la tourbière.

Il y avait deux raisons pour élever l'eau à cette
hauteur, la 1ère, pour que l'eau, arrivée non-seulement à la tourbière, mais encore dans ses parties
les plus éloignées, conservât encore assez de rapidité pour charrier la tourbe dans la rivière *Forth*.
La 2e, pour pouvoir former des réservoirs d'une
hauteur suffisante pour contenir toute l'eau élevée
pendant la nuit.

D'après les conseils de M. Whitworth, un
contrat fut passé avec M. Meikle, dans le printemps de 1787 ; et, pour la fin d'Octobre de la
même année, la roue, les tuyaux et l'aqueduc
furent entièrement finis ; et ce qui n'est rien
moins qu'ordinaire dans des entreprises aussi compliquées et aussi étendues, c'est que tout l'ouvrage
fut si bien exécuté, et toutes les parties si bien
ajustées les unes aux autres, que le succès répondit
à tout ce qu'on avait pu espérer de mieux. La
dépense totale ne se monta qu'à quelque chose
de plus que mille livres sterling.

PLANCHE VI.

EXPLICATION DU PROCÉDÉ ÉCOSSAIS DE LA CULTURE DES TURNEPS EN LIGNES.

On a déjà démontré les avantages de cultiver les turneps en ligne, tel qu'on le pratique en Écosse, et dans les parties nord de l'Angleterre. Mais, comme c'est peut-être l'opération la plus complète dont l'Agriculture puisse se glorifier, je crois qu'il est à propos d'en donner une description plus étendue, et de l'accompagner d'un dessin, dont la simple vue fera mieux comprendre cet excellent procédé.

Dans l'année 1797, M. Alexandre LOW, arpenteur renommé, écrivit, avec beaucoup de talent et de clarté, pour le feu Duc de BEDFORT, un rapport succinct de la manière de cultiver les turneps, dans le *Berwickshire*. C'est la première description complète de cette méthode si supérieure.

Fig. 1. Section des ados, comme ils sont formés, dans le principe, avec le fumier ou le compost étendu dans les raies. Les lignes verticales montrent l'endroit ou les ados seront refendus par la charrue à double versoir.

Fig. 2. Ados refendus par le centre, et rejettés à droite et à gauche sur le fumier, qui, par là, est recouvert. Ainsi, ce qui était auparavant ados, est devenu raies, et *vice versâ*.

Fig. 3. Donne une idée de la forme que prennent les ados quand ils ont été roulés, au moment de semer. La semence ne peut pas être répandue trop tôt après que la terre est ainsi préparée pour la recevoir.

Fig. 4. Représente l'apparence qu'avait le champ après que l'on avait formé un ados entre les turneps, tel qu'on le pratiquait ci-devant ; mais cette méthode a été remplacée par celle de la houe-à-cheval.

Fig. 5. Montre la forme des ados dans l'ancienne culture, quand, pour la dernière façon, ou avait divisé l'ados formé entre les rangées de turneps, N° 4. Mais cette coutume n'est plus guère employée maintenant.

Fig. 6. Apparence que présente maintenant un champ de turneps, après sa dernière culture avec la houe-à-cheval ; la terre n'ayant pas été écartée des ados qui recouvrent le fumier, comme dans le N° 4. On a coupé les tiges pour les donner aux jeunes animaux, avant de mettre le troupeau dans le champ, pour en manger les racines.

Fig. 7. Représente, sur une échelle moindre que celle des figures précédentes, un champ de turneps en lignes régulières, et menées obliquement au cours ordinaire des sillons, afin de faciliter une distribution plus égale du fumier qui a été enterré, quand ensuite on laboure pour semer une récolte de céréales.

PLANCHE VII.

Description d'un Grenier perfectionné.

Une description détaillée de ce grenier a été communiquée au Conseil d'Agriculture, Vol. 1. pages 53 et 54. En voici l'extrait.

Fig. 1. Élévation de la façade. A, porte dans le bas. B, autre porte dans le comble : pour y arriver, il faut une échelle. C, grue pour élever les sacs ; D D D, trous pour l'admission de l'air.

Fig. 2. Section et vue de l'intérieur. A A A A, augets en bois qui vont d'un trou dans une face du grenier, au trou qui lui est opposé dans l'autre face. Ces augets sont faits de deux planches d'un pouce d'épaisseur, sur environ six pouces de largeur, clouées à angle droit, comme ces chenaux en bois qui reçoivent l'eau des toitures des maisons ; mais avec cette différence, que ces augets, qui traversent le grenier, ont l'angle en-dessus, ainsi qu'une faîtière, comme le montre la *Fig*. 3. B B B, sont les extrémités d'augets pareils, qui coupent les autres à angle droit, et vont également d'un trou à l'autre, dans les deux autres faces du grenier, comme l'indique la *Fig*. 4. C C C, demi-augets, formés d'une seule planche inclinée le long des murailles, et allant pareillement d'un trou à un autre. Tous les trous dans les murs doivent avoir une pente à l'extérieur, afin d'empêcher la pluie et la neige de pénétrer dans

le grenier, et doivent aussi être garnis extérieurement d'un treillage très-fin, pour fermer le passage à toutes sortes d'insectes. Le grenier dont
chaque face a trois yards, a son fond divisé en
neuf trémies E E E, chacune d'un yard carré,
comme le montre la Fig. 5. F est une trémie
plus grande, qui reçoit les neuf autres, et qui a,
dans le fond, une trappe, G, que l'on ouvre quand
on veut en faire sortir le grain.

Il y a une autre trémie plus petite, I, attachée
au-dessous de la plus grande, F, par quatre crochets
en fer, K. Cette petite trémie reçoit l'extrémité
carrée de la trappe de la plus grande, et le manche
de la trappe traverse un des côtés de la petite
trémie, I. Cette seconde trémie sert quand on ne
veut prendre qu'une petite quantité de grain ; mais
quand on en veut une certaine quantité, on dé-
croche cette trémie, qui, dans le fait, paraît très-
peu nécessaire, et détruit la simplicité du plan.

On élève, par la grue C, Fig. 1, les sacs de grain
dans le comble, et on les verse dans le grenier,
par-dessus la balustrade dessinée dans la Fig. 2.
Le grain tombe dans le fond du grenier, et, passant
par les 9 trémies E, remplit la large trémie F.
On a eu soin de fermer la trappe G. Le grenier
se remplit à mesure que l'on verse du grain, et
on peut en mettre jusqu'au niveau de la balustrade.

Les augets B C D, ainsi qu'il est dit plus
haut, étant tous placés ainsi, Λ, dans la forme
d'un V renversé, et les trous dans la muraille

étant immédiatement dessous, il est clair que, malgré que le grenier soit rempli jusqu'au comble, le grain ne s'élevera pas plus haut que les extrémités inférieures des planches, comme le ferait un fluide ; il restera donc, sur chaque auget, un vuide, par lequel l'air pourra circuler librement. Les augets sont à trois pieds de distance horizontalement les uns des autres, et à dix-huit pouces de distance verticale, de ceux qui les coupent à angle droit.

Les ouvertures dans le fond des trémies E, ne doivent pas laisser couler le grain plus vite les unes que les autres ; c'est pour cette raison que celle du centre doit être la plus petite, parceque le grain qui y correspond, trouve moins d'obstacle que partout ailleurs. Les quatre qui sont dans le milieu des côtés, doivent être un peu plus larges, à cause du frottement que le grain éprouve contre les côtés de la grande trémie ; mais les quatre trémies des angles doivent avoir leurs ouvertures les plus larges de toutes, parce que les frottements dans les angles sont plus forts que dans les autres parties.

Lorsque l'on considère le plan de ce grenier, il est évident que, lorsqu'il est rempli de grain, si l'on ouvre la trappe G, toute la masse sera mise en mouvement pour remplacer le grain qui sort par en bas, conséquemment, une nouvelle surface sera successivement exposée à l'air qui entre par les trous de la muraille, et qui circule sous les augets ; de sorte que, en ôtant au point Q, quelques boisseaux seulement, toute la masse de grain qui est au-dessus sera ramenée , sans aucune autre main-d'œuvre. Les demi-augets, formés avec une seule planche le long des murailles , sont aussi très-utiles , non-seulement pour admettre l'air dans ces endroits, mais encore pour éloigner le grain des murailles. Sans cet expédient , les mêmes grains toucheraient la muraille du haut en bas. Les murs doivent être doublés en planches bien jointes.

Il faut avoir soin de faire descendre les planches des augets, au moins un pouce plus bas que les trous des murailles, afin que le grain ne puisse pas s'y fourrer.

Ce serait peut-être une amélioration de placer un ventilateur au-dessus du grenier , pour donner à l'air un courant par en haut, aussi bien que dessous les augets. Peut-être une seconde amélioration serait d'avoir les augets de forme circulaire, et percés d'une multitude de petits trous qui laisseraient passer l'air de toute part , mais non pas le grain. On pourrait aussi, immédiatement sous la trappe G, placer une machine pour nettoyer le grain. Un conduit ferait tomber le grain nettoyé dans un sac, qu'un petit chariot conduirait dehors la porte , et la grue le prendrait, et le rapporterait au grenier.

Sur ce principe, l'on peut faire un grenier de la grandeur que l'on voudra, depuis celui du coffre à avoine de l'écurie, jusqu'au grenier de la plus grande dimension.

Ce plan est peut-être le plus efficace et le moins

couteux de tous ceux donnés jusqu'à présent. (*)

PLANCHE 8.

DESCRIPTION DU BINOT FLAMAND.

Nous avons parlé, dans l'Appendice, d'un instrument appelé, en Flandre, le Binot, et qui, dans ce pays, est de la plus grande utilité. On l'approuve aussi beaucoup dans le Département du Nord, et dans les environs de Lille, principalement pour les jachères ; parce que l'on a éprouvé que la terre élevée par le binot, est plus accessible aux effets de la gelée. Voyez la statistique du Département du Nord, par M. DIEUDONNÉ, Préfet, imprimée à Douai, en 1804, Vol. 1. page 363. Sa forme a été perfectionnée depuis son introduction en Angleterre, où cet instrument sera d'une grande utilité dans la culture et l'amélioration des terres fortes.

(*) Il est évident que cette disposition très-ingénieuse, a été imaginée à l'époque où l'on croyait que le meilleur moyen de conserver les grains, consistait à les soumettre le plus possible à l'action de l'air. Aujourd'hui que la naturalisation des *Silos* en France, a démontré qu'un système diamétralement opposé, est encore beaucoup plus efficace, et diminue, dans une très-grande proportion, les dépenses de constructions et de manutentions, il ne peut plus exister de doute sur la préférence que mérite cette dernière méthode. (*Note du Trad.*)

PLANCHE 9.

DESCRIPTION DU SEMOIR A BROUETTE POUR SEMER PAR RANGÉES.

Fig. 1. Plan à vue d'oiseau de la brouette-semoir.

Fig. 2. Profil du même instrument.

Fig. 3. Vue par derrière.

Fig. 4. N° 1. Vue en face, du cylindre qui distribue la semence. N° 2. Profil du même cylindre, avec les cannelures ou cavités pour recevoir les fèves ; en outre, la brosse placée au-dessus du cylindre, faite de soies très-rudes, et qui fait tomber régulièrement les semences dans le fond des raies.

Fig. 5. N°s 1 et 2. Cylindres pour semer le blé, l'orge, l'avoine et les pois. Chacun de ces cylindres peut être placé sur l'axe, et ôté aisément, selon le grain que l'on veut semer. On voit, par la Fig. 1, qu'une poulie placée sur l'essieu de la roue de la brouette, reçoit, dans sa gorge, une petite chaîne qui, tournant dans la gorge d'une seconde poulie, placée sur l'axe du cylindre-semeur, imprime à ce dernier le mouvement de rotation.

DESCRIPTION DE LA HERSE A BINER ENTRE LES LIGNES.

Fig. 6. Plan de la herse pour couper les herbes, et ameublir la terre entre les lignes.

Fig. 7. Profil du même outil.

Fig. 8. N°s 1 et 2. Plan et profil du soc placé en avant.

Fig. 9. N°s 1 et 2. Plan et profil d'un des socs placés en arrière. Ces deux socs peuvent aisément s'ôter, et se placer à plus ou moins de distance l'un de l'autre, suivant la distance des rangées ; ce que la *Fig*. 6 indique.

FIN DE L'EXPLICATION DES PLANCHES.

Planche 1.

N.º 1

Plan d'une Ferme de 300 acres en terre argileuse

N.º 2

Plan d'une Ferme de 480 acres en terre légère.

N.º 3

Maison de Ferme et dépendances.

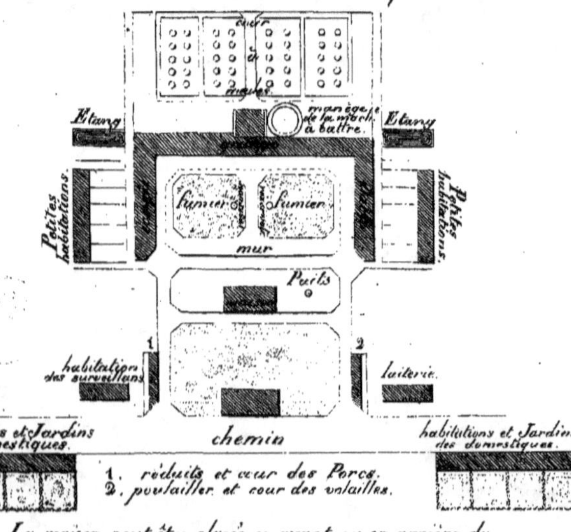

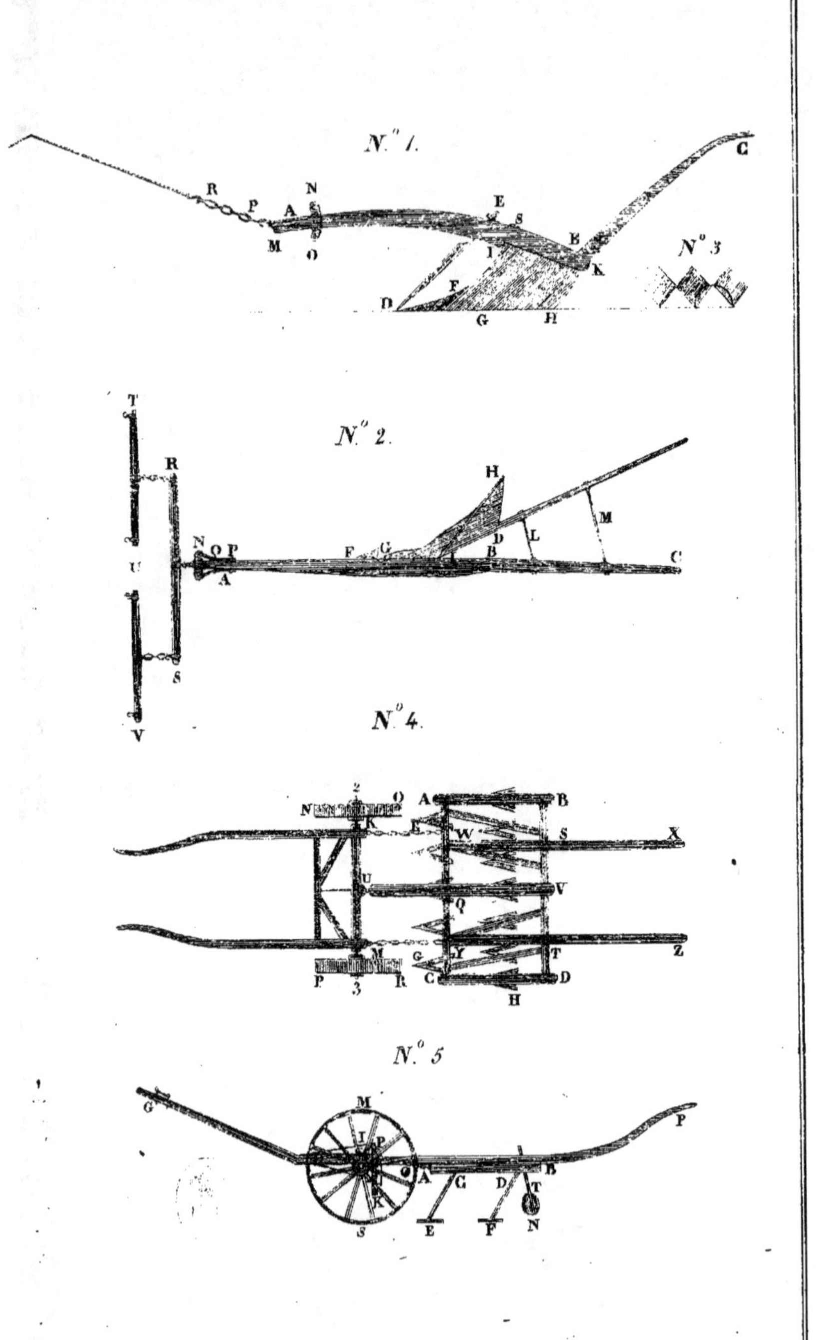

litho: de Tavernier et Dupuy à Metz.

Dessin d'une Meule sur piliers Dessin du bâtis de la même Meule
de fonte, avec ouverture au centre.

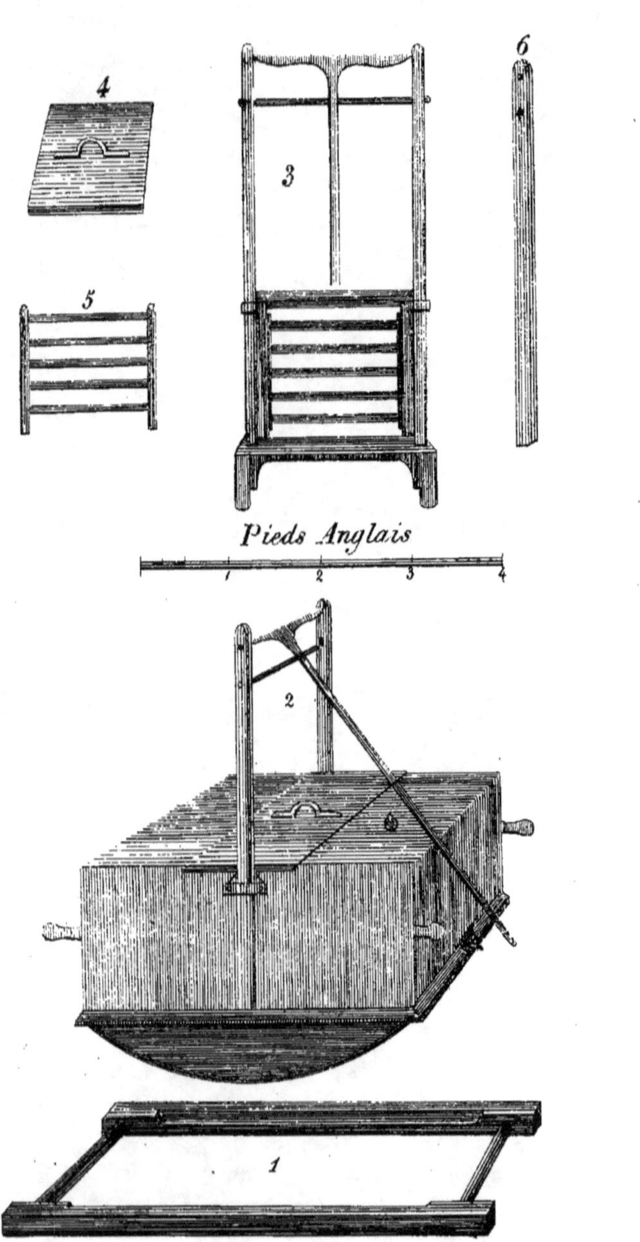
4
3
6
5
2
1
Pieds Anglais
1 2 3 4

Récipient vu par dessus.

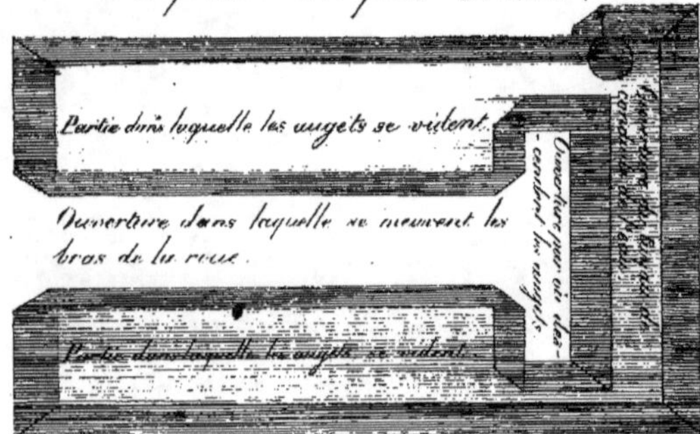

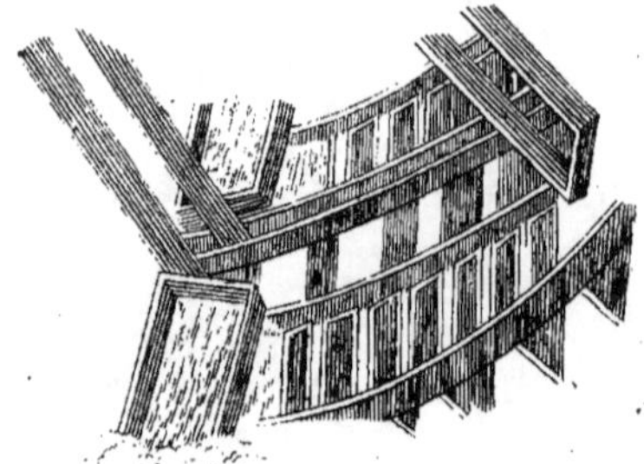

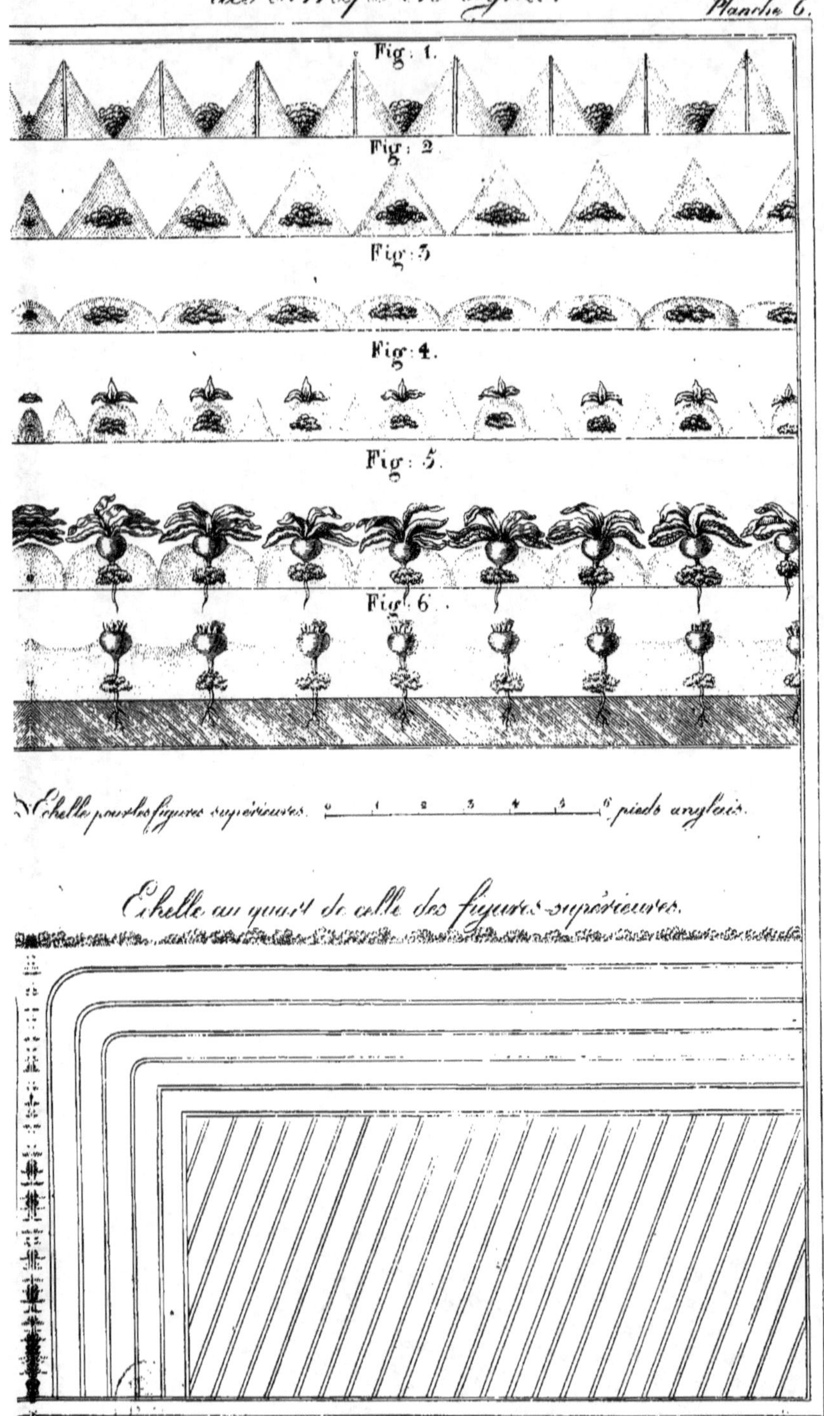

Explication du procédé Écossais, pour la culture des turneps en lignes.
Planche 6.
Fig: 1.
Fig: 2.
Fig: 3.
Fig: 4.
Fig: 5.
Fig: 6.
Echelle pour les figures supérieures. 0 1 2 3 4 5 6 pieds anglais.
Echelle au quart de celle des figures supérieures.
Lith: de Tavernier et Dupuy à Metz.

Dessin d'un Grenier perfectionné.

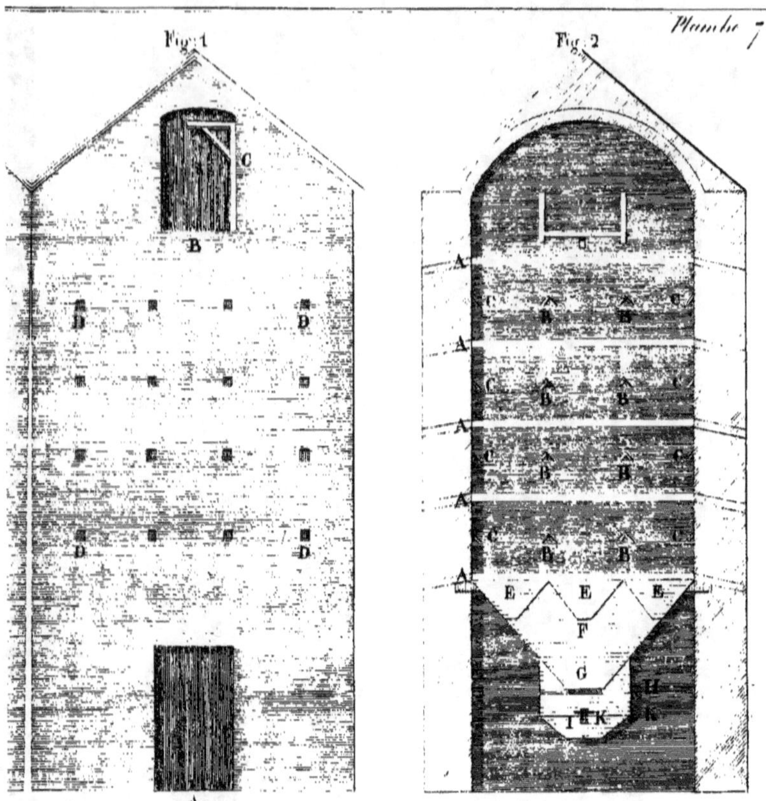

Fig: 3

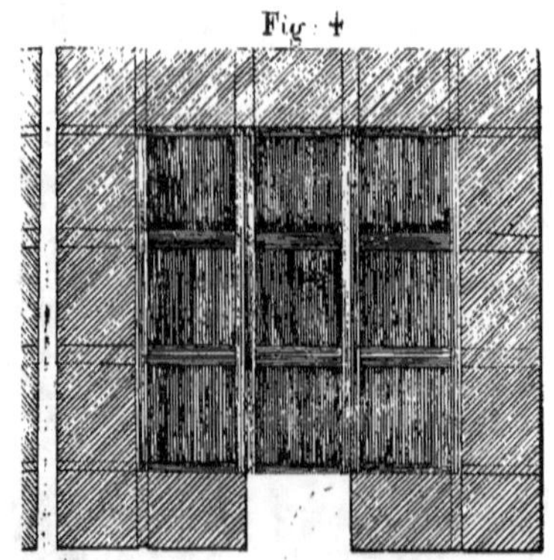

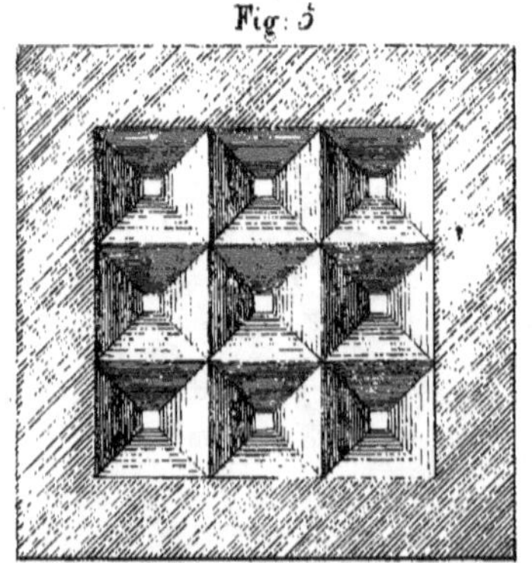

Lith. de Lecornier et Dupuy Metz

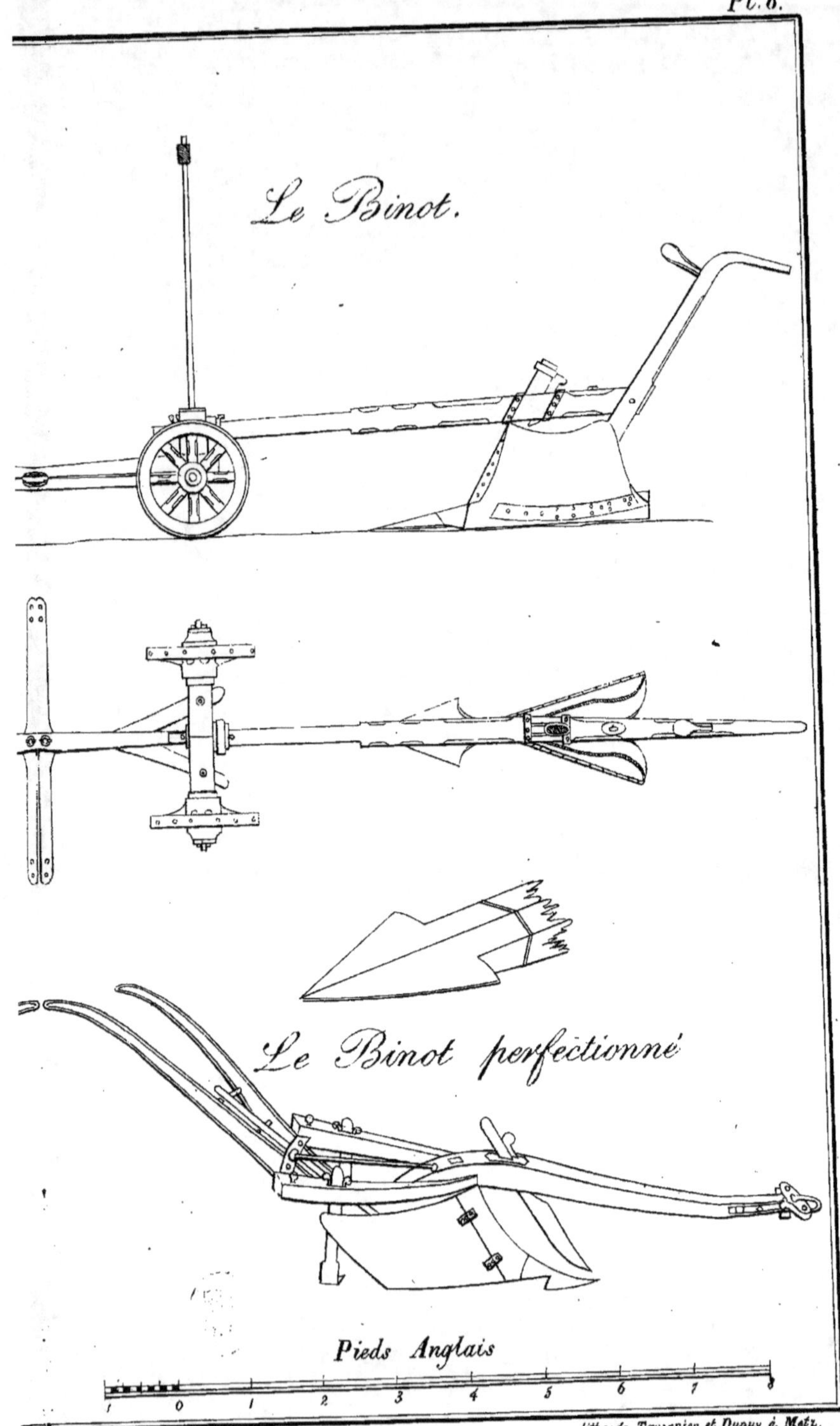
Le Binot.
Le Binot perfectionné
Pieds Anglais
1 0 1 2 3 4 5 6 7
litho: de Tavernier et Dupuy à Metz.

Semoir à Brouette.

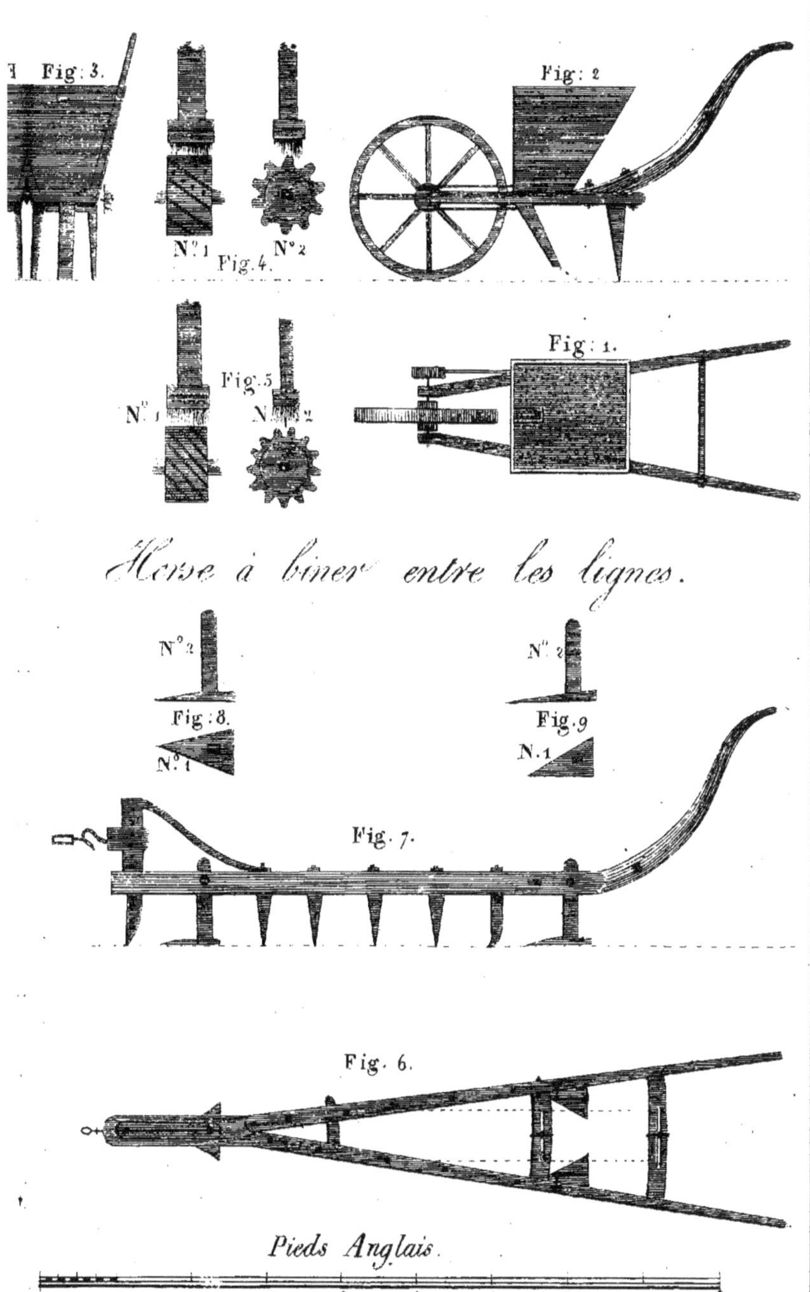

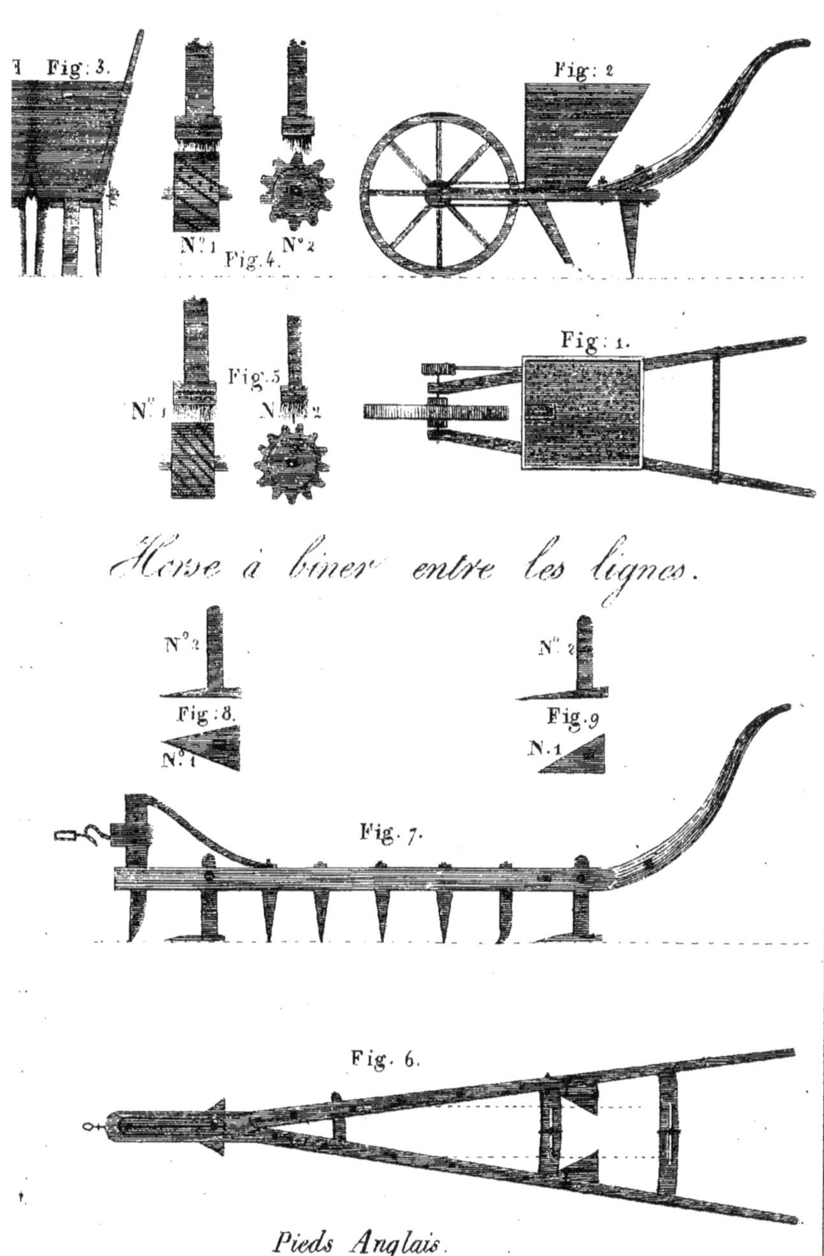

Semoir à Brouette.
Fig: 3.
Fig: 2.
N.º 1
N.º 2
Fig. 4.
N.º 1
N.º 2
Fig. 5.
N.º 1
N.º 2
Fig: 1.
Herse à biner entre les lignes.
N.º 2
N.º 2
Fig: 8.
Fig. 9.
N.º 1
N. 1
Fig. 7.
Fig. 6.
Pieds Anglais.
litho: de Tavernier et Dupuy à Metz.